Auto-Reparaturanleitung Band 1337

Volkswagen Golf VII

1,2 Liter Benzin-Motor
1,4 Liter Benzin-Motor
2,0 Liter Benzin-Motor
1,6 Liter Diesel-Motor
2,0 Liter Diesel-Motor

Getriebevarianten
5-Gang-Schaltgetriebe
6-Gang-Schaltgetriebe
DSG
4-Motion

ab Modelljahr 2013

bucheli verlag

IMPRESSUM

ISBN 978-3-7168-2176-3

Auto-Reparaturanleitung
Band 1336

Redaktion:
Text und redaktionelle Bearbeitung: Silke und Silke und Christoph Pandikow

Bilder/Zeichnungen:
Christoph Pandikow, Silke Pandikow, PCI Diagnosetechnik GmbH & Co. KG, Hella KGaA Hueck & Co., Bosch Presseabteilung.

Lizenziert von
von Volkswagen AG.

Herstellung:
IPa, D-71665 Vaihingen/Enz
Druck: Druck- & Medienzentrum D-70839 Gerlingen
Bindung: K. Dieringer D-70839 Gerlingen

1. Auflage 2015

Inhalt

Qualität ist kein Zufall: auch die Großserienfertigung kommt nicht ohne die Kontrolle der Facharbeiter aus.

Inhalt

Folgende Symbole verdienen im Laufe der Arbeit besondere Beachtung:

Sichtprüfung
Teil genau ansehen; besonders beachten.

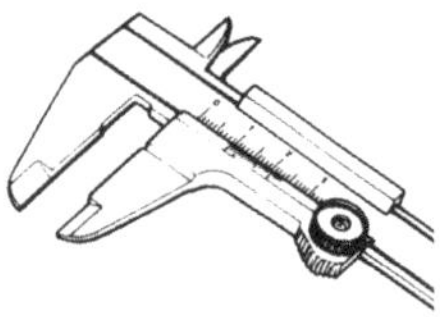

Messen
Schieblehre oder anderes Messwerkzeug nötig.

Achtung
Besondere Vorsicht geboten; Sicherheitshinweise beachten!

Tipp
Wertvoller Hinweis für einfacheres Schrauben; Erläuterung von Bauteilen und Begriffen.

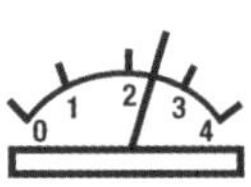

Messen mit elektr. Messgeräten
Multimeter- oder Diagnoseeinsatz erforderlich

1 Einleitung

Arbeiten mit diesem Buch

Ein Reparaturhandbuch ist dann ein Reparaturhandbuch, wenn es bei Reparaturen zur Hand gehen kann. Es soll also helfen, Ihren Golf wieder »in die Gänge« zu bringen. Ganz klar, als blutiger Laie werden Sie nur mit einiger Hilfe gezielt arbeiten können. Bedenken Sie, dass Ihr Fahrzeug in jedem (oder zumindest in fast jedem) Teil etwas mit Sicherheit im Straßenverkehr zu tun hat. Jede einzelne Sekunde, in der Ihr Fahrzeug in Betrieb ist. Nehmen Sie die Fehler deshalb immer ernst. Gerade Anfänger übersehen oft Kleinigkeiten, die nachher durchaus größere oder zumindest schwer aufzufindende Fehler ergeben. Bei einer Fehlersuche am eigenen Fahrzeug unterhielten sich zwei angehende Kfz-Mechatroniker: »... was hast du denn zuletzt repariert?«, letztendlich fand sich dort dann auch der Fehler. Diese Anekdote zeigt sehr deutlich, dass zum einen die eigene Arbeit, zum anderen der Ablauf der Arbeiten, die Kenntnisse über den Funktionszusammenhang der Systeme und natürlich auch über die Informationsquellen die zur Verfügung stehen, immer hinterfragt werden müssen. Dieses Buch eignet sich aber auch, um die Details Ihres Golf einmal genauer unter die Lupe zu nehmen. Wir haben den Aufbau so gestaltet, dass die Informationen praxisgerecht auf- und umgearbeitet wurden.

(Tipp) In den einzelnen Kapiteln wird der Umgang mit den Test- und Messgeräten genauer vorgestellt. Es handelt sich um getestete Übungen, die Sie problemlos nachvollziehen können. »An modernen Autos kann man gar nichts mehr selber machen!«, das ist ein typischer Satz, der weder richtig ist noch die motivierten Schrauber unter den Lesern von der Reparatur abhalten sollte. Betrachtet man sich die Probleme genauer, die mit der Fehlerdiagnose entstehen, stellt sich ein einfaches Prinzip heraus. Grundsätzlich sind Bauteile, deren Funktionsabläufe nachvollzogen und im wahrsten Sinne des Wortes »begriffen« werden können, leicht zu prüfen.

Elektrisches Messen

Leuchtet eine Glühlampe nicht, wird sie in der Regel demontiert und der Zustand des Glühfadens gegen das Licht kontrolliert. Über die Glühlampe, beziehungsweise ihren Aufbau, ist jedem bekannt, dass sie ohne den Glühfaden nicht funktionieren kann. Könnte man in alle Bauteile hineinsehen und den Funktionsablauf und den Aufbau auf diese Art kontrollieren, würde kaum ein Mechaniker über die immer komplizierter werdende Technik schimpfen. Hier kommt die Messtechnik zum Zuge. Es ist nämlich möglich, die Funktionsabläufe und die Funktion optisch zu überprüfen. Es ist auch möglich, das Bauteil selbst zu prüfen. Auch dafür werden keine teuren Spezialgeräte gebraucht. Sie oder Ihr Mechaniker müssen sich lediglich bereit erklären, die Technik und dazugehörigen Prüfmethoden anzunehmen und gelegentlich auch etwas dazuzulernen.

(Achtung) Ganz klar gibt es Einschränkungen für Arbeiten, die aus Sicherheitsgründen nicht durchgeführt werden sollten. Dazu zählen Arbeiten z. B. an der Klimaanlage und am Airbagsystem.

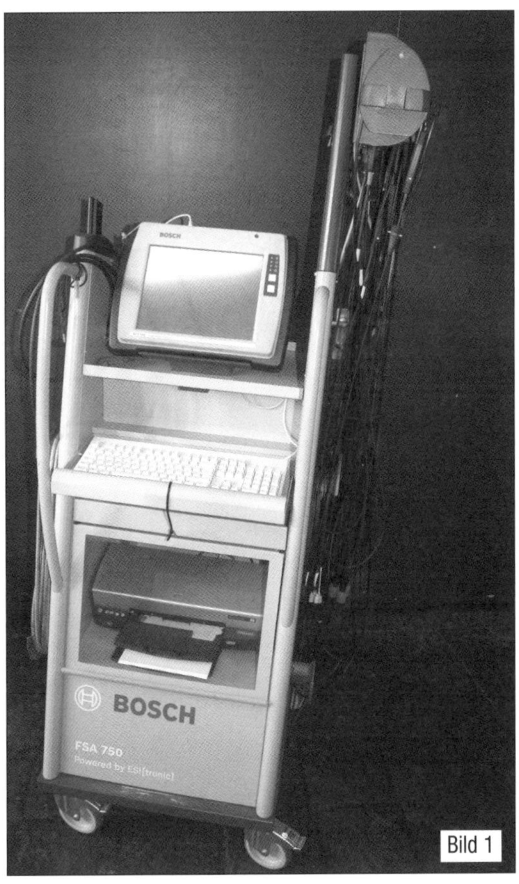

Bild 1
Bosch KTS 650/670 mit FSA 750-Modul und Abgastester.

»Die Tester kann sich keiner leisten!«, ist auch eine These, die wir widerlegen werden. Anhand der Beschreibungen der Spezialwerkzeuge und deren ungefähren Preisen lassen sich hier die Kosten leicht überschauen. Die notwendige Ausrüstung ist bei den meisten Schraubern oftmals schon vorhanden. Andere Teile sind gar nicht so teuer und lassen sich sinnvoll als Geburtstagsgeschenkidee an die Lieben weitergeben. Die Aufgabe dieses Reparaturhandbuches ist es, eine Hilfestellung für Wartungsarbeiten und Reparaturen am Golf zu geben. Das Buch wendet sich an die ambitionierten Schrauber, die mit ihrer Erfahrung Reparaturen, Wartungsarbeiten und Einstellungen an ihrem Fahrzeug vornehmen wollen. Da zu allen diesen Arbeiten ein OBD-Diagnosetester dazugehört und dieser für deutlich unter 100 Euro im günstigsten Fall erhältlich ist, wird die Arbeit anhand eines »Beispiel«-Testers dargestellt. Sie halten ein Buch in der Hand, das Lernstoff, Informationsquelle und Nachschlagewerk ist. Es soll die praktische Arbeit am Fahrzeug erleichtern und Sie ermutigen sich »Know-how« anzueignen, auch als Ungeübter den ersten Schritt zu

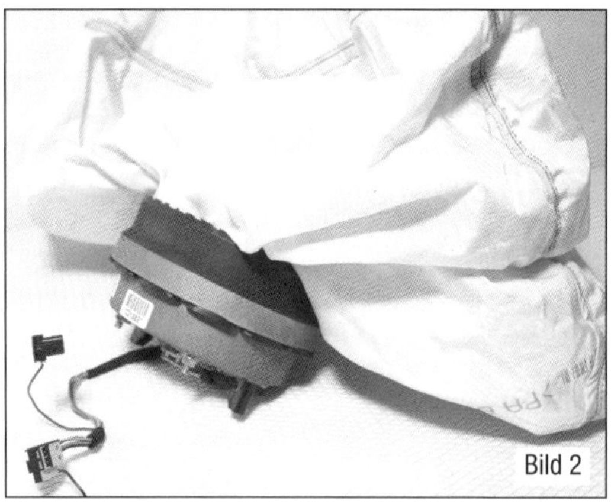

Bild 2
EXPLOSIV: gezündeter Airbag.

Bild 3
»Self-made«-Beulendoktor.

Bild 3

machen oder als Erfahrener sich recht tief gehend mit der Diagnose auseinanderzusetzen. Die Struktur des Buches bedient durchaus unterschiedliche Anforderungen. Sie werden mit einer Auswahl an typischen Problemen aufgefangen und über die Messtechnik und die Bauteilbeschreibung bis hin zu den Montagearbeiten betreut. Funktionsabläufe und Bauteile werden Ihnen recht einfach erklärt. Auch der Umgang mit den Mess- und Diagnosegeräten wird an praktischen Beispielen abgehandelt, die Sie sofort nachvollziehen können. Um einen möglichst schnellen Zugriff auf die Informationen in diesem Buch zu ermöglichen, sind die technischen Daten, die zur Einstellung, Reparatur und Wartung benötigt werden, in einem separaten Kapitel zusammengefasst. Alle technischen Angaben, die speziell bei den Arbeiten benötigt werden, finden Sie natürlich auch an den entsprechenden Stellen. Die Montagearbeiten werden auf gängige Reparaturen beschränkt.
Sie sollten aber immer sicherstellen, dass Sie in der Lage sind, die Reparaturen selbst durchzuführen. Ungeeignete Messgeräte oder auch fehlerhafte Handhabung eines Messgerätes können nicht nur finanzielle Folgen haben. Für die Arbeiten an Airbagsystemen ist eine spezielle Ausbildung erforderlich, die mit einem Sachkundenachweis abgeschlossen wird.

⚠ Unterlassen Sie es zu Ihrer eigenen Sicherheit, an Sitzen oder anderen Bauteilen Hand anzulegen, ohne diese spezielle Ausbildung abgeschlossen zu haben. Arbeiten an diesem System ohne Sachkunde sind GROB fahrlässig und gefährden Ihr Leben. Sollten Probleme an diesem System auftauchen, suchen Sie immer eine Werkstatt auf und erkundigen Sie sich auch darüber, inwieweit die »Airbag-Sachkunde« besteht.

⚠ In den einzelnen Airbageinheiten befinden sich zwar »kleine«, aber nicht ungefährliche Mengen an Sprengstoff. Nicht umsonst sind der Transport, der Umgang und die Lagerung gesetzlich im Sprengstoffgesetz geregelt. Die Arbeiten am Airbagsystem werden aus diesem Grunde nicht beschrieben. Es gibt aber auch so noch genügend Arbeiten, die Sie durchaus in Eigenregie angehen können.
Natürlich beschäftigt sich dieses Buch nicht nur mit Elektronik oder der reinen Montage-

arbeit. Die wichtigsten Bauteile mit Messwerten und Messarten werden genauso dargestellt wie kleinere Arbeiten an der Karosserie.

Sicherheit geht immer vor

Sicherheit hat beim Heimwerken absolute Priorität. Nur Arbeiten anpacken, die man wirklich beherrscht. Handwerkliche Tätigkeiten, mit denen man in der Praxis bislang wenig oder gar keine Erfahrung hatte, sollte man niemals auf die leichte Schulter nehmen. Unsachgemäß ausgeführte Arbeiten können früher oder später fatale Folgen haben (Bilder 4 bis 12).

Umgang mit Pyrotechnik-Bauteilen

Der Sicherheitsaspekt gilt insbesondere für pyrotechnische Bauteile. Diese enthalten einen Treibstoff, bei dessen Abbrand ein Gas erzeugt wird. In manchen Fällen steht für die Gaserzeugung noch zusätzlich in einem Druckbehälter gespeichertes Druckgas zur Verfügung. Die Zündung erfolgt über elektrische/mechanische Anzünder. Bei unsachgemäßer Handhabung von Komponenten dieser Systeme kann es zu schweren Unfällen kommen. Deshalb keine Schraub- oder gar Reparaturversuche an der Sicherheitsausstattung vornehmen, sondern bei notwendigen Instandsetzungen an eine Fachwerkstatt mit Fehler-Auslesegeräten, Diagnose-Einrichtungen und geschultem Personal wenden!

Mechaniker, die an Rückhaltesystemen arbeiten, müssen spezielle Schulungen nachweisen und bei den zuständigen Behörden gemeldet sein. Pyrotechnische Bauteile dürfen auch nur im eingebauten Zustand und mit vom Hersteller frei gegebenen Diagnosesystemen geprüft werden, keinesfalls mit Prüflampe, Voltmeter oder Ohmmeter. Nach dem Berühren von gezündeten pyrotechnischen Bauteilen: Hände waschen! Bauteile, die auf eine harte Unterlage herabgefallen sind oder Beschädigungen zeigen, dürfen nicht mehr verbaut werden.

Lagerung, Transport und Entsorgung von Airbag-, Gurtstraffer- und Bat-

Bild 4

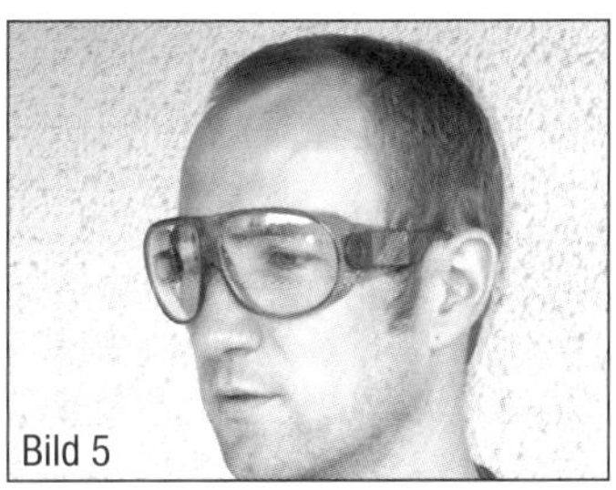
Bild 5

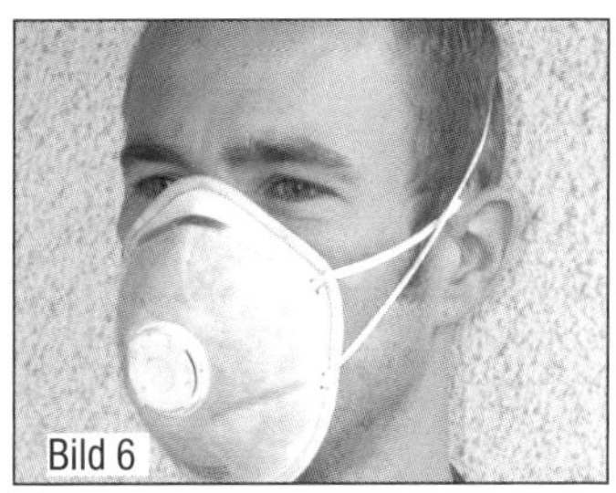
Bild 6

Bild 7

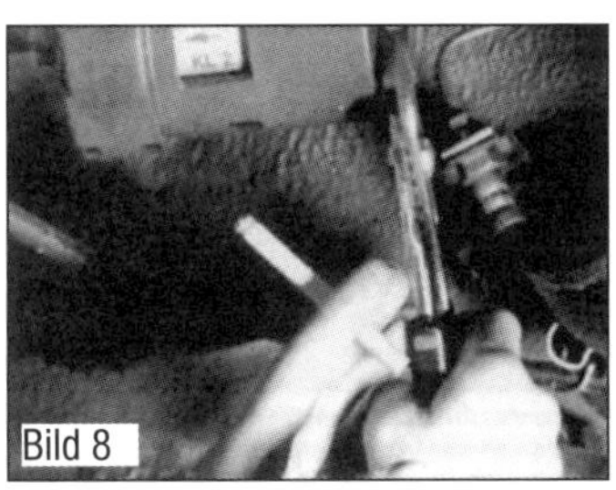
Bild 8

Bild 9

Bild 10

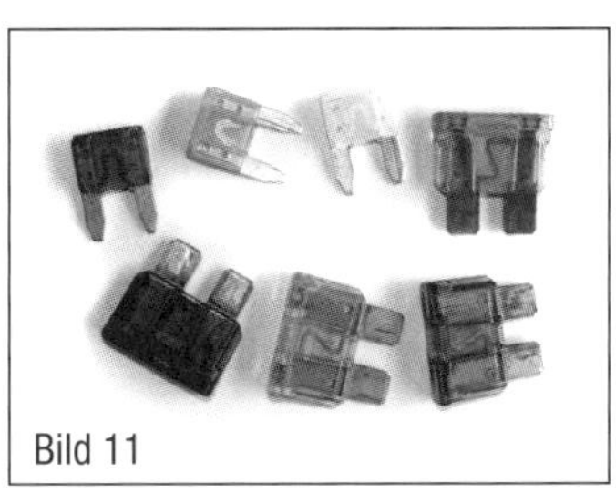
Bild 11

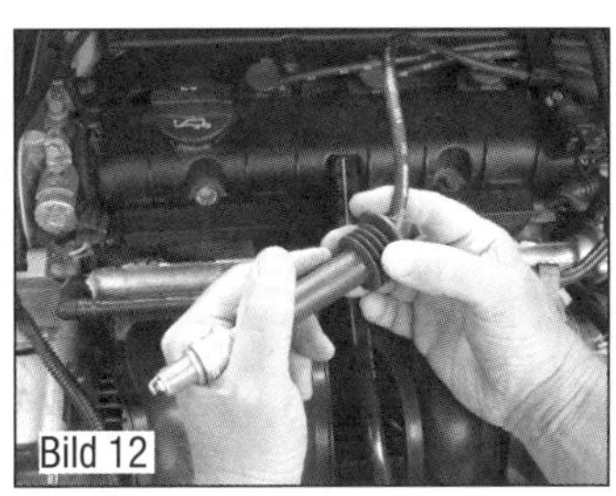
Bild 12

Bild 4
Gehörschutz: Bei Blecharbeiten mit Winkelschleifer u. Ä. notwendig.

Bild 5
Schutzbrille: Besonders beim Bohren, Schleifen und Meißeln tragen.

Bild 6
Atemschutzmaske mit auswechselbaren Filterelementen: bei Arbeiten mit atemgängigen Stäuben unerlässlich.

Bild 7
Bei Arbeiten in der Grube: Unbedingt für Frischluft sorgen.

Bild 8
Nicht rauchen: Sollte eigentlich bei Reparaturarbeiten gerade an der Kraftstoffanlage die Regel sein.

Bild 9
Arbeitshandschuhe: Bei vielen Arbeiten angebracht, beim Umgang mit Bohrmaschinen jedoch sehr gefährlich.

Bild 10
Leere Sprühdosen, Altöl, Bremsflüssigkeit u. a.: Als Sondermüll entsorgen.

Bild 11
Durchgebrannte Sicherungen: Niemals mit Alufolie, Büro klammern o. Ä. flicken.

Bild 12
Hochspannung: Vorsicht bei laufendem Motor oder eingeschalteter Zündung.

terieabtrennungseinheiten (pyrotechnische Bauteile) unterliegen der jeweiligen nationalen Gesetzgebung.

Umgang mit Bauteilen der Klimaanlage

Für das Kfz-Gewerbe sind z. B. auf europäischer Ebene zahlreiche relevante Gesetze erlassen worden. National ist z. B. in der BRD zusätzlich zur Präzisierung der europäischen Gesetzgebung ab dem 1. August 2008 die Chemikalien-Klimaschutzverordnung in Kraft getreten.

- Verordnung (EG) Nr. 1005/2009
- Verordnung (EG) Nr. 842/2006
- Verordnung (EG) Nr. 706/2007
- Verordnung (EG) Nr. 307/2008
- Richtlinie 2006/40/EG
- Chemikalien-Klimaschutzverordnung, Kreislaufwirtschafts- und Abfallgesetz (für die BRD)

Alle Personen, die an Kraftfahrzeug-Klimaanlagen Wartungs- und Reparaturarbeiten durchführen, müssen eine Schulung oder ein Trainingsprogramm besucht haben und die Sachkunde nachweisen (Sachkundenachweis).

⚠ Beim unkontrollierten Druckablassen besteht Gefahr durch Vereisung. Hieraus können schwerwiegende Verletzungen entstehen (Gefrierbrand ist nicht nur bei Grillfleisch unschön!). Bei nicht entleertem Kältemittelkreislauf tritt Kältemittel aus. Das Kältemittel ist vor dem Öffnen des Kältemittelkreislaufs abzusaugen. Wird der Kältemittelkreislauf nach dem Absaugen innerhalb 10 Minuten nicht geöffnet, kann durch Nachverdampfung Druck im Kältemittelkreislauf entstehen. Das Kältemittel muss dann nochmals abgesaugt werden. Alle geöffneten Bauteile des Kältemittelkreislaufs sind gegen Eintritt von Luftfeuchtigkeit mit geeigneten Verschlussstopfen zu verschließen. Es ist verboten, beim Betrieb, bei Instandsetzungsarbeiten und bei Außerbetriebnahme von Erzeugnissen, die Kältemittel enthalten, entgegen dem Stand der Technik, die in ihnen enthaltene Stoffe in die Atmosphäre entweichen zu lassen.

Bild 13
Achtung Stromschlag! Restladungen und Induktionsspannungen können gesundheitsgefährdend sein.

Bild 13

Verletzungsgefahr durch automatischen Motorstart bei Fahrzeugen mit Start-Stopp-System.

☞ Bei Fahrzeugen mit aktiviertem Start-Stopp-System (erkennbar an einer Meldung im Schalttafeleinsatz) kann der Motor bei Bedarf automatisch starten. Deshalb sicherstellen, dass bei Arbeiten am Fahrzeug das Start-Stopp-System deaktiviert ist (Zündung ausschalten, bei Bedarf Zündung wieder einschalten).

Verletzungsgefahr bei Arbeiten an der Elektrischen Anlage

Nicht nur die schon angesprochene Zündanlage birgt einige Überraschungen, die Sie in ungünstigen Situationen oder bei körperlichen Vorschäden leicht in Lebensgefahr bringen kann. Im Gegensatz zur Hauselektrik sind keine »Personenschutzschalter« vorgesehen. Ziehen Sie grundsätzlich nicht leitende Handschuhe an, wenn Sie an Bauteilen arbeiten, deren Ladungszustand Sie nicht kennen.
Für die Arbeiten an Hybrid- oder Elektrofahrzeugen ist ein besonderer Lehrgang erforderlich. Die Arbeiten an Hochvoltfahrzeugen können lebensgefährlich sein. Für die in diesem Buch behandelten Modelle ist ein solches Fahrzeug auch lieferbar. Die Besonderheiten zu diesem Modell und auch die besonderen Anforderungen an den Mechaniker werden wir in einem weiteren Band vorstellen.

Richtiges Aufbocken

Im Bordwerkzeug des Golf ist der übliche Spindelwagenheber nur vorhanden, wenn ein Reserverad und nicht das Reifenreparaturset zur Serienausstattung gehört. Mit dem Dichtmittel ist ja bei einer Reifenpanne der Radausbau nicht mehr nötig. Die Reparatur geschieht über das Ventil des beschädigten Reifens. Ist der Spindelwagenheber im Bordwerkzeug (Bild 14), kann man mit diesem einfachen Gerät das Fahrzeug für viele Arbeiten hoch genug anheben. Mit einer untergelegten Bohle können Sie die Hubhöhe sogar noch etwas vergrößern. Ratsam vor allem bei weichem Untergrund ist es, ein 2 cm dickes Brett mit 30 x 30 cm Seitenlänge unter den Heberfuß zu legen. Das verringert die Gefahr, dass der Heberfuß in den Boden einsinken kann. Der Bordwagenheber darf jedoch nur dazu dienen, das Fahrzeug anzuheben. Eine ausreichende Abstützung für Arbeiten an der Wagenunterseite stellt er nicht dar, dazu sind Unterstellböcke (Bild 15) erforderlich. Schon bei kleineren Arbeiten, z. B. dem Wechseln der Bremsbeläge, soll das angehobene Fahrzeug aus Sicherheitsgründen unbedingt mit Unterstellböcken abgestützt sein.
Zum Anheben bequemer, effektiver und auch sicherer sind Werkstattwagenheber, auch Rangierwagenheber genannt (Bild 16, mit geeigneter Gummi- oder Holzzwischenlage). Die beste Möglichkeit ist natürlich eine Hebebühne. Um Beschädigungen am Fahrzeugboden bzw. ein Abkippen des Fahrzeugs zu vermeiden, darf das Fahrzeug nur an den vorgesehenen, mit einer Eindrückung markierten und extra verstärkten Aufnahmepunkten am Unterholm angehoben werden. Der Wagen darf keinesfalls an der Motorölwanne, am Getriebe oder an den Achsen angehoben werden, da sonst schwerwiegende Schäden eintreten können.

An- und Abschleppen

Bei manchen Pannen muss das Fahrzeug abgeschleppt werden. Anschleppen, weil der Motor nicht anspringen will, sollte man nur, wenn keine Möglichkeit besteht, den Motor mit Starthilfekabeln zu starten.

⚠ Fahrzeuge ohne Schmiermittel im Schaltgetriebe oder mit Automatikgetriebe dürfen nur mit angehobenen Antriebsrädern abgeschleppt werden.

Das Anschleppen von Fahrzeugen mit automatischem Getriebe zum Starten des Motors ist aus technischen Gründen nicht möglich. Beim Abschleppen von Fahrzeugen mit automatischem Getriebe muss der Wählhebel in Position »N« sein, und es darf nicht weiter als 50 km und nicht schneller als 50 km/h geschleppt werden, da sonst das Getriebe zerstört wird.

☞ Zum An- und Abschleppen sollten Kunstfaserseile oder Seile aus ähnlich

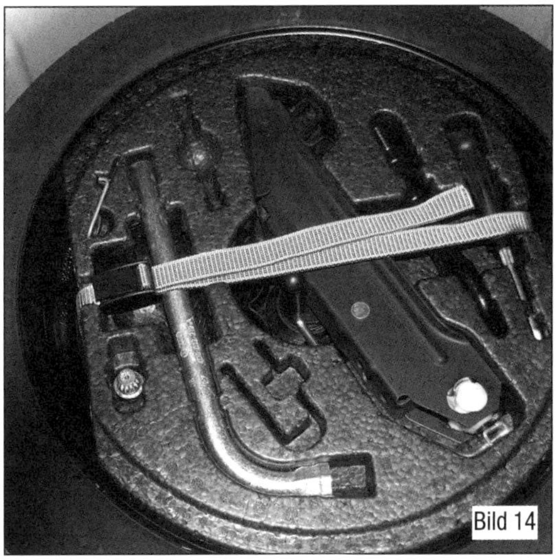

Bild 14
Bordwerkzeug im Notrad: von links Radkappen-Abziehhaken, Radschraubensicherungs-Adapter, Radschraubenschlüssel, Spindelwagenheber, Abschleppöse, Schraubendreher.

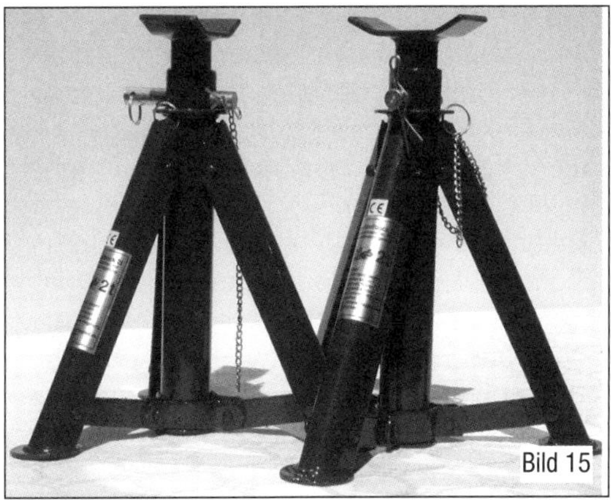

Bild 15
Unterstellböcke paarweise kaufen und verwenden, mit Splint (am Kettchen) sichern.

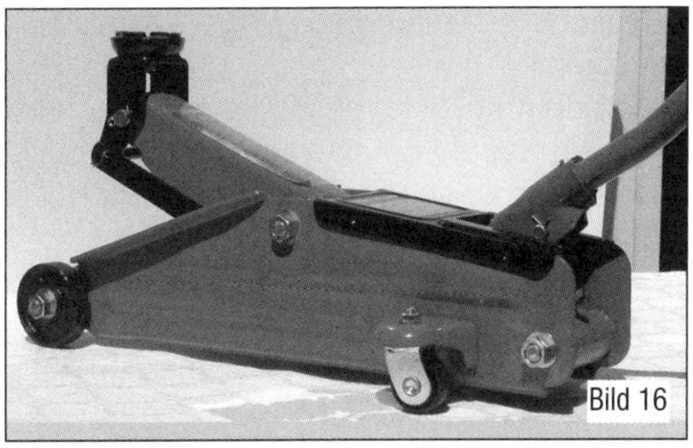

Bild 16
Rangierwagenheber sind sicherer und leichter zu bedienen als Spindelwagenheber.

elastischem Material verwendet werden. Sicherer ist eine Abschleppstange. Beim Abschleppen dürfen keine unzulässigen Zugkräfte und keine stoßartigen Belastungen auftreten.
Seil oder Stange dürfen nur an den vorgesehenen Abschleppösen vorn oder hinten angebracht werden. Die einschraubbare Öse befindet sich im Bordwerkzeug, die Einschraubgewinde werden nach Entfernen einer kleinen Abdeckung in den Stoßfängerverkleidungen vorn und hinten zugänglich. Von Hand eindrehen, mit durchgestecktem Radschraubenschlüssel festziehen.

⚠ Bei Schleppmanövern abseits regulärer Straßen besteht die Gefahr, dass die Befestigungsteile überlastet werden. Wird ein Abschleppseil verwendet, muss der Fahrer des ziehenden Wagens beim Anfahren und Schalten besonders weich einkuppeln. Der Fahrer des gezogenen Wagens hat darauf zu achten, dass das Seil straff gehalten wird. An beiden Fahrzeugen die Warnblinkanlage einschalten. Die Zündung muss eingeschaltet sein, damit das Lenkrad nicht blockiert ist und Blinkleuchten, Hupe und Scheibenwischer bei Notwendigkeit eingeschaltet werden können. Da der Bremskraftverstärker nur bei laufendem Motor arbeitet, muss ggf. das Bremspedal kräftiger getreten werden. Beim Anschleppen von Fahrzeugen mit Schaltgetriebe ist Folgendes zu beachten:

- Vor dem Anschleppen 2. oder 3. Gang einlegen, Kupplung halten.
- Zündung einschalten, damit Lenkrad nicht blockiert und Blinkleuchten, Hupe sowie Wisch-/Waschanlage benutzt werden können.
- Kupplungspedal loslassen, wenn beide Fahrzeuge in Bewegung sind.
- Sobald der Motor angesprungen ist, Kupplung treten und Gang herausnehmen, um Auffahren auf das Zugfahrzeug zu vermeiden.

Einige Kniffe für Schrauber

☞ Eine unlösbare Verschraubung oder eine abgerissene Schraube haben schon manchen Heimwerker von seinem Reparaturvorhaben wieder abgebracht. Unsere Hinweise sollen helfen, ungewohnte Arbeiten durchzuführen.

Verrostete Verschraubungen lösen:

- Die freiliegenden Gewindegänge des Gewindebolzens von Rost und Schmutz befreien.
- Gewinde mit einer Drahtbürste säubern und anschließend mit Rostlöser besprühen.
- Bei Schnell-Rostlösern die Mutter sofort losdrehen.
- Bei anderen Rostlösern etwas warten.
- Wenn die Kanten einer Mutter bereits rund gedreht sind oder wenn Rost die Anlageflächen deformiert hat, hilft nur noch Gewalt.
- Gripzange verwenden. Damit lässt sich die Mutter fest greifen und oft losdrehen.
- Hilft das nicht weiter, wird ein scharfer Meißel angesetzt und die Mutter aufgemeißelt.
- Eine gut zugängliche Mutter kann auch entlang des Gewindes mit einer Metallsäge aufgesägt werden. Werkstätten benutzen einen Mutternsprenger.

Innensechskant- und Innenvielzahnschrauben lösen:

- Das Schraubenloch muss von jeglichem Schmutz gesäubert sein, ehe das Werkzeug angesetzt wird.
- Am besten eignen sich Steckeinsätze mit langem Sechskant oder Vielzahn (Torx).
- Im Gegensatz zu Winkelschlüsseln, bei denen die Kraft schräg ansetzt, vertragen die Steckeinsätze einen Hammerschlag auf der Adapterseite mit dem Vierkant. Der Schlag lockert den Sitz der Schraube und erleichtert merklich das Lösen.

Schlitz- und Kreuzschlitzschrauben lösen:

Schrauben können so fest sitzen, dass sie sich nicht mehr mit dem Schraubendreher herausdrehen lassen. Bei Kreuzschlitzschrauben dreht sich der Schraubendreher auch bei starkem Druck auf den Griff aus dem Kreuzschlitz heraus. Nach einigen erfolglosen Versuchen ist der Schlitz vermurkst, die Schraube ist praktisch unlösbar.

- Stabilen Schraubendreher ansetzen und mit kräftigem Hammerschlag auf das Griffende versuchen, die Schraubverbindung zu lösen. Meistens bricht die mit dem Kopf fest korrodierte Schraube los. Sie lässt sich dann normal herausdrehen.
- Hilft der kräftige Hammerschlag nichts, muss ein Schlagschrauber her. Bei jedem

Schlag auf dessen Griffoberseite wird der Schraubendrehereinsatz unter Druck ein wenig weiter gedreht.

Blechschrauben ausbohren:
Lässt sich in einem Schraubenkopf kein Werkzeug mehr ansetzen, hilft nur noch Ausbohren.

- Erst entfernt man mit einem passenden Bohrer den Schraubenkopf. Eventuell mit einem kleineren Bohrer vorbohren.
- Das Gewindeteil lässt sich jetzt entweder durchstoßen oder mit einer Zange von der Rückseite abnehmen.
- Andernfalls mit einem dünnen Bohrer das Gewindeteil ausbohren. Den Bohrerdurchmesser nicht zu groß wählen, sonst hält später nur eine dickere Blechschraube.

Stehbolzen lösen und festdrehen:

- Anlagefläche für Schraubenschlüssel schaffen.
- Auf dem freien Gewindeteil zwei Muttern fest gegeneinander drehen (kontern).
- An den blockierten Muttern den Schraubenschlüssel ansetzen und den Bolzen lösen.

Abgerissene Schrauben ausbohren:
Das Gegengewinde, in dem die abgerissene Schraube steckt, sollte möglichst wenig Schaden nehmen.

- Körnerschlag auf Schraubenrestmitte.
- Bis Schraubengröße M8 mit einem Kernlochbohrer arbeiten. Das ist der Durchmesser einer Schraube ohne Gewindeflanken. Faustregel: Gewindedurchmesser multipliziert mit 0,8.
- Schrauben größer als M8 mit einem dünneren Bohrer vorbohren.
- Wenn sich die Metallreste nicht mit einer Reißnadel aus den Gewindegängen entfernen lassen, Gewinde nachschneiden.

Gewinde schneiden:
Hat das Metall noch genug Substanz, kann ein größeres Gewinde eingeschnitten werden.

Bild 17
Ausbohren eines abgerissenen Bolzens.

Bild 18
Gewindeschneiden mit Vorsicht und Bedacht.

Andernfalls muss eine Gewindebuchse eingesetzt werden. Das Nach- oder Neuschneiden von Gewinden geht in drei Stufen vor sich. Die entsprechenden Gewindeschneider heißen Vorschneider (mit einem Ring am Schaft gekennzeichnet), Mittelschneider (zwei Ringe am Schaft) und Fertigschneider (drei Ringe oder ohne Kennzeichnung).

- Gewindeschneider nacheinander unter ständigem Ölen in das vorgebohrte Kernloch hinein- und wieder herausdrehen.
- Beim Hineindrehen ab und zu absetzen und ein Stück zurückdrehen. Sonst werden die Metallspäne zu lang und klemmen.

2 Modellvorstellung

Der neue Golf VII wurde nicht nur im Design aktualisiert, sondern auch technisch perfektioniert und mit zahlreichen neuen Ausstattungsdetails verfeinert. Wie bei den meisten Fahrzeugen der Volkswagengruppe findet sich hier ein ausgefeiltes Bordnetzsystem, welches einzelne Funktionen von Sensoren und Aktoren zu Systemen verflechtet, die Software-basiert auf vorhandene, hochwertigste Komponenten zurückgreifen. So ergeben sich sinnvolle und erweiterte Funktionen, die Ihnen bekannt sein sollten.

Bild 1
Elektronik im Fahrerüberwachungsmodus: Der Fahrer wird mit einbezogen und informiert.

Nützliche Assistenten
Gleich fünf neue Fahrerassistenzsysteme machen den beliebten SUV sicherer und komfortabler als jemals zuvor. Während beispielsweise »Lane Assist« das Fahrzeug sicher in der Spur hält, erfasst die Müdigkeitserkennung Abweichungen vom normalen Fahrverhalten und empfiehlt dem Fahrer optisch und akustisch beizeiten eine Pause zu machen. Zudem neu verfügbar für alle Versionen: die elektronische Differenzialsperre XDS, die insbesondere in den Kurven für verbesserte Fahrdynamik sorgt.

Die mit Sensortechnik und schnellen Steuergeräten arbeitenden neuen Assistenzsysteme sind in der Lage, Teile des Fahrzeugumfelds zu erfassen und aus ihren Erkenntnissen die richtigen Entscheidungen und Handlungen abzuleiten: Die Regelung »adaptive cruise control« (ACC) hält auf der Autobahn durch Distanzmessung die Geschwindigkeit und den Ideal-Abstand zum vorausfahrenden Fahrzeug konstant. Die neue »adaptive Fahrwerksregelung« (DCC) macht den Wagen auf Knopfdruck zum Sportler. Sehr hilfreich ist das System »Park Assist«, mit dem sich das Fahrzeug nahezu selbstständig einparkt.
Die meisten der Funktionen entstehen »virtuell« und ergeben sich aus den in einem Datennetz gekoppelten Steuergeräten. Die Reparatur fängt deshalb heute meistens nicht mit dem Schraubenschlüssel, sondern mit dem Diagnosetester an. Selbstverständlich überwachen sich die Systeme bis zu einem gewissen Grade auch selbsttätig. Um die Ergebnisse dieser Überwachung mit in die Wartungsarbeiten, Reparaturen und die Fehlersuche einbeziehen zu können, ist die Fehlerspeicherabfrage bei diesen Gelegenheiten durchzuführen.

Dynamische Dimensionen
Der neue Golf ist 4255 mm lang, 1799 mm breit und 1452 mm hoch (Bild 2). Der Spiegelabstand von 2027 mm verwehrt oft die linke Spur in Autobahnbaustellen. Der Radstand zeigt mit 2637 mm eine stattliche Innenraumlänge von 1750 mm und mit einer Spurweite von 1549 mm ein recht breites Fahrzeug. In der Summe ergibt sich ein dynamischer Gesamteindruck. Front- und Heckpartie gliedern sich hervorragend in das neue dynamische Familiengesicht der Volkswagenfahrzeuge ein.

Identifizierung

Fahrgestellnummer
Die Fahrzeug-Identifizierungsnummer befindet sich hinter der Frontscheibe auf der Fahrerseite unten (Bild 4). Weiterhin können Sie die Fahrzeug-Identifizierungsnummer auch auf der rechten Fahrzeugseite im Wasserkasten finden.

Bild 2 und 2a
Fahrzeugabmessungen der Limousine in der Übersicht.

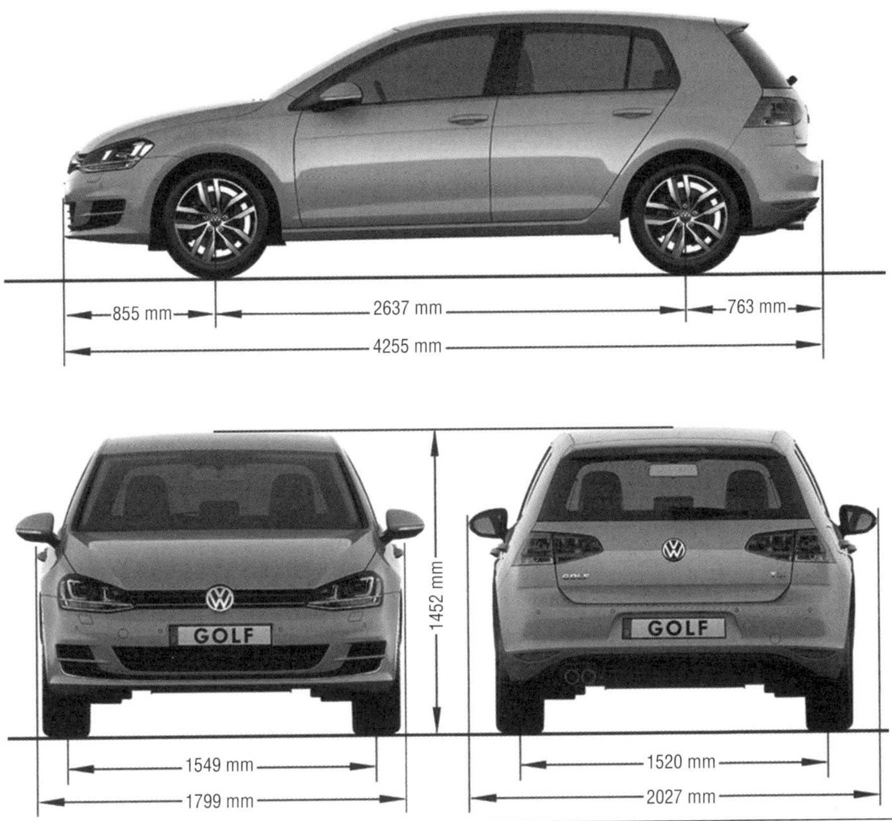

Bild 2

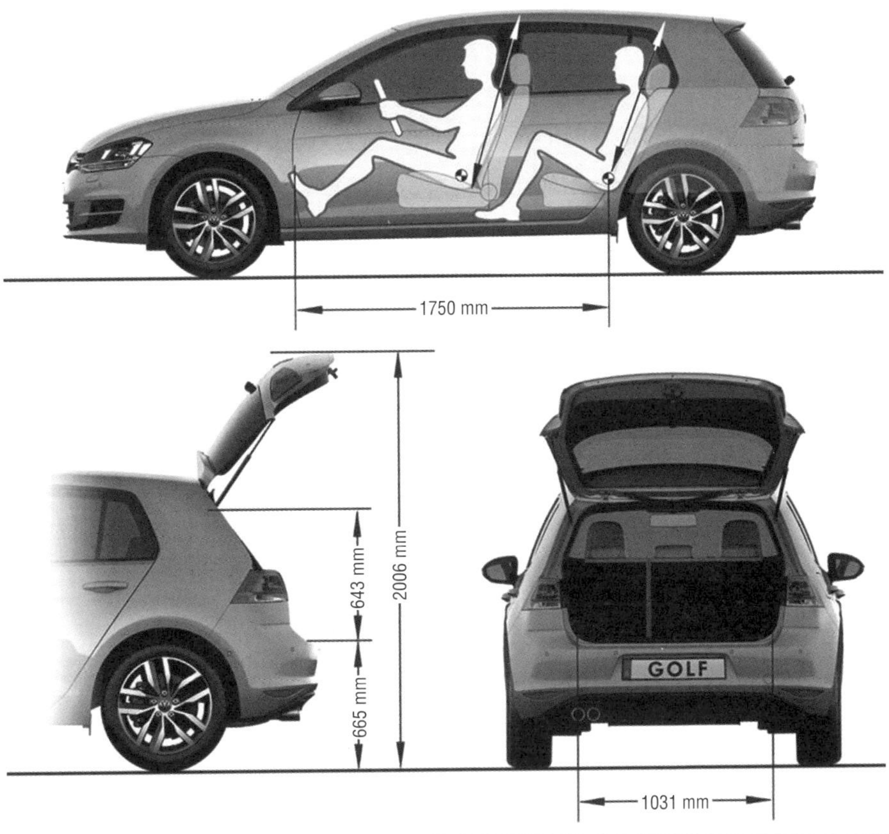

Bild 2a

Bild 3 und 3a
Fahrzeugabmessungen des Variant in der Übersicht.

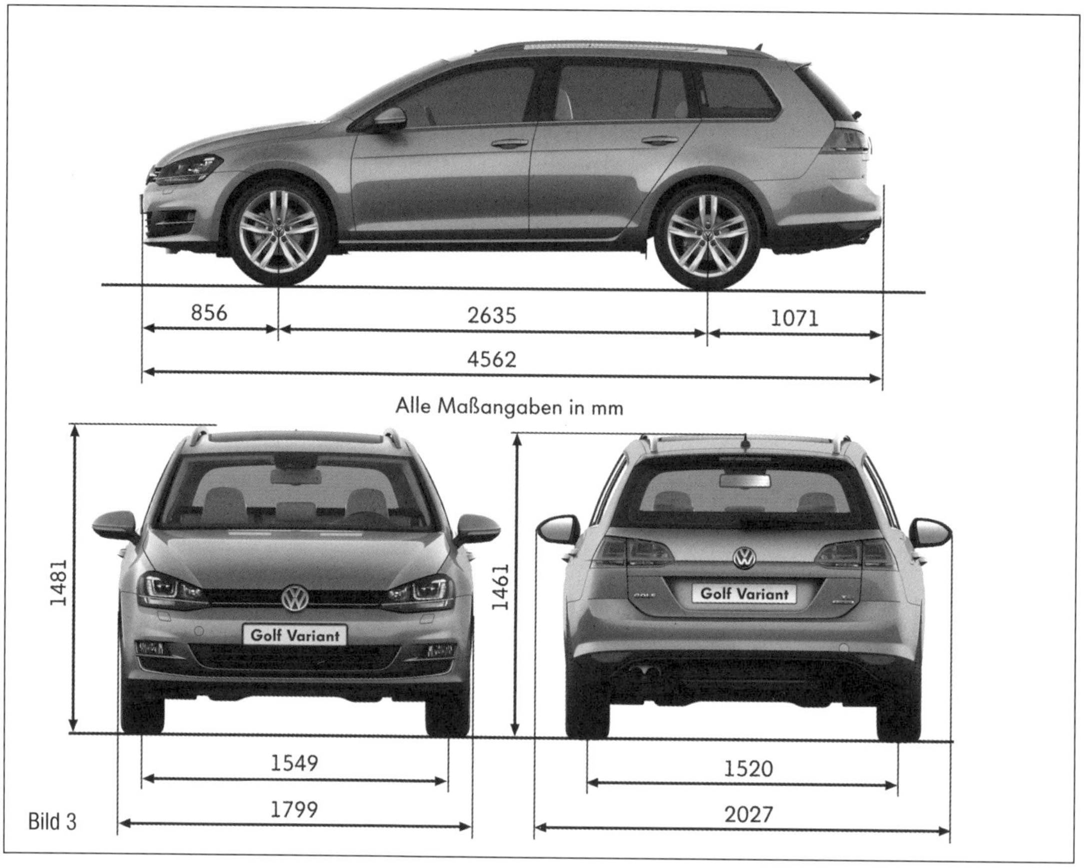

Bild 3

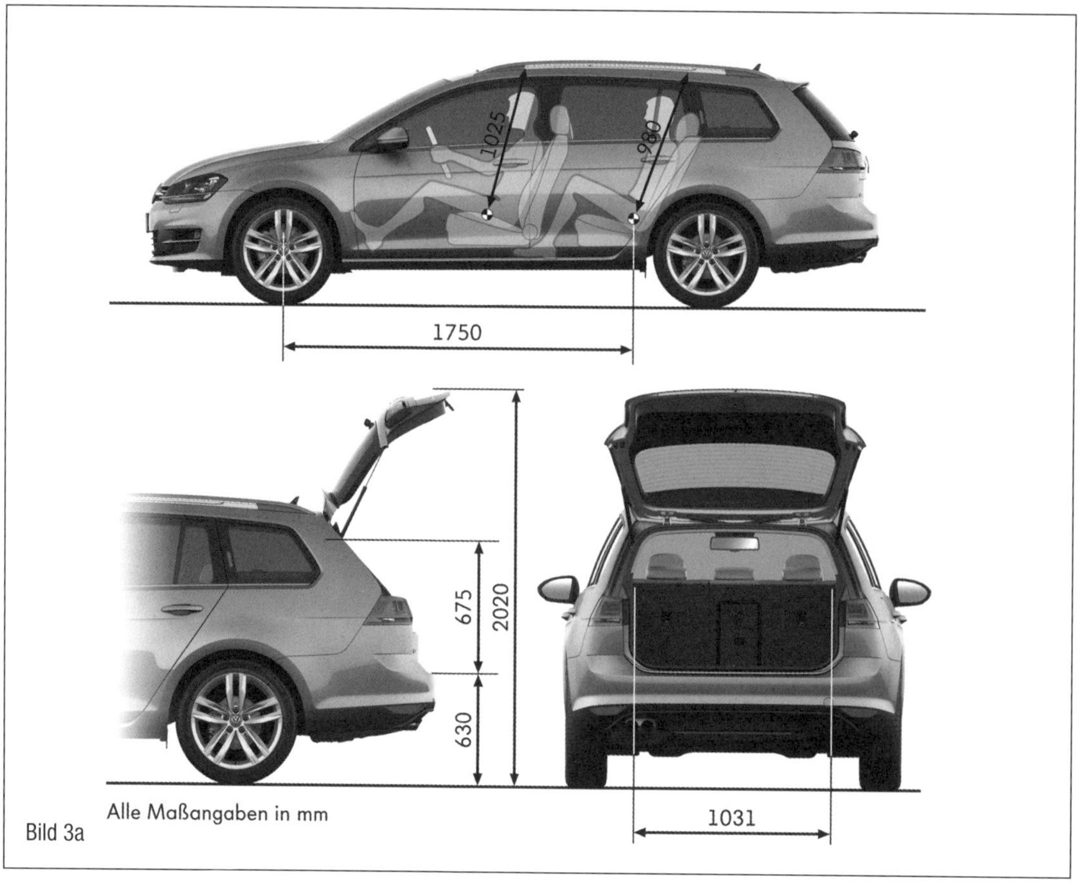

Bild 3a

Aufschlüsselung der Fahrzeug-Identifizierungsnummer

WVG	Herstellerzeichen
ZZZ	Füllzeichen
AU	Typ
Z	Füllzeichen
D	Modelljahr 2008
W	Produktionsstätte
000 234	Laufende Nummer

Fahrzeugdatenträger
Den Fahrzeugdatenträger finden Sie gleich zweimal im Fahrzeug. Er ist unter Kofferraumabdeckung auf dem Bodenblech verklebt (Bild 6) und befindet sich auch im Serviceplan des Fahrzeuges. Der Aufkleber im Serviceplan und der im Kofferraum unterscheiden sich nicht und enthalten die gleichen Daten (Bild 5).
Der Aufkleber enthält folgende Fahrzeugdaten:

1. Fahrzeug-Identifizierungsnummer
2. Fahrzeugtyp, Motorleistung, Getriebe
3. Motor- und Getriebekennbuchstaben, Lacknummer, Innenausstattung
4. Mehrausstattungen, PR-Nummern

Gerade für die Teilebestellung beim Zubehörhändler sind neben der Fahrgestellnummer und dem Zulassungsdatum auch der Motor- sowie der Getriebekenncode sehr wichtig.

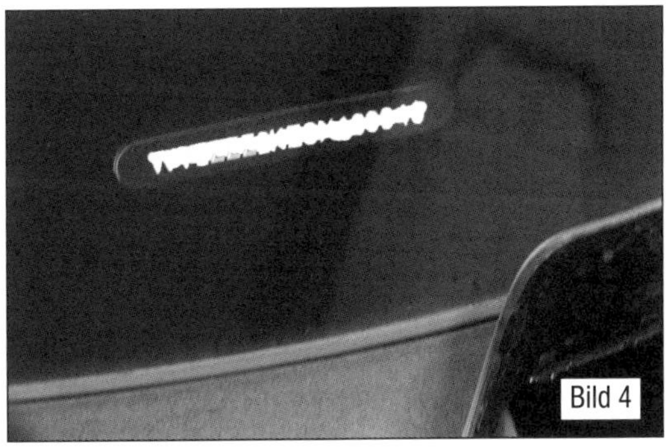
Bild 4
Sichtbare Fahrgestellnummer im Sichtfenster der Windschutzscheibe.

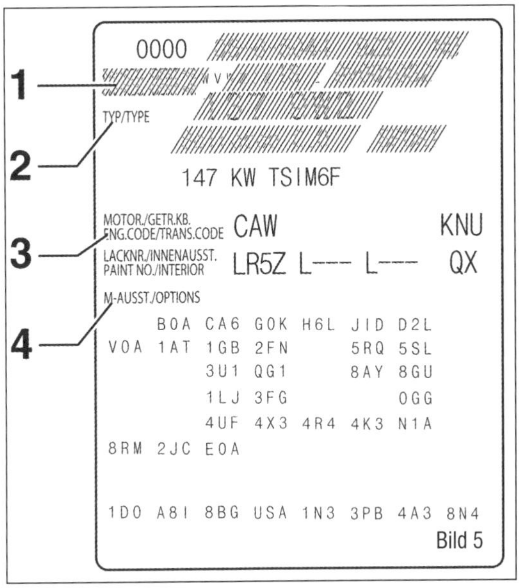

Bild 5
Fahrzeugdatenträger.

1 Fahrzeug-Identifizierungsnummer
2 Fahrzeugtyp, Motorleistung, Getriebe
3 Motor- und Getriebekennbuchstaben, Lacknummer, Innenausstattung
4 Mehrausstattungen, PR-Nummern

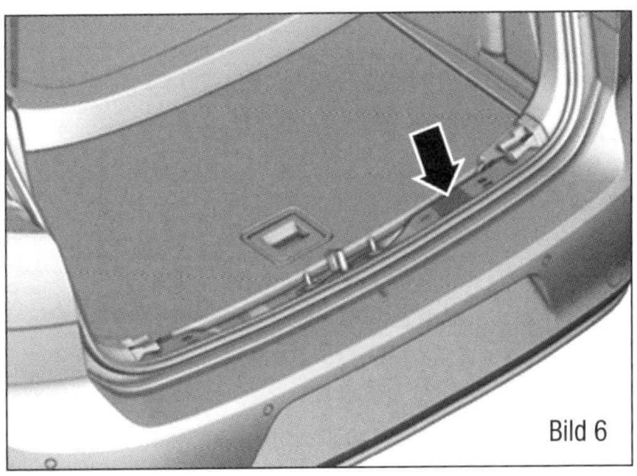
Bild 6
Position des Fahrzeugdatenträgers im Kofferraum unter der Abdeckung.

Servicevorgaben

Was den Service angeht, teilt der Fahrzeugdatenträger mit, ob das Fahrzeug mit der Produktionssteuerungsnummer (PR Nummer) ausgestattet ist. Diese Nummern geben Aufschluss über die Service-Intervalle. Die Bezeichnungen haben sich verändert. Die Abkürzungen, die früher mit **QG** begannen, werden heute mit **QI** bezeichnet.

Einsatz der Wartungs-Intervall-Verlängerung (WIV)
Ob für Ihren Markt die Wartungs-Intervall-Verlängerung (WIV) verfügbar ist, erfragen Sie bei Ihrem Importeur. Flexible Service-Intervall-Anzeige (nur Fahrzeuge mit flexiblem Service).

Berechnung der Wartungsintervalle:
Das Wartungsintervall bei Fahrzeugen mit flexiblem Service wird selbsttätig vom Fahrzeug berechnet. Eingangsmesswerte wie Fahrstrecke, Kraftstoffverbrauch, Öltemperatur und Belastung des Dieselpartikelfilters werden vom Steuergerät ausgewertet. Das Ergebnis aus dieser Bewertung ist ein Maß für den Verschleiß des Motoröls durch thermische Belastung. Der Verschleiß des Motoröls ist ausschlaggebend für die erreichbare Fahrstrecke bis zum nächsten Service.

Sichtprüfung Messen

Bei Fahrzeugen mit flexiblem Service, die nach festem Service gewartet werden, muss die Service-Intervall-Anzeige »nicht flexibel« umcodiert werden.

Servicemeldung abfragen

Servicevorwarnung
Ist demnächst ein Service fällig, erscheint im Display des Schalttafeleinsatzes beim Einschalten der Zündung eine »Servicevorwarnung«. Bei Fahrzeugen mit Textmeldungen im Display des Schalttafeleinsatzes erscheint folgende Anzeige »Service in --- km oder --- Tagen«. Nach einigen Sekunden oder bei laufendem Motor erlischt die Servicemeldung.
Eine Servicevorwarnung wird erstmalig 20 Tage vor dem errechneten fälligen Service angezeigt. Die angezeigte Restfahrstrecke wird immer auf 100 km gerundet bzw. die Restzeit auf ganze Tage.

Servicemeldung abfragen im Infotainment-System
- Zuerst die Zündung einschalten.
- Dann das Infotainment-System einschalten.
- Infotainmenttaste »CAR« drücken.
- Funktionsfläche »Setup« antippen.
- Im Menü scrollen, bis die Funktionsfläche »Service« erscheint.
- Funktionsfläche »Service« antippen. Die Servicemeldung erscheint nun im Infotainment-System.

Service-Intervall-Anzeige zurücksetzen.
Nach erfolgtem Service muss die Anzeige (SIA) wieder zurückgesetzt werden (»Anpassung «).

Mit dem Fahrzeugdiagnosetester geht das professionell vor sich:
- Tester im Fahrzeug anschließen, Zündung einschalten, »Geführte Funktionen« anwählen.
- Nacheinander auswählen: Marke, Typ, Modelljahr, Motorkennbuchstaben. Fahrzeugidentifikation bestätigen.
- Dann wiederum nacheinander auswählen: Schalttafeleinsatz, Service-Intervall-Anzeige zurücksetzen.
- Die Anpassung gemäß den »Geführten Funktionen« vornehmen, dann »Sprung« anwählen und »Beenden« drücken.
- Zündung ausschalten, Diagnosestecker abziehen, Zündung wieder einschalten.
- Es wird nun kein Serviceereignis mehr angezeigt.

Serviceintervalle Golf (5G1) 2013 ►, Golf Variant (BA5) 2014 ►, Golf Sportsvan (AM1) 2015 ►

PR-Nr.	Serviceereignisse: Intervalle	Anzeige in der Service-Intervall-Anzeige und im Infotainment-System
QI1	Ölwechsel-Service (fest): alle 5000 km / 1 Jahr	Ja
QI2	Ölwechsel-Service (fest): alle 7500 km / 1 Jahr	Ja
QI3	Ölwechsel-Service (fest): alle 10.000 km / 1 Jahr	Ja
QI4	Ölwechsel-Service (fest): alle 15.000 km / 1 Jahr	Ja
QI6	Ölwechsel-Service (flexibel): Max. 30.000 km / 2 Jahre	Ja
QI7	Ölwechsel-Service (fest): alle 10.000 km / 1 Jahr	Ja
QI7	Inspektion: alle 20.000 km / 2 Jahre	Ja
QI1, QI2, QI3, QI4, QI6, VI9	Inspektion: 1) Nach 30.000 km / 2 Jahren, dann alle 30.000 km / 1 Jahr	Ja

Zurücksetzen der SIA für den Ölwechselservice mit der Bedientaste am Schalttafeleinsatz:
Natürlich besteht auch die Möglichkeit die Service-Intervall-Anzeige (SIA) manuell zurückzusetzen. Es ist aber darauf zu achten, dass bei Fahrzeugen mit flexibler Codierung die SIA auf feste Intervalle codiert wird. Dabei wird auch der Anpasskanal für die Ölqualität verändert, was zu einem veränderten Anzeigeverhalten führen kann.

Zurücksetzen des Ölservice:
- Bei ausgeschalteter Zündung den Taster 1 im Bild 7 gedrückt halten.
- Zündung einschalten. Abwarten, bis im Display die Anzeige »Ölwechsel-Service zurücksetzen?« erscheint.
- Die Taste 1 wieder loslassen. Die Service-Intervall-Anzeige befindet sich nun im Rückstellmodus.
- Die Taste 1 einmal kurz drücken. Das Display schaltet nach kurzer Zeit in die Normalanzeige zurück.

Zurücksetzen der Inspektion:
- Bei ausgeschalteter Zündung den Taster 1 im Bild 7 gedrückt halten.
- Zündung einschalten. Abwarten, bis im Display die Anzeige »Inspektion zurücksetzen?« erscheint.
- Die Taste 1 einmal kurz drücken. Das Display schaltet nach kurzer Zeit in die Normalanzeige zurück.

Umcodieren SIA

Umcodieren von flexiblen auf feste Intervalle
- Zum Umcodieren muss ein Fahrzeugdiagnosetester angeschlossen werden.
- Nacheinander auswählen: Marke, Typ, Modelljahr, Motorkennbuchstaben.
- Zündung einschalten, »Geführte Funktionen« anwählen.
- Fahrzeugidentifikation bestätigen und wiederum nacheinander auswählen: Schalttafeleinsatz, Service-Intervall-Verlängerung anpassen.
- Anpassung gemäß den »Geführten Funktionen« vornehmen, anschließend »Wechsel Flexible/Feste.
- Intervalle »auswählen« anwählen und »Beenden« drücken.
- Die Zündung ausschalten und den Diagnosestecker abziehen.

Bild 7
Bild 7
Zurücksetzen der SIA.
1 Taste

Ändern der km-Maximalwerte für den Ölwechsel-Service (fest) bei der Übergabeinspektion
- Fahrzeugdiagnosetester anschließen.
- Zündung einschalten.
- Fahrzeugidentifikation durchführen.
- »mit Geführter Fehlersuche arbeiten« anwählen.
- »Steuergeräteliste« auswählen.
- »Schalttafeleinsatz« auswählen.
- »Steuergerät identifizieren« auswählen.
- »Geführten Funktionen« auswählen.
- »Ölwechsel-Service (fest)« auswählen.
- Den Angaben der »Geführten Funktionen« folgen.
- »1 Ölwechsel-Service (fest)« zurücksetzen.
- Den Angaben der »Geführten Funktionen« folgen.
- Es werden die aktuellen km-Maximalwerte im Fahrzeugdiagnosetester angezeigt.

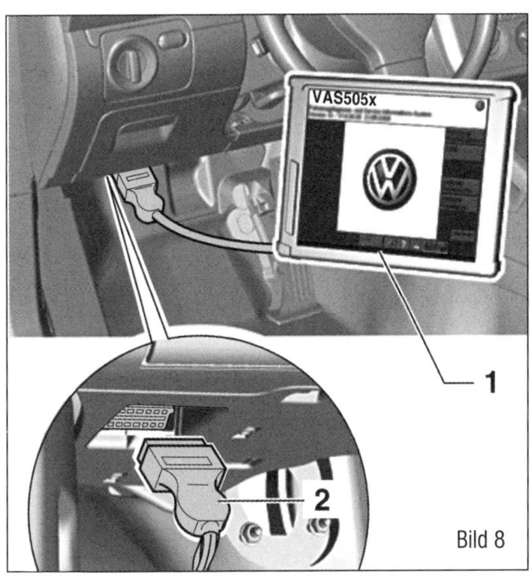

Bild 8
Bild 8
1 Fahrzeugdiagnosetester
2 OBD Stecker

VW Ölnormen
Golf (5G1) 2013 ►, Golf Variant (BA5) 2014 ►, Golf Sportsvan (AM1%) 2015 ►

BENZINMOTOREN			
Mit flexiblem Service		*Mit festem Service*	
Motor	Ölnorm	Motor	Ölnorm
4-Zylinder-TSI	504 00 [1]	4-Zylinder-TSI	502 00
		4-Zyl. MultiFuel	502 00
		4-Zylinder Motoren	502 00
ERDGASMOTOREN			
Mit flexiblem Service		*Mit festem Service*	
Motor	Ölnorm	Motor	Ölnorm
–	–	4-Zylinder-TGI	502 00
DIESELMOTOREN			
Mit flexiblem Service		*Mit festem Service*	
Motor	Ölnorm	Motor	Ölnorm
4-Zyl. TDI-CR mit DPF	507 00 [1]	4-Zyl.TDI-CR mit PDF	507 00 [1]
4-Zyl. TDI-CR ohne DPF	507 00 [1]	4-Zyl.TDI-CR ohne DPF	505 01

[1] Normbezeichnungen von Volkswagen

- »Nein« auswählen.
- Wählen Sie den für Ihr Land gültigen Maximalwert bis zum nächsten Ölwechsel-Service.
- Die Anpassung gemäß den Angaben der »Geführten Funktionen« durchführen.

Sie erkennen ein Fahrzeug mit Dieselpartikelfilter ab Werk an der PR-Nr. 7MJ oder 7MM auf dem Fahrzeugdatenträger.

Filterwechselintervalle
Die Arbeitsbeschreibungen zu den einzelnen Filtersystemen Ihres Fahrzeugs haben wir in den einzelnen Kapiteln zu den Bauteilen dargestellt.

Ölfilterwechselintervalle
Die Ölfilter für die einzelnen Motoren werden entweder nach der Serviceanzeige für die flexiblen Intervalle oder bei der Anzeige für den Ölwechselservice ausgetauscht. Der Wechsel erfolgt bei jedem Ölwechsel.

Luftfilter
Regelmäßig sollte der Luftfilter alle 90.000 km oder nach 6 Jahren ersetzt werden. Gerade bei Fahrzeugen, die in »staubreicher« Umgebung betrieben werden, sollte der Filter regelmäßig kontrolliert und bei Bedarf auch früher ersetzt werden.

Dieselkraftstofffilter
Der Kraftstofffilter muss bei Dieselkraftstoffen, die der Europanorm EN 590 entsprechen, bei allen Dieselfahrzeugen bei 90.000 km gewechselt werden. Bei Einsatz von Dieselkraftstoffen, die nicht die Eigenschaften nach EN 590 (siehe Zapfsäule) haben, muss der Austausch des Filters bereits bei 30.000 km erfolgen. Das Entwässern der Kraftstofffilter ist entfallen.

Staub- und Pollenfilter
Der Staub- und Pollenfilter sollte bei allen Fahrzeugvarianten spätestens nach 60.000 km oder 2 Jahren erneuert werden. Gerade bei Fahrzeugen, die in »staubreicher« Umgebung betrieben werden, sollte der Filter regelmäßig kontrolliert und bei Bedarf auch früher ersetzt werden.

Ölfilter bei DSG-Getrieben (6-Gang-DSG, 0D9)
Der Ölfilter des DSG-Getriebes wird nach 60.000 km oder nach einer Getriebereparatur ersetzt.

Aufnahmepunkte für Hebebühne und Werkstattwagenheber
Ein falscher bzw. ungenauer Sitz der Aufnahmeteller/Hebearme der Hebebühne führt zu Beschädigung der Beplankungsteile.
Den Aufnahmeteller der Hebebühne so weit herausdrehen, dass genügend Abstand zwischen Hebearm und Unterholm besteht. Ausschließlich die Versteifung des

Zündkerzenwechselintervalle Benzin-Motoren
Golf (5G1) 2013 ►, Golf Variant (BA5) 2014 ►, Golf Sportsvan (AM1%) 2015 ►

Motor	*MKB*	*Modelljahr*	*Wechselintervalle*
1,2 I-TSI	CJZA, CJZB, CJZD, CYVA	alle	Spätestens bei 60.000 km oder bei Fahrzeugen mit geringer Laufleistung spätestens nach 4 Jahren.
1,4 I-TSI	CYVB, CHPA, CHPB, CMBA	alle	
1,6 I-SRE	CPTA, CPVA, CPVB, CPWA	alle	
2,0 I-TSI	CXSA, CXSB, CZCA, CZDA, CWVA, CHHA, CHHB, CJXC, CNTA	alle	

Zahnriemenwechselintervalle Benzin-Motoren
Golf (5G1) 2013 ►, Golf Variant (BA5) 2014 ►, Golf Sportsvan (AM1%) 2015 ►

Motor	*MKB*	*Modelljahr*	*Zahnriemen- / Spannrollenwechsel*
1,2 I-TSI	CJZA, CJZB, CJZD, CYVA	alle	Es gibt kein vorgeschriebenes Wechselintervall. Es sind Prüfintervalle vorgeschrieben. Die Arbeiten dazu finden Sie auch im entsprechenden Kapitel des jeweiligen Motors.
1,4 I-TSI	CYVB, CHPA, CHPB, CMBA	alle	
1,6 I-SRE	CHPA, CHPB, CMBA, CPTA, CPVA, CPVB, CPWA, CXSA, CXSB, CZCA, CZDA, CWVA	alle	

Zahnriemenwechselintervalle Diesel Motoren
Golf (5G1) 2013 ►, Golf Variant (BA5) 2014 ►, Golf Sportsvan (AM1%) 2015 ►

Motor	*MKB*	*Modelljahr*	*Zahnriemen- / Spannrollenwechsel*
Alle TDI-CR	CLHA, CLHB, CRBB, CRBC, CRLB, CRVA, CUNA, CRKA, CRKB, CRLB CRVA, CXXA, CXXB	alle	Alle 210.000 km
Alle TDI-CR (Bei Betrieb in staubreichen Ländern!)	CLHA, CLHB, CRBB, CRBC, CRLB, CRVA, CUNA, CRKA, CRKB, CRLB, CRVA, CXXA, CXXB	alle	Alle 120.000 km

Weitere zeit- oder laufleistungsabhängige Zusatzarbeiten
Golf (5G1) 2013 ►, Golf Variant (BA5) 2014 ►, Golf Sportsvan (AM1%) 2015 ►

Beschreibung	*Wechselintervall*
Doppelkupplungsgetriebe (DSG) 0D9: Getriebeöl und Filter ersetzen.	Alle 60.000 km
Erweiterter Inspektionsumfang (nur in Verbindung zur Inspektion)	Nach 60.000 km / 3 Jahre, danach alle 60.000 km / 2 Jahre
Panorama-Schiebedach vorne: Funktion prüfen, Führungsschienen reinigen und fetten sowie Windabweiser reinigen.	Nach 60.000 km / 3 Jahre, danach alle 60.000 km / 2 Jahre
Panorama-Ausstell-Schiebedach mit Panoramadach hinten: Funktion prüfen, Führungsschienen reinigen und fetten sowie Windabweiser reinigen.	Nach 60.000 km / 3 Jahre, danach alle 60.000 km / 2 Jahre

Sichtprüfung Messen

Weitere zeit- oder laufleistungsabhängige Zusatzarbeiten
Golf (5G1) 2013 ►, Golf Variant (BA5) 2014 ►, Golf Sportsvan (AM1%) 2015 ►

Beschreibung	*Wechselintervall*
Dieselpartikelfilter: Prüfen (nur bei Fahrzeugen mit werkseitig verbautem Dieselpartikelfilter)	Bei 210.000 km, danach alle 30.000 km
Zahnriemen für Nockenwellenantrieb: Prüfen (gilt nur für Fahrzeuge ohne vorgeschriebenes Wechselintervall)	Bei 240.000 km, danach alle 30.000km
Zahnriemen für Kühlmittelpumpe: Prüfen (gilt nur für Fahrzeuge ohne vorgeschriebenes Wechselintervall)	Bei 240.000 km, danach alle 30.000km
Abgasuntersuchung (AU): Durchführen (nur bei Fahrzeugen mit gewerblicher Personenbeförderung, wie z. B. Taxis in Deutschland).	Alle 12 Monate
Abgasuntersuchung (AU): Durchführen (nur in Deutschland).	3 Jahre nach Erstzulassung, danach alle 2 Jahre
Haldex-Kupplung: Öl wechseln (nur für 4MOTION).	Alle 3 Jahre
Vorderachs-Differenzialsperre: Öl wechseln (nur für GTI »Performance«)	Alle 3 Jahre
Brems- und Kupplungsanlage: Bremsflüssigkeit wechseln.	3 Jahre nach Erstzulassung, danach alle 2 Jahre
Erdgasanlage: Sichtprüfung der Erdgas-Kraftstoffbehälter auf Korrosion und Dichtigkeitsprüfung durchführen (gilt nur für Golf TGI). ACHTUNG: Diese Arbeit darf nur von speziell geschultem Personal durchgeführt werden!	3 Jahre nach Erstzulassung, danach alle 2 Jahre
Erdgaseinfüllstutzen und Verschlussdeckel auf Zustand prüfen, ggf. reinigen und Dichtring prüfen gilt nur für Golf TGI). ACHTUNG: Diese Arbeit darf nur von speziell geschultem Personal durchgeführt werden!	3 Jahre nach Erstzulassung, danach alle 2 Jahre
Erdgasbehälter: Ersetzen (gilt nur für Golf TGI). ACHTUNG: Diese Arbeit darf nur von speziell geschultem Personal durchgeführt werden!	Alle 20 Jahre

Unterholms als Aufnahmepunkt der Aufnahmeteller der Hebebühne verwenden.

Bei den »R-Modellen« und Fahrzeugen, die mit diesen Teilen umgebaut wurden, sind die Unterholmmarkierungen durch die Unterholmverbreiterung verdeckt, sie befinden sich jetzt auf der Unterseite der Unterholmverbreiterung. Achten Sie beim Anheben darauf, dass die Unterholmverbreiterung nicht beschädigen wird, und dass die Versteifung des Unterholms mittig auf dem Aufnahmeteller aufliegt.

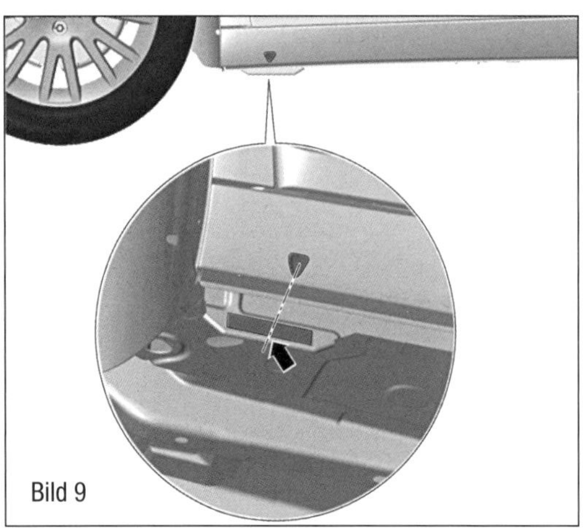

Bild 9

Bild 9
Aufnahmeteller im Bereich der Unterholmmarkierung, an der senkrechten Versteifung des Bodenblechs (Pfeil) ansetzen.

Bild 10

Bild 10
Aufnahmeteller, im Bereich der Unterholmmarkierung, an der senkrechten Versteifung des Bodenblechs (Pfeil) ansetzen.

3 Werkzeug und Ausrüstung

Ob nun reines Hobby oder beruflich: Das Schrauben birgt gewisse Risiken. Vom kleinen Kratzer bis hin zum tödlichen Unfall ist schon alles vorgekommen. Ärgerlich ist es aber auch schon, wenn durch einen unpassenden Schraubenschlüssel eine Schraube so beschädigt wird, dass sie sich nur mit einem erheblichen Aufwand lösen lässt. Einige Arbeiten werden durch Spezialwerkzeug deutlich erleichtert. Sollten Sie bestimmte Tätigkeiten öfter durchführen, scheuen Sie sich nicht, die Preise für das Spezialwerkzeug anzufragen. Gelegentlich sind die Preise so günstig, dass es sich nicht mal lohnt, die Werkzeuge nachzubauen.

Standardausrüstung für mechanische Arbeiten

Sicherlich ist es immer besser, auf die Werkzeugsätze der Top-Markenhersteller zurückzugreifen. Als Basis allerdings sind auch schon günstigere Ausführungen recht bekannter Marken erhältlich. Gerade für die Arbeiten an modernen Fahrzeugen müssen neben den üblichen Sechskantnüssen auch Vielzahn- und Torxeinsätze zur Verfügung stehen (Bild 4). Eine günstige Alternative für unsere Zwecke bieten »Snap On«- oder »KS-Tool«-Werkzeugkoffer, die ein sehr komplettes Angebot liefern. Sind die Sätze im Angebot, kann man sein Werkzeugsortiment mit einem solchen Set leicht auch um 100 Euro erweitern.
An Werkzeug lässt sich leider kein Geld einsparen. Zum einen ist die Lebenserwartung dieses Werkzeuges stark an den Anschaffungspreis gekoppelt und zum anderen ist es extrem wichtig, dass die Maßhaltigkeit genau stimmt.
Wenn es um die Demontage von einzelnen Bauteilen geht oder auch nur zur Ablage von ausgebauten Fahrzeugteilen, ist eine Werkbank sehr hilfreich (Bild 2). Ist sie stabil genug, kann sie bei der Demontage der Motorteile gute Dienste leisten. Bei der Demontage fallen regelmäßig einige Schrau-

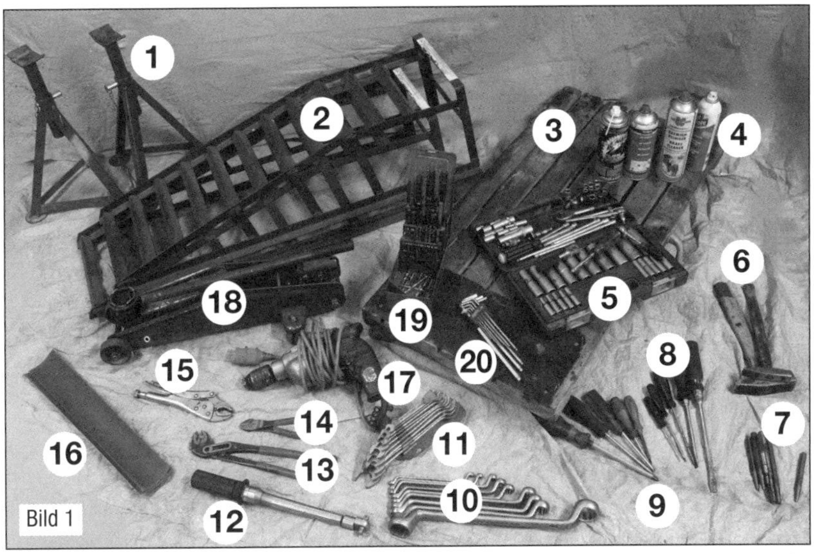

Bild 1
Standardwerkzeug in der Übersicht.
1 Unterstellböcke
2 Auffahrrampen
3 Rollbrett
4 Rostlöser und Bremsenreiniger
5 Ratschenkasten-Werkzeugset
6 Schlosserhammer 500 g und Schlosserhammer 200 g
7 Durchschlagset und Körner
8 Schlitz-Schraubendreherset
9 Kreuz-Schraubendreherset
10 Ringschlüsselset
11 Gabelschlüsselset
12 Drehmomentschlüssel
13 Wasserpumpenzange
14 Seitenschneider
15 Grip- oder Schnappzange
16 Schleifpapier Korn 120
17 Handbohrmaschine
18 hydraulischer Wagenheber
19 Bohrerset
20 Innensechskant/Torx/Vielzahnset.

Bild 2
Werkbank und Ablage.

Bild 3
Kistchen und Kästchen – das spart Zeit.

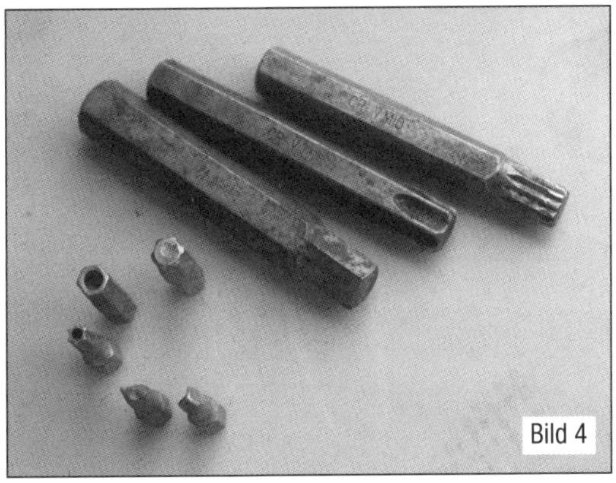

Bild 4
Innensechskant, Torx und Vielzahn alt bewährt bis öfter mal was Neues.

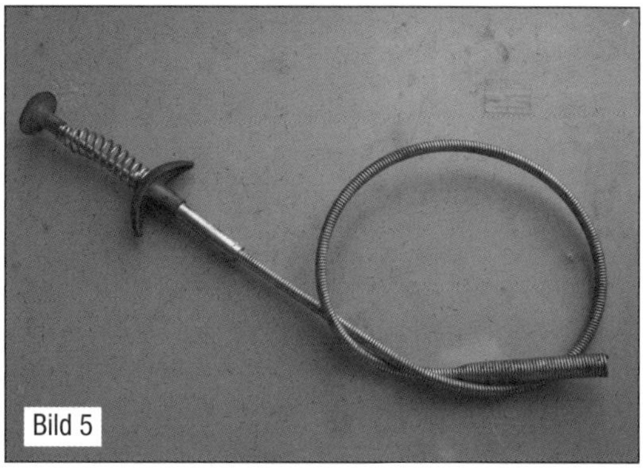

Bild 5
Greifer.

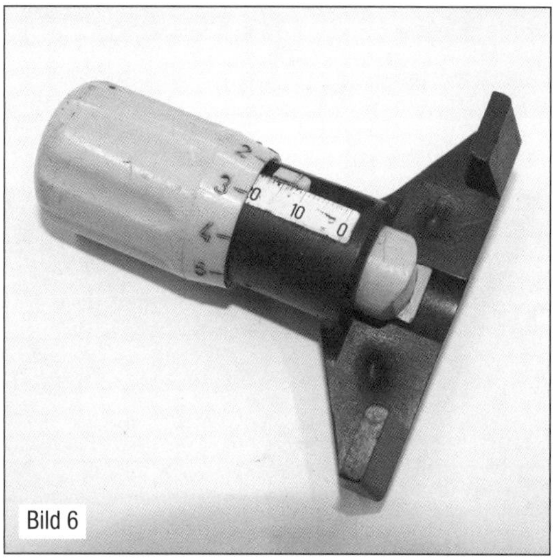

Bild 6
Zahnriemenvorspannungs-Prüfer.

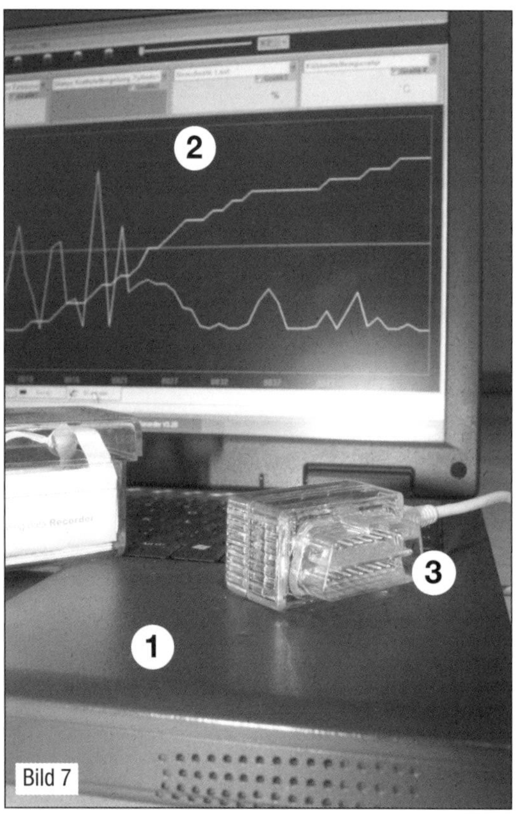

Bild 7
Aufzeichnen während der Fahrt: alle OBD-Daten bis zu 24 Stunden erfassen.
1 Laptop
2 Kennlinien
3 Datenlogger

ben an. Um diese besser wieder zuordnen zu können und sie sicher und sauber zu lagern, empfiehlt es sich, für die einzelnen Baugruppen jeweils eine, am besten verschließbare Kiste zu verwenden (Bild 3).

Spezialwerkzeuge
Ein hilfreicher Spezialist für enge Stellen ist ein so genannter Greifer oder auch ein »Magnet am Stiel« (Bild 5). Der Motorraum ist gerade bei heutigen Fahrzeugen recht zugebaut. Fällt eine Schraube oder Klammer hinunter, muss diese natürlich wieder herausgesammelt werden. Oft genug wird es für die Finger zu eng. Der Versuch, mit einem Schraubendreher das Entfallene in erreichbare Nähe zu bekommen, endet meist mit einer noch verzwickteren Lage. Der Greifer oder auch ein Magnet kann helfen, die entflohenen Teile ohne fingerbrecherische Aktionen wieder einzufangen.

Zahnriemenvorspannungsprüfer (Bild 6)
Bei allen Motorvarianten ohne automatischen Zahnriemenspanner muss dieser entsprechend den Angaben des Herstellers gespannt werden. Ist er zu lose, können genau wie bei zu fester Spannung Schäden an Riemen oder den Umlenkungen entstehen.

Standardausrüstung für Arbeiten an der elektrischen Anlage

Diagnose-Tools und Auslesegeräte
Unabdingbar ist heutzutage, die in jedem Steuergerät eingebauten Fehlerspeicher auszulesen. Es geht schon lange nicht mehr darum, die großen Fehler abzulegen, sondern eben auch kleine Funktionsstörungen, die vom Steuergerät erkannt werden, für eine Fehlerabfrage bei der Inspektion oder bei der Reparatur zu sichern. Es gibt heute schon Auslesegeräte für die OBD (On Board Diagnose) unter 100 Euro, die zumindest das Auslesen nach Codenummer ermöglichen. Wir verwenden in diesem Buch den »VCDS« (VCDS-Diagnosesystem), um die Auslese, einige Bauteilprüfungen und Einstellungen im Bordnetz durchzuführen. Dieses PC-basierte Diagnosesystem liegt mit seinen 350 Euro ungefähr beim Preis eines Pro-

firatschenkastens. Zusätzlich wird lediglich ein Notebook mit Windows-Betriebssystem oder ein ausgedienter Desktop-PC benötigt. Regelmäßige, kostenlose Softwareupdates halten Sie stets auf dem neuesten Stand (Bilder 7, 8 und 9). Die Auslesegeräte werden zunehmend vielfältiger, und es ergeben sich neue Möglichkeiten. Der »C-Recorder« ermöglicht eine Langzeitüberwachung der Bordelektronik bis zu 24 Stunden Fahrzeit (Nr. 3 in Bild 7). Das ist eine sehr hilfreiche Variante für die Fehlersuche, gerade bei kaum zu ortenden sporadisch auftretenden Fehlern.

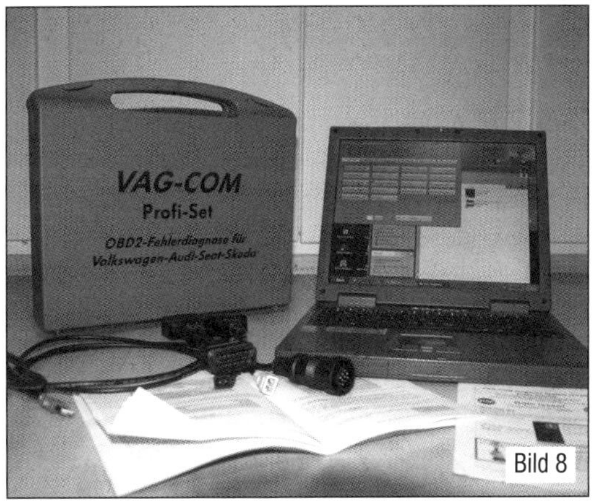

Bild 8

Bild 8
VCDS: Volldiagnose zum günstigen Kurs.

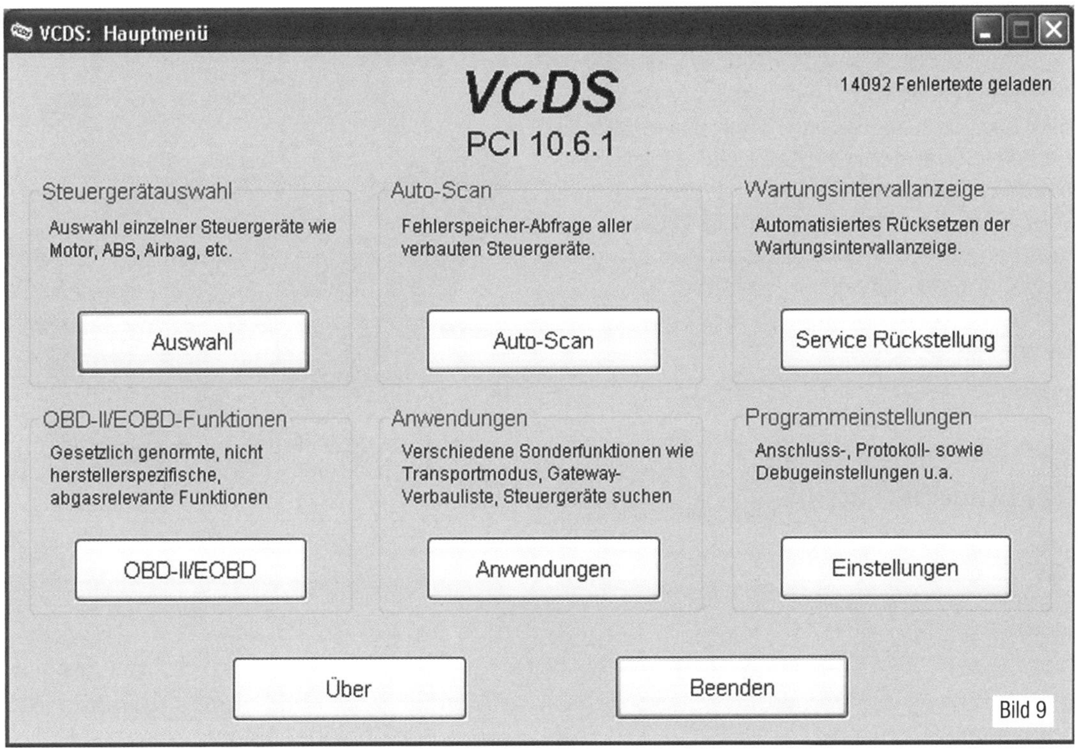

Bild 9

Bild 9
Das VCDS-Hauptmenü ist übersichtlich und verständlich aufgebaut.

Sichtprüfung Messen

4 Motoren

Den Golf gibt es fast nicht mit klassischen Saugrohreinspritzern »SRE«. Diese Mehrpunkt-Einspritzanlage bezeichnet: Eine Düse pro Zylinder spritzt im Ansaugkrümmer den zerstäubten Kraftstoff in den jeweiligen Ansaugkanal. Für Direkteinspritzung bei Benzinmotoren steht bei Volkswagen FSI »Fuel Stratified Injection«. Wenn diese Motoren noch aufgeladen werden, nennt VW sie »TSI« (vorher TFSI). Geschieht das mit Abgasturbolader, werden sie als »Turbocharger« bezeichnet; geschieht die Aufladung per Turbolader und Kompressor, heißen sie »Twincharger«. Wir führen einundzwanzig TSI-Motoren auf. Streng genommen sind es nur dreizehn, denn die Motoren gibt es in unterschiedlichen Leistungsstufen mit dem Hubraum zwischen 1,2 und 2,0 Liter. Dazu kommen noch elf TDI-Dieselmotoren, die zwar unterschiedliche Leistungsbereiche aufweisen, sich aber für die hier beschriebenen Arbeiten recht gut zusammenfassen lassen.

Bild 1

Bild 1 Diesel-TDI-Motor mit Common-Rail-Einspritzsystem und Turboaufladung.

Bild 2

Bild 2 Benzin-TSI-Motor mit Turbo sowie Turbo- und Kompressoraufladung.

Die Motormerkmale – Technische Daten

Benzinmotoren

Kraftstoff (Qualität)	Benzin (95 ROZ)	Benzin (95 ROZ)	Benzin (95 ROZ)	Benzin (95 ROZ) Erdgas	Benzin (95 ROZ) (104 Ethanol)
Hubraum	1,2 l	1,2 l	1,2 l	1,4 l	1,4 l
Motorkennbuchstaben	CJZB, CYVA	CJZA	CJZD, CYVB	CPWA	CPVA, CXSA
Zylinderzahl	4	4	4	4	4
Ventile pro Zylinder	4	4	4	4	4
Leistung kW bei 1/min	63/1400-3200	77/5000	81/4600-5600	81/5000	90/5000
Drehmoment Nm bei 1/min	160/1400-3200	175/1400-3500	175/1400-4000	200/1500-4000	200/1500-4000
Bohrung Ø mm	71,0	71,0	71,0	74,5	74,5
Hub mm	75,6	75,6	75,6	80,0	80,0
Aufladesystem	MED 17.5.21 MED 17.5.25 TSI Turbo	MED 17.5.21 TSI Turbo	MED 17.5.21 MED 17.5.25 TSI Turbo	MED 17.5.21 TGI Turbo	MED 17.5.21 TSI Turbo
Nockenwellenantrieb	Zahnriemen	Zahnriemen	Zahnriemen	Zahnriemen	Zahnriemen

* eventuell mit Leistungsverlust

weitere Benzinmotoren

Kraftstoff (Qualität)	Benzin (95 ROZ) (91 ROZ*)	Benzin (95 ROZ)	Benzin (95 ROZ)	Benzin (95 ROZ) (91 ROZ*)	Benzin (95 ROZ) (85 Ethanol)
Hubraum	1,4 l	1,4 l	1,4 l	1,4 l	1,4 l
Motorkennbuchstaben	CMBA	CXSB, CZCA	CPVB	CPTA, CHPA	CHPB, CZDA
Zylinderzahl	4	4	4	4	4
Ventile pro Zylinder	4	4	4	4	4
Leistung kW bei 1/min	90/5000-6000	92/5000-6000	92/5000	103/4500-6000	110/5000
Drehmoment Nm bei 1/min	200/1400-4000	200/1400-4000	200/1500-4000	250/1500-3500	250/1500-3500
Bohrung Ø mm	74,5	74,5	74,5	74,5	74,5
Hub mm	80,0	80,0	80,0	80,0	80,0
Aufladesystem	MED 17.5.21 TSI Turbo	MED 17.5.21 TSI Turbo	MED 17.5.25 TSI Turbo	MED 17.5.21 TSI Turbo	MED 17.5.21(25) TSI Turbo
Nockenwellenantrieb	Zahnriemen	Zahnriemen	Zahnriemen	Zahnriemen	Zahnriemen

* eventuell mit Leistungsverlust

weitere Benzinmotoren

Kraftstoff (Qualität)	Benzin (95 ROZ) (91 ROZ*)	Benzin (95 ROZ)	Benzin (95 ROZ)	Benzin (95 ROZ)	Benzin (95 ROZ)
Hubraum	1,6 l	2,0 l	2,0 l	2,0 l	2,0 l
Motorkennbuchstaben	CWVA	CNTA	CHHB	CHHA	CJXC
Zylinderzahl	4	4	4	4	4
Ventile pro Zylinder	4	4	4	4	4
Leistung kW bei 1/min	81/5800	155/4300-6200	162/4200-6000	169/4200-6000	221/5500-6200
Drehmoment Nm bei 1/min	155/3800	250/1600-4200	350/1500-4000	350/1500-4000	380/1800-5500
Bohrung Ø mm	74,5	74,5	74,5	74,5	74,5
Hub mm	80,0	80,0	80,0	80,0	80,0
Aufladesystem	MED 17.5.21 TSI Turbo	MED 17.5.21 TSI Turbo	MED 17.5.25 TSI Turbo	MED 17.5.21 TSI Turbo	MED 17.5.21(25) TSI Turbo
Nockenwellenantrieb	Zahnriemen	Kette	Kette	Kette	Kette

* eventuell mit Leistungsverlust

Sichtprüfung Messen

Dieselmotoren				
Hubraum	1,6 l	1,6 l	1,6 l	1,6 l
Motorkennbuchstaben	CRVA	CRBB	CRLB, (CRBC)	CRKB,
Zylinderzahl	4	4	4	4
Ventile pro Zylinder	4	4	4	4
Leistung kW bei 1/min	66/3000 - 4000	66/3000 - 4000	77/3000 - 4000	81/3250 - 4000
Drehmoment Nm bei 1/min	230/1500 - 3000 (230/1500 - 2750)	230/1500 - 2750	250/1500 - 2750	250/1500 - 3000
Bohrung Ø mm	79,5	79,5	79,5	79,5
Hub mm	80,5	80,5	80,5	80,5
Aufladesystem	VTG-Lader	VTG-Lader	VTG-Lader	VTG-Lader
Nockenwellenantrieb	Zahnriemen	Zahnriemen	Zahnriemen	Zahnriemen

weitere Dieselmotoren				
Hubraum	2,0 l	2,0 l	2,0 l	2,0 l
Motorkennbuchstaben	CRKA, (CLHB)	CXXA	CLHA	CRKB, CXXB
Zylinderzahl	4	4	4	4
Ventile pro Zylinder	4	4	4	4
Leistung kW bei 1/min	81/3100 - 4500	105/3500 - 4000	110/4000	135/3500 - 4000
Drehmoment Nm bei 1/min	250/1500 - 3000	320/1750 - 3000	340 (320) / 1750 - 3000	380/1750 - 3000
Bohrung Ø mm	81,0	81,0	81,0	81,0
Hub mm	95,5	95,5	95,5	95,5
Aufladesystem	VTG-Lader	VTG-Lader	VTG-Lader	VTG-Lader
Einspritzsystem	Common-Rail			
Nockenwellenantrieb	Zahnriemen	Zahnriemen	Zahnriemen	Zahnriemen

Arbeiten am Motor

Maßnahmen für Sicherheit, einwandfreie Funktion und Sauberkeit

⚠ Bei Arbeiten am Motor, an der Kraftstoffversorgung (Kapitel 7) und an der Einspritzanlage sind bestimmte Maßnahmen zu treffen und Hinweise zu befolgen, die der Sicherheit bei der Arbeit dienen, eine einwandfreie Funktion aller Systeme gewährleisten sollen und Fehlfunktion oder Schäden durch Verunreinigung vermeiden helfen. Wir stellen sie hier als grundlegend für alle folgenden Arbeiten voran.

Sicherheit

- Bei allen Montagearbeiten am Kraftstoffsystem Schutzbrille und Schutzhandschuhe tragen. Hautkontakt mit Kraftstoff vermeiden.
- Der Kraftstoff bzw. die Kraftstoffleitungen im Kraftstoffsystem können sehr heiß werden (Verbrühungsgefahr). Außerdem steht das Kraftstoffsystem unter Druck. Vor dem Öffnen des Systems deshalb Putzlappen um die Verbindungsstelle legen und durch vorsichtiges Lösen der Verbindung Druck abbauen.
- Aus Sicherheitsgründen muss vor dem Öffnen des Kraftstoffsystems die Sicherung für die Kraftstoffpumpe aus dem Sicherungshalter entfernt werden, da die Pumpe durch den Türkontaktschalter der Fahrertür aktiviert werden kann.
- Kraftstoffleitungen sind mit Schnellverschlüssen gesichert. Kraftstoffschläuche dürfen nur mit Federbandschellen gesichert werden. Die Verwendung von Klemm- oder Schraubschellen ist nicht zulässig.

■ Beim Aus- und Einbau des Gebers für Kraftstoffvorratsanzeige oder der Kraftstoffpumpe (Kraftstofffördereinheit) aus gefüllten oder teilweise gefüllten Kraftstoffbehältern muss bereits vor Beginn der Arbeiten in die Nähe der Montageöffnung des Kraftstoffbehälters der Schlauch einer eingeschalteten Abgas-Absauganlage zum Absaugen der frei werdenden Kraftstoffgase gelegt werden.

■ Bei den TSI-Motoren ist die Einspritzanlage in einen Hochdruckbereich (maximal ca. 120 bar) und in einen Niederdruckbereich (ca. 6 bar) aufgeteilt. Vor dem Öffnen des Hochdruckbereichs, z. B. beim Ausbau der Hochdruckpumpe, des Kraftstoffverteilers, der Einspritzventile, der Kraftstoffrohre oder des Kraftstoffdruckgebers, muss der Kraftstoffdruck im Hochdruckbereich definiert auf einen Restdruck von ca. 6 bar abgebaut werden. Dazu ist ein Werkstatt-Diagnosesystem nötig. Bei Einsatz des VAS 5051 wird die »Geführte Funktion: Kraftstoffhochdruck abbauen« ausgeführt: Zündung ausschalten, sauberen Putzlappen um die Verbindungsstelle legen, vorsichtig öffnen, Druck ablassen, ausfließenden Kraftstoff auffangen. Fehlerspeicher abfragen, alle Einträge löschen, Readinesscode erzeugen.

Funktionssicherheit

■ Bei allen Montagearbeiten, insbesondere aufgrund der engen Bauverhältnisse im Motorraum, Leitungen aller Art z. B. für Kraftstoff, Kühl- und Kältemittel, Unterdruck und elektrische Leitungen so verlegen, dass die ursprüngliche Leitungsführung wieder hergestellt wird.

■ Alle Kabelbinder, die beim Ausbau gelöst oder aufgeschnitten werden, sind beim Einbau an der gleichen Stelle wieder zu befestigen.

■ Um Beschädigungen an den Leitungen zu vermeiden, auf ausreichenden Freigang zu allen beweglichen oder heißen Bauteilen achten.

Sauberkeit (»5 Regeln«)

■ Verbindungsstellen und deren Umgebung vor dem Lösen gründlich reinigen.

■ Ausgebaute Teile auf einer sauberen Unterlage ablegen und abdecken. Keine fasernden Lappen benutzen.

■ Geöffnete Bauteile sorgfältig abdecken bzw. verschließen, wenn die Reparatur nicht umgehend ausgeführt wird.

■ Nur saubere Teile einbauen: Ersatzteile erst unmittelbar vor dem Einbau aus der Verpackung nehmen. Keine Teile verwenden, die unverpackt (z. B. im Regal oder in Werkzeugkästen) aufgehoben wurden.

■ Bei geöffneter Kraftstoff- und Einspritzanlage möglichst nicht mit Druckluft arbeiten und das Fahrzeug nach Möglichkeit nicht bewegen.

Diagnosetester einsetzen

An diesem Kapitel lässt es sich leicht erkennen, dass viele Funktionen über die Elektronik virtuell realisiert worden sind. Die Anschaffung eines Testers für die Diagnose ist zwingend erforderlich. Nicht einmal der Anbau der Anhängerkupplung oder das Einstellen des Lichtes ist mehr möglich, wenn man eine fachgerechte Arbeit abliefern möchte. Es geht nicht mehr darum, einen Fehlerspeicher zu löschen, um dann mal »rumzuraten«, was es denn gewesen sein könnte. Es wäre das Gleiche, wenn Sie die Seiten dieses Buches ungelesen ausreißen und dann raten, was denn drin gestanden haben könnte. Die Diagnose über die Fehlerspeicher vereinfacht die Arbeit am Fahrzeug um einiges. Man muss lediglich lernen mit diesem »Werkzeug« zu arbeiten. Ohne Tester bleibt nur der Weg zum Händler, um den Fehlerstatus zu erfassen oder Einstellungen zu machen.

VAG-Tester

Ein großer Teil der Reparaturarbeiten schließt die Diagnose von Fehlern ein. Diese wird durch die ELSA (Elektronisches Service Auskunftssystem) im Zusammenspiel mit den Diagnosegeräten unterstützt. VAS 5051, 5052 oder 5053 können in der Fachwerkstatt an allen vernetzten Arbeitsplätzen betrieben werden und bieten direkten Zugriff auf aktuelle Werkstattliteratur sowie Unterstützung vom Hersteller über Telediagnose. Bei der Diagnose werden alle Kunden- und Fahrzeugdaten an die angeschlossenen Geräte weitergeleitet und sind automatisch an jedem Arbeitsplatz abrufbar. Während einer Reparatur können technische Problemlösungen nachgeschlagen oder im VW-Service Net® tagesaktuelle Zusatzinformationen abgerufen werden. Diese Anbindung an das Netzwerk ermöglicht Software-Updates von Steuergeräten, Geheimnis- und Komponentenschutz, Softwareversionsmanagement, Übertragung von Diagnoseprotokollen, die besagte Telediagnose, die softwaregestützte Durchführung von Aktionen und viele weitere Funktionen.

Das System »ELSA« steht mit aktuellen Daten zur Verfügung. Möglich sind dadurch:

- Datenaustausch zwischen kaufmännischem Bereich und Werkstatt;
- Datenaustausch über Werkstattauslastung und Terminvereinbarung;
- Austausch von Kunden-, Fahrzeug- und Termindaten;
- Rückfluss von Daten über bereits ausgeführte Reparaturen von der Werkstatt auf den Fortschrittsmonitor, sodass der Serviceberater gegebenenfalls in den laufenden Prozess eingreifen kann;
- Datenrückfluss von der Werkstatt für Qualitätskontrolle und Rechnungserstellung;
- Bereitstellung von Daten über benötigte Arbeitszeiten, Arbeitspositionen und Ersatzteile;
- Einbeziehung des Teiledienstes ab Terminvorbereitung in den Service-Prozess.

VCDS oder VAG-COM

Natürlich wählen wir wie auch beim Werkzeug nicht die billigste Variante aus, sondern empfehlen Ihnen die Anschaffung eines Systems, das im Laufe der nächsten Jahre noch einiges an Potenzial in deutscher Sprache liefern wird. Der »VCDS« (Bild 3) kommt aus den USA und wird hier in einer deutschen Ausgabe von wenigen Händlern angeboten.

- Reizvoll ist der Aufbau der »Wiki-Seite« der Firma PCI Tuning, auf der zukünftig Fehlerbeschreibungen und die Vorgehensweisen mit dem VCDS abgearbeitet werden sollen. Die Standortbeschreibung der Testerbesitzer könnte die Diagnose auch für die privaten Schrauber sehr auflockern.
- Auf der Internetseite des deutschen Vertriebs www.vcdspro.de können Sie sich genauer informieren. Gerade diejenigen unter den Lesern, die dem Thema »Diagnose« kritisch gegenüberstehen, werden zumeist nach wenigen Versuchen erkennen, wie einfach der Umgang mit Laptop und Fahrzeug wird.

Eine typische Situation im Umgang mit den Fahrzeugen dieser Generation liegt in der schon recht umfangreichen Steuerung und Regelungstechnik.

- Abgestimmt und eingestellt wird oft auf der virtuellen Ebene.

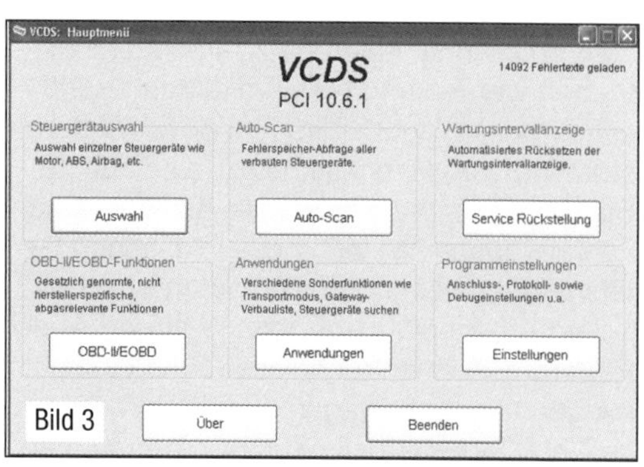

Bild 3

Bild 3
Startmaske des VCDS als Zugang zu allen Diagnosefunktionen.

Handgeräte zum Lesen und Löschen

OBD2 ist das Zauberwort, welches den Zugang zumindest zu den Motorsteuergeräten ermöglicht. Die Normung der Diagnose ermöglicht zumindest in diesem Bereich den Zugang zu allen aktuellen Fahrzeugen. Um den Fehlerspeicher auszulesen oder auch Prüffunktionen der Eigendiagnose ausführen zu können, reicht meist schon ein Diagnosetool, welcher durchaus schon um 100 Euro in diversen Onlineversteigerungen angeboten werden. Oft noch günstiger sind die kleinen Handgeräte schon im Baumarkt um die Ecke erhältlich (Bild 4). Wichtig hierbei ist immer, dass der entsprechenden Software zumindest eine Beschreibung auf Deutsch mitgeliefert wird.

Fehlerspeicher abfragen

Schwierig? Kann ich nicht? Ach was! Wer es schafft E-Mails abzurufen ohne den Computer zu zerstören kann, auch diese Arbeiten leicht erlernen. Wir zeigen Ihnen an einigen Beispielen, wie Aufgaben dieser Art angegangen werden können und möchten Sie animieren, sich zusammen mit Fachforen auch mit der Thematik Tester und Diagnose genauer auseinanderzusetzen.

- Wir gehen davon aus, dass Sie den VCDS ordnungsgemäß nach Handbuch installiert haben.
- Schließen Sie den VCDS auf Ihrem Laptop an die OBD-Dose im Fahrerfußraum an. Die Diagnosedose finden Sie im Fahrerfußraum von unten frei zugänglich (Bild 8 im Kapitel 2). Der Anschluss ist sofort

erkennbar. Stecken Sie den OBD-Stecker in die Diagnosedose und den USB-Anschluss in Ihren Laptop.

- Starten Sie den VCDS auf Ihrem Laptop (Bild 5).
- Schalten Sie die Zündung ein.
- Klicken Sie auf die Taste »Auswahl« (Bild 6).
- Klicken Sie den Karteikartenreiter »Antrieb« oder auch »Verbaut« an (Bild 6).
- Klicken Sie auf die Taste »01 Motorelektronik« (Bild 6).
- Klicken Sie auf die Taste »Fehlerspeicher 02« (Bild 7).

Nun werden Ihnen die Fehler, soweit vorhanden, als Text angezeigt.

- Sie können die Fehleranzeige speichern, drucken oder kopieren. Sie sollten in jedem Fall den Fehler vermerken, um diesem vielleicht einmal nachgehen zu können. Die Erfahrung zeigt, dass man sich den Fehler auf Dauer nicht im Kopf merken kann. Anschließend können Sie den einzelnen oder alle Fehler mit einem Klick löschen (Bild 7).
- Klicken Sie auf die Taste »fertig, Zurück«, um die Bildmaske wieder zu verlassen.
- Schalten Sie die Zündung aus.
- Ziehen Sie den Tester aus der Diagnosedose.

Derselbe Vorgang kann auf dem Handgerät nachvollzogen werden. Lediglich die Anwahlauswahl ist deutlich geringer. Für einen Ausdruck muss das Gerät an einen Computer oder Laptop angeschlossen werden. Die Anwahl der Funktionen erfolgt über die Pfeiltasten. »Enter« betätigt die getroffene Anwahl und »ESC« erlaubt den Rückzug aus der angewählten Maske. Das hier dargestellte Gerät ist für die VAG-Fahrzeuge optimiert und erlaubt auch den Zugang in andere Steuergeräte. Reine OBD2-Geräte ermöglichen in der Regel nur den Zugang zur Motorelektronik. Die Belegung und die Steuergerätesprache sind nur für den OBD2-Bereich verbindlich auf die abgasrelevanten Bauteile und die Motorelektronik geregelt.

Motorabdeckungen oben und unten aus- und einbauen

Je nach Motortyp und aktuellem Entwicklungsstand des jeweiligen Motors können die

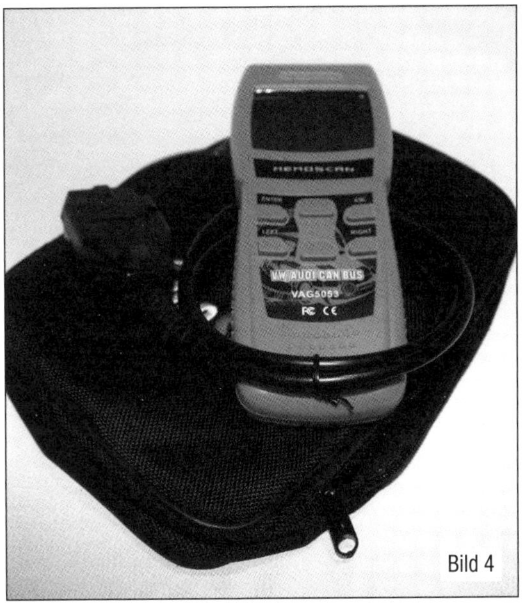

Bild 4
Diagnose-Tool: kleines Handgerät ohne Messfunktionen.

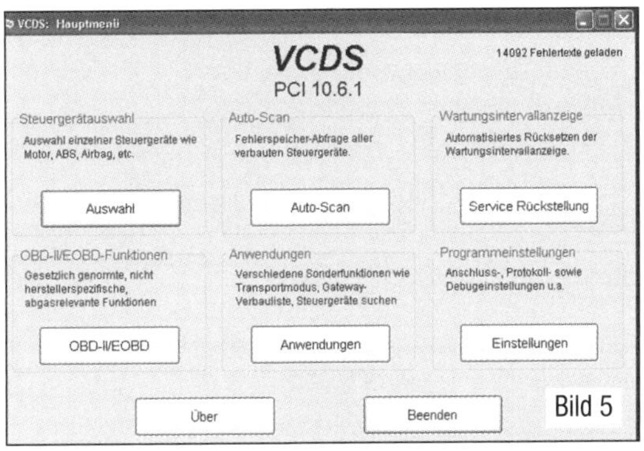

Bild 5
Abfrage des Motorsteuergerätes.

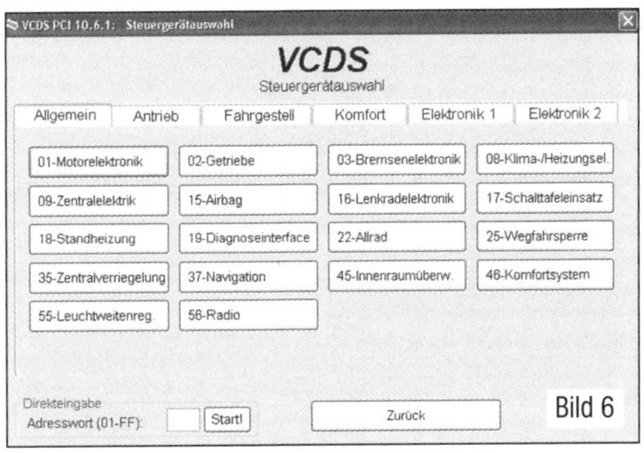

Bild 6
Auswahl der geplanten Aufgabe.

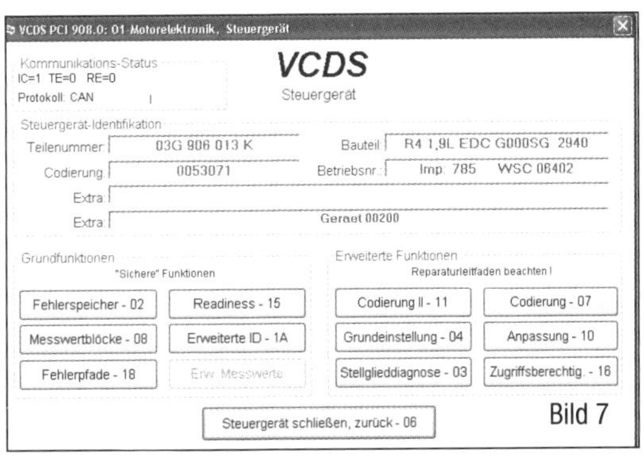

Bild 7
Anwahl des Steuergerätes.

Sichtprüfung Messen

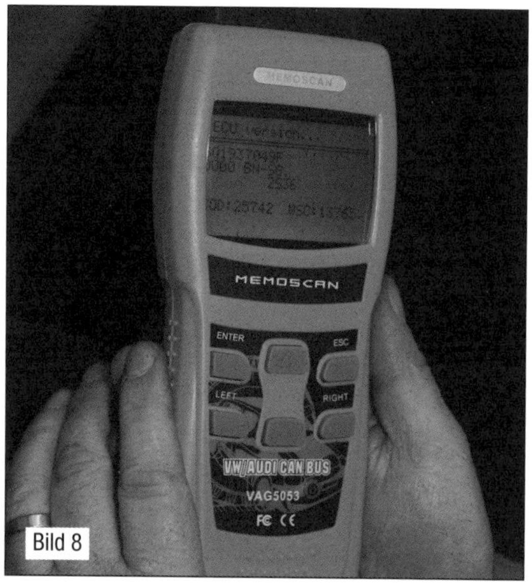

Bild 8
Startmaske des VCDS als Zugang zu allen Diagnosefunktionen.

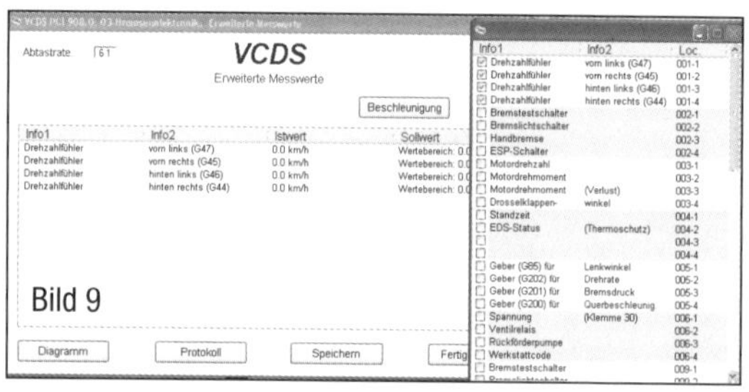

Bild 9
Anwahl und Anzeige mehrerer Messwerte über ein Steuergerät. Hier vom ABS-Steuergerät.

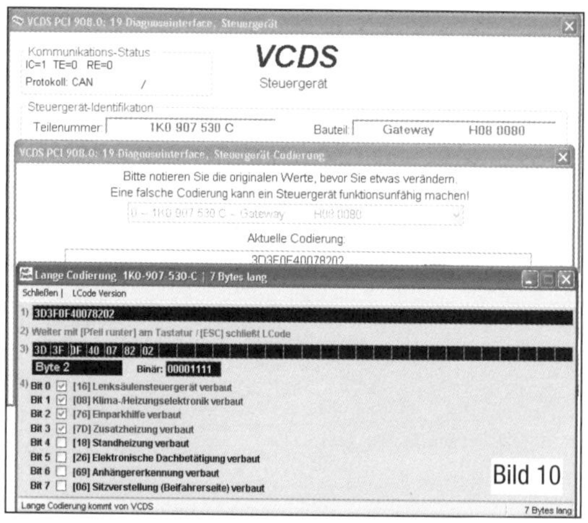

Bild 10
Programmieren eines Steuergerätes nach dem Nachrüsten von Zubehör oder technischen Änderungen.

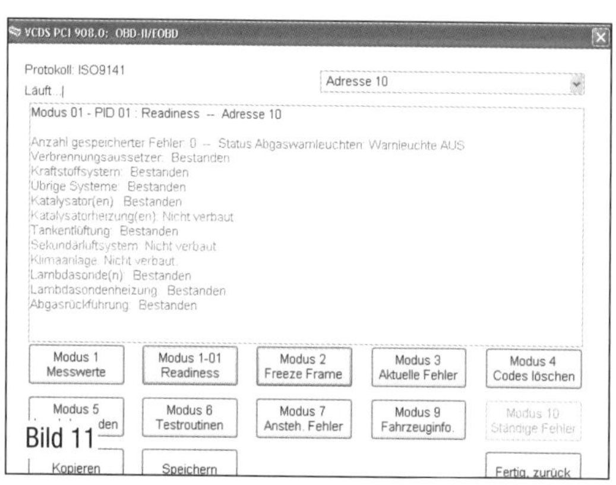

Bild 11
Abfrage des Readiness-Codes zur Vorbereitung einer AU.

Abdeckungen etwas anders ausgeführt sein als im Folgenden dargestellt. Das Prinzip ist jedoch stets gleich: Abschrauben oder mit festem Griff kräftig, aber vorsichtig abziehen. Beim Einbau geclipster Abdeckungen auf die richtige Lage in den Aufnahmen achten und für eine spätere leichtere Montage etwas Fett auf die Rastpunkte aufbringen.

Motorabdeckung oben demontieren
- Motorentlüftungsschlauch, falls vorhanden, am Stutzen abziehen.
- Gelegentlich muss der Ölmessstab herausgezogen werden.
- Motorabdeckung an den Befestigungspunkten (Pfeile B) ausrasten und anheben.
- Anschließend aus der Halterung ziehen.

Die Montage erfolgt sinngemäß in umgekehrter Reihenfolge.
- Achten Sie darauf, dass die Motorabdeckung (Bild 13) mit der Lasche (Pfeile A) am Befestigungspunkt (2) in den Halter (Pfeile B) eingeschoben ist.
- Anschließend Motorabdeckung auf die anderen Befestigungspunkte aufsetzen und andrücken (Pfeile B), bis sie spürbar einrasten.
- Soweit vorhanden, den Schlauch am Stutzen aufstecken (Pfeile A).

Motorabdeckung unten demontieren
Die Motorraumabdeckung unten (Geräuschdämpfung wird auch als Spritzschutz bezeichnet) ist mit 2-Nm-Blechschrauben an die Karosserie geschraubt.
- Drehen Sie die jeweils vier Schrauben an jeder Seite heraus.
- Nehmen Sie die Geräuschdämpfung ab.

Die Montage erfolgt sinngemäß in der umgekehrten Reihenfolge. Die unteren Abdeckungen haben an der Vorderkante abwechselnd schmale (fünf Stück) und breite (vier Stück) Laschen.
- Schieben Sie die Geräuschdämpfung so in den Schlossträger unten ein, dass die schmalen Laschen unterhalb und die breiten Laschen oberhalb der Schlossträger-Kante zu liegen kommen.
- Dabei müssen die Rastnasen auf den breiten Laschen in die Löcher des Schlossträgers einrasten.
- Drehen Sie die acht Schrauben mit jeweils 2 Nm Anzugsdrehmoment fest.

Prüfung auf Undichtigkeiten und Beschädigungen

Die Sichtprüfung ist von oben und von unten vorzunehmen, weshalb als Erstes die Motorabdeckung (oben) und dann auch die Geräuschdämpfung (unten) abzubauen sind.

Sichtprüfung wie folgt durchführen:

- Motor und Bauteile im Motorraum auf Undichtigkeiten und Beschädigungen prüfen.
- Leitungen, Schläuche und Anschlüsse des Kraftstoffsystems, des Kühl- und Heizsystems, des Ölkreislaufs, der Klimaanlage, der Ansauganlage und der Bremsanlage auf Undichtigkeiten, Scheuerstellen, Porosität und Brüchigkeit prüfen.
- Alle festgestellten Mängel durch Reparatur beseitigen.
- Bei nicht verbrauchsbedingtem Flüssigkeitsverlust: Ursachen ermitteln und beseitigen.

Prüfen des Keilrippenriemen-Zustands

- Fahrzeug anheben, Geräuschdämpfung (Spritzschutz, untere Motorverkleidung) ausbauen, Motor am Schwingungsdämpfer/Riemenscheibe mit einem Steckschlüssel durchdrehen.

Keilrippenriemen auf Unterbaurisse (Anrisse, Kernbrüche, Querschnittbrüche), Lagentrennung (Deckschicht, Zugstränge), Ausbruch am Unterbau, Ausfransen der Zugstränge, Flankenverschleiß (Materialabtrag, ausgefranste Flanken, Flankenverhärtung, glasige Flanken, Oberflächenrisse), Öl- und Fettspuren prüfen.

Werden Mängel festgestellt, muss der Keilrippenriemen unbedingt ersetzt werden.

Keilrippenriemen – Aus- und Einbau

Der Keilrippenriemen treibt als wichtiger Teil des Kurbeltriebs die Nebenaggregate Drehstromgenerator und Klimakompressor an. Da die meisten Golfmodelle mit Klimaanlage ausgeliefert wurden, stellen wir die Demontagearbeiten an diesen Varianten vor.

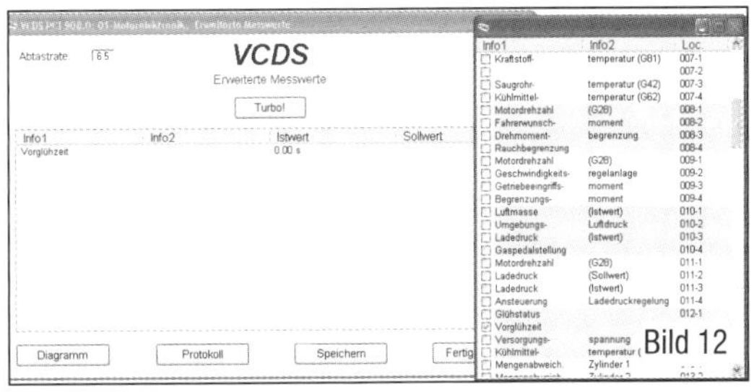

Bild 12
Zusammenstellen gewünschter Messwerte aus dem Motorsteuergerät.

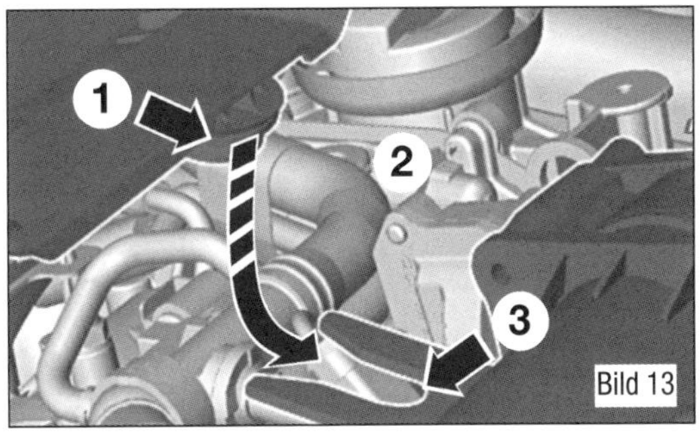

Bild 13
Bei Variante 2 muss die Haltelasche (1) in die Führung (3) der Halterung (2) einrasten.

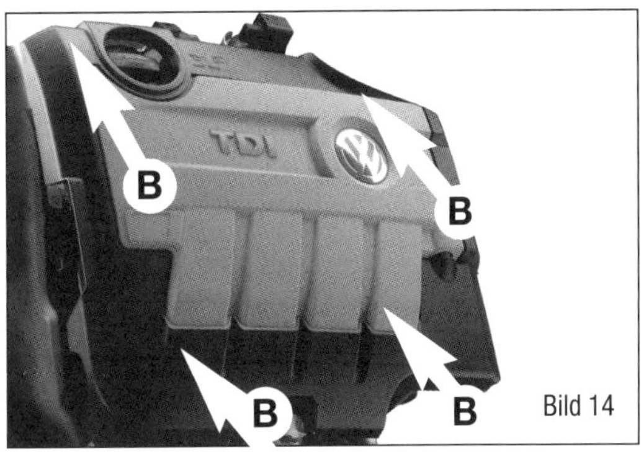

Bild 14
Motorabdeckung Variante 1: Vollverschalung von oben, Kunststoffhaube einteilig und ausschließlich geclipst.
B Haltepunkte

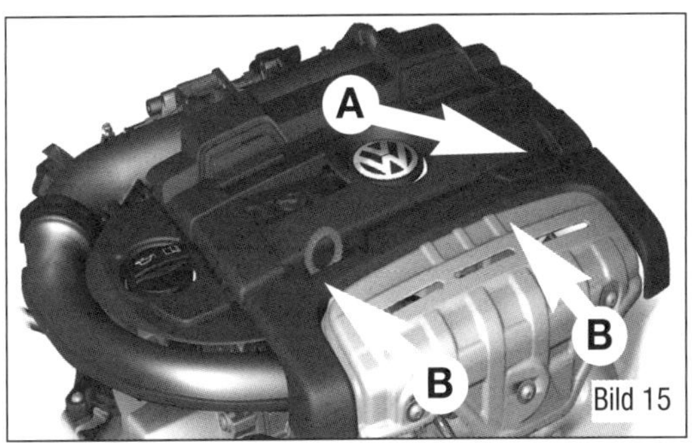

Bild 15
Motorabdeckung Variante 2: Teilverschalung von oben, Kunststoffhaube einteilig am Entlüftungsschlauch befestigt und geclipst.
A Lasche,
B Haltepunkte

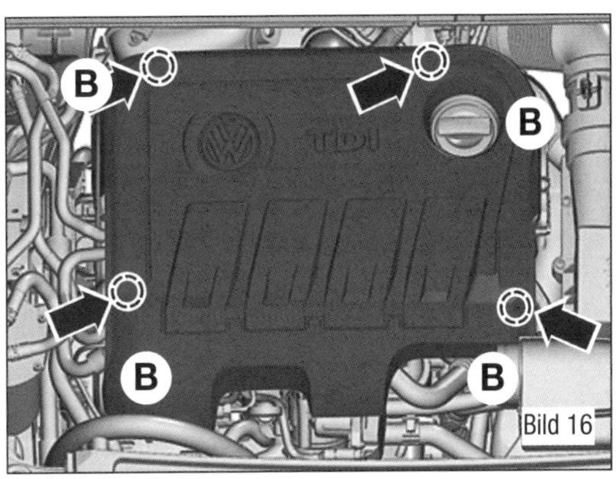

Bild 16
Motorabdeckung Variante 3: Teilverschalung von oben, Kunststoffhaube einteilig und ausschließlich geclipst.
B Haltepunkte

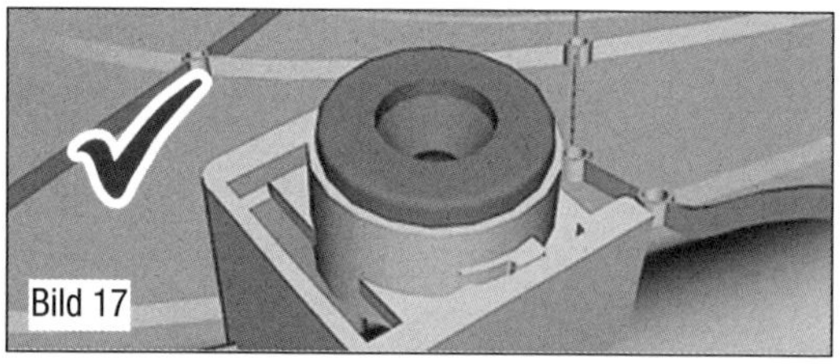
Bild 17

Bild 17
So müssen die Raststopfen aller Verkleidungen vor der Montage sitzen. Mit etwas säurefreiem Fett versehen lässt sich die Verkleidung beim nächsten Mal wesentlich einfacher demontieren.

Bild 18

Bild 18
1,2-,1,4- und 2,0-l-TSI-Motoren: Drehrichtung zum Entspannen. »T10060 A« Absteckdorn.

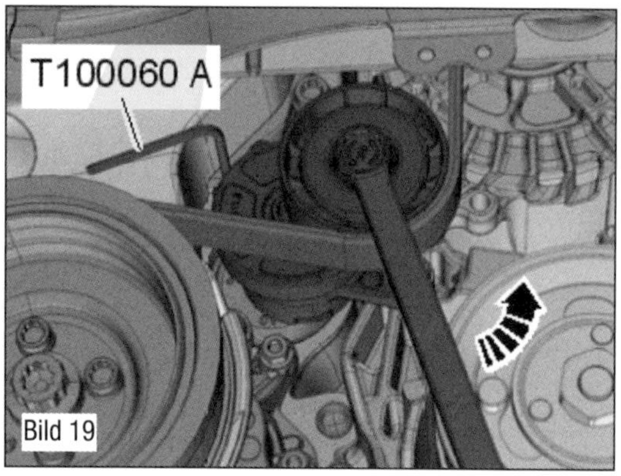

Bild 19

Bild 19
1,6-l-Motoren: Drehrichtung zum Entspannen.»T10060 A « Absteckdorn.

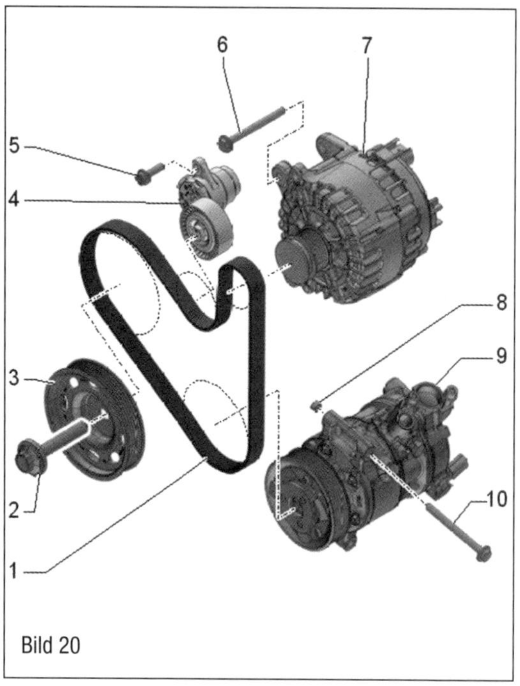

Bild 20

Bild 20
1 Keilrippenriemen
2 Schraube
3 Schwingungsdämpfer
4 Spannvorrichtung für Keilrippenriemen
5 Schraube
6 Schraube
7 Generator
8 Passhülse
9 Klimakompressor
10 Schraube

Die Arbeiten an den Fahrzeugen ohne Klimakompressor lassen sich entsprechend ableiten.
Abweichungen ergeben sich vor allem durch drei Faktoren:
- Klimakompressor vorhanden oder keine Klimaanlage,
- Bauformen und Platzierung von Spannelement und Umlenkrollen.

Schraubertipp: Achten Sie vor dem Einbau des Keilrippenriemens darauf, dass alle Aggregate (Generator, Klimakompressor) fest montiert sind.
Beim Einbauen des Keilrippenriemens achten Sie bitte auf die Laufrichtung und auf einen korrekten Sitz des Riemens in den Riemenscheiben. Nach fertiggestellter Arbeit grundsätzlich Motor starten und Riemenlauf kontrollieren.

1,2-,1,4- und 2,0-l-TSI-Motor
Für den 1,6-l-Motor unterscheidet sich die Vorgehensweise nicht, jedoch der Aufbau der Spannrolle. Beachten Sie dazu Bild 19.
■ Geräuschdämpfung oben und den Unterfahrschutz demontieren.
■ Kennzeichnen Sie nun die Laufrichtung des Keilrippenriemens.
■ Zum Entspannen des Keilrippenriemens Spannvorrichtung gegen den Uhrzeigersinn drehen (Bild 18).
■ Keilrippenriemen abnehmen.

Der Einbau erfolgt sinngemäß in umgekehrter Reihenfolge.
■ Die Spannvorrichtung im Gegenuhrzeigersinn drehen.
■ Den Absteckdorn »T10060 A« herausziehen.
■ Die Spannvorrichtung entlasten und prüfen, ob der Keilrippenriemen richtig aufgelegt ist.
■ Abschließend Motor starten und kontrollieren, ob der Keilrippenriemen richtig läuft.
■ Demontierte Verkleidungsteile wieder montieren.

1,6-l-SRE-Motor
■ Geräuschdämpfung oben und den Unterfahrschutz demontieren.
■ Rechtes Radhausschalen-Vorderteil ausbauen.
■ Kennzeichnen Sie nun die Laufrichtung des Keilrippenriemens.

■ Zum Entspannen des Keilrippenriemens das Spannelement mittels Schraubenschlüssel Schlüsselweite 16 in Pfeilrichtung schwenken.
■ Arretieren Sie das Spannelement mit einem 4-mm-Innensechskantschlüssel (oder dem Absteckdorn T10060A).
■ Nehmen Sie den Keilrippenriemen ab.

Der weitere Zusammenbau erfolgt sinngemäß in umgekehrter Reihenfolge zum Ausbau.
■ Legen Sie den Keilrippenriemen zuerst über die Schwingungsdämpfer.
■ Zuletzt den Riemen auf die Spannrolle schieben.
■ Die Spannvorrichtung mit einem Ringschlüssel etwas drehen und Absteckdorn (T10060 A) herausziehen.
■ Spannvorrichtung entlasten.
■ Prüfen Sie, ob der Keilrippenriemen richtig aufgelegt ist.
■ Starten Sie den Motor und kontrollieren, ob der Keilrippenriemen richtig läuft.

Spannvorrichtung für Keilrippenriemen aus- und einbauen

Der Keilrippenriemen wird bei allen Varianten automatisch gespannt. Auch diese Spannvorrichtung kann verschleißen und muss dann ersetzt werden. Auch hier unterscheidet sich die Vorgehensweise nur geringfügig für die einzelnen Motorvarianten. Wir verzichten deshalb an dieser Stelle auf die Wiederholungen der Arbeitsschritte für jede Motorvariante. Auf den Bildern 22 bis 24 können Sie die wichtigsten Unterschiede schon recht gut erkennen.
■ Kennzeichnen Sie die Laufrichtung des Keilrippenriemens.
■ Keilrippenriemen von der Spannvorrichtung abnehmen.
■ Schrauben herausdrehen, Spannvorrichtung für Keilrippenriemen abnehmen.

Der Zusammenbau erfolgt sinngemäß in umgekehrter Reihenfolge zum Ausbau.
■ Prüfen Sie die richtige Lage des Riemens und kontrollieren Sie bei laufendem Motor, ob er richtig läuft.
■ Demontierte Verkleidungsteile wieder montieren.

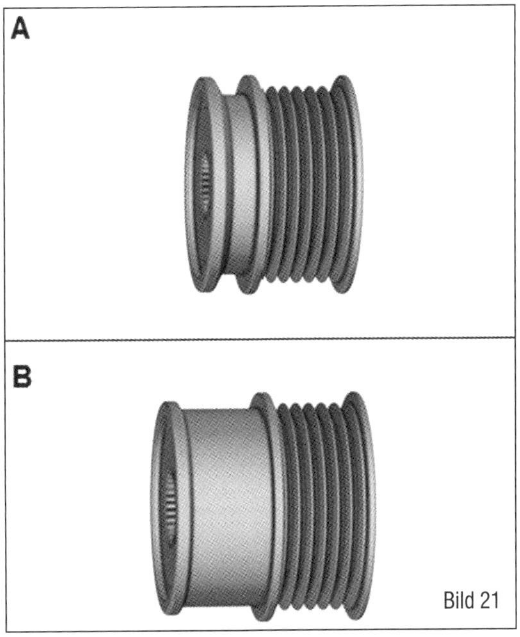

Bild 21
Wichtig: Je nach Typ und Ausführung des Generators können unterschiedliche Entkopplungsriemenscheiben »A« und »B« verbaut sein. Die Zuordnung und damit auch die Länge des Keilrippenriemens erfolgt nach dem elektronischen Teilekatalog beim VAG-Händler.

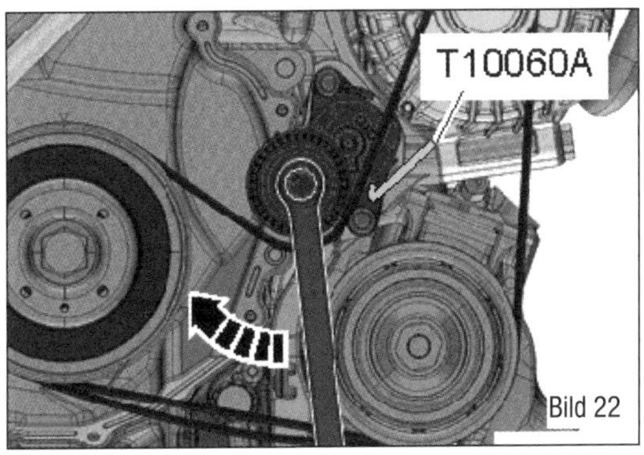

Bild 22
2,0-l-TSI-Motoren mit Klimaanlage: Drehrichtung zum Entspannen. »T10060 A« Absteckdorn.

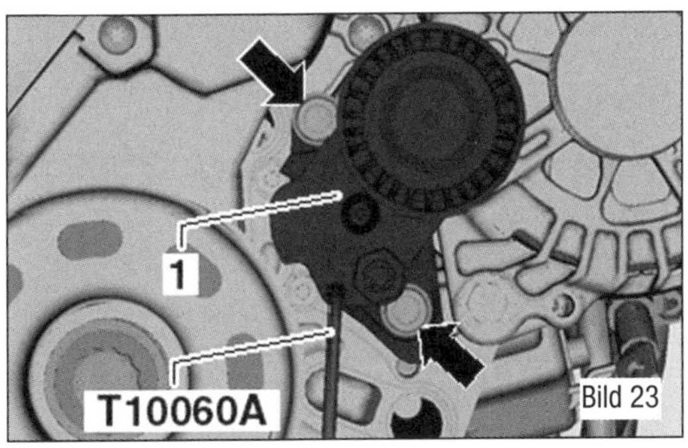

Bild 23
1,2- bis 1,6-l-Motoren: Drehrichtung zum Entspannen. »T10060 A« Absteckdorn.

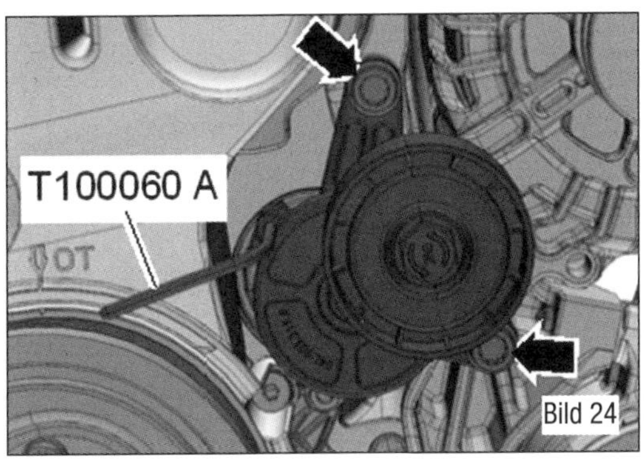

Bild 24
1,2- bis 1,6-l-Motoren ohne Klimaanlage.
1 Schwingungsdämpfer
2 Spannvorrichtung
3 Generator

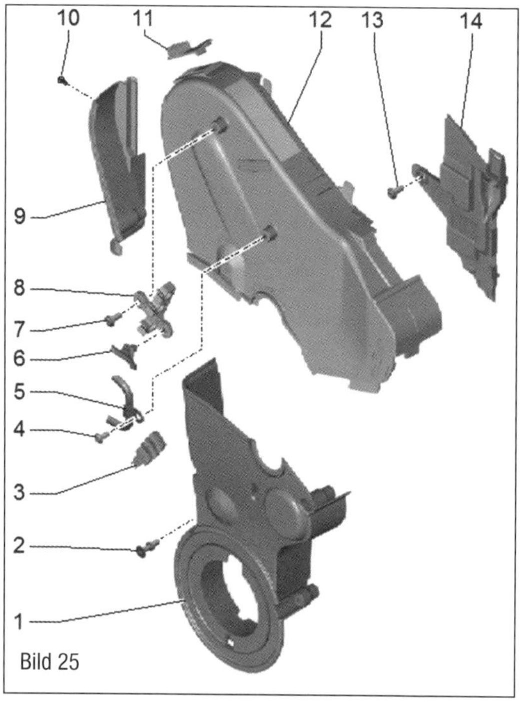

Bild 25

Bild 25
Zahnriemententrieb der TDI-Motoren.
1 Zahnriemenschutz unten
2 Schraube
3 Halter
4 Schraube
5 Rohrleitung
6 Clip
7 Schraube
8 Halter
9 Wärmeschutzblech
10 Schraube
11 Halter
12 Zahnriemenschutz oben
13 Schraube
14 Zahnriemenschutz hinten

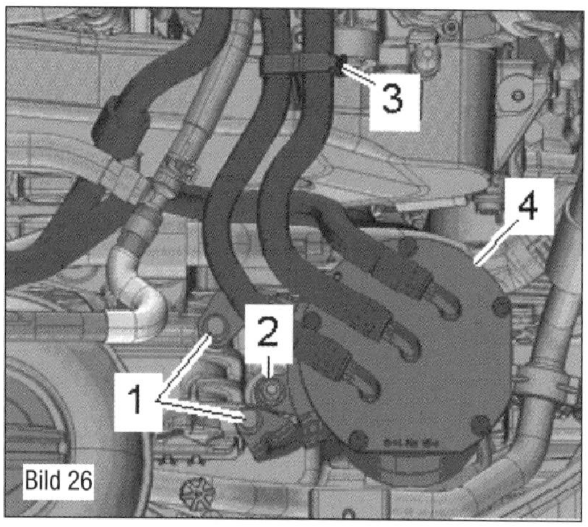

Bild 26

Bild 26
1 Schrauben
2 Mutter
3 Halter
4 Kraftstofffilter

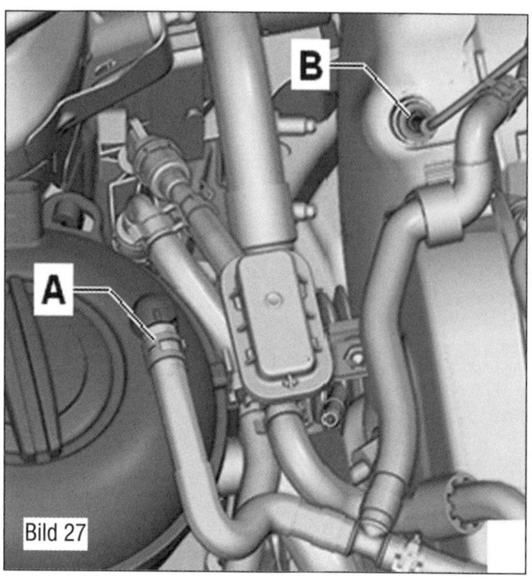

Bild 27

Bild 27
A Schelle
B Abgastemperaturfühler

Arbeiten am Zahnriementrieb der TDI-Motoren

Der Ventiltrieb der Golf-Diesel-Motoren ist über einen Zahnriemen gesteuert. Dieser muss zum Wechsel, aber auch zum Ausbau des Zylinderkopfes ausgebaut werden. Wir stellen die erforderlichen Arbeitsschritte für die einzelnen Bauweisen der Motortypen vor.

Demontage der Zahnriemenabdeckung
Die Montagearbeiten unterscheiden sich für die einzelnen Motoren kaum. Wir stellen die Arbeitsschritte exemplarisch am 2,0 l-TDI-Motor vor.

Zahnriemenabdeckung oben

- Zündung ausschalten und Zündschlüssel abziehen.
- Motorabdeckung oben und Geräuschdämpfung ausbauen.
- Kraftstoffleitungen im Bereich des Ausgleichsbehälters abziehen (siehe dazu auch Kapitel 7 »Kraftstoffversorgung«).
- Halter (3 im Bild 26) mit Kraftstoffschläuchen freilegen.
- Mutter (2) und Schrauben (1) herausdrehen und den Kraftstofffilter (4) zur Seite legen.
- Abgastemperaturgeber (B im Bild 27) mit einem Werkzeug SW 17 herausschrauben.
- Schelle (A) öffnen, Kühlmittelschlauch abziehen und zur Seite drücken.

Fahrzeuge mit Motorkennbuchstaben CLHA, CLHB, CRBC,CKFC und CRVA

- Wärmeschutzmanschette über dem Zylinderkopf öffnen.
- Die elektrische Steckverbindung des Differenzdruckgebers trennen.
- Die Befestigungsschraube des Differenzdruckgebers herausdrehen und vom Halter abnehmen.
- Die Schraube (Pfeil im Bild 28) herausdrehen.
- Schelle (A) öffnen, den Schlauch abziehen, die Rohrleitung (B) ausclipsen und zusammen mit dem Differenzdruckgeber abnehmen.

Fahrzeuge mit Motorkennbuchstaben CRKA, CRKB, CRLB, CUNA, CRMB

- Wärmeschutzmanschette (1 im Bild 29) öffnen.

■ Elektrische Steckverbindung (3) trennen, elektrische Leitung freilegen.
■ Schraube (2) herausdrehen.
■ Elektrische Steckverbindung (4) trennen.
■ Unterdruckschlauch (Pfeil im Bild 30) abziehen und freilegen.
■ Die Schraube (3 im Bild 31) herausdrehen.
■ Die beiden Schlauchschellen (1) lösen und die Schläuche abziehen.
■ Die beiden Rohrleitungen (2) freilegen.

Fortsetzung für alle Fahrzeuge
■ Verrastungen der Zahnriemenabdeckung oben entriegeln.
■ Zahnriemenschutz oben aushängen und abnehmen.

Der Einbau erfolgt sinngemäß in umgekehrter Reihenfolge.

Zahnriemenabdeckung unten

⚠ Um den Produktionsprozess in den herstellenden Fabriken zu vereinfachen, ist der Zahnriemenschutz unten mit einer Führung versehen worden, die in den Dichtflansch greift. Zur Demontage des Zahnriemenschutzes unten trotz eingebauter Motorstütze muss diese Führung im Zahnriemenschutz zerstört werden! Beachten Sie die unterschiedlichen Bauweisen!

Vorgehensweise bei den aktuellen Modellen (alte Variante)
■ Schwingungsdämpfer ausbauen.
■ Eine Bohrung entsprechend der Skizze (Bild 32) mit 8 mm Durchmesser anbringen.
■ Einen passenden Schraubendreher durch die Bohrung führen und Führungsnase des Zahnriemenschutzes nach hinten wegbrechen.

Vorgehensweise bei aktuellen Modellen (neueste Variante)
■ Schraubendreher in den Schlitz der Führungsnase stecken.
■ Durch Drehen des Schraubendrehers in die im Bild 33 gezeigten Pfeilrichtungen die Führungsnase wegbrechen.

☞ Wird ein neuer Zahnriemenschutz eingebaut, muss die Führungsnase vor dem Einbau abgetrennt werden.

■ Schrauben (Pfeile im Bild 34) herausdrehen.
■ Zahnriemenschutz unten (1) abnehmen.

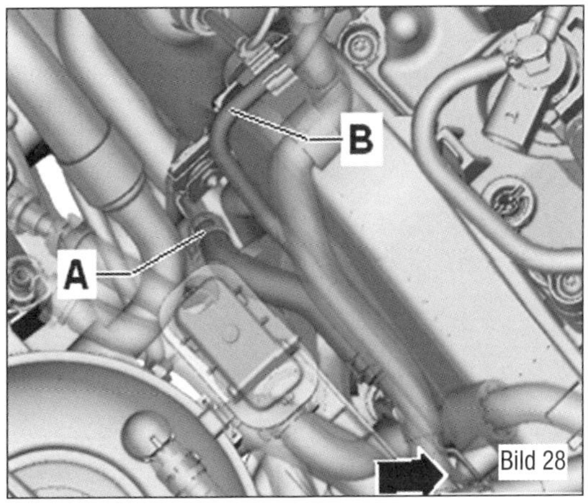

Bild 28
A Schelle
B Rohrleitung
Pfeil = Verschraubung

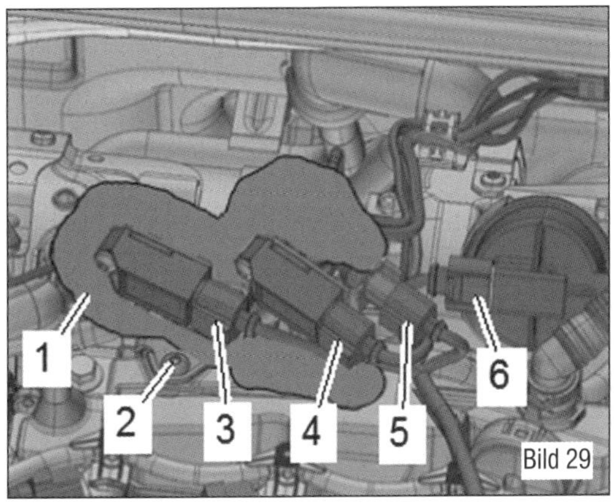

Bild 29
1 Wärmeschutzmanschette
2 Schraube
3–6 Steckverbindungen

Bild 30
Unterdruckanschluss (Pfeil).

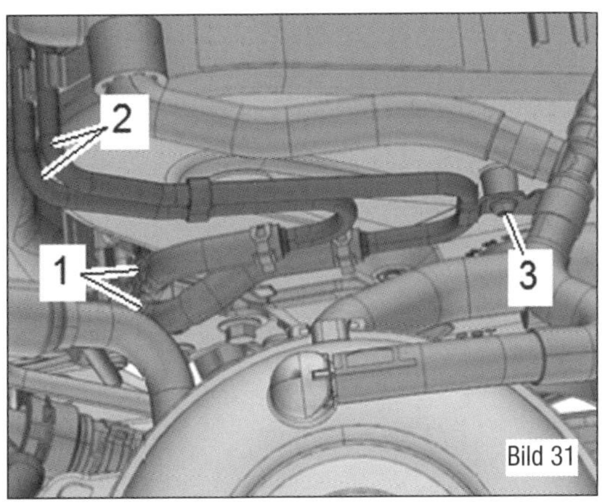

Bild 31
1 Schellen
2 Rohrleitungen
3 Schraube

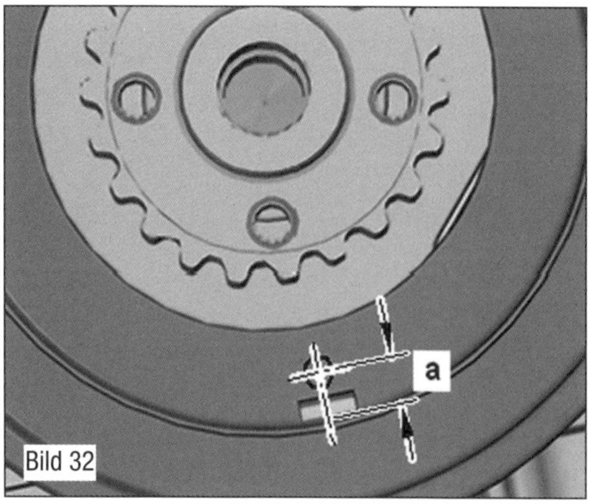

Bild 32
Alte Bauweise: Maß (a): 10 mm; Ø = 8 mm.

Bild 33
Neue Bauweise: Sicherungsnase durch Drehung des Schraubendrehers abbrechen.

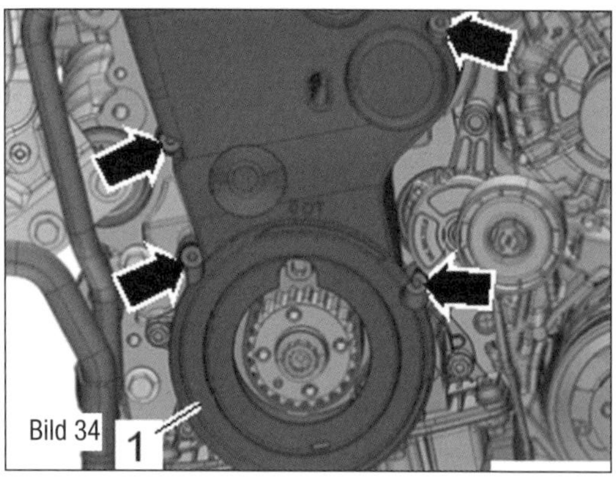

Bild 34
1 Zahnriemenabdeckung unten
Pfeile = Verschraubungen

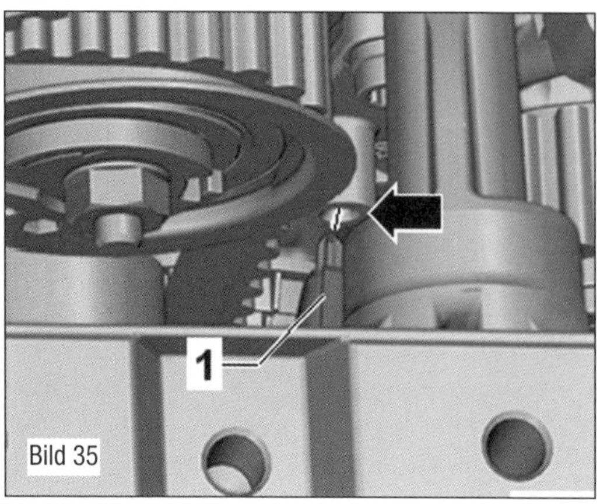

Bild 35
Beim Montieren des Zahnriemenschutzes den Sitz der Führungsnase (Pfeil) beachten!

Demontage des Zahnriemens

Auch beim Zahnriemen gilt: Vor dem Ausbau die Laufrichtung markieren, den Riemen auf Verschleiß prüfen, ihn nicht knicken. Der Ausbau ist kompliziert, die Arbeit wird durch den Gebrauch von Spezialwerkzeuge deutlich erleichtert.

⚠ Zerstörungsgefahr durch Überspringen des Zahnriemens. Die Kurbelwelle darf nur in Motordrehrichtung durchgedreht werden.

- Zuerst die rechts Motorstütze ausbauen.
- Zahnriemenschutz unten ausbauen.
- Kurbelwelle an der Schraube für Kurbelwellen Zahnriemenrad drehen, bis das Zahnriemenrad Nockenwelle auf »OT« steht.
- Die Nabe der Nockenwelle mit dem Absteckstift für Diesel-Einspritzpumpe (3359 im Bild 36) arretieren, dazu den Absteckstift in die Gabel des Mitnehmers (2) und in die dahinter liegende Bohrung (1) im Zylinderkopf stecken.
- Fixierschraube im Nockenwellenrad eine halbe Umdrehung lösen, aber nicht herausdrehen.
- Kurbelwellen-Zahnriemenrad mit dem Kurbelwellenstopp (T10490 im Bild 37) arretieren. Die Zapfen des Kurbelwellenstopp »T10490« müssen in die Gewindebohrungen des Zahnriemenrads, der Absteckstift des Kurbelwellenstopp »T10490« muss in die Bohrung am Dichtflansch eingreifen.
- Absteckstift ziehen und Schraube für Nockenwelle leicht lösen. Vor dem vollständigen Lösen den Absteckstift wieder einstecken.
- Schraube (Pfeil im Bild 38) für Zahnriemenrad Nockenwelle lösen, dazu den Gegenhalter »T10172« mit Adaptern »T10172/11« verwenden.
- Den Absteckstift ziehen und Schraube für Nockenwelle etwas lösen. Vor dem vollständigen Lösen den Absteckstift wieder einstecken.
- Die Nabe der Hochdruckpumpe mit dem Absteckstift »T10492« arretieren. Dazu den Absteckstift in die Gabel (2 im Bild 39) der Nabe und in die dahinter liegende Bohrung (1) im Halter für Nebenaggregate stecken.
- Den Absteckstift ziehen und die Mutter für das Zahnriemenrad Hochdruckpumpe

lockern. Vor dem vollständigen Lösen den Absteckstift wieder einschieben.

■ Die Mutter für das Zahnriemenrad (1 im Bild 40) der Hochdruckpumpe etwa 90° lösen, dazu Gegenhalter »T10051« verwenden.

■ Die Mutter für die Spannrolle lösen.

■ Exzenter der Spannrolle mit dem Winkelschraubendreher »T10264« gegen den Uhrzeigersinn drehen, bis die Spannrolle mit dem Absteckwerkzeug »T10265« arretiert werden kann.

■ Dann Exzenter der Spannrolle mit dem Winkelschraubendreher »T10264« im Uhrzeigersinn bis zum Anschlag drehen und die Mutter von Hand anziehen.

■ Nun den Zahnriemen zuerst von der Kühlmittelpumpe und dann von den übrigen Zahnriemenrädern abnehmen.

Einbauen (Steuerzeiten einstellen)

Tipp: Es werden verschiedene Spannrollen (A oder B im Bild 41) verbaut. Unterscheidungsmerkmal ist der Einstellexzenter (1). Bei Spannrolle »A« entfällt das Abstecken mit Absteckwerkzeug »T10265«, zum Spannen sollte der Winkelschraubendreher SW 8 »T10409« verwendet werden. Der Arbeitsablauf ist ansonsten identisch.

Achtung: Für Einstellarbeiten am Zahnriemen muss der Motor grundsätzlich kalt sein.

Achtung: Wenn die Nockenwelle gedreht wird, darf die Kurbelwelle mit keinem Kolben auf »OT« stehen. Es besteht die Gefahr, dass Ventile und Kolbenböden beschädigt werden können.

■ Zuerst die Spannrolle mit Absteckwerkzeug »T10265« arretieren und mit Mutter auf Rechtsanschlag fixieren.

■ Darauf achten, dass die Blechnase der Spannrolle in der Guss-Vertiefung des Zylinderkopfs eingreift.

■ Die Nabe der Nockenwelle mit Absteckstift für Diesel-Einspritzpumpe »3359« arretieren (siehe Bild 36). Die Schraube nur lose andrehen. Das Zahnriemenrad Nockenwelle muss sich gerade noch leichtgängig drehen lassen, darf aber nicht kippen.

■ Fixierschraube des Mitnehmers eine halbe Umdrehung gelöst, in mittiger Stellung im Langloch (2 im Bild 36) stellen.

■ Die Kurbelwelle mit Kurbelwellenstopp »T10490« arretieren.

Bild 36
Nockenwelle.
1 Gabel Mitnehmer
2 Bohrung dahinter
3359 = Absteckdorn

Bild 37
Kurbelwelle: Kurbelwellenarretierwerkzeug T10490 VW/Audi.

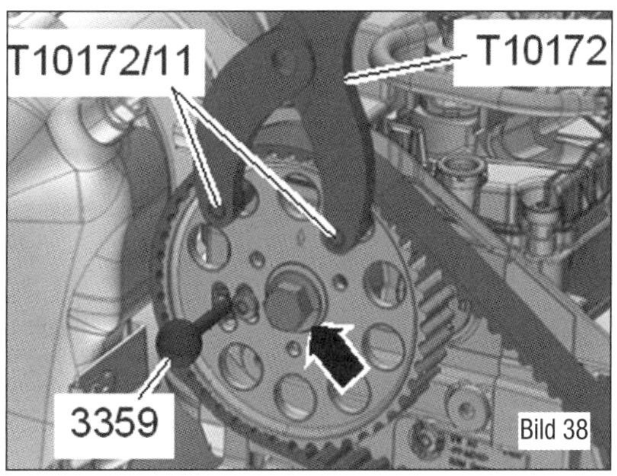

Bild 38
T10172/11 Adapter
T10172 Gegenhalter
3359 Absteckdorn
Pfeil = Schraube Nockenwelle

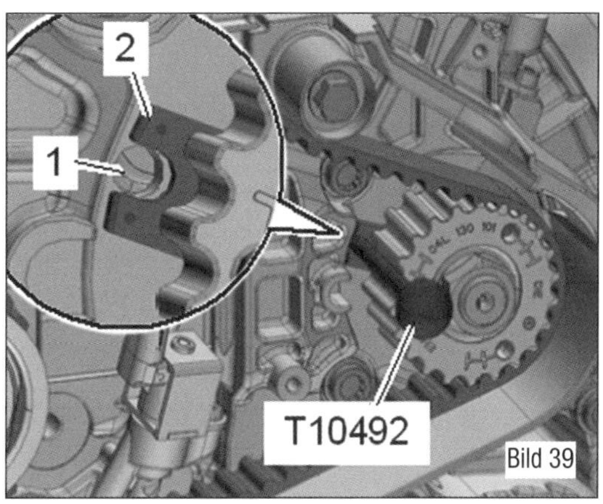

Bild 39
Hochdruckpumpe.
1 Bohrung
2 Gabel Mitnehmer
T10492 Absteckdorn

Bild 40
T10492 Absteckwerkzeug
T10051 Gegenhalter

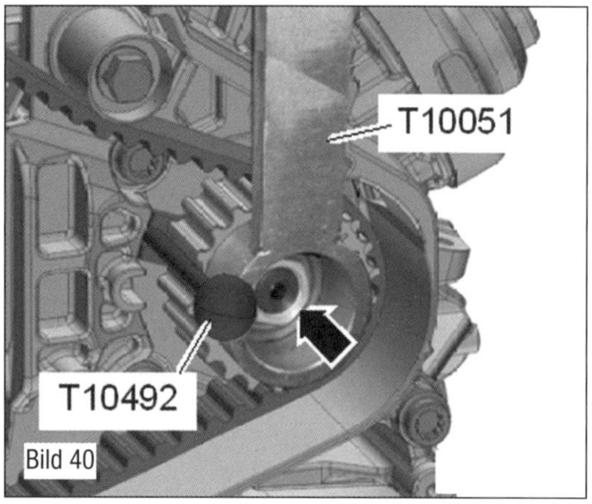

Bild 41
Spannrollenvarianten: A ohne Abstecken, B zum Abstecken.

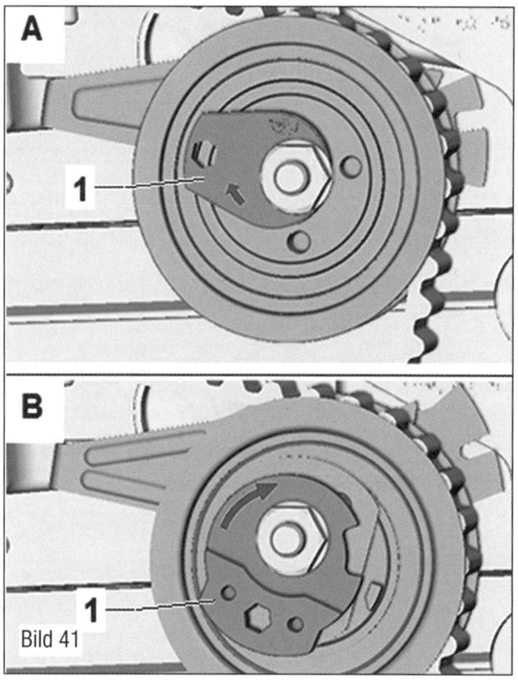

Bild 42
1 Mutter
2 Zeiger
T10264 = SW8 Inbus

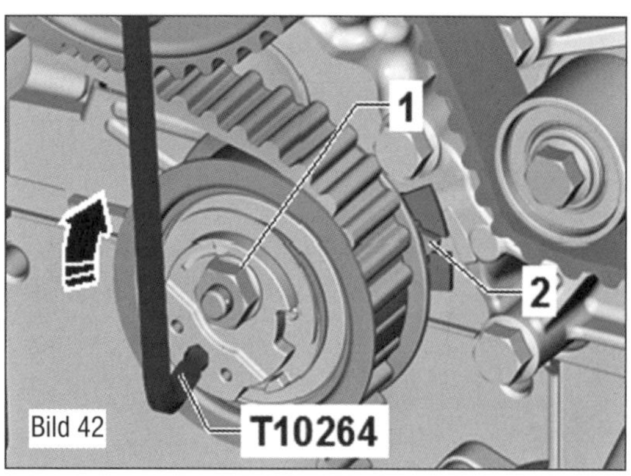

■ Nabe der Hochdruckpumpe mit Absteckstift »T10492« arretieren (siehe Bild 39). Die Mutter nur lose andrehen. Das Zahnriemenrad der Hochdruckpumpe muss sich gerade noch leichtgängig drehen lassen und darf nicht kippen.

■ Das Zahnriemenrad der Nockenwelle und das Zahnriemenrad der Hochdruckpumpe in ihren Langlöchern im Uhrzeigersinn auf Anschlag drehen.

■ Den Zahnriemen in der unten genannten Reihenfolge auflegen:

1. Kurbelwellen-Zahnriemenrad
2. Spannrolle
3. Zahnriemenrad Nockenwelle
4. Zahnriemenrad Hochdruckpumpe
5. Zahnriemenrad Kühlmittelpumpe

■ Die Mutter für die Spannrolle lösen und das Absteckwerkzeug »T10265« entfernen.

■ Prüfen Sie, ob die Fixierschraube noch zwischen Mitte Langloch und unterem Anschlag befindet. Gegebenenfalls Stellung des Nockenwellenrads um einen Zahn im Uhrzeigersinn korrigieren und Zahnriemen neu auflegen.

■ Exzenter der Spannrolle mit dem Winkelschraubendreher (T10264 im Bild 42) bzw. Winkelschraubendreher SW 8 »T10409« vorsichtig im Uhrzeigersinn (Pfeil im Bild 42) drehen, bis der Zeiger (2) mittig in der Lücke der Grundplatte steht. Die Mutter (1) darf sich nicht mitdrehen.

■ Spannrolle in dieser Lage halten und Mutter festziehen.

■ Gegenhalter »T10172« mit Adaptern »T10172/11« am Zahnriemenrad Nockenwelle ansetzen, wie in der Abbildung (Bild 38) gezeigt.

■ Gegenhalter im gegen den Uhrzeigersinn drücken und auf Vorspannung halten.

■ In dieser Stellung die Schraube für das Zahnriemenrad der Nockenwelle und die Mutter für das Zahnriemenrad der Hochdruckpumpe mit 10 Nm leicht anziehen.

⚠ Das Zahnriemenrad Hochdruckpumpe hat nur einen eingeschränkten Verdrehbereich. Daher muss unbedingt geprüft werden, ob das Zahnriemenrad nach dem Spannen nicht am »Anschlag« des Verdrehbereichs steht.

(Sichtprüfung) Stellen Sie sicher, dass die Markierung auf dem Zahnriemenrad der Hochdruckpumpe nicht in einer Flucht mit dem Absteckstift steht. Ggf. Stellung des Hochdruckpumpenrads um einen Zahn im Uhrzeigersinn korrigieren und Zahnriemen neu auflegen.

■ Absteckstifte »3359«, »T10492« und Kurbelwellenstopp »T10490« entfernen und Steuerzeiten prüfen.

Steuerzeiten prüfen

í Einstellfehler durch ungenaue »OT-Stellung«. Wenn über »OT« hinausgedreht wurde: Kurbelwelle nochmals 2 Umdrehungen durchdrehen, bis sie wieder kurz vor »OT« steht. Dann aus der Drehbewegung heraus Kurbelwelle mit dem Kurbelwellenstopp »T10490« arretieren.

- Kurbelwelle an der Schraube für Zahnriemenrad zwei Umdrehungen in Motordrehrichtung drehen, bis die Kurbelwelle kurz vor »OT« steht.
- Kurbelwellenstopp »T10490« wieder am Kurbelwellen-Zahnriemenrad ansetzen.
- Kurbelwelle in Motordrehrichtung drehen, bis der Zapfen des Kurbelwellenstopps aus der Drehbewegung heraus in den Dichtflansch eingreift. Die Nabe der Nockenwelle muss sich mit dem Absteckstift für Diesel-Einspritzpumpe »3359« arretieren lassen. Der Arretierpunkt der Hochdruckpumpennabe lässt sich nur sehr schwer wiederfinden. Eine geringe Abweichung (Pfeil im Bild 44) hat jedoch keinen Einfluss auf den Motorlauf. Der Spannrollenzeiger (2 im Bild 42) muss mittig zwischen den Zungen (1) und (3) der Grundplatte stehen. Ein seitlicher Versatz von maximal 5 mm ist zulässig.

⚠ Das auftretende Drehmoment beim Lösen bzw. Anziehen der Zentralschrauben an Nockenwelle und Hochdruckpumpe darf auf keinen Fall auf den jeweiligen Absteckstift übertragen werden. Es kann hierbei auch bei Nutzung der Gegenhalter zu Schäden an den »Mitnehmern« kommen. Diese sind unter Umständen nicht sichtbar und können Motorschäden zur Folge haben. Zum Lösen und Anziehen der Zentralschraube den Absteckstift herausziehen und danach wenn nötig wieder abstecken!

Wenn die Nockenwelle sich nicht abstecken lässt, müssen die Steuerzeiten korrigiert werden:

- Kurbelwellenstopp so weit zurückziehen, bis der Zapfen die Bohrung freigibt.
- Kurbelwelle entgegen der Motordrehrichtung etwas über den »OT« hinausdrehen.
- Kurbelwelle jetzt langsam in Motordrehrichtung drehen, bis sich die Nabe der Nockenwelle arretieren lässt.
- Nach dem Arretieren Schrauben für Zahnriemenrad Nockenwelle lösen.

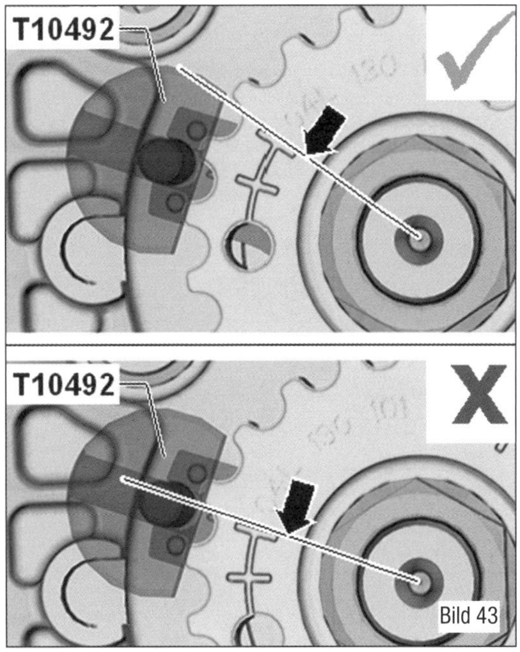

Bild 43

Bild 43
Oben: Alles gut – Markierung oberhalb der Arretierung. Unten: Nicht gut – Zahnriemen muss neu ausgerichtet werden.

A – Zapfen des Kurbelwellenstopps steht links von der Bohrung:

- Kurbelwelle in Motordrehrichtung drehen, bis der Zapfen (Pfeil) des Kurbelwellenstopps aus der Drehbewegung heraus in den Dichtflansch eingreift.
- Schrauben für Zahnriemenrad Nockenwelle mit 20 Nm festziehen.

B – Zapfen des Kurbelwellenstopps steht rechts von der Bohrung:

- Kurbelwelle zuerst etwas entgegen der Motordrehrichtung drehen.
- Kurbelwelle wieder in Motordrehrichtung drehen, bis der Zapfen des Kurbelwellenstopps aus der Drehbewegung heraus in den Dichtflansch eingreift.
- Schrauben für Zahnriemenrad Nockenwelle mit 20 Nm festziehen.

Bild 44

Bild 44
Diese Abweichung des Absteckpunktes der Hochdruckpumpe ist in Ordnung.

Bild 45
1 Zahnriemenschutz unten
2 Schraube
3 Motorstütze
4 Schraube
5 Zahnriemenabdeckung oben
6 Schraube

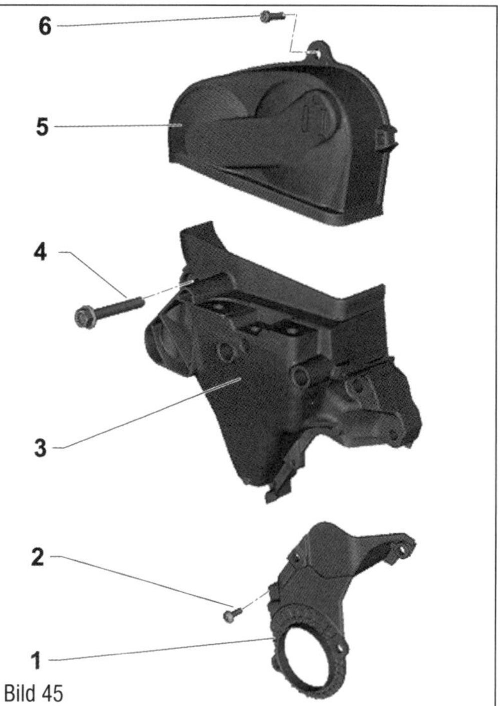

Bild 45

Bild 46
1,2-, 1,4- und 1,6-l ohne Nockenwellenverstellung der Auslassnockenwelle.
1 Zahnriemen
2 Schraube
3 Spannrolle
4 Schraube
5 Zahnriemenrad Auslassnockenwelle
6 Zahnriemenrad Einlassnockenwelle
7 Führungshülse
8 Schraube
9 O-Ring
10 Verschlussschraube
11 O-Ring
12 Abstandshülse
13 Umlenkrolle
14 Schraube
15 Kurbelwellen-Zahnriemenrad

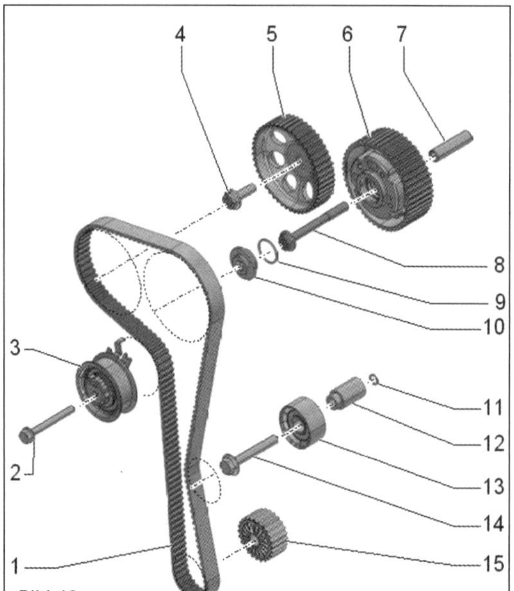

Bild 46

Fortsetzung bei richtig eingestellten beziehungsweise korrigierten Steuerzeiten:
■ Absteckstift für Diesel-Einspritzpumpe (3359) und Kurbelwellenstopp entfernen.
■ Kurbelwelle an der Schraube für Zahnriemenrad 2 Umdrehungen in Motordrehrichtung drehen, bis die Kurbelwelle kurz vor »OT« steht.
■ Kontrolle der Steuerzeiten wiederholen.
■ Wenn sich die Nabe der Nockenwelle jetzt arretieren lässt, Schraube für Zahnriemenrad Nockenwelle auf Endanzug bringen, dazu Gegenhalter »T10172 mit Adaptern T10172/11« verwenden.
■ Schrauben für Zahnriemenrad Hochdruckpumpe auf Endanzug bringen.
■ Kontrolle der Steuerzeiten wiederholen.
Der weitere Zusammenbau erfolgt sinngemäß in umgekehrter Reihenfolge.

Arbeiten am Zahnriementrieb – 1,2 / 1,4 TSI / 1,6

Fast alle VW-Motoren sind mit einem Zahnriemen ausgerüstet. So auch der Kleinste, der 1,2-, die 1,4-l-Benzindirekteinspritzmotoren sowie der 1,6-l-Saugrohreinspritzer. Der Zahnriemen wird durch die Motoraufhängung verdeckt. Mit VW/Audi-Werkzeug ist es möglich ohne die Demontage des Motorbocks am Zahnriemen zu arbeiten. Steht Ihnen hier nichts Gleichwertiges zur Verfügung, müssen Sie den Motor abfangen und den Motorbock demontieren. Die Unterschiede zwischen den einzelnen Motoren sind für diese Arbeitsschritte so geringfügig, dass wir diese anhand des kleinsten Motors vorstellen und Veränderungen zu den anderen Motormodellen gesondert hervorheben werden.

Demontage der Zahnriemenabdeckung
■ Demontieren Sie den Keilrippenriemen. Bauen Sie die Schwingungsdämpfer (Riemenscheibe) ab.
■ Drehen Sie die beiden Schrauben (6 im Bild 45) heraus.
■ Clipsen Sie die beiden Halteklammern am Zahnriemenschutz oben auf.
■ Nehmen Sie den Zahnriemenschutz oben ab.
■ Drehen Sie die vier Schrauben des Zahnriemenschutzes unten heraus.
■ Nehmen Sie den Zahnriemenschutz unten ab.

Die Montage erfolgt sinngemäß in umgekehrter Reihenfolge.

Demontage des Zahnriemens

Soll der Zahnriemen wieder verwendet werden, muss vor dem Ausbau die Laufrichtung markiert und der Riemen auf Verschleiß geprüft werden.

- Der Zahnriemen darf nicht geknickt werden. Der Zahnriemen besteht aus einem Glasfaser-Cord-Gewebe. Der Biegedurchmesser am Zahnriemen darf daher niemals 50 mm unterschreiten. Das entspricht in etwa dem Zahnrad an der Kurbelwelle.
- Schlauchschellen (1 und 2 im Bild 48) lösen, Luftführungsrohr ausbauen.
- Luftführungsschläuche am Luftführungsrohr freilegen.
- Schlauchschellen lösen, Luftführung zum Luftfilter abnehmen.
- Stecker vom Ladedruckgeber abziehen.
- Verrastungen (Pfeile im Bild 49) mit Entriegelungswerkzeug entriegeln und das Luftführungsrohr (1) abnehmen.
- Entriegelungstasten drücken und den Schlauch zum Aktivkohlebehälter abbauen.
- Schrauben herausdrehen und den Schlauch für Kurbelgehäuseentlüftung abnehmen.
- Elektrischen Leitungsstrang freilegen (Pfeile im Bild 50).
- Schrauben (1), (3) herausdrehen, Zahnriemenschutz (2) für Zahnriemen Kühlmittelpumpe abnehmen.
- Schrauben (Pfeile im Bild 59) herausdrehen, Verschlussdeckel abnehmen.
- Steckkupplungen vom Kraftstoffschlauch und vom Schlauch zum Aktivkohlebehälter trennen.
- Schläuche am Halter des Zahnriemenschutzes oben freilegen.
- Zahnriemenschutz oben abbauen.
- Geräuschdämpfung unten ausbauen.
- Kühlmittel ablassen.
- Schrauben (A bis D im Bild 52) herausdrehen und den Deckel (1) für Kühlmittelregler zur Seite drücken.

⚠ Es besteht Beschädigungsgefahr des Motors! Die Fixierschraube (VW/Audi T10340) kann an der Kurbelwelle in zwei Positionen zum Anschlag kommen. Die »OT-Position« ist unbedingt wie beschrieben zu prüfen!

- Zündspule 1. Zylinder mit Leistungsendstufe (Zündspule) ausbauen.
- Schraubendreher mit einer Schaftlänge von mindestens 250 mm bis zur Auflage auf den Kolbenboden in den Zündkerzenschacht stecken.

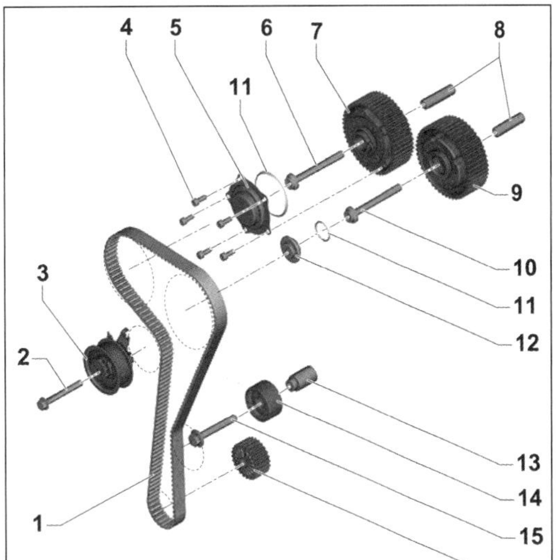

Bild 47
1,4-l mit Nockenwellenverstellung der Auslassnockenwelle.
1 Zahnriemen
2 Schraube
3 Spannrolle
4 Schraube
5 Verschlussdeckel
6 Schraube
7 Zahnriemenrad Auslassnockenwelle
8 Führungshülse
9 Zahnriemenrad Einlassnockenwelle
10 Schraube
11 O-Ring
12 Verschlussschraube
13 Abstandshülse
14 Umlenkrolle
15 Schraube
16 Kurbelwellen-Zahnriemenrad

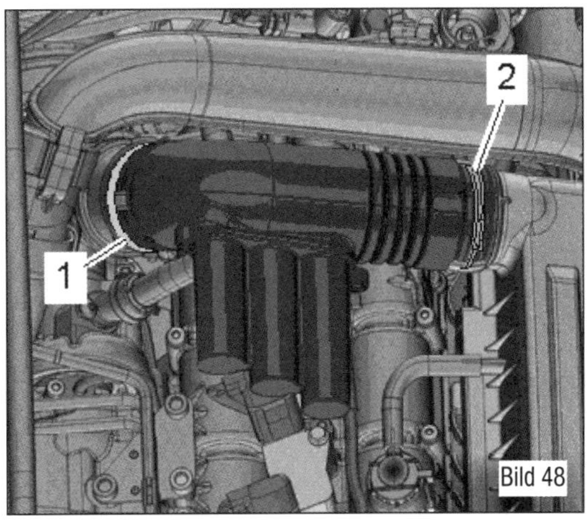

Bild 48
Schlauchschellen (1 und 2).

Bild 49
Pfeile = Verrastungen
T10527 und T10527/1 = Spezialwerkzeuge zum Öffnen der Verrastungen

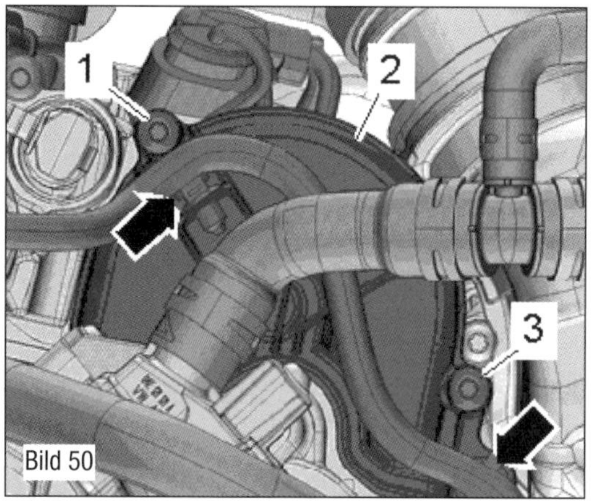

Bild 50
1 Schraube
2 Zahnriemenschutz (Kühlmittelpumpe)
3 Schraube

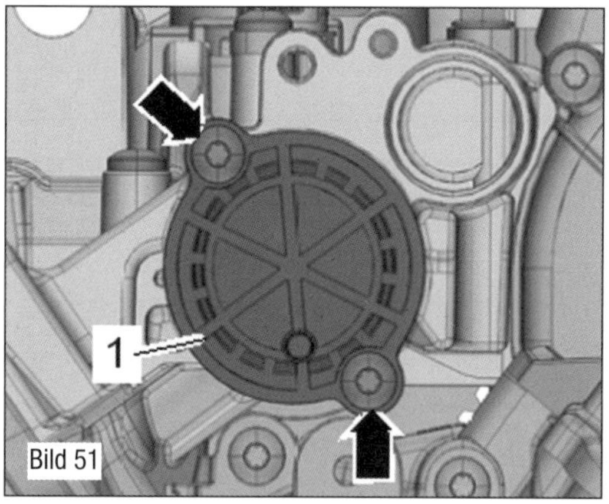

Bild 51
1 Verschlussdeckel
Pfeile = Schrauben

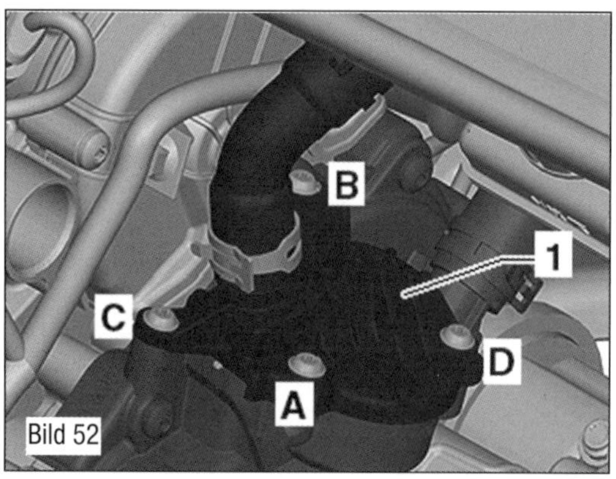

Bild 52
1 Deckel
A–D Schrauben

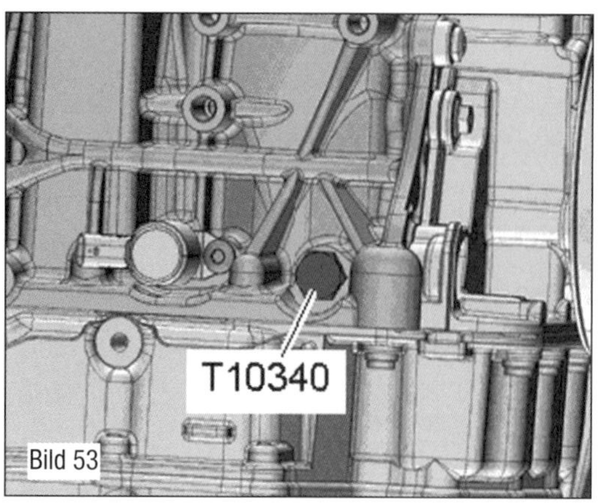

Bild 53

■ Kurbelwelle in Motordrehrichtung drehen, bis der Kolben von Zylinder 1 in »UT« steht. Der Schraubendreher bewegt sich dabei nach unten.
■ Die Verschlussschraube für die »OT«-Bohrung am Zylinderblock herausdrehen.
■ Fixierschraube »T10340« bis zum Anschlag in den Zylinderblock eindrehen und mit 30 Nm festziehen.
■ Kurbelwelle in Motordrehrichtung bis Anschlag drehen. Die Fixierschraube liegt jetzt an der Kurbelwellenwange an.

☞ Die Fixierschraube »T10340« arretiert die Kurbelwelle nur in Motordrehrichtung. Wenn die Fixierschraube nicht bis zum Anschlag eingedreht werden kann, steht die Kurbelwelle nicht in der richtigen Stellung. Dann die Kurbelwelle weiter in Motordrehrichtung bis zum Anschlag drehen. Bei beiden Nockenwellen müssen jetzt die asymmetrisch angeordneten Nuten (Bild 54) an der Getriebeseite nach oben stehen, wie in der Abbildung gezeigt. Bei der Auslassnockenwelle sind die Nuten unten durch die Aussparungen im Antriebsrad für Kühlmittelpumpe zugänglich.

Nur für 1,4-l-Motoren mit Nockenwellenverstellung an der Auslassnockenwelle
■ Schrauben (Pfeile im Bild 59) herausdrehen und den Deckel vom Nockenwellenversteller der Auslassnockenwelle abnehmen.

☞ Die Nockenwellen besitzen ein symmetrisch und ein asymmetrisch angeordnetes Nutenpaar. In »OT«-Stellung muss das asymmetrisch angeordnete Nutenpaar oberhalb der gedachten waagrechten Mittellinie stehen. Die Nockenwellenfixierung (VW/Audi T10494) muss sich leicht einlegen lassen. Sie darf nicht mit einem Schlagwerkzeug eingesetzt werden.
■ Wenn die Nockenwellen wie beschrieben stehen, Nockenwellenfixierung »T10494« bis zum Anschlag in die Nockenwellen einstecken und mit der Schraube (Pfeil im Bild 55) handfest anziehen.

Wenn sich die Nockenwellenfixierung nicht leicht einlegen lässt, mit dem Montagewerkzeug (T10487 in Pfeilrichtung im Bild 56) auf den Zahnriemen drücken. Dabei die Nockenwellenfixierung »T10494« bis zum Anschlag in die Nockenwellen einstecken und mit der Schraube handfest anziehen.

Nockenwellenfixierung »T10494« bis zum Anschlag in die Nockenwellen einstecken und mit der Schraube handfest anziehen.

Wenn sich die Nockenwellenfixierung gar nicht einsetzen lässt, sind die Steuerzeiten verstellt.

Wenn sich die Nockenwellenfixierung einsetzen lässt, sind die Steuerzeiten in Ordnung.

- Falls erforderlich, das Einstellen der Steuerzeiten wiederholen.
- Keilrippenriemenscheibe ausbauen.
- Zahnriemenschutz unten demontieren.

Während des Öffnens der Verschlussschraube am Einlassnockenwellenrad kann es zu leichtem Ölaustritt kommen. Das ist aus technischer Sicht unbedenklich! Die Berührungspunkte des Zahnriemens, wie Nockenwellenräder, Kurbelwellen-Zahnriemenrad, Spannrolle und Umlenkrolle, müssen ölfrei gehalten werden. Aus diesem Grund ist die Ölaustrittsstelle mit einem Lappen abzudecken.

- Verschlussschraube (1 im Bild 57) am Nockenwellenrad Einlassseite herausdrehen, dazu Gegenhalter »T10172« mit Adapter »T10172/1« verwenden.
- Schrauben (1, 2 im Bild 58) etwa eine Umdrehung lösen, dazu Gegenhalter »T10172« mit Adapter »T10172/2« und »T10172/1« verwenden. Die Nockenwellenfixierung »T10494« darf nicht als Gegenhalter benutzt werden.

Es besteht Zerstörungsgefahr durch umgekehrte Laufrichtung bei einem bereits gelaufenen Zahnriemen. Vor Ausbau des Zahnriemens Laufrichtung mit Kreide oder Filzstift für den Wiedereinbau kennzeichnen.

- Schraube (1 im Bild 60) mit Einsteckwerkzeug »T10500« lösen.
- Spannrolle am Exzenter (2) mit dem Schlüssel »T10499« entspannen.
- Zahnriemen abnehmen.
- Kurbelwellen-Zahnriemenrad abnehmen.

Einbauen (Steuerzeiten einstellen)

Alle Schrauben, die mit Weiterdrehwinkel festgezogen werden, müssen ersetzt werden. Der O-Ring der Verschlussschraube muss bei Beschädigung erneuert werden.

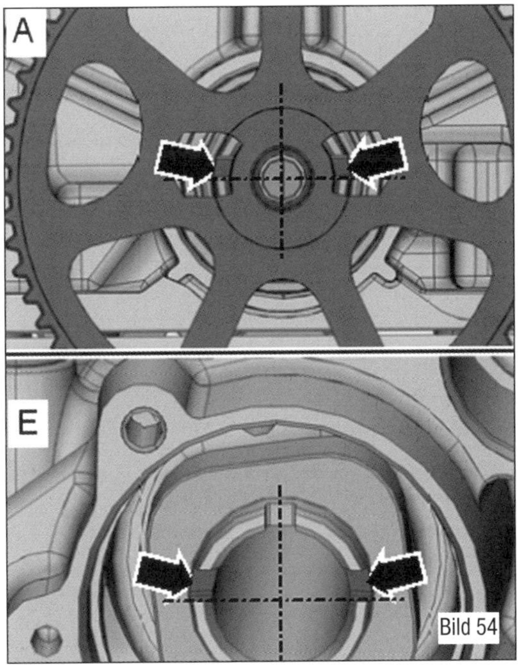

Bild 54
A Auslassnockenwelle
E Einlassnockenwelle
Pfeile = Nuten

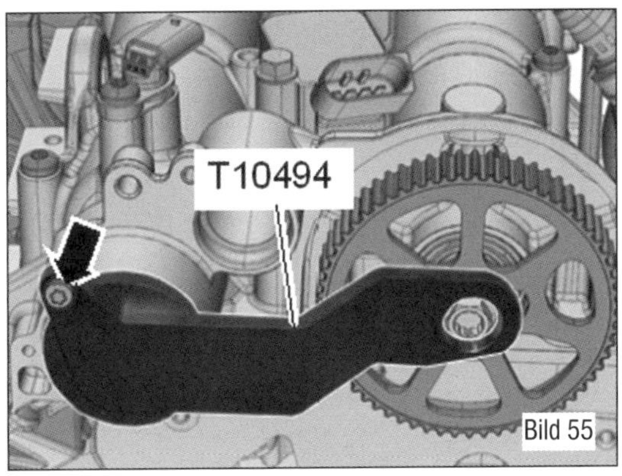

Bild 55
Spezialwerkzeug T10494 zum Abstecken der Nockenwelle. Pfeil = Schraube.

Bild 56
Montagewerkzeug T10487.

Bild 57
1 Verschlussschraube Einlassnockenwelle
T10172 = Gegenhalter

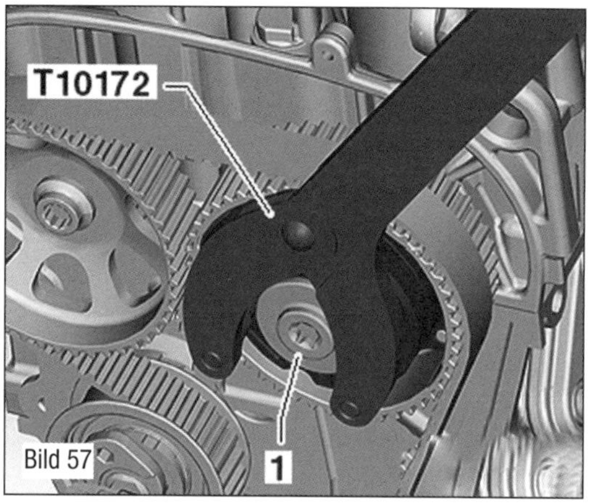

Bild 57

Bild 58
1 Schraube Einlassseite
2 Schraube Auslassseite

Bild 58

Bild 59
Pfeile = Schrauben.

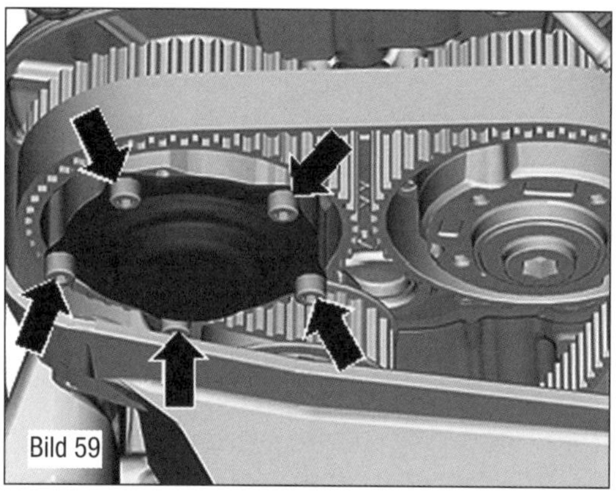
Bild 59

»OT«-Stellung von Nockenwelle und Kurbelwelle prüfen:

■ Nockenwellenfixierung »T10494« am Nockenwellengehäuse anbauen.

⚠ Die Nockenwellenfixierung darf nicht als Gegenhalter benutzt werden.

■ Fixierschraube »T10340« bis zum Anschlag in den Zylinderblock eingedreht und mit 30 Nm festziehen.

■ Kurbelwelle in Motordrehrichtung an der Fixierschraube »T10340« angelegt, ist die »OT-Stellung« für die Kurbelwelle.

■ Die Schrauben für die Nockenwellenräder ersetzen und lose eindrehen. Die Nockenwellenräder müssen sich auf den Nockenwellen verdrehen lassen, dürfen aber nicht kippen.

■ Die Blechnase der Spannrolle muss in der Guss-Vertiefung des Zylinderkopfs eingreifen.

■ Kurbelwellen-Zahnriemenrad auf die Kurbelwelle aufsetzen. Die Anlagefläche zwischen Keilrippenriemenscheibe und Kurbelwellen-Zahnriemenrad muss frei von Öl und Fett sein. Die gefräste Fläche (Pfeil im Bild 61) am Kurbelwellen-Zahnriemenrad muss auf der gefrästen Fläche am Kurbelwellenzapfen sitzen.

⚠ Zahnriemen beim Auflegen auf die Nockenwellenräder nicht beschädigen.

Die folgende Reihenfolge beim Auflegen des Zahnriemens ist sehr wichtig.

■ Zahnriemen nach oben ziehen, auf die Umlenkrolle (1 im Bild 62), die Spannrolle (2) und die Nockenwellenräder (3) und (4) auflegen.

■ Exzenter der Spannrolle (2) mit dem Schlüssel »T10499« so weit drehen, bis der Einstellzeiger etwa 10 mm rechts vom Einstellfenster steht.

■ Exzenter so weit zurückdrehen, dass der Einstellzeiger genau im Einstellfenster steht.

⚠ Zum Festziehen muss der Drehmomentschlüssel »VAS 6583« verwendet werden! Bei der Einstellung des Anzugsdrehmoments am Drehmomentschlüssel »VAS 6583« muss das auf dem Einsteckwerkzeug »T10500« angegebene Strichmaß in den Drehmomentschlüssel eingegeben werden!

■ Exzenter in dieser Stellung halten und Schraube mit 25 Nm festziehen, dazu Einsteckwerkzeug »T10500« mit Drehmomentschlüssel »VAS 6583« verwenden.

☞ Wenn der Motor weiter gedreht wurde oder gelaufen ist, kann es zu leichten Abweichungen der Stellung des Einstellzeigers zum Einstellfenster kommen. Dies hat keinen Einfluss auf die Zahnriemenspannung und die Steuerzeiten.

■ Schrauben (1 im Bild 58), (2) mit 50 Nm voranziehen, dazu Gegenhalter »T10172« mit Adapter »T10172/2« und »T10172/1« verwenden.

- Fixierschraube »T10340« herausdrehen.
- Schraube »Pfeil« herausdrehen, Nockenwellenfixierung »T10494« abnehmen.
- Zahnriemenschutz unten einbauen.
- Schwingungsdämpfer einbauen

Steuerzeiten prüfen:

- Kurbelwelle 2 Umdrehungen in Motordrehrichtung drehen.
- Fixierschraube »T10340« bis zum Anschlag in den Zylinderblock eindrehen und mit 30 Nm festziehen (siehe Bild 53).
- Kurbelwelle in Motordrehrichtung weiter bis Anschlag drehen. Die Fixierschraube liegt jetzt an der Kurbelwellenwange an.

Die Fixierschraube »T10340« arretiert die Kurbelwelle nur in Motordrehrichtung. Die Nockenwellenfixierung »T10494« muss sich leicht einsetzen lassen. Die Nockenwellenfixierung darf nicht mit einem Schlagwerkzeug eingesetzt werden.

Wenn sich die Nockenwellenfixierung nicht leicht einlegen lässt mit dem Montagewerkzeug (T10487 in Pfeilrichtung im Bild 56) auf den Zahnriemen drücken. Dabei die Nockenwellenfixierung »T10494« bis zum Anschlag in die Nockenwellen einstecken und mit der Schraube handfest anziehen.

Wenn sich die Nockenwellenfixierung gar nicht einsetzen lässt, sind die Steuerzeiten verstellt.

Wenn sich die Nockenwellenfixierung einsetzen lässt, sind die Steuerzeiten in Ordnung.

- Fixierschraube »T10340« herausdrehen.
- Schraube »Pfeil« herausdrehen, Nockenwellenfixierung »T10494« abnehmen.
- Die Schrauben der Nockenwellen mit Endanzugsdrehmoment festziehen, dazu Gegenhalter »T10172« mit Adapter »T10172/2« und »T10172/1« verwenden.
- Verschlussschraube der Einlassnockenwelle mit Drehmoment festziehen. Dazu den Gegenhalter »T10172« mit Adapter »T10172/1« verwenden.
- Zum Abschluss der Arbeiten kontrollieren, ob Fixierschraube »T10340« und Nockenwellenfixierung »T10494« wirklich entfernt worden sind.

Der weitere Zusammenbau erfolgt sinngemäß in umgekehrter Reihenfolge.

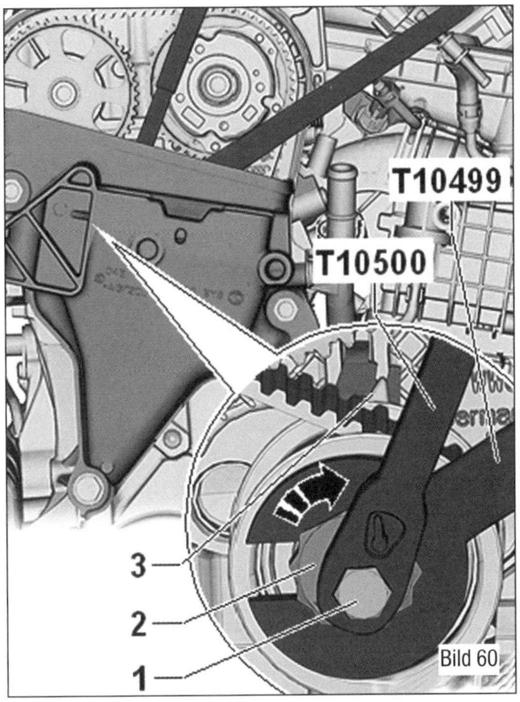

Bild 60
1 Schraube
2 Exenterspannrolle
T10499 = Schlüssel
T10500 = Einsteckwerkzeug

Bild 61
Gefaste Flächen um Zahnriemenrad der Kurbelwelle.

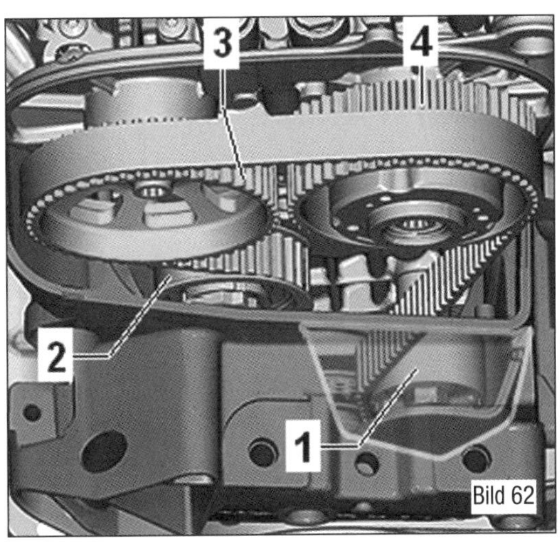

Bild 62
1 Umlenkrolle
2 Spannrolle
3 Nockenwellenrad Auslass
4 Nockenwellenrad Einlass

Sichtprüfung Messen

Bild 63
1 Schraube
2 Ventil Nockenwellenverstellung Auslass/Einlass
3 Dichtringe
4 Abdeckung oben für Steuerkette
5 Dichtung
6 Verschlussdeckel
7 Schraube
8 Dichtung
9 O-Ring
10 Leitung (nicht verbaut)
11 Motor
12 Passstifte
13 Abdeckung unten für Steuerkette
14 Wellendichtring
15 Verschlussstopfen
16 Schraube
17 O-Ring
18 Führungsrohr für Ölmessstab
19 Schraube

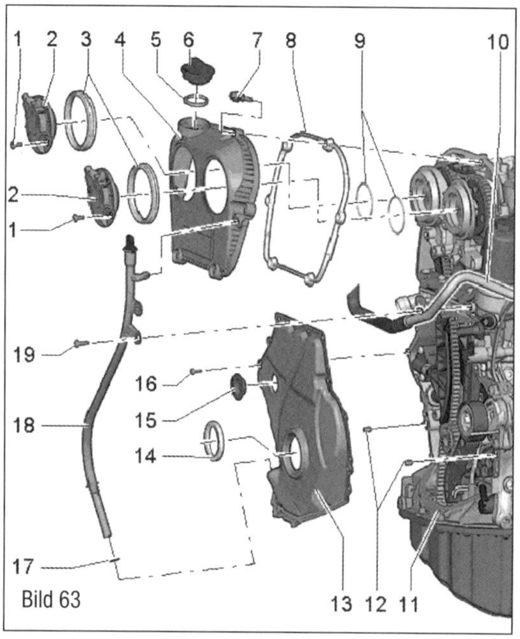

Bild 63

Bild 64
1 Schlauchschelle
2 Entriegelungstaste am Aktivkohlefilter

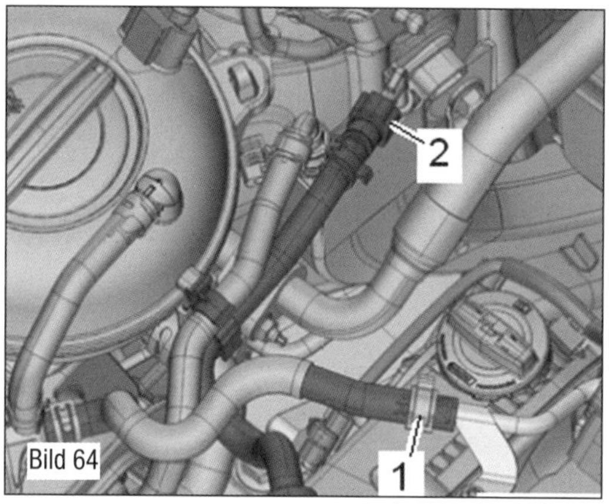

Bild 64

Bild 65
Schrauben1 bis 6.

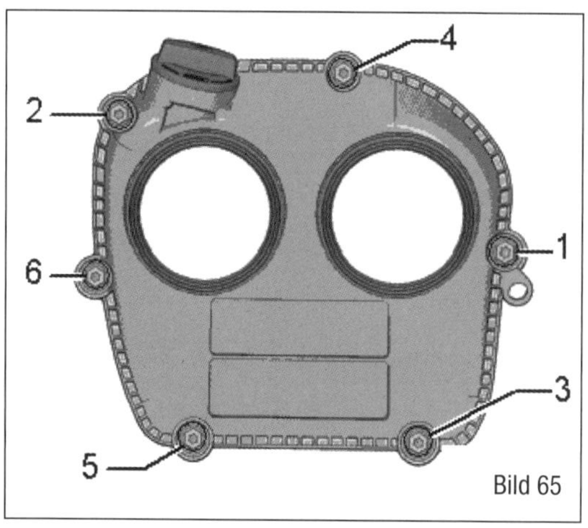

Bild 65

Arbeiten am Kettentriebtrieb des 2,0 l-TSI-Motors

Der große Benzinmotor wird in unterschiedlichen Leistungsvarianten verbaut. Für die Montagearbeiten in diesem Kapitel gibt es aber kaum Unterschiede. Diese werden wir wenn erforderlich gesondert in der laufenden Beschreibung hervorheben.

Demontage der Steuerkettenabdeckung

Steuerkettenabdeckung oben

- Lassen Sie de Motor abkühlen.
- Öffnen Sie kurz den Verschlussdeckel des Kühlmittelausgleichsbehälters, um Restdruck im Kühlsystem abzubauen.
- Bauen Sie die Motorabdeckung oben aus.
- Schlauchschelle (1 im Bild 64) lösen, Kühlmittelschlauch abbauen und zur rechten Seite drücken.
- Entriegelungstaste am Schlauch (2) für Aktivkohlebehälter drücken, Schlauch abziehen und freilegen.
- Ventil für Nockenwellenverstellung Auslassnockenwelle ausbauen.
- Schraube am Ölmessstab herausdrehen.
- Das Führungsrohr für Ölmessstab von der Abdeckung oben für die Steuerkette abclipsen.
- Schrauben (1) bis (6) (im Bild 65) herausdrehen und Abdeckung oben für Steuerkette abnehmen.
- Dichtringe ersetzen.
- Abdeckung am Zylinderkopf ansetzen und Schrauben von Hand ansetzen. Dabei darauf achten, dass die Dichtung richtig am Zylinderkopf anliegt.
- Schrauben (1) bis (6) in der gezeigten Reihenfolge festziehen.
- Ventil für Nockenwellenverstellung und Ventil für Nockenwellenverstellung im Auslass einbauen.
- Motorabdeckung einbauen.

Steuerkettenabdeckung unten

Bedingt durch die Klebekraft des Dichtmittels, verbiegt die Abdeckung beim Ausbauen. Aus diesem Grund muss die Abdeckung immer ersetzt werden.

- Radhausschale vorn rechts ausbauen.
- Motorstütze ausbauen.
- Schwingungsdämpfer ausbauen.
- Motoröl ablassen.

- Ventil für Öldruckregelung ausbauen.
- Spannvorrichtung für Keilrippenriemen ausbauen.
- Halteclip (2 im Bild 66) für elektrischen Leitungsstrang freilegen.
- Schraube (1) herausdrehen.
- Führungsrohr für Ölmessstab von der Abdeckung oben für Steuerkette abclipsen (Pfeil).
- Führungsrohr für Ölmessstab aus der Abdeckung für Steuerkette ziehen.
- Schrauben (1 bis15) (im Bild 67) herausdrehen.
- Abdeckung unten für Steuerkette abheben.

Tipp: Je nach Ausführung können auch nur 8 Schrauben verbaut sein.

Tipp: Beachten Sie das Haltbarkeitsdatum des Silikon-Dichtmittels. Die Abdeckung muss nach dem Auftragen des Silikon-Dichtmittels innerhalb von 5 Minuten eingebaut werden. Ersetzen Sie Schrauben, die mit Weiterdrehwinkel angezogen werden, sowie alle Dichtringe und O-Ringe.

Achtung: Verschmutzungsgefahr des Schmiersystems. Offene Teile des Motors abdecken.

- Dichtmittelreste am Zylinderblock mit einem Flachschaber entfernen.
- Dichtflächen von Öl und Fett reinigen.
- Prüfen, ob beide Passstifte zur Zentrierung der Abdeckung vorhanden sind.
- Tubendüse an der vorderen Markierung abschneiden (an der Düse ca. 3 mm).

Abdeckung mit 15 Schrauben

- Silikon-Dichtmittel »D 174 003 A2«, wie in dem Bild 68 gezeigt, auf die saubere Dichtfläche (Pfeil 1) und auf die Kanten (Pfeile 2) an der neuen Abdeckung auftragen. Die Dicke der Dichtmittelraupe soll etwa 2 bis 3 mm betragen. Zu viel Dichtmasse fällt eventuell ins Motorgehäuse hinein.
- Abdeckung sofort ansetzen und Schrauben festziehen.

Achtung: Die Abdeckung muss nach dem Auftragen des Silikon-Dichtmittels innerhalb von 5 Minuten eingebaut werden.

Tipp: Schrauben (3) und (6) im Bild 67 erst nach dem Einbau des Schwingungsdämpfers mit Weiterdrehwinkel festziehen. Die Schrauben müssen für den Einbau des Schwingungsdämpfers wieder herausgedreht werden.

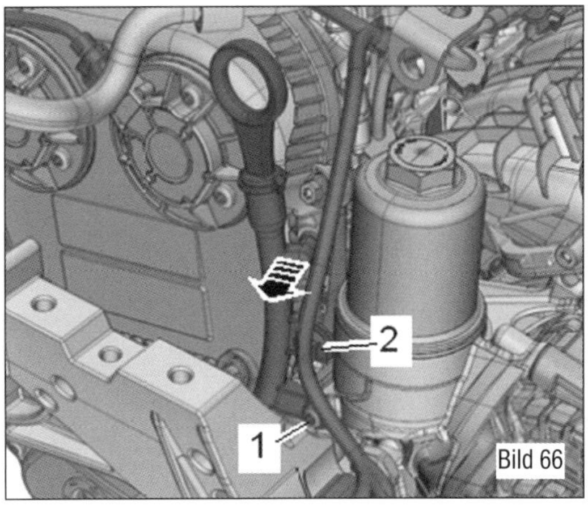

Bild 66
1 Schraube
2 Clips
Pfeil = Bewegungsrichtung

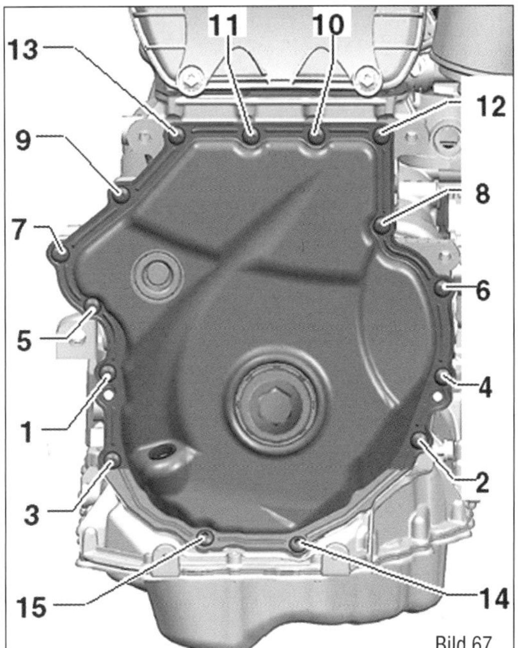

Bild 67
Schrauben 1 bis 15.

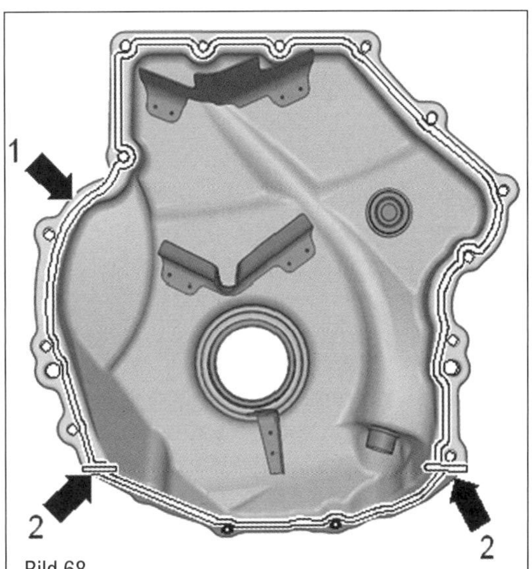

Bild 68
Pfeil 1 = umlaufender Auftrag
Pfeil 2 = Kantenauftrag

Sichtprüfung

Messen

Bild 69
Schrauben 1 bis 8.

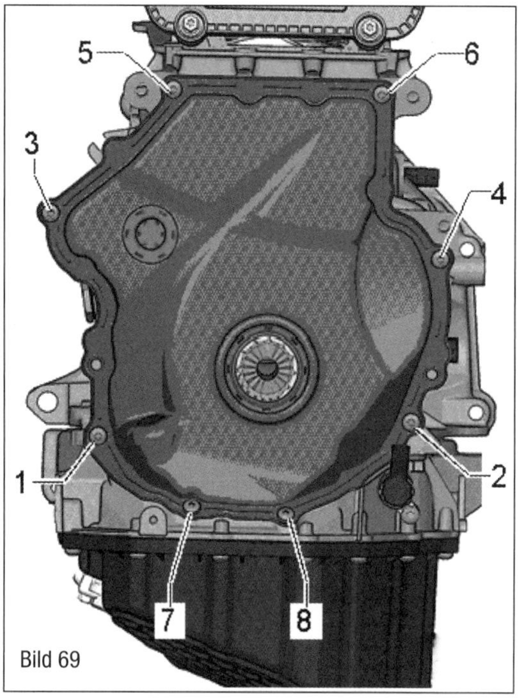

Bild 69

Bild 70
Pfeil 1 = umlaufender Auftrag
Pfeil 2 = Kantenauftrag

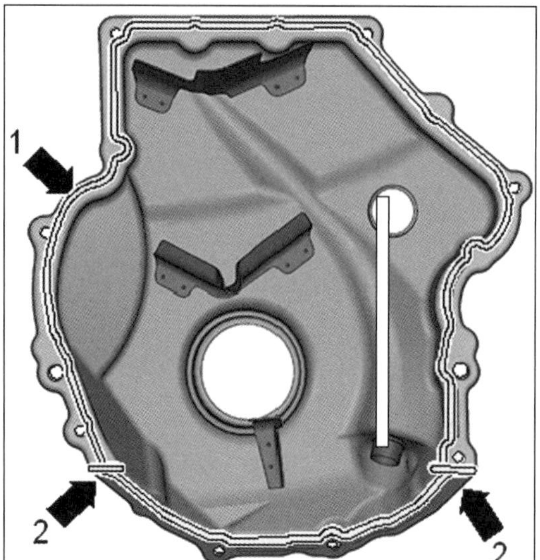

Bild 70

■ Die Schrauben (1) bis (15) in 2 Stufen in folgender Reihenfolge festziehen:
1. Schrauben mit 8 Nm anziehen.
2. Schrauben 45° weiterdrehen.

Abdeckung mit 8 Schrauben
■ Silikon-Dichtmittel »D 174 003 A2«, wie im Bild 70 gezeigt, auf die saubere Dichtfläche (Pfeil 1) und auf die Kanten (Pfeile 2) an der neuen Abdeckung auftragen. Die Dicke der Dichtmittelraupe soll etwa 2 bis 3 mm betragen, da sonst überschüssiges Dichtmittel in die Ölwanne gelangen und das Sieb im Ölansaugrohr verstopfen kann.
Die Abdeckung muss nach dem Auftragen des Silikon-Dichtmittels innerhalb von 5 Minuten eingebaut werden.
■ Abdeckung sofort ansetzen und Schrauben festziehen.
Schrauben (1) und (4) im Bild 69 erst nach dem Einbau des Schwingungsdämpfers mit Weiterdrehwinkel festziehen. Die Schrauben müssen für den Einbau des Schwingungsdämpfers wieder herausgedreht werden.
■ Schrauben (1) bis (8) in 2 Stufen in der geschilderten Reihenfolge festziehen:
1. Schrauben mit 8 Nm anziehen.
2. Schrauben 45° weiterdrehen.

Fortsetzung für alle:
■ Den Schwingungsdämpfer einbauen.
■ Das Ventil für Öldruckregelung einbauen.
■ Die Spannvorrichtung für Keilrippenriemen einbauen.
■ Den Keilrippenriemen einbauen.
■ Die Radhausschale vorn rechts einbauen.
■ Motoröl auffüllen und Ölstand prüfen.

Demontage der Steuerketten

Nockenwellensteuerketten demontieren
■ Motor in Einbaulage abfangen.
■ Motorlager ausbauen.
■ Motorstütze ausbauen.
■ Abdeckung oben für Steuerkette ausbauen.
■ Geräuschdämpfung ausbauen.
■ Rechtes Radhausschalen Vorderteil ausbauen.
■ Schwingungsdämpfer mit dem Gegenhalter »T10355« in »OT-Stellung« drehen.
Die Markierungen im Bild 72 (1) der Nockenwellenkettenräder müssen den Markierungen (2) und (3) gegenüberstehen. Die Kerbe am Schwingungsdämpfer und die Markierung an der Abdeckung unten für Steuerketten (Pfeil) müssen sich gegenüberstehen.
■ Abdeckung unten für Steuerkette ausbauen.
■ Steuerventile links und rechts mit Montagewerkzeug »T10352/2« im Uhrzeigersinn ausbauen. Die Zentralschrauben der Steuerventile haben Linksgewinde.
■ Schrauben (Pfeile im Bild 73) ausdrehen und Lagerbrücke abnehmen.

■ Schrauben (Pfeile im Bild 74) ausdrehen.
■ Montagehebel »T40243« einschrauben (Pfeile).
■ Sicherungsring (1 im Bild 75) des Kettenspanners zusammendrücken und festhalten.
■ Montagehebel »T40243« langsam in Pfeilrichtung drücken und festhalten.
■ Kettenspanner mit Absteckwerkzeug »T40267« sichern.
■ Montagehebel »T40243« ausbauen.
■ Nockenwellenfixierung »T40271/2« an den Zylinderkopf anschrauben und in die Verzahnung des Kettenrads in Pfeilrichtung (2 im Bild 77) schieben. Einlassnockenwelle gegebenenfalls mit Montagewerkzeug »T40266« verdrehen (1).
■ Nockenwellenfixierung »T40271/1« an den Zylinderkopf schrauben.

Für den folgenden Arbeitsschritt ist die Hilfe eines zweiten Mechanikers notwendig.

■ Auslassnockenwelle mit Montagewerkzeug »T40266« in Pfeilrichtung (A im Bild 76) festhalten. Schraube (1) herausdrehen und Spannschiene (2) nach unten führen. Nockenwelle so weit im Uhrzeigersinn (A) weiterdrehen, bis die Nockenwellenfixierung »T40271/1« in die Verzahnung des Kettenrads (C) geschoben werden kann.
■ Gleitschiene oben ausbauen, dazu mit einem Schraubendreher Verrastung entriegeln und Gleitschiene nach vorn abdrücken.
■ Schrauben des Kettenspanners herausdrehen und den Kettenspanner ausbauen.
■ Spannbügel des Kettenspanners der Ölpumpe zurückdrücken und mit Absteckstift »T40011« arretieren.
■ Schraube (1 im Bild 76) herausdrehen und Kettenspanner ausbauen.
■ Die Schrauben herausdrehen und Gleitschiene ausbauen.
■ Nockenwellensteuerkette von den Nockenwellenrädern abnehmen und auf die Zapfen der Nockenwellen hängen.
■ Kettenspanner (Bild 79) für Ausgleichswellensteuerkette ausbauen.
■ Schrauben (1) herausdrehen.
■ Spannschiene (2) und Gleitschienen (3) und (4) ausbauen.
■ Spannschraube (A) lösen und Spannbolzen (B) herausdrehen.
■ Dreistufiges Kettenrad herausnehmen, dazu Steuerkette für Ölpumpenantrieb abnehmen.

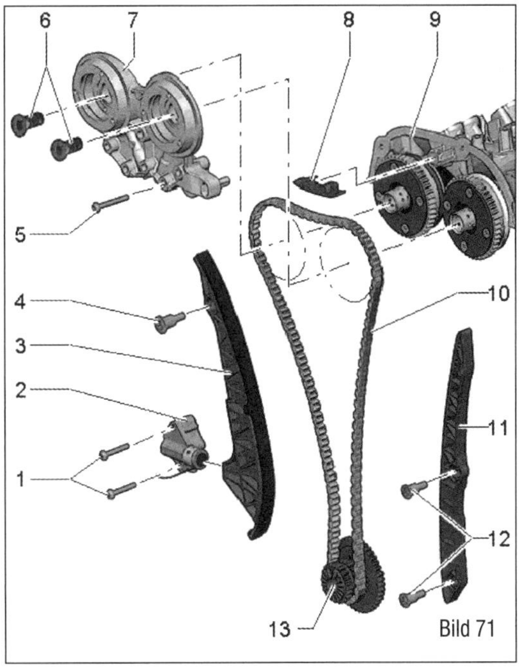

Bild 71
1 Schraube
2 Kettenspanner
3 Spannschiene für Steuerkette
4 Führungsbolzen
5 Schraube
6 Steuerventile
7 Lagerbrücke
8 Gleitschiene für Nockenwellensteuerkette
9 Nockenwellengehäuse
10 Nockenwellensteuerkette
11 Gleitschiene für Nockenwellensteuerkette
12 Führungsbolzen
13 dreistufiges Kettenrad

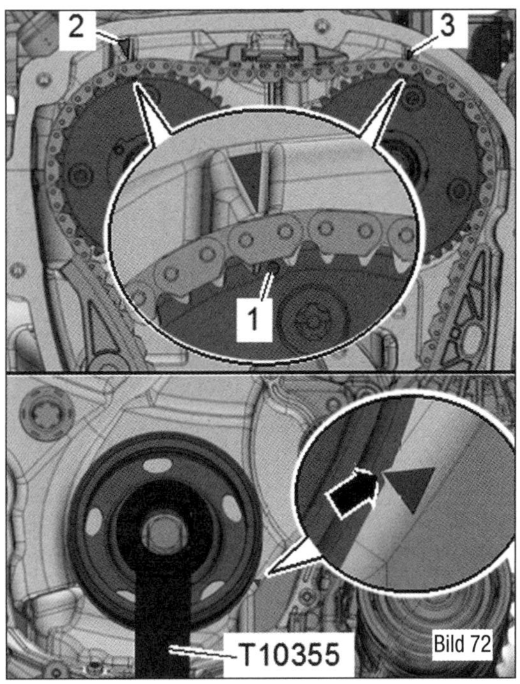

Bild 72
Markierungen am Motor.
1 Markierung an den Nockenwellenrädern
2 und 3 Markierung am Ventildeckel
Pfeil = Markierung am Steuerkastendeckel
T10355 = Gegenhalter

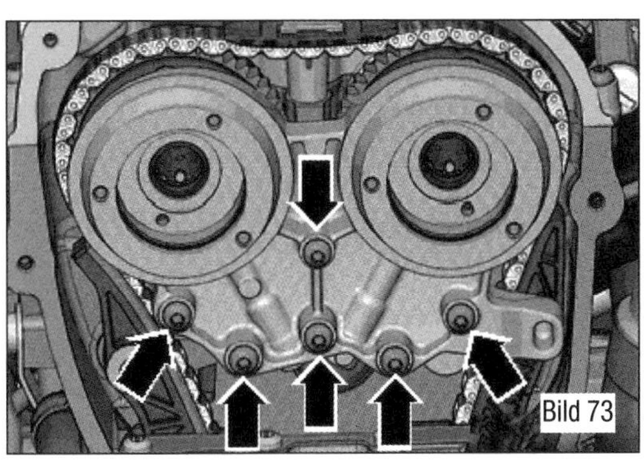

Bild 73
Schrauben (Pfeile) der Lagerbrücke der Steuerventile.

Sichtprüfung Messen

Bild 74
Dreistufiges Kettenrad: Die beiden Flächen (Pfeile) müssen sich gegenüberstehen.

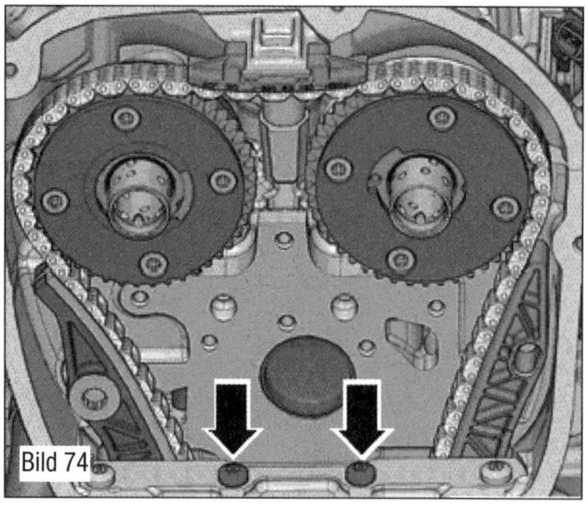
Bild 74

Bild 75
1 Sicherungsring
Pfeile = Befestigungsschrauben
T40243 = Hebelwerkzeug mit angegebener Bewegungsrichtung zum Entspannen der Steuerkette

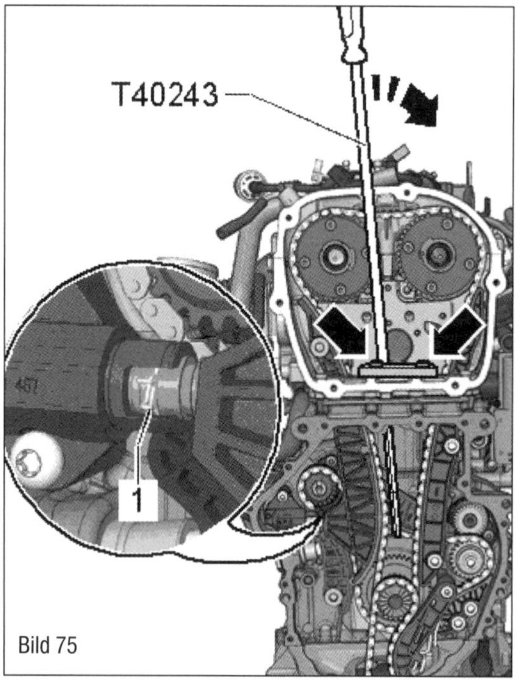

Bild 75

Bild 76
1 Schraube
2 Gleitschiene
A Bewegungsrichtung zum Entspannen
B Einbaurichtung
C Sitz im Zahnrad
T 40266 Spezialwerkzeug
T 40271/1 Spezialwerkzeug

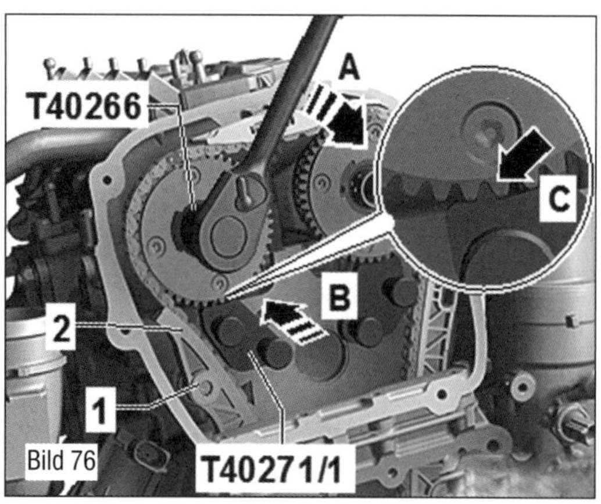

Bild 76

■ Nockenwellensteuerkette und Antriebskette für Ausgleichswelle abnehmen.

Einbauen

■ OT der Kurbelwelle prüfen, die Abflachung an der Kurbelwelle (Bild 78) muss waagerecht stehen.
■ Markierung am Zylinderblock mit einem wasserfesten Stift anbringen.
■ Zahn des dreistufigen Kettenrads mit einem wasserfesten Stift zur Markierung kennzeichnen.
■ Zwischenrad und Ausgleichswelle auf Markierungen (Pfeil im Bild 80) drehen, Schraube (1) nicht lösen.

Die farbigen Kettenglieder der Ketten müssen an den Markierungen der Kettenräder positioniert werden. Die Position von evtl. zusätzlich vorhandenen farbigen Kettengliedern braucht nicht beachtet zu werden.

■ Antriebskette für Ausgleichswellen auflegen, die farbigen Kettenglieder (Pfeile im Bild 81) an den Markierungen der Kettenräder positionieren.
■ Gleitschiene (3 im Bild 79) einbauen und Schrauben (1) festziehen.
Nockenwellensteuerkette mit den farbigen Kettengliedern (Pfeile im Bild 82) auf die Zapfen der Nockenwellen hängen.
■ Steuerkette für Ölpumpenantrieb auf das dreistufige Kettenrad legen.
■ Dreistufiges Kettenrad zum Motor schwenken und auf die Kurbelwelle stecken. Die erstellten Markierungen müssen sich gegenüberstehen.
■ Spannbolzen »T10531/2« in die Kurbelwelle einschrauben und handfest anziehen.
■ Durchdrehwerkzeug »T10531/3« ansetzen. Bundmutter »T10531/4« handfest aufschrauben. Mit einem Maulschlüssel SW 32 das Durchdrehwerkzeug leicht hin und her bewegen. Dabei die Bundmutter nachziehen, bis das Kettenrad fest auf der Verzahnung der Kurbelwelle sitzt. Erst jetzt die Spannschraube (A im Bild 83) festziehen.
■ Farbiges Kettenglied der Antriebskette für Ausgleichswellen (Pfeil im Bild 84) an der Markierung des dreistufigen Kettenrads positionieren.
■ Spannschiene (1) und Gleitschiene (2) einbauen.
■ Schrauben (3) festziehen.
■ Kettenspanner für die Ausgleichswellen-Kette wieder einbauen.

■ Einstellung nochmals prüfen, die farbigen Kettenglieder müssen an den Markierungen der Kettenräder stehen.
■ Nockenwellensteuerkette auf Einlassnockenwelle, Auslassnockenwelle und Kurbelwelle auflegen. Die farbigen Kettenglieder (Bild 81) an den Markierungen der Kettenräder positionieren.
■ Die seitliche Gleitschiene wieder einbauen.
■ Obere Gleitschiene wieder einbauen.

Für den folgenden Arbeitsschritt ist die Hilfe eines zweiten Mechanikers notwendig.
■ Die Auslassnockenwelle mit Montagewerkzeug »T40266« etwas mit dem Uhrzeigersinn drehen und Nockenwellenfixierung »T40271/1« aus der Verzahnung des Kettenrads schieben.
■ Nockenwelle entlasten, bis die Steuerkette an der Gleitschiene anliegt. Nockenwelle in dieser Position festhalten, Spannschiene einbauen und verschrauben.
■ Kettenspanner für die Steuerkette einbauen und Schrauben festziehen.
■ Kettenspanner für die Ausgleichswellen einbauen. Der Drahtbügel muss in der Aussparung am Ölwannenoberteil zur Anlage kommen.
■ Schraube für den Kettenkasten oben festziehen und Absteckstift »T40011« entfernen.
■ Einlassnockenwelle mit Montagewerkzeug »T40266« in Pfeilrichtung gegen den Uhrzeigersinn drehen, bis die Nockenwellenfixierung »T40271/2« aus der Verzahnung des Kettenrads geschoben werden kann.
■ Nockenwelle entlasten.
■ Nockenwellenfixierung »T40271/1« und »T40271/2« ausbauen.
■ Einstellung prüfen, die farbigen Kettenglieder müssen an den Markierungen der Kettenräder stehen (Bild 85).
■ Schrauben (Pfeile im Bild 85) eindrehen und festziehen.
■ Lagerbrücke anbauen (Bild 73).
■ Absteckwerkzeug »T40267« entfernen.
■ Schrauben für die Lagerbrücke festziehen.
■ Steuerventile einbauen.
■ Motor zweimal in Motordrehrichtung durchdrehen.

Tipp: Bedingt durch die Übersetzung, stimmen die farbigen Kettenglieder nach

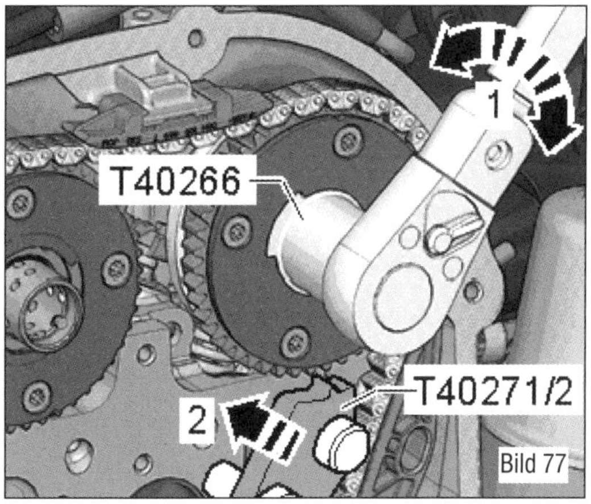

Bild 77
1 Bewegungsrichtung
2 Montagerichtung
T40266 Spezialwerkzeug
T40271/2 Spezialwerkzeug

Bild 78
Dreistufiges Kettenrad: Die beiden Flächen (Pfeile) müssen sich gegenüberstehen.

Bild 79
1 Schrauben
2 Spannschiene
3 Gleitschiene
4 Gleitschiene

Bild 80
1 Schraube
Pfeil = Markierung auf Zwischenrad und Ausgleichswelle

Sichtprüfung Messen

Bild 81
Die farbigen Kettenglieder der Ketten müssen an den Markierungen der Kettenräder (Pfeile) positioniert werden.

Bild 82
Nockenwellensteuerkette mit den farbigen Kettengliedern (Pfeile) auf die Zapfen der Nockenwellen hängen.

Bild 83
I Spannbolzen T10531/2 eindrehen
II Durchdrehwerkzeug T10531/3 aufsetzen

dem Drehen des Motors nicht mehr überein.
- Durchdrehwerkzeug abnehmen und Abdeckung unten für Steuerkette einbauen.
- Schwingungsdämpfer einbauen.
- Abdeckung oben für Steuerkette einbauen.
- Spannvorrichtung für Keilrippenriemen einbauen.
- Keilrippenriemen einbauen.

Der weitere Einbau erfolgt sinngemäß in umgekehrter Reihenfolge.

Nach Arbeiten am Kettentrieb müssen die Lernwerte im Motorsteuergerät angepasst werden:
- Tester an der OBD-II-Dose anschließen.
- Zündung einschalten und am Fahrzeugdiagnosetester folgende Menüpunkte anwählen:

– 01 Motorelektronik Geführte Funktionen
– 01 Adaptionen nach Reparaturen am Kettentrieb

Bild 84
1 Spannschiene
2 Gleitschiene
3 Schrauben
Pfeil = Markierung

Bild 85
Position der Markierungen und der farbigen Kettenglieder.

Motoren aus- und einbauen

Die Motoren werden zusammen mit dem Getriebe nach unten ausgebaut. Dazu ist es notwendig, den Aggregateträger auszubauen.

Das Kühlsystem steht bei warmem Motor unter Druck! Es besteht Verbrühungsgefahr durch heißen Dampf und heißes Kühlmittel. Immer zuerst den Überdruck abbauen, dazu den Verschlussdeckel für Kühlmittelausgleichsbehälter mit Lappen abdecken und vorsichtig öffnen.

Demontage 2,0 l TDI, 1,6 l TDI und 2,0 l TSI

Der Ausbau dieser beiden Motorentypen ist fast identisch. Wir haben Ihnen hier exemplarisch den Ausbau am TDI-Motor beschrieben.

- Verschlussdeckel für Kühlmittelausgleichsbehälter öffnen.
- Aggregateträger ohne Lenkgetriebe ausbauen.
- Vorne links und rechts Radhausschalen Vorderteil ausbauen.
- Elektrische Steckverbindung (1 im Bild 86) trennen.
- Auffangwanne (für Werkstattkräne oder ein anderes geeignetes Gefäß) unterstellen.
- Halteklammer (3) anheben, Kühlmittelschlauch rechts unten vom Kühler abbauen und Kühlmittel ablaufen lassen.
- Motorabdeckung oben und unten ausbauen.
- Schrauben (1 im Bild 87) und (3) herausdrehen.
- Verrastung entriegeln (Pfeil), Abdeckung (2)abnehmen.
- Kühlmittelschlauch (2 im Bild 88) freilegen.
- Verrastungen entriegeln (Pfeile) und Luftführung Oberteil (1) abnehmen.
- Unterdruckschlauch am Luftfilter abziehen.
- Schlauchschelle am Ansaugrohr zu Motor lösen, Luftführungsschlauch abbauen.
- Luftfiltergehäuse komplett herausnehmen.
- Links und rechts Schraube (Pfeil im Bild 89) herausdrehen.

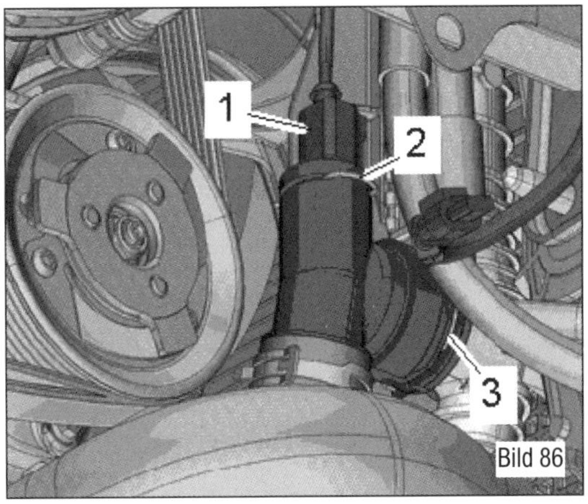

Bild 86
1 Stecker
2 Clips Sensor
3 Clips Kühleranschluss

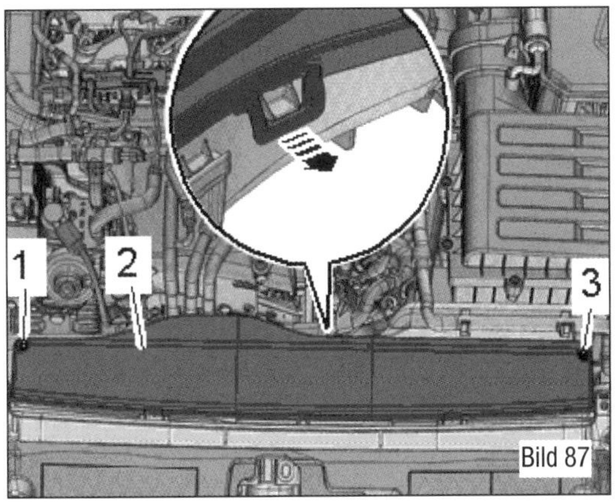

Bild 87
1 Schraube
2 Verkleidung
3 Schraube

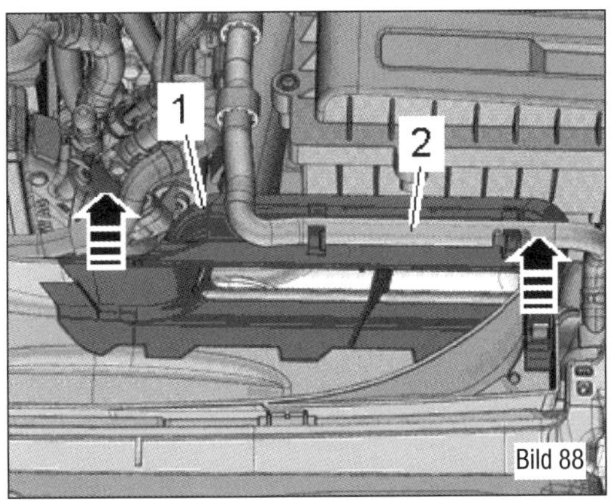

Bild 88
1 Luftführung
2 Kühlerschlauch
Pfeile = Rastpunkte

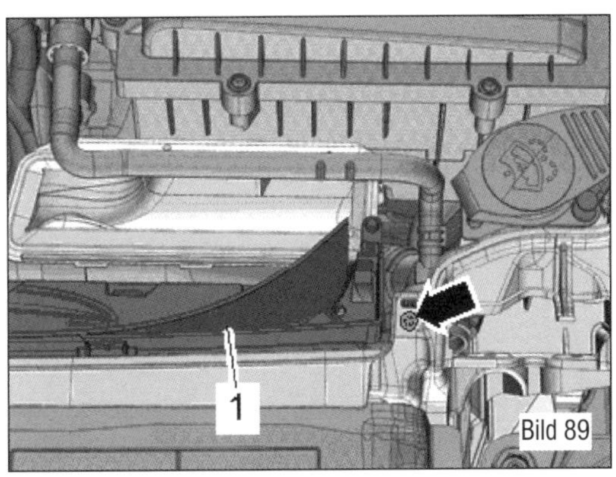

Bild 89
1 Luftführung
Pfeil = Schraube

Bild 90
1 Entriegelung
2 Unterdruckschlauch

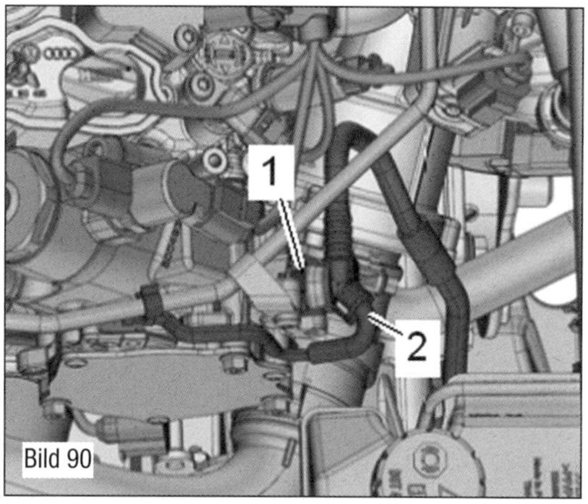

Bild 91
1 Schlauchschelle
Pfeile = Halteklammern

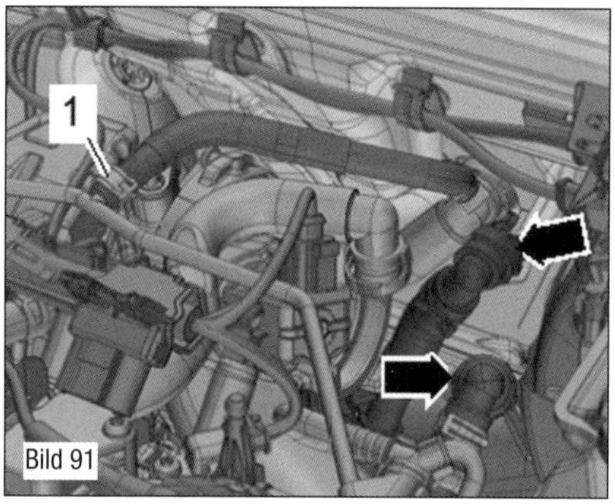

Bild 92
1 Schraube
2–4 Muttern

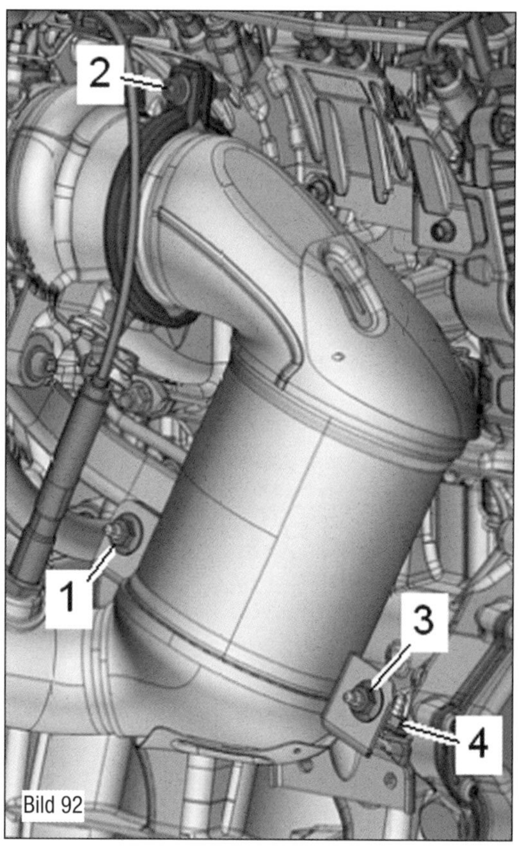

■ Unterteil (1) der Luftführung ausclipsen und abnehmen.
■ Batterie und Batterieträger ausbauen.
■ Unterdruckschlauch (2 im Bild 90) trennen.
■ Entriegelungstasten am Unterdruckschlauch (1) drücken, Schlauch von der Unterdruckpumpe abbauen.

Fahrzeuge ohne Standheizung:
■ Halteklammern oben am Wärmetauscher anheben, Kühlmittelschläuche vom Wärmetauscher der Heizung abbauen.
■ Kühlmittelschläuche nach unten halten und das Kühlmittel ablaufen lassen.

Fahrzeuge mit Standheizung:
■ Schlauchschelle (1 im Bild 91) lösen, Halteklammern (Pfeile) anheben und Kühlmittelschläuche abbauen.

Fortsetzung für alle Fahrzeuge:
■ Elektrische Steckverbindungen über dem Bremsflüssigkeitsbehälter aus dem Halter nehmen und trennen. Die elektrische Leitungen freilegen.
■ Schraube (2 im Bild 92) herausdrehen, Schraubschelle abnehmen.
■ Muttern (1) und (3) herausdrehen.

☞ Zur besseren Darstellung ist die Einbaulage bei ausgebautem Motor gezeigt. Die (4) nicht beachten.

⚠ Die Kraftstoffleitung steht unter Druck! Verletzungsgefahr der Augen und der Haut durch Kraftstoff. Schutzbrille und Schutzbekleidung tragen, um Verletzungen und Hautkontakt zu vermeiden. Vor dem Lösen von Schlauchverbindungen Putzlappen um die Verbindungsstelle legen. Dann durch vorsichtiges Öffnen der Verbindungsstelle Druck abbauen.
■ Schlauchkupplungen am Ausgleichsbehälter trennen. Die Schläuche vom Ausgleichsbehälter lösen.
■ Schlauchschellen (1 und 2 im Bild 93) lösen, die Kühlmittelschläuche abbauen.
■ Anheben, Kühlmittelschlauch oben links vom Kühler abbauen.

☞ Verwenden Sie für die nachfolgenden Arbeitsschritte zum Ausclipsen der Wickelclips den Abdrückhebel »80–200« oder ein anderes Hebelwerkzeug, mit dem die Kabelhalter ohne Beschädigungen herausgehebelt werden können.

■ Elektrische Steckverbindung am Motorsteuergerät (im Bereich der E-Box im Motorraum) abziehen.
■ Elektrische Steckverbindungen aus dem Halter nehmen, trennen und freilegen.
■ Abdeckung für die E-Box Motorraum abnehmen.
■ Verrastung mit einem Schraubendreher entriegeln (Pfeil im Bild 94), Abdeckung (1) für E-Box Motorraum nach oben abziehen.
■ Mutter (Pfeil im Bild 95) herausdrehen, elektrische Leitung abnehmen und freilegen.

Tipp: Die Masseleitung wurde in zwei Variationsmöglichkeiten angeschlossen. Je nach Baustand ist die Masseleitung an der Anlasserschraube befestigt.

Fahrzeuge mit Schaltgetriebe:
■ Elektrische Steckverbindung (2 im Bild 96) trennen.
■ B+-Polschutz (1) zurückdrücken und B+-Leitung vom Anlassermagnetschalter abschrauben.
■ Mutter (3) herausdrehen, Masseleitung abnehmen.
■ Elektrische Steckverbindungen für den Getriebe-Neutralschalter und für den Schalter für Rückfahrleuchten vorn links am Getriebe trennen.
■ Schalt- und Wählseilzug vom Getriebe abbauen, Seilzugwiderlager abschrauben und mit den Seilzügen seitlich ablegen.
■ Rohr-Schlauchleitung (A im Bild 97) zum Nehmerzylinder mit Schlauchklemme »3094« zuklemmen.
■ Klammer (Pfeil) für Rohr-Schlauchleitung bis zum Anschlag herausziehen.
■ Rohr-Schlauchleitung aus dem Entlüfter für Nehmerzylinder herausziehen.

Fahrzeuge mit Doppelkupplungsgetriebe:
■ Wählhebelseilzug vom Getriebe abbauen und aus dem Seilzugwiderlager herausziehen.
■ Elektrische Steckverbindung (2 im Bild 98) trennen.
■ B+-Polschutz (1) zurückdrücken und B+-Leitung vom Anlassermagnetschalter abschrauben.
■ Mutter (3) herausdrehen, Masseleitung abnehmen.
■ Um sich statisch zu entladen, mit der

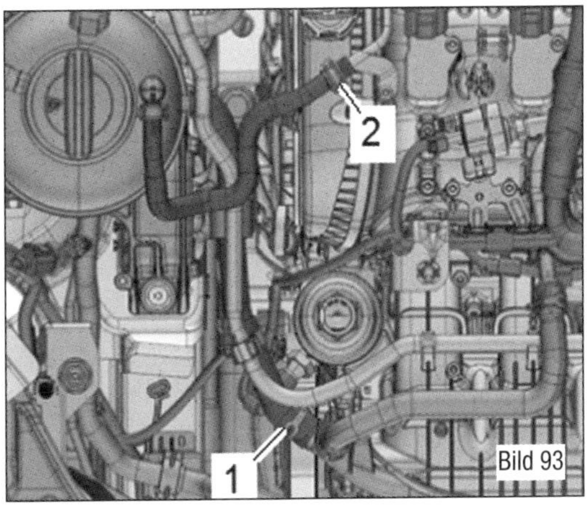

Bild 93
Schlauchschellen (1 und 2).

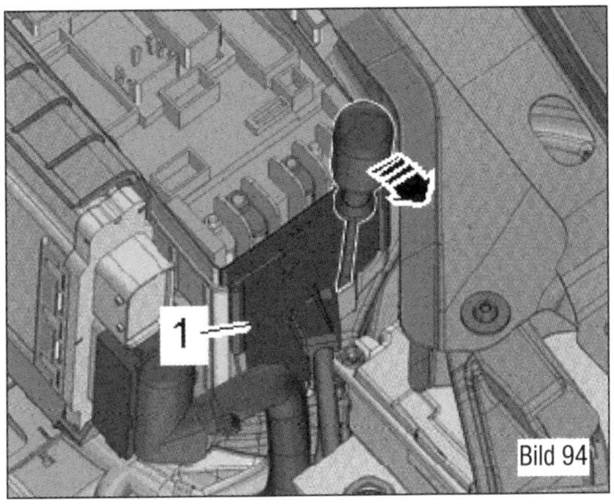

Bild 94
1 Abdeckung
Pfeil = Bewegungsrichtung zum Ausrasten der Abdeckung

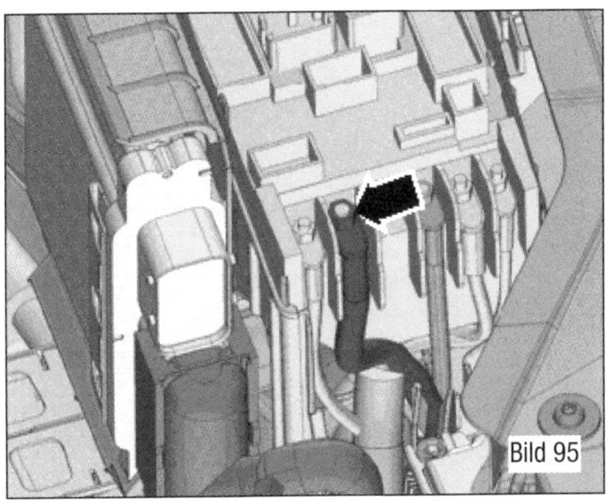

Bild 95
Anschluss mit Mutter (Pfeil).

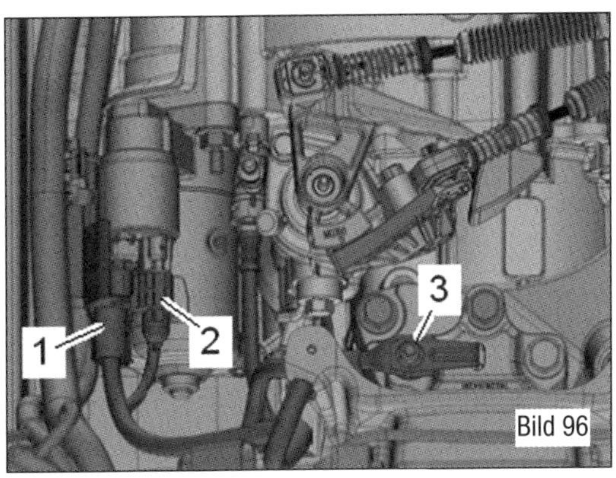

Bild 96
1 B+ mit Schutzkappe
2 KL50 Anschluss
3 Masseanschluss

Sichtprüfung Messen

Bild 97
Anschluss mit Mutter (Pfeil).

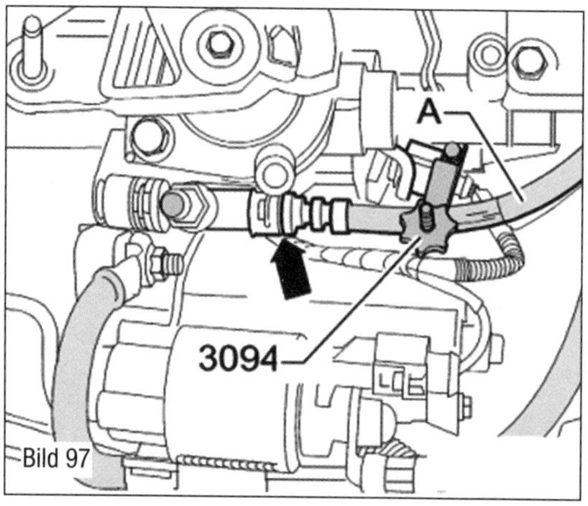

Bild 98
1 B+ mit Schutzkappe
2 KL50 Anschluss
3 Masseanschluss
4 Steckkontakt DSG

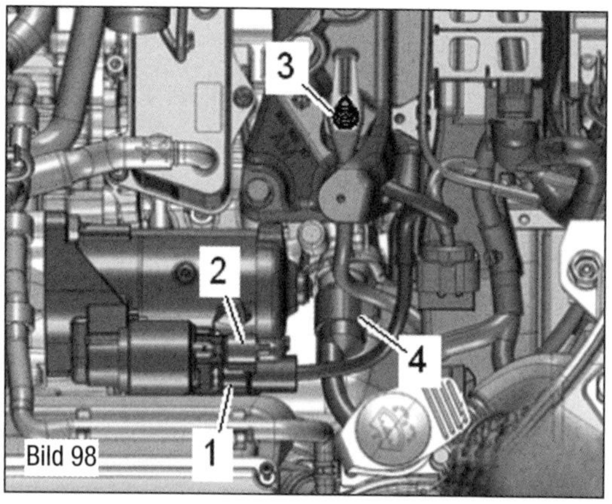

Bild 99
1 Anschluss
A Sicherungsclips zum Öffnen in Pfeilrichtung schieben
B Verriegelungslasche

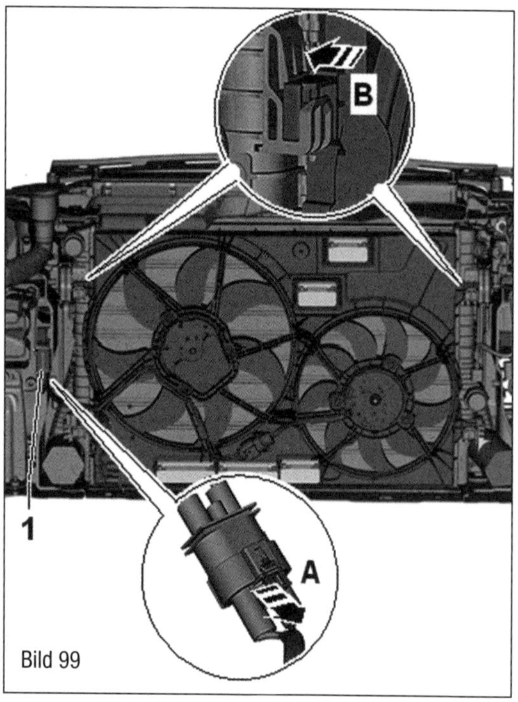

Hand (ohne Handschuhe) an Masse fassen.
- Steckkontakte im Stecker des Getriebes nicht mit den Händen berühren.
- Elektrische Steckverbindung (4) für Mechatronik für Doppelkupplungsgetriebe trennen, dazu Drehverschluss im Gegenuhrzeigersinn drehen.

Fortsetzung für alle:
- Schrauben am Getriebelager etwa 2 Umdrehungen herausdrehen.
- Schrauben am Motor für das Motorlager etwa 2 Umdrehungen herausdrehen.
- Schlauchschellen zwischen Luftführungsrohr links unten und Ladeluftkühler lösen und linken Ladeluftschlauch ausbauen.
- Elektrische Steckverbindung (1 im Bild 99) für Kühlerlüfter trennen, dazu Sicherung in Pfeilrichtung (A) schieben und Entriegelung nach unten drücken.
- Links und rechts Verriegelungslaschen (B) für Lüfterzarge gleichzeitig drücken. Lüfterzarge aushängen und nach unten vom Kühler abnehmen.
- Schlauchschellen am Anschlussschlauch für den Ladeluftkühler rechts lösen und den Luftführungsschlauch ausbauen.
- Offene Leitungen und Anschlüsse mit sauberen geeigneten Stopfen verschließen.
- Kühlmittelschlauch (3 im Bild 100) freilegen.
- Schrauben (Pfeile) herausdrehen.
- Schlauchschelle (2) lösen.
- Elektrische Steckverbindung am Ladedruckgeber trennen.
- Luftführungsrohr rechts abnehmen.

Fahrzeuge mit Standheizung:
- Schelle am Schalldämpfer der Standheizung lösen. Die Befestigungsschraube herausdrehen und den Schalldämpfer für Standheizung abnehmen.

Fortsetzung für alle Fahrzeuge:

⚠ Zerstörungsgefahr durch umgekehrte Laufrichtung bei einem bereits gelaufenen Keilrippenriemen. Vor Ausbau des Keilrippenriemens Laufrichtung mit Kreide oder Filzstift für den Wiedereinbau kennzeichnen.

⚠ Beschädigungsgefahr an Klimakompressor, Kältemittelleitungen und -schläuchen. Kältemittelleitungen und -schläuche nicht überdehnen, knicken oder verbiegen.

⚠ Verletzungsgefahr durch Kältemittel. Der Kältemittelkreislauf der Klimaanlage darf nicht geöffnet werden.

- Keilrippenriemen abnehmen und Spannvorrichtung entlasten.
- Elektrische Steckverbindung am Regelventil für den Kompressor der Klimaanlage trennen.
- Schrauben (Pfeile im Bild 101) herausdrehen.
- Klimakompressor mit angeschlossenen Kältemittelschläuchen vom Halter abnehmen und zur rechten Seite hochbinden.
- Links und rechts Gelenkwelle von den Flanschwellen abschrauben.
- Gelenkwellen nach hinten hochbinden.

Tipp: Achten Sie darauf, dass der Oberflächenschutz der Gelenkwelle nicht beschädigt wird.

- Klemmhülse nach dem Katalysator lösen und nach hinten schieben.
- Katalysator mit Abgasvorrohr abnehmen.
- Schraube für den Halter des elektrischen Leitungsstrangs hinten am Motor herausdrehen und zur Seite drücken.
- Adapter »T10359/3«, wie im Bild 102 gezeigt, am Motorhalter »T10359« festschrauben.
- Bolzen »T10359/2« mit Sicherungselement (A) aus der Getriebeaufnahme am Motorhalter festschrauben.
- Motorhalter »T10359« in den Motor- und Getriebeheber »V.A.G 1383 A« einstecken.
- Motorhalter »T10359« am Zylinderblock ansetzen. Schraube (A) mit Abstandshülse am Zylinderblock festschrauben. Anzugsdrehmoment 20 Nm.
- Motor mit Sicherungselement (B) sichern und Motor mit Getriebe etwas anheben.
- Schrauben am Motorlager vollständig herausdrehen.
- Schrauben am Getriebelager vollständig herausdrehen.
- Motor/Getriebe-Aggregat vorsichtig ablassen, dabei prüfen, ob alle Unterdruckleitungen oder elektrischen Leitungen zwischen Motor, Getriebe und Karosserie gelöst sind.

Demontage 1,2 l- und 1,4 l TSI

Auch hier sind für die beiden Motorenkonzepte nur sehr geringe und kaum erkennbare Unterschiede für die Demontagearbeiten erkennbar. Wir stellen Ihnen die Demontage exemplarisch für den 1,4 l-Motor vor.

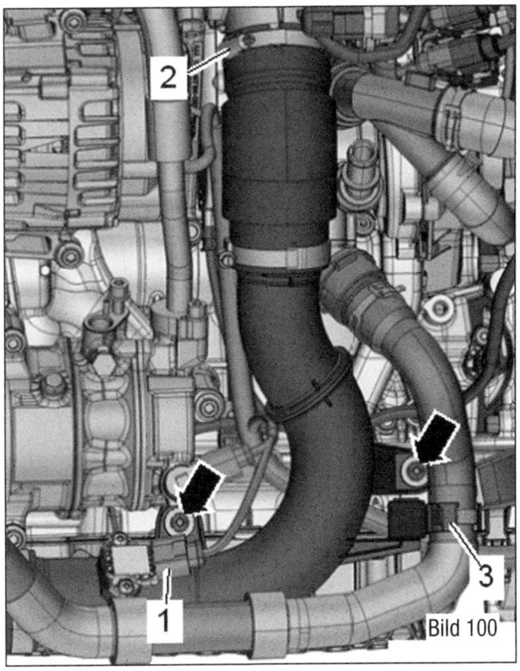

Bild 100
1 Ladedruckgeber
2 Schlauchschelle
3 Kühlmittelschlauch
Pfeile = Schrauben

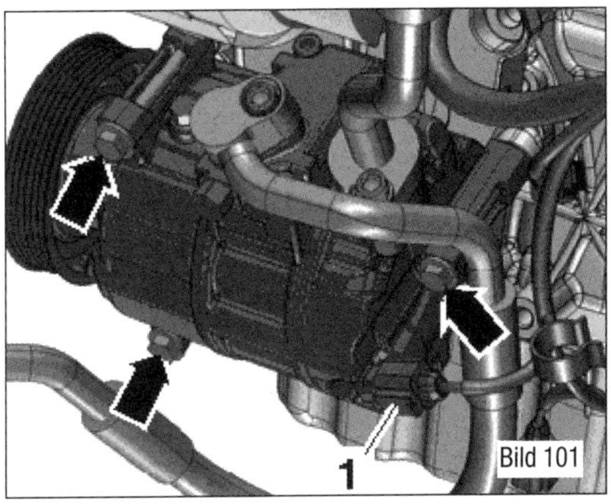

Bild 101
1 Anschlussleitung Klimakompressor
Pfeile = Verschraubungen am Kompressor

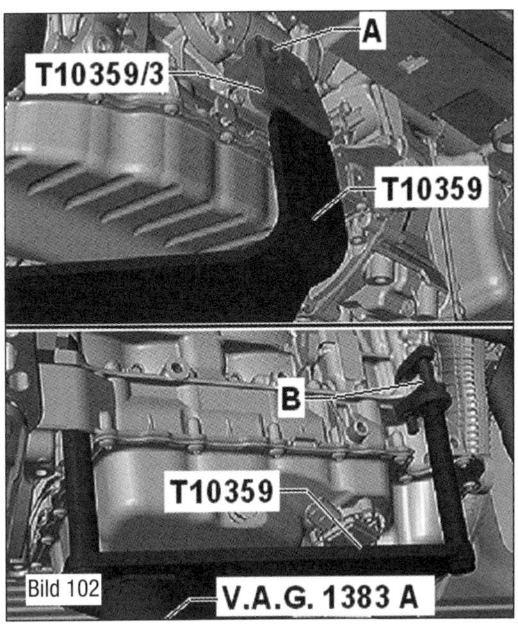

Bild 102
Sicherungselemente A und B.

Sichtprüfung Messen

Bild 103
1 Halteklammer
2 Steckverbindung
3 Klammer Temperaturfühler

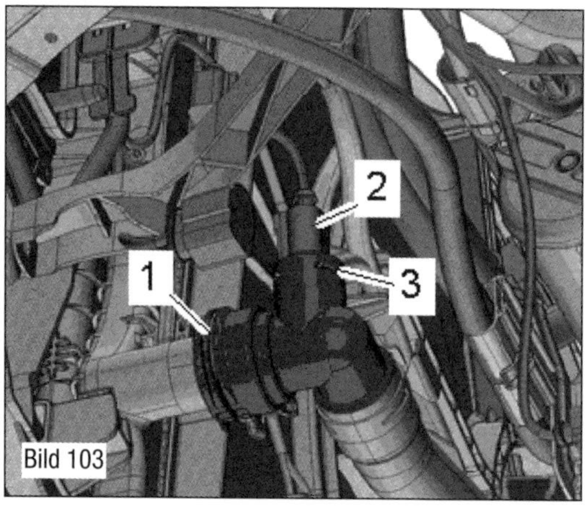

Bild 104
1 Steckverbindung
Pfeil = Verschraubungen

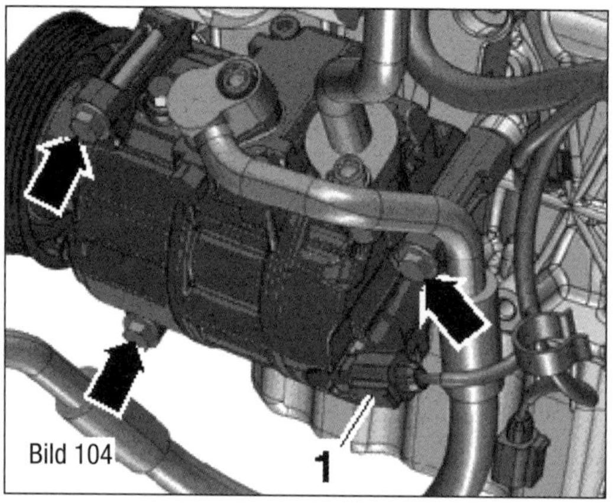

Bild 105
1 Schlauchschelle
2 Schraube (links und rechts)

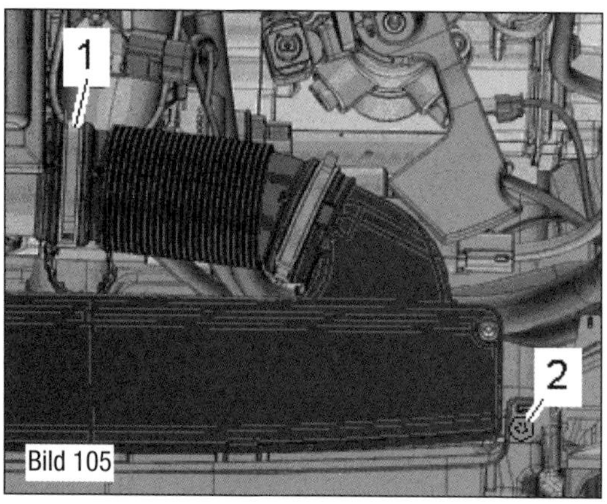

Bild 106
1 Verrastung
2 Unterdruckleitung

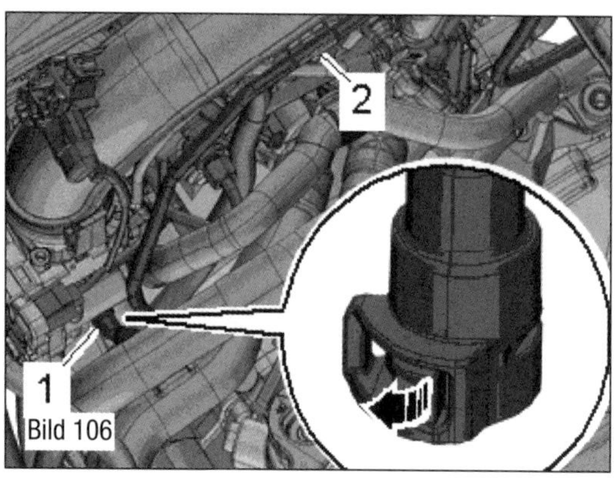

- Verschlussdeckel für Kühlmittelausgleichsbehälter öffnen.
- Links und rechts Vorderrad abbauen.
- Geräuschdämpfung ausbauen.
- Links und rechts Radhausschale vorn ausbauen.
- Elektrische Steckverbindung (2 im Bild 103) am Kühlmitteltemperaturgeber am Kühlerausgang trennen.
- Auffangwanne für Werkstattkräne »VAS 6208« unterstellen.
- Halteklammer (1) anheben und Kühlmittelschlauch links unten vom Kühler abbauen und das Kühlmittel ablaufen lassen.
- Auffangwanne für Werkstattkräne »VAS 6208« unterstellen.
- Halteklammer am Schlauchanschluss des Kühlers anheben und den Kühlmittelschlauch rechts unten vom Kühler für Ladeluft-Kühlkreislauf abbauen und auch hier das Kühlmittel ablaufen lassen.

⚠ Markieren Sie die Laufrichtung des Keilrippenriemens. Es besteht Zerstörungsgefahr durch umgekehrte Laufrichtung bei einem bereits gelaufenen Keilrippenriemen.

Fahrzeuge mit Klimakompressor:

- Keilrippenriemen ausbauen.
- Elektrische Steckverbindung (1 im Bild 104) am Regelventil für Kompressor der Klimaanlage trennen.
- Schrauben (Pfeile) für Klimakompressor herausdrehen.
- Klimakompressor mit angeschlossenen Kältemittelleitungen abnehmen und nach rechts hochbinden.

⚠ Es besteht Verletzungsgefahr durch Kältemittel. Der Kältemittelkreislauf der Klimaanlage darf nicht geöffnet werden.

⚠ Es besteht Beschädigungsgefahr am Klimakompressor, an den Kältemittelleitungen und -schläuchen. Kältemittelleitungen und -schläuche nicht überdehnen, knicken oder verbiegen.

Fortsetzung für alle Fahrzeuge:

- Schlauchschelle (1 im Bild 105) lösen, Luftführungsschlauch vom Luftfilter zur Fahrzeugfront abbauen.
- Links und rechts Schraube (2) herausdrehen.
- Luftführung am Schlossträger ausclipsen und abnehmen.
- Halteklammer anheben, Kühlmittel-

schlauch oben links vom Kühler abbauen.
- Halteklammer anheben, Kühlmittelschlauch rechts oben vom Kühler für Ladeluft-Kühlkreislauf abbauen.
- Elektrische Steckverbindung (1) für Kühlerlüfter trennen, dazu Sicherung nach hinten schieben und Entriegelung nach unten drücken.
- Links und rechts Verriegelungslaschen für Lüfterzarge gleichzeitig drücken und Lüfterzarge nach oben vom Kühler abnehmen.
- Batterie abklemmen.
- Batterie und Batterieträger ausbauen.
- Verrastung entriegeln (Pfeil im Bild 106), Unterdruckschlauch (1) abziehen.
- Unterdruckschlauch am Luftführungsrohr (2) freilegen.

Fahrzeuge ohne Standheizung
- Halteklammern (Pfeile im Bild 107) anheben, Kühlmittelschläuche vom Wärmetauscher für Heizung abbauen.

Fahrzeuge mit Standheizung
- Halteklammer und Schlauchschelle lösen und beide Kühlmittelschläuche abziehen.

Fahrzeuge mit Heizelement für Motorvorwärmung
- Verriegelung (Pfeil im Bild 108) abclipsen.
- Kabelsatz am Heizelement für Motorvorwärmung abziehen.
- Alle Kabelbinder vom Kabelsatz am Motor abclipsen und den Kabelsatz seitlich am Fahrzeug befestigen.
- Unteren Kühlmittelschlauch am Heizelement für Motorvorwärmung abziehen und das Kühlmittelrohr ausbauen.
- Muttern abschrauben, und das Heizelement für Motorvorwärmung mit Halter abnehmen.

Fortsetzung für alle Fahrzeuge
- Schraube (2 im Bild 109) herausdrehen, Schraubschelle abnehmen.
- Schraube (1) und Muttern (Pfeile) herausdrehen, Katalysator hochbinden.
- Die unteren Schrauben des Halters hinten am Motorblock herausdrehen und den Halter abnehmen.

Tipp: Austretendes Kühlmittel durch das Unterlegen eines Lappens auffangen.
- Schlauchschelle (1) lösen, Kühlmittelschlauch abziehen.

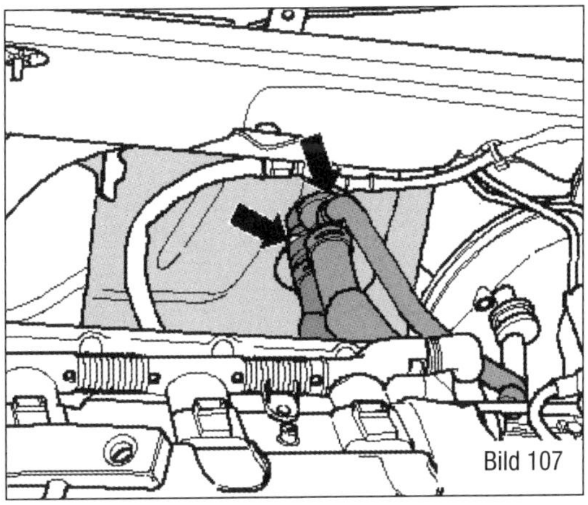
Bild 107
Halteklammern (Pfeile).

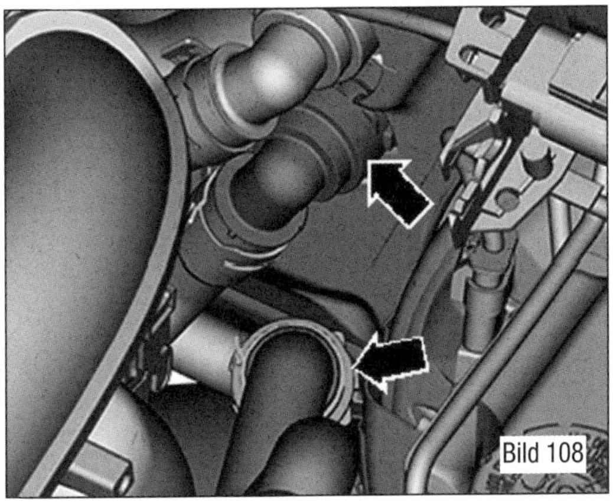
Bild 108
Verriegelungen (Pfeile).

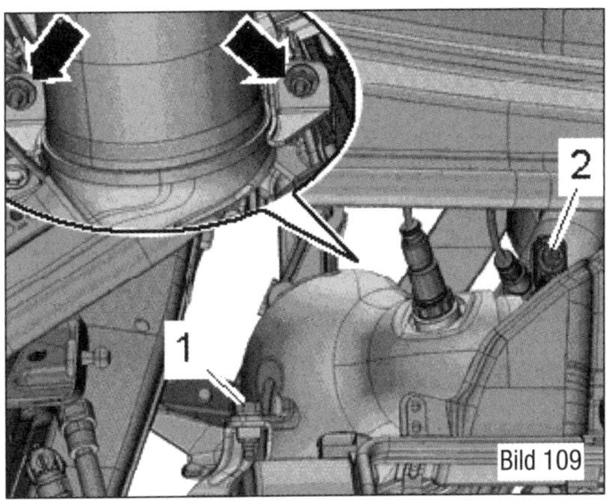

Bild 109
1 Schraube
2 Schraube
Pfeile = Muttern

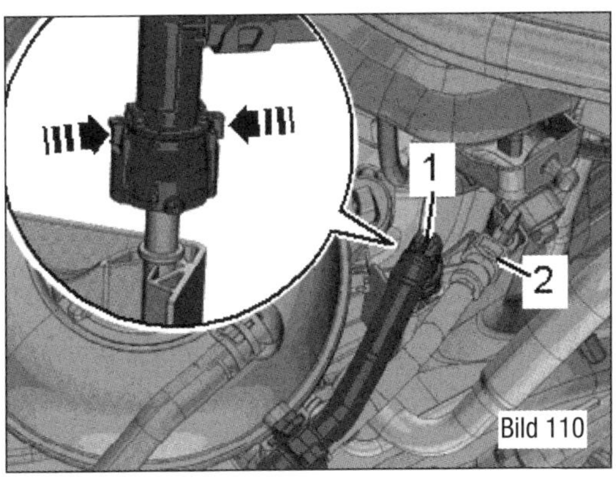

Bild 110
1 Schlauchkupplung
2 Entriegelungstaste

Sichtprüfung Messen

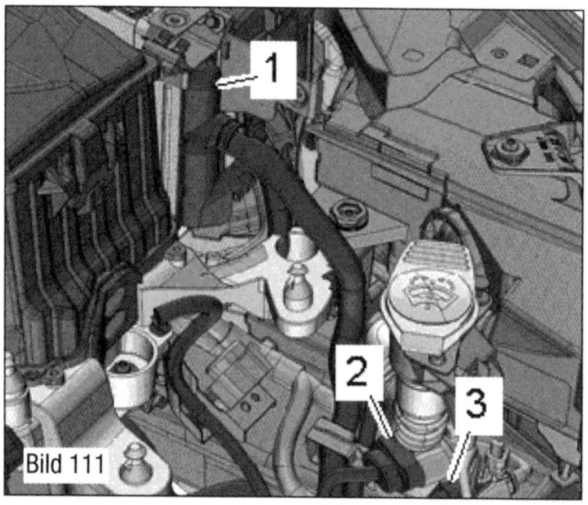

Bild 111
1 elektrische Steckverbindung am Motorsteuergerät
2 und 3 elektrische Steckverbindung am Einfüllstuten des Scheibenwaschbehälters

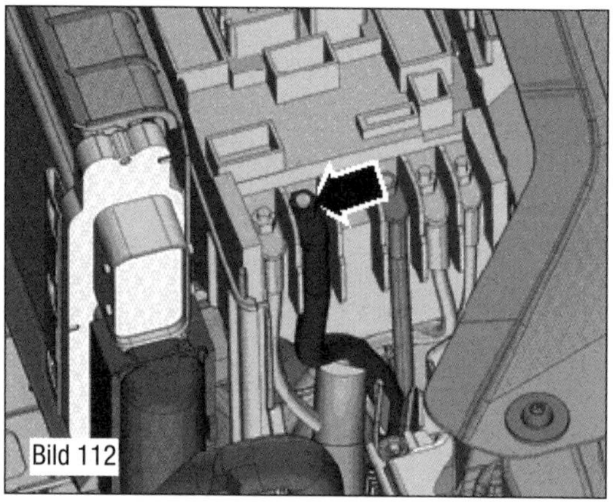

Bild 112
Anschlusskabel (Pfeil) am Sicherungsträger im Motorraum.

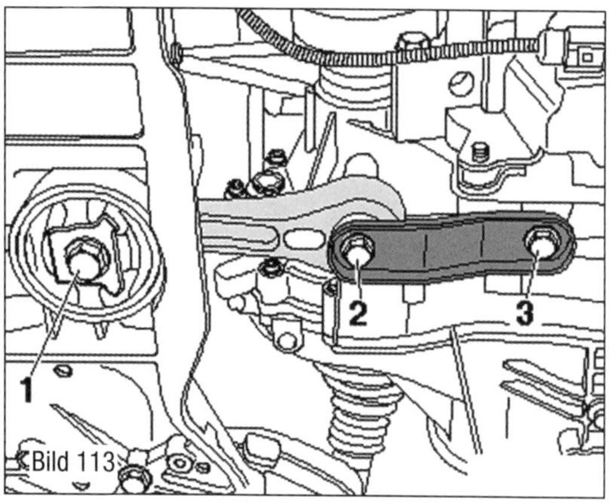

Bild 113
1 Schraube Pendelstütze am Achsträger
2 und 3 Schraube Pendelstütze am Getriebe

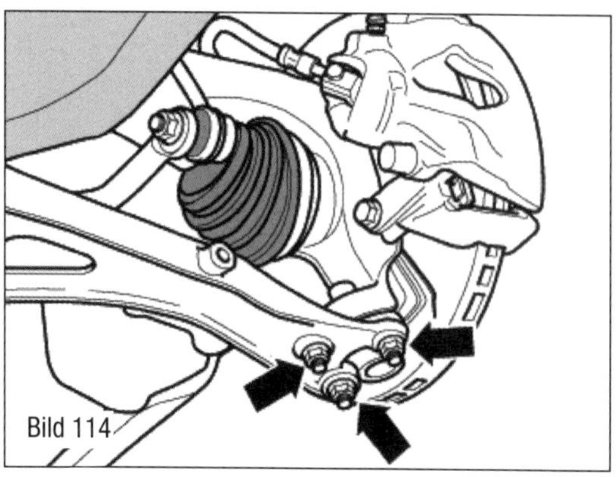

Bild 114
Verschraubungen (Pfeile) Achsgelenk.

⚠ Es besteht Verletzungsgefahr durch Kraftstoff. Um den Kraftstoffdruck abzubauen, vor dem Öffnen des Kraftstoffsystems sauberen Lappen um die Verbindungsstelle legen und Verbindungsstelle vorsichtig lösen.

⚠ Sauberkeitsregeln bei Arbeiten an der Kraftstoffversorgung beachten.

- Schlauchkupplung (1 im Bild 110) zuerst nach unten drücken, dann Entriegelungstasten drücken (Pfeile).
- Schlauchkupplung mit gedrückten Entriegelungstasten abziehen.
- Entriegelungstaste am Schlauch (2) zum Aktivkohlebehälter drücken.
- Schlauch abziehen und freilegen.
- Luftführungsschlauch zum Luftfilter abziehen.
- Luftfiltergehäuse nach oben von den Kugelbolzen abziehen.
- Schlauchschellen lösen, Luftführungsrohr abbauen.

☞ Für die nachfolgenden Arbeitsschritte zum Ausclipsen der Wickelclips den Abdrückhebel »80-200« verwenden.

- Obere elektrische Steckverbindung (1 im Bild 111) am Motorsteuergerät trennen.
- Elektrische Steckverbindungen (2) und (3) aus dem Halter nehmen und trennen.
- Elektrische Leitungen freilegen.
- Elektrische Steckverbindung KL50 am Anlasser trennen.
- B+-Polschutz am Anlasser zurückdrücken und B+-Leitung vom Anlassermagnetschalter abschrauben.
- Masseleitung an der Karosserie abschrauben.
- Verrastungen entriegeln und die Abdeckung der E-Box im Motorraum abnehmen.
- Verrastung mit einem Schraubendreher entriegeln (Pfeil), Abdeckung (1) für E-Box Motorraum nach oben abziehen.
- Mutter (Pfeil im Bild 112) herausdrehen, elektrische Leitung abnehmen und freilegen.
- Elektrische Steckverbindungen am Getriebe vorne trennen.

Fahrzeuge mit Schaltgetriebe

- Schaltbetätigung vom Getriebe abbauen.
- Kupplungsnehmerzylinder ausbauen.

Fahrzeuge mit Doppelkupplungsgetriebe

- Wählhebelseilzug ausbauen, Stecker der

Mechatronik abziehen und alle Halter vom Getriebe abbauen.

Fortsetzung für alle Fahrzeuge

■ Schrauben am Motorlager etwa 2 Umdrehungen herausdrehen.

■ Schrauben am Getriebelager etwa 2 Umdrehungen herausdrehen.

■ Elektrische Steckverbindung am Ölstands- und Öltemperaturgeber in der Ölwanne von unten trennen.

■ Elektrische Leitung am Halter der Leitung zum Öltemperaturgeber in der Ölwanne aushängen.

■ Links und rechts Mutter für die Koppelstange am Stabilisator herausdrehen.

■ Die Schrauben im Bild 113 (1), (2), (3) herausdrehen und die Pendelstütze abnehmen.

■ Schrauben im Motorblock hinten herausdrehen, Wärmeschutzblech für Gelenkwelle rechts abnehmen.

■ Links und rechts Muttern (Pfeile im Bild 114) für Achsgelenk herausdrehen.

■ Wenn vorhanden, Schraube (bei Fahrzeugen mit Xenonlicht) am Halter für Geber für Fahrzeugniveau vorn links herausdrehen.

■ Links und rechts Achsgelenk aus dem Querlenker aushängen.

■ Links und rechts Gelenkwelle vom Getriebe abschrauben.

Tipp: Darauf achten, dass der Oberflächenschutz der Gelenkwelle nicht beschädigt wird.

■ Federbein links nach außen schwenken und mit Verlängerung »2024 A /1« abstützen, wie in der Abbildung 115 gezeigt.

Achtung: Es besteht Unfallgefahr durch lose Teile der Abstützung. Absteckstift und Achsgelenk mit Stecksicherung (Pfeil im Bild 115) und Mutter (1) sichern.

■ Achsgelenk rechts am Querlenker mit der hinteren Haltelasche des Achsgelenkes an der vorderen Haltelasche des Querträgers festschrauben. Der Achsschenkel wird so für die Montage nach vorne verlagert.

■ Klemmstück »T10497/2« an der Gehäuserippe des Zylinderblocks ansetzen.

■ Motorhalter T10497 mit Bolzen »T10497/1« am Zylinderblock positionieren.

■ Schraube (1) durch die Bohrung »B« am Motorhalter »T10497« anschrauben und mit 20 Nm festziehen.

■ Adapter »T10497/3« am Motorhalter »T10497« aufstecken und Schraube mit 20 Nm festziehen.

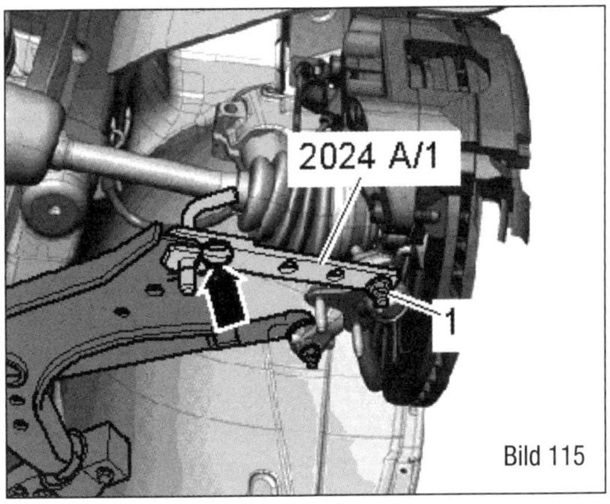

Bild 115

Bild 115
1 Mutter
2024 A/1 = Verlängerung

■ Motor- und Getriebeheber »V.A.G 1383 A« am Motorhalter »T10497« einstecken und Motor/Getriebe-Aggregat etwas anheben.

■ Schrauben für Motorlager vollständig herausdrehen.

■ Schrauben für Getriebelager vollständig herausdrehen.

Achtung: Es besteht Beschädigungsgefahr von Unterdruckleitungen oder elektrischen Leitungen. Prüfen, ob alle Unterdruckleitungen oder elektrischen Leitungen zwischen Motor, Getriebe, Aggregateträger und Karosserie gelöst sind. Motor/Getriebe-Aggregat mit Aggregateträger beim Absenken sorgfältig aus dem Motorraum führen.

■ Motor/Getriebe-Aggregat zunächst ein Stück ablassen.

■ Dann Getriebeseite des Motor/Getriebe-Aggregats nach vorn drücken und erst dann weiter ablassen.

Die Montage der Motoren

Der Einbau der Motoren erfolgt sinngemäß in umgekehrter Reihenfolge wie der Ausbau. Beachten Sie folgende Punkte besonders:

■ Ersetzen Sie alle Schrauben, die mit einem Drehwinkel angezogen werden.

■ Achten Sie darauf, dass die Gewinde in Motor und Getriebeblocks leichtgängig sind.

■ Achten Sie darauf, dass die Motorlager unbeschädigt sind.

■ Füllen Sie die abgelassenen Flüssigkeiten auf.

■ Prüfen Sie nach dem Einbau die Dichtheit der Anschlüsse und den Sitz der Kabel und Leitungen gewissenhaft.

Bild 1

1 Ölmessstab
2 Motorölkühler
3 O-Ring
4 Kühlmittelrohr
5 Schraube
6 Verschlussdeckel
7 Dichtring
8 Ölfilter
9 Steuergehäuse
10 Schraube
11 Schraube
12 Riemenscheibe
13 Dichtring
14 Lagerbuchse
15 Dichtung
16 Kettenrad
17 Schraube
18 Kettenrad
19 Antriebskette
20 Schraube
21 Ölstands- und Öltemperaturgeber
22 Ölablassschraube
23 Schraube
24 Schraube
25 Ölwanne
26 Schraube
27 Ölpumpe
28 Schraube
29 Ölabscheider

5 Motorschmierung

Alle Stellen im Motor, an denen Metalle aufeinander gleiten, müssen ständig mit Öl versorgt werden: Kolben, Zylinderlaufbahnen, die Lager von Kurbelwelle und Nockenwelle. Kein Triebwerk des Golfs hielte mehr als einige wenige Minuten ohne passende Schmierung durch. Damit das Öl seine Aufgabe erfüllen kann, strömt es im Motorblock durch ein System von Leitungen und feinen Bohrungen an die richtige Adresse. Eine wichtige Rolle in diesem Kreislauf spielt die Ölpumpe. Sie holt über das Ölsaugrohr das Motoröl aus der Ölwanne und drückt es in die Leitungen. Zuvor muss die Flüssigkeit den im Hauptstrom des Schmiersystems sitzenden Ölfilter passieren. Dort werden Verunreinigungen wie Ruß, Metallabrieb und Staub herausgefiltert. Ein Überdruckventil an der Pumpe öffnet bei zu hohem Druck, sodass ein Teil des Öls in die Ölwanne zurückfließen kann. Der Motor verbraucht Öl, weil es teilweise in den Verbrennungsraum gelangt und dort verbrennt. Ein undichter Motor, defekte Ventilschaftabdichtungen, auch falsch eingebaute Kolbenringe oder zu viel Spiel zwischen Ventilführung und Ventilschaft treiben den Verbrauch in die Höhe. Wenn der Motor technisch in Ordnung ist, verbraucht er allerdings so wenig, dass zwischen den Ölwechselintervallen nichts oder nur eine geringe Menge nachgefüllt werden muss.

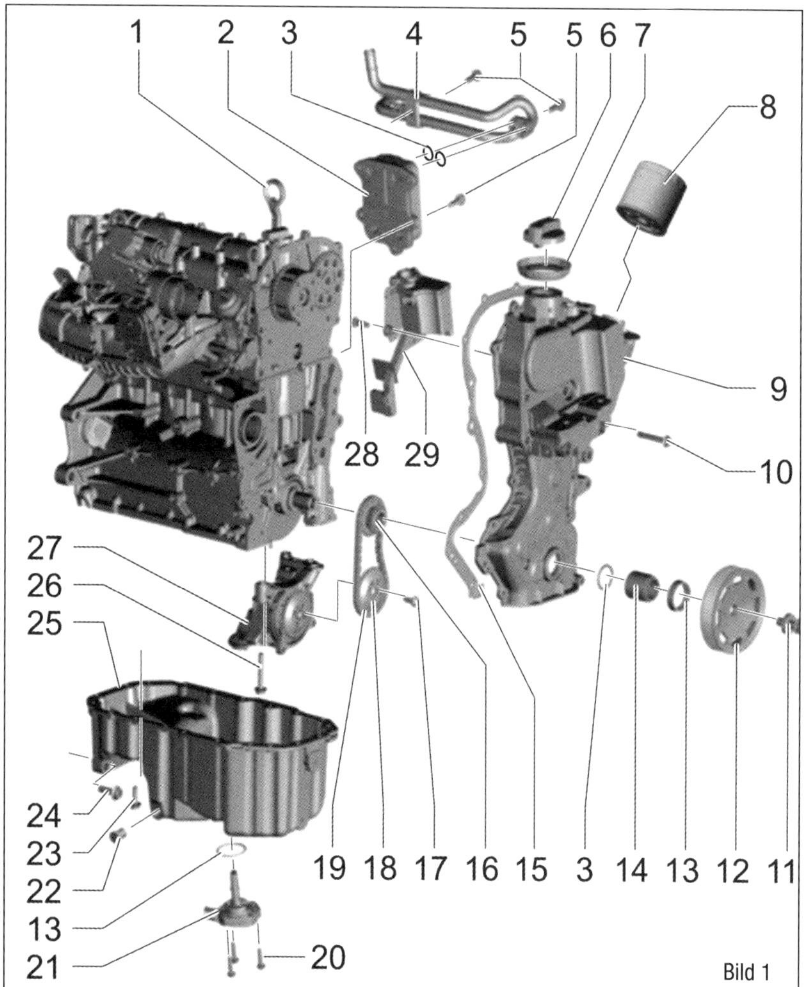

Bild 1

Motorölstand prüfen

■ Das Fahrzeug zum Messen des Ölstandes waagerecht abstellen. Motor abstellen und mindestens drei Minuten warten, damit das Öl in die Wanne zurückfließen kann.
■ Ölmessstab herausziehen, mit einem sauberen Putzlappen abwischen und den Messstab wieder bis zum Anschlag hineinschieben.
■ Messstab anschließend wieder herausziehen und Ölstand ablesen (Bilder 2 und 3). Die Bilder zeigen die hauptsächlich eingesetzten Varianten des Messstabs, es gibt aber noch andere Ausführungen. Das in den Bildern gezeigte Prinzip gilt jedoch generell. Die Markierungen besagen: Bei Ölstand oberhalb der Markierung »a« (Max-Marke Pfeil 1) besteht die Gefahr von Katalysatorschäden. Bei Nachfüllen im Bereich »b« kann es vorkommen, dass der Ölstand danach im Bereich »a« steht. Beim unbedingt nötigen Nachfüllen von Öl im Bereich »c« genügt es, dass danach der Ölstand im Messfeld »b« (geriffeltes Feld) steht. Bei Ölstand unterhalb der c-Markierung (Min-Marke Pfeil 2) etwa 0,5 Liter Öl (bis zur a-Markierung) auffüllen.

Motoröl ablassen oder absaugen, Motoröl auffüllen

Ölwechsel mit Altölauffang- und Absauggerät

■ Öleinfüllverschlussdeckel abnehmen und Motoröl mit Altölauffang- und Absauggerät absaugen. Der Motorölwechsel mit einem

Altölauffang- und Absauggerät (z. B. V.A.G 1782) sollte nach Möglichkeit bei betriebswarmem Motor durchgeführt werden.

Öl über Schraube ablassen

- Fahrzeug anheben, Geräuschdämpfung ausbauen, Ölablassschraube unten in der Ölwanne herausdrehen und das austretende Öl auffangen.
- Neue Ölablassschraube mit unverlierbarem Dichtring handfest einschrauben und mit 30 Nm (M14) oder 50 Nm (M24) anziehen. Das Drehmoment darf nicht überschritten werden. Ein zu hohes Drehmoment könnte zu Undichtigkeiten oder sogar zu Beschädigungen im Bereich der Ölablassschraube führen.
- Ölfilter ersetzen (auf den nächsten Seiten).

Motoröl einfüllen

Werkseitig ist ein Qualitäts-Mehrbereichsöl eingefüllt, das, außer in extrem kalten Klimazonen, als Ganzjahresöl gefahren werden kann. Die Benzinmotoren benötigen die in nachfolgender Tabelle angegebenen Ölfüllmengen mit Ölfilterwechsel, der immer zum Ölwechsel gehört. Wird der Filter nicht ausgebaut und gewechselt, werden rund 0,5 Liter weniger Öl benötigt. Beim Nachfüllen und beim Ölwechsel muss unbedingt die Spezifikation beachtet werden, wie sie der Hersteller vorschreibt. In der Vergangenheit gab es eine ganze Reihe Öle nach VW-Norm für Benzin- und für Dieselmotoren. In neuerer Zeit ist ein »Motorenöl speziell für VW/Audi-Fahrzeuge / SAE 5W-30« entwickelt worden, das der VW-Norm 504 00 und auch der (Dieselmotor-) Norm 507 00 entspricht. Volkswagen empfiehlt als entsprechendes Produkt das ARAL-Öl »Super Tronic LongLife III«.

- Einfüllöffnung aufschrauben, Öl gemäß Spezifikation (siehe Tabelle) möglichst mit Trichter auffüllen.

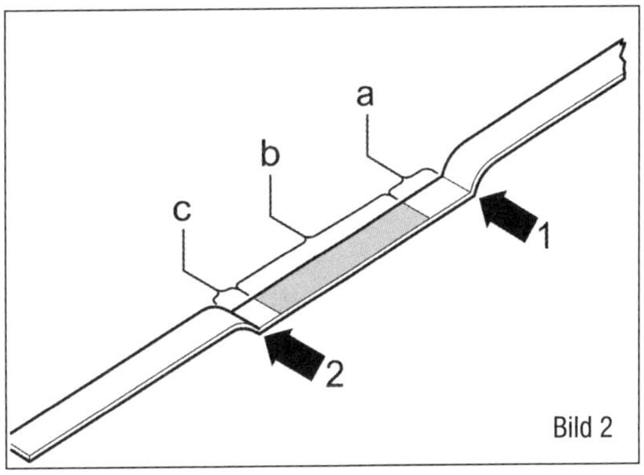

Bild 2

Bild 2
Markierungen an Ölmessstäben in Flachmetallform.
a Kein Öl nachfüllen
b In diesem geriffelten Feld kann Öl nachgefüllt werden
c Öl muss unbedingt nachgefüllt werden
Pfeile = Markierungen für maximalen (1) und minimalen (2) Füllstand

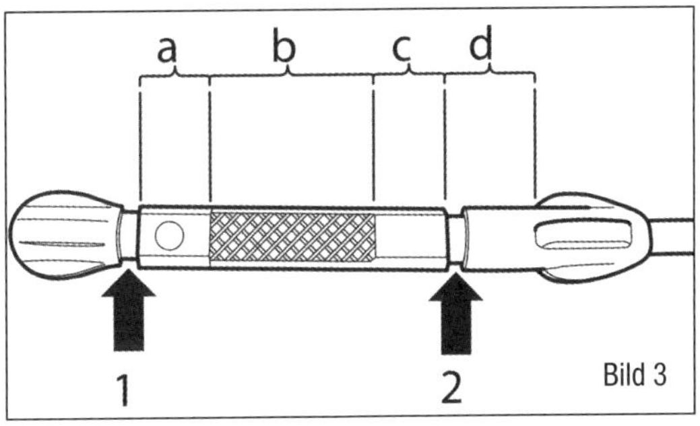

Bild 3

Bild 3
Markierungen an Ölmessstäben in Kunststoffausführung.
a Öl muss unbedingt nachgefüllt werden
b In diesem geriffelten Feld kann Öl nachgefüllt werden
c Kein Öl nachfüllen
d Überfüllung
Pfeile = Markierungen für maximalen (1) und minimalen (2) Füllstand

- Öleinfüllverschlussdeckel wieder aufschrauben.
- Motor anlassen und auf Undichtigkeiten prüfen.
- Motorölstand erneut prüfen und ggf. Öl nachfüllen.
- Nachdem Öl erneut nachgefüllt worden ist, mindestens drei Minuten warten und dann erneut Ölstand prüfen.
- Geräuschdämpfung einbauen und Fahrzeug ablassen.

Ölfilter oder Ölfiltereinsatz wechseln

Zum Einsatz kommen hier im Wesentlichen zwei Bauarten für die unterschiedlichen Motortypen. Der Übersichtlichkeit halber werden wir die Motoren anhand des Filteraufbaus darstellen.

Spezifikationen Golf Motoren

Motor-Bauart	Mit LongLife-Service (QG1)	Ohne LongLife-Service (QG0, QG2)
Vierzylinder TDI mit DPF	507 00	507 00
Vierzylinder TDI ohne DPF	507 00	505 01
Vierzylinder TDI mit PMS	---	505 01
Vierzylinder T(F)SI	504 00	502 00

Bild 4

Bild 4
1,2 l- und 1,4 l-TSI-Motoren.
1 Ölfilter
2 Öldruckschalter für reduzierten Öldruck
3 Dichtring
4 O-Ring
5 Ventil Öldruckregelung
6 Schraube
7 Dichtring
8 Öldruckschalter

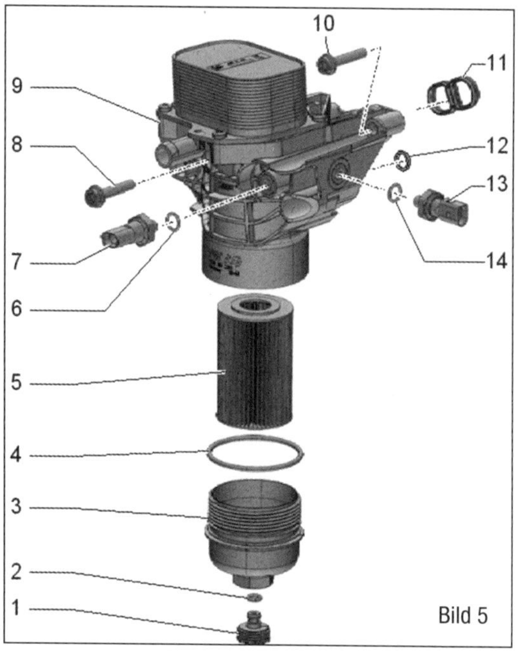

Bild 5

Bild 5
1,6 l- und 2,0 l-TDI-Motoren.
1 Ölablassschraube
2 O-Ring
3 Verschlussdeckel
4 O-Ring
5 Ölfiltereinsatz
6 Dichtring
7 Öldruckschalter (braun)
8 Schraube
9 Ölfiltergehäuse mit Motorölkühler
10 Schraube
11 Dichtung
12 Dichtring
13 Öldruckschalter reduzierter Öldruck
14 O-Ring

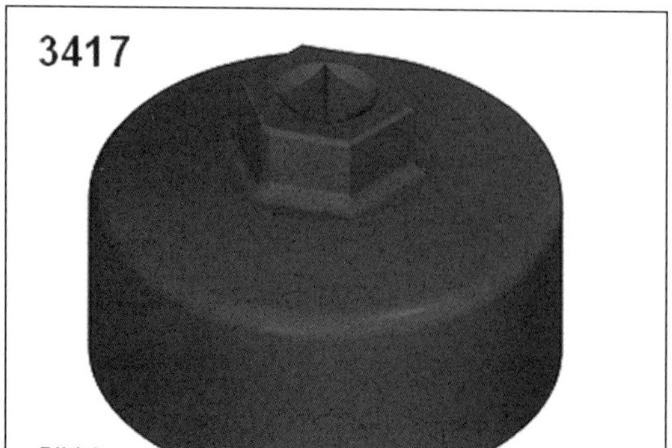

Bild 6

Bild 6
Ölfilterschlüssel zur schadfreien Montage und Demontage des Ölfilters.

TDI-Motor – Filtereinsatz wechseln

- Anschlussleitung am Generator ausclipsen und Stecker der Nachlaufpumpe abziehen.
- Schraubdeckel (3 im Bild 5) mit Stecknuss SW 32 ausbauen.
- Filterelement (5) herausziehen.
- O-Ring (2) in die Nut der Ölablassschraube des Schraubdeckels (1) einsetzen und mit Anzugsdrehmoment anziehen.
- Neuen O-Ring (4) mit Motoröl benetzen und Filterelement (5) ersetzen.
- Verschlussdeckel (3) mit Stecknuss SW 32 und mit Anzugsdrehmoment anziehen.
- Generatorleitungen einclipsen und Stecker der Nachlaufpumpe verbinden.
- Mit Motoröl verschmutzte Leitungen mit Ölsaugtuch reinigen.
- Ölablassschraube herausschrauben.
- Motoröl auslaufen lassen.

Wenn das Motoröl abgelassen wird, muss die Ölablassschraube ersetzt werden. Dadurch werden Undichtigkeiten vermieden.

- Neue Ölablassschraube mit Dichtring handfest einschrauben und anschließend mit vorgeschriebenem Anzugsdrehmoment festziehen.
- Motorraumabdeckung (Geräuschdämpfung) »unten« einbauen.

1,2 l-, 1,4 l- und 1,6l-TSI-Motor – Filter wechseln

- Bauen Sie die Motorabdeckung unten aus.

Vermeiden Sie es, dass Motoröl auf Bauteile tropft. Decken Sie deshalb vor dem Ausbau Drehstromgenerator mit Putzlappen ab.

- Lösen Sie zuerst den Ölfilter (Pfeil) mit Hilfe eines Spannbandes oder des Ölfilterschlüssels (3417), bevor Sie den Ölfilter komplett abschrauben.
- Warten Sie ein paar Minuten, damit das Motoröl aus dem Filter in den Motor zurückfließen kann.
- Schrauben Sie anschließend den Ölfilter ab.
- Die Dichtfläche des Ölfilters am Steuergehäuse reinigen.
- Ölen Sie die Dichtung am neuen Filter leicht ein.
- Neue Ölfilterpatrone (1 im Bild 4), von Hand eindrehen.
- Anschließend mit 20 Nm festziehen.

2,0 l-TSI-Motor – Filtereinsatz wechseln

■ Motorabdeckung ausbauen.
■ Ölfiltergehäuse (5 im Bild 7) mit Stecknuss SW 32 lösen.
■ Ein paar Minuten warten, damit das Motoröl aus dem Ölfiltergehäuse zurückfließen kann.
■ Ölfiltergehäuse (5) komplett ausbauen. Darauf achten, dass kein Motoröl auf den Motor tropft. Gegebenenfalls Lappen verwenden.
■ Filterelement herausziehen.
■ Am Ölfiltergehäuse (5) neuen O-Ring (4) mit Motoröl benetzen und in die Nut einsetzen.
■ Filterelement (3) ersetzen.
■ Ölfiltergehäuse (Pfeil) mit Stecknuss SW 32 und Anzugsdrehmoment anziehen.

Tipp: Wenn das Motoröl abgelassen wird, muss die Verschlussschraube ersetzt werden. Dadurch werden Undichtigkeiten vermieden.

■ Neuen O-Ring der Verschlussschraube mit Motoröl benetzen.
■ Neue Verschlussschraube bis Anschlag festziehen.
■ Motorraumabdeckung (Geräuschdämpfung) »unten« einbauen.
■ Motoröl auffüllen.

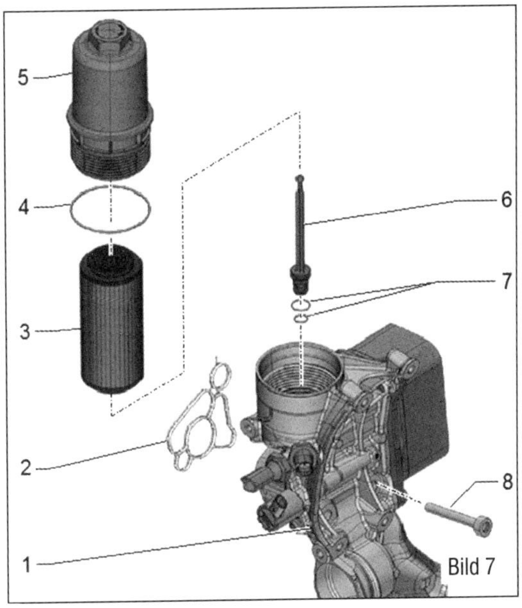

Bild 7

Bild 7
2,0 l-TSI-Motoren.
1 Halter für Nebenaggregate
2 Dichtung
3 Ölfilter
4 O-Ring
5 Ölfiltergehäuse
6 Stutzen für Ölablauf
7 O-Ringe
8 Schraube

Ölwanne aus- und einbauen

1,6 l- und 2,0 l-TDI-Motoren

Die Arbeit an diesen Motoren kann als im Prinzip übertragbares Beispiel für alle TDI CR gelten.

■ Motoröl ablassen, Luftführungsschlauch durch Lösen der Schlauchschelle und Anheben der Halteklammer ausbauen.
■ Elektrische Steckverbindung am Ölstands- und Öltemperaturgeber trennen.
■ Clips der Geräuschdämpfung auf der Ölwanne lösen und die Geräuschdämpfung für die Ölwanne abnehmen.
■ Schrauben (Pfeile im Bild 9) der Verbindung Ölwanne an Getriebe herausdrehen.
■ Schrauben (1) bis (18) über Kreuz lösen und herausdrehen.
■ Ölwanne vorsichtig aus der Verklebung lösen.

Achtung: Dichtmittelreste an Ölwanne und Zylinderblock beispielsweise mit rotierender Kunststoffbürste entfernen und Dichtflächen reinigen; sie müssen frei von Öl und Fett sein.
Verschmutzungsgefahr des Schmiersystems und der Lager. Offene Teile des Motors abdecken! Schutzbrille tragen!

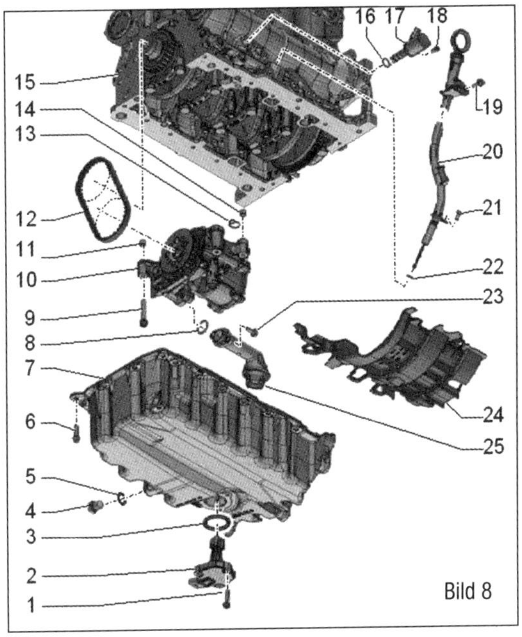

Bild 8

Bild 8
1,6- und 2,0 l-TDI-Motoren.
1 Schraube
2 Ölstands- und Öltemperaturgeber
3 Dichtring
4 Ölablassschraube
5 Dichtring
6 Schraube
7 Ölwanne
8 O-Ring
9 Schraube
10 Ölpumpe
11 Passhülse
12 Zahnriemen
13 Dichtung
14 Passhülse
15 Zylinderblock
16 O-Ring
17 Ventil für Öldruckregelung
18 Schraube
19 Schraube
20 Führungsrohr für Ölmessstab
21 Schraube
22 O-Ring
23 Schraube
24 Schwallwand
25 Ölansaugrohr

Einbau

■ Tube mit Dichtmittel unter Beachtung des Haltbarkeitsdatums einsetzen. Tubendüse an der vorderen Markierung abschneiden (etwa bei 2 mm Durchmesser der Tubendüse).
■ Dichtmittelraupe 2 bis 3 mm Dicke auf die saubere Dichtfläche der Ölwanne auftragen (Bild 10). Dichtmittelraupe nicht di-

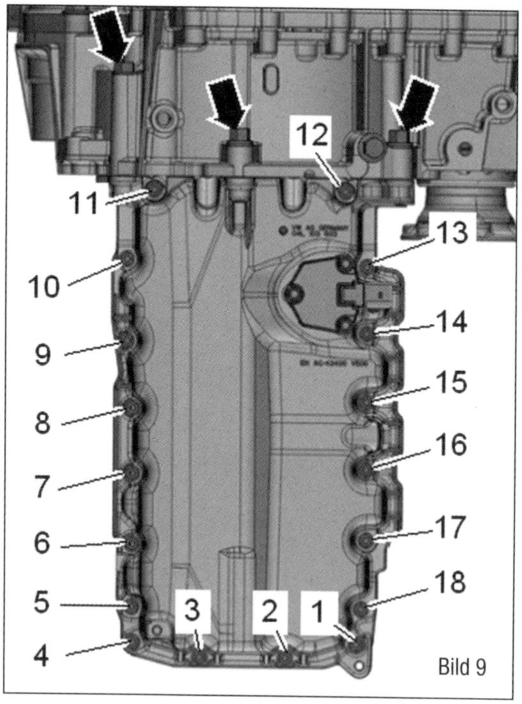

Bild 9

Bild 9 Reihenfolge 1–18 zur Montage und zur Demontage der Schrauben, die Pfeile zeigen die Verschraubungen an der Kupplungsglocke.

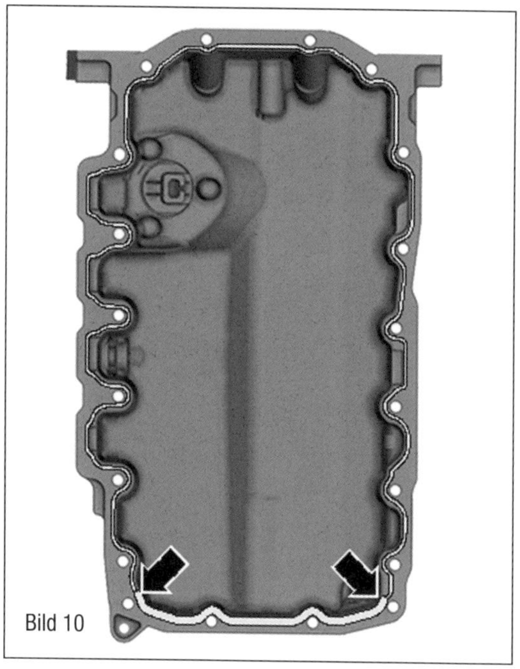

Bild 10

Bild 10
Lage der Dichtmasse auf der gereinigten Ölwanne, von Pfeil zu Pfeil: Lage der Dichtmasse bei Montage des Kurbelwellenflansches.

cker als angegeben auftragen. Verstopfungsgefahr des Schmiersystems durch überschüssiges Dichtmittel! Die Dichtmittelraupe im Bereich des Dichtflansches hinten besonders sorgfältig auftragen (Pfeile, Bild 10).

- Nach dem Auftragen des Dichtmittels müssen Sie die Ölwanne innerhalb von 5 Minuten einbauen.
- Ölwanne ansetzen und Schrauben festziehen. Die Ölwanne muss am Zwischenblech zum Getriebeflansch bündig anliegen. Schrauben in Stufen anziehen (Bild 9):

1. Stufe: (1) bis (18) über Kreuz 5 Nm
2. Stufe: (Pfeile) mit 40 Nm
3. Stufe: (1) bis (18) über Kreuz mit 13 Nm

Wurde der Dichtflansch auf der Riemenscheibenseite ersetzt

- Dichtmittelraupe auf die saubere Dichtfläche der Ölwanne wie im Bild 10 (von Pfeil zu Pfeil) gezeigt auftragen. Die Dicke der Dichtmittelraupe muss auch hier 2 bis 3 mm betragen.

Wurde der Dichtflansch Riemenscheibenseite nicht ersetzt

- Dichtmittelraupe auf die saubere Dichtfläche der Ölwanne wie im Bild 10 (komplett umlaufend) gezeigt auftragen. Die Dicke der Dichtmittelraupe muss auch hier 2 bis 3 mm betragen.

☞ Beim Einbauen der Ölwanne am ausgebautem Motor darauf achten, dass die Wanne schwungradseitig bündig mit dem Zylinderblock abschließt.

☞ Die untere Fläche des Dichtflansches auf Riemenscheibenseite hat nach dem Entfernen der alten Silikondichtung zur unteren Zylinderblockfläche einen Versatz von ca. 1 mm, der mit erforderlichem Dichtmittelauftrag auf den entsprechenden Bereich der Ölwannendichtfläche ausgeglichen werden muss.

⚠ Nach der Montage der Ölwanne muss das Dichtmittel etwa 30 Minuten aushärten. Erst danach darf Motoröl eingefüllt werden.

- Geräuschdämpfung einbauen.
- Motoröl einfüllen und Ölstand prüfen.

1,2 l- und 1,4 l-TSI-Motoren

Bei diesen Motortypen kommt eine mehrteilige Ölwanne zum Einsatz.

Ölwannenunterteil aus- und einbauen

- Geräuschdämpfung ausbauen.
- Motoröl ablassen.
- Elektrische Steckverbindung am Ölstands- und Öltemperaturgeber trennen.
- Schrauben in der Reihenfolge (19) bis (1) lösen und herausdrehen (Bild 12).
- An der mit einem Pfeil (Bild 13) gekennzeichneten Stelle, das Ölwannenunterteil vorsichtig mit einem geeigneten Schraubendreher hebeln.

■ Ölwannenunterteil vorsichtig mit einem handelsüblichen Spachtel aus der Verklebung lösen.
■ Dichtfläche mit Dichtmittelentferner einsprühen und einwirken lassen.
■ Dichtmittelreste am Ölwannenoberteil mit einem Flachschaber entfernen.

⚠ Verletzungsgefahr der Augen. Schutzbrille tragen!

■ Dichtmittelreste am Ölwannenunterteil z. B. mit rotierender Kunststoffbürste entfernen.
■ Dichtflächen von Öl und Fett reinigen.
■ Dichtmittelraupe (Pfeil im Bild 14) auf die saubere Dichtfläche des Ölwannenunterteils auftragen.

Ölwannenoberteil aus- und einbauen

■ Klimakompressor vom Halter abbauen und hochbinden.
■ Ölwannenunterteil ausbauen.
■ Ölpumpe ausbauen.
■ Befestigungsschrauben für Getriebe an Ölwannenoberteil abschrauben.
■ Schrauben in der Reihenfolge (19 bis 1) lösen (im Bild 15) und herausdrehen.
■ Ölwannenoberteil vorsichtig aus der Verklebung lösen.
■ Schwallsperre abnehmen.
■ Dichtmittelreste am Zylinderblock mit einem Flachschaber entfernen.
■ Dichtmittelreste am Ölwannenoberteil beispielsweise mit rotierender Kunststoffbürste entfernen.
■ Ölkanäle im Ölwannenoberteil und im Zylinderblock auf Verschmutzung prüfen.
■ Dichtflächen von Öl und Fett reinigen.
■ Dichtmittelraupe (Pfeil im Bild 16) auf die saubere Dichtfläche des Ölwannenoberteils auftragen.

☞ Nach dem Auftragen des Dichtmittels müssen Sie das Ölwannenoberteil innerhalb von 5 Minuten einbauen.

■ Festen Sitz des Passstifts im Zylinderblock prüfen.
■ Schwallsperre am Zylinderblock ansetzen.
■ Ölwannenoberteil ansetzen und Schrauben in der Reihenfolge 1–19 festziehen.

Der weitere Einbau erfolgt sinngemäß in umgekehrter Reihenfolge.

■ Ölpumpe einbauen.
■ Klimakompressor einbauen Klimakompressor vom Halter ab- und anbauen.
■ Motoröl einfüllen und Ölstand prüfen.

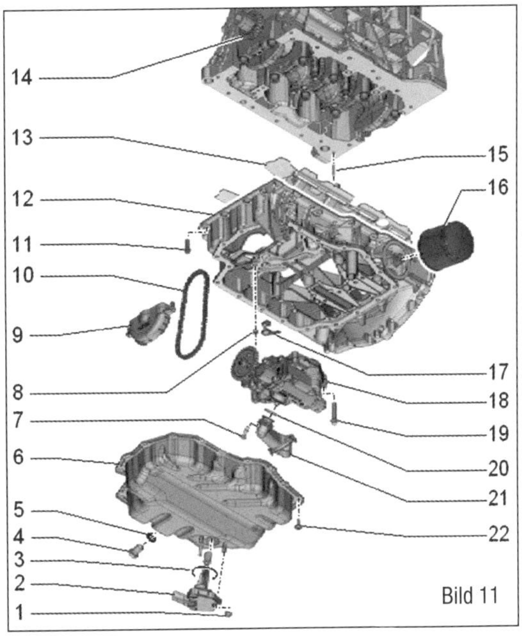

Bild 11
1 Mutter
2 Ölstands- und Öltemperaturgeber
3 Dichtring
4 Ölablassschraube
5 Dichtring
6 Ölwannenunterteil
7 Schraube
8 Passhülse
9 Abdeckung
10 Antriebskette
11 Schraube
12 Ölwannenoberteil
13 Schwallsperre
14 Kettenrad
15 Passstift
16 Ölfilter
17 Dichtung
18 Ölpumpe
19 Schraube
20 O-Ring
21 Ölansaugrohr
22 Schraube

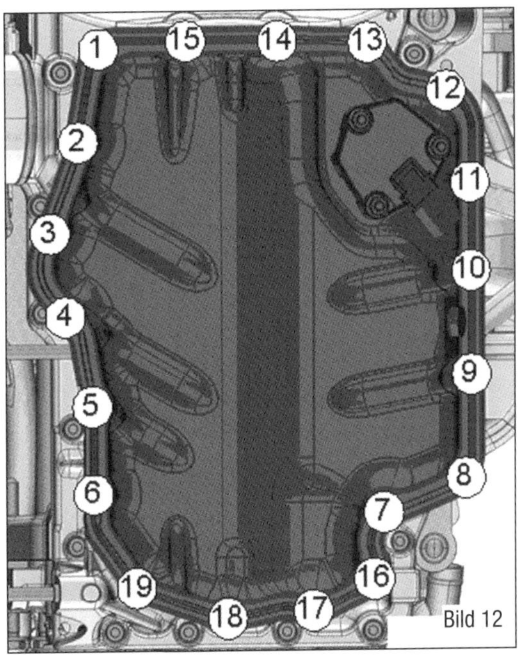

Bild 12
Reihenfolge 1–19 zur Montage und zur Demontage der Schrauben.

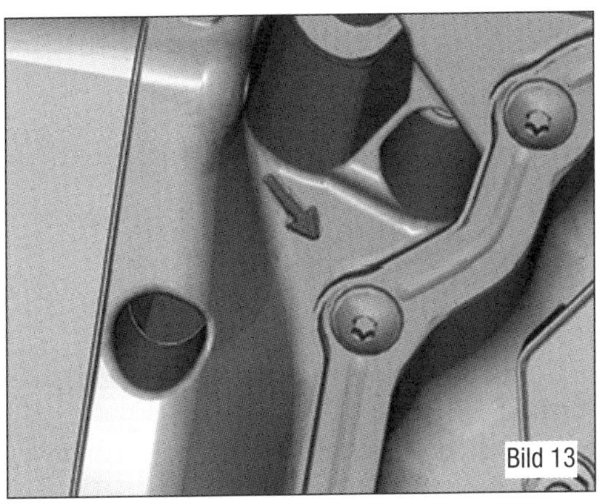

Bild 13
Ansatzstelle zum Hebeln an der unteren Ölwanne.

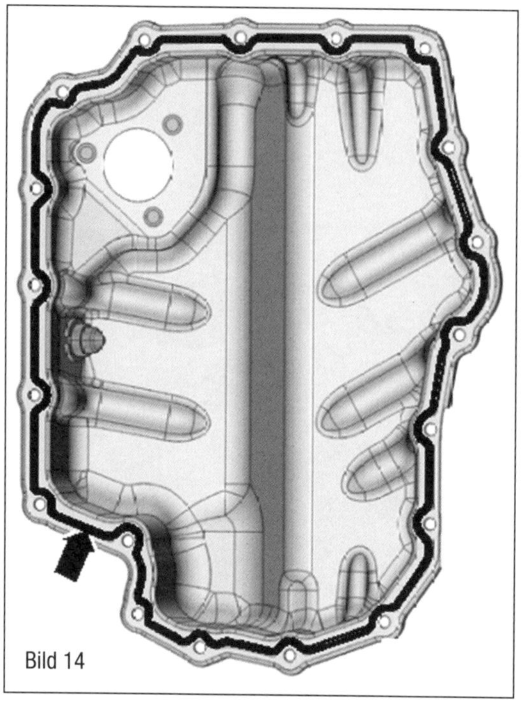
Bild 14
Lage der Dichtmasse auf der gereinigten Ölwanne.

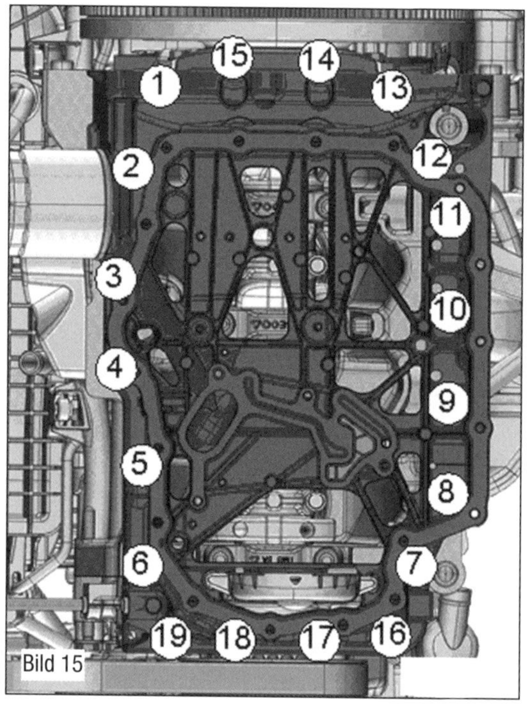

Bild 15
Reihenfolge 1–19 zur Montage und zur Demontage der Schrauben.

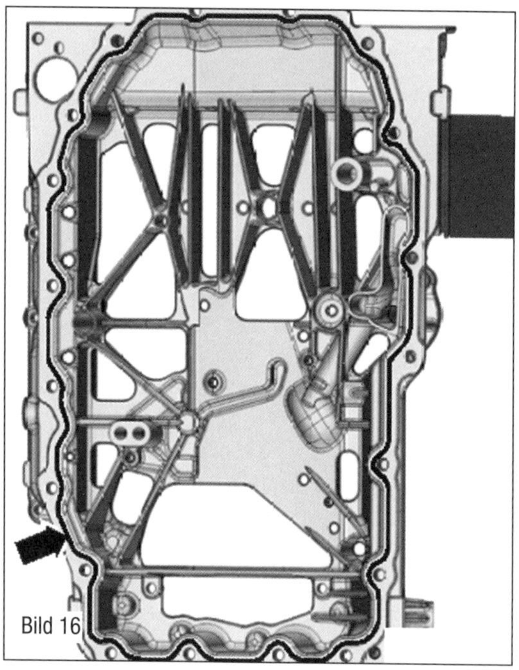
Bild 16
Lage der Dichtmasse auf der gereinigten Ölwanne.

2,0 l-TSI-Motoren
Auch bei diesen Motortypen kommt eine mehrteilige Ölwanne zum Einsatz.

Ölwannenunterteil aus- und einbauen
- Geräuschdämpfung unten ausbauen.
- Altölauffang- und -absauggerät »VAS 6622A« unter den Motor stellen und Motoröl ablassen.
- Schrauben (1) bis (20) herausdrehen und Ölwanne abnehmen (Bild 18).

Der Einbau erfolgt sinngemäß in umgekehrter Reihenfolge.
- Neue Schrauben (1) bis (20) in 2 Stufen in der im Bild 18 gezeigten Reihenfolge festziehen:

1. Schrauben (1) bis (20) 8 Nm anziehen
2. Schrauben (1) bis (20) 90° weiterdrehen

- Motoröl einfüllen und Ölstand prüfen.

Ölwannenoberteil aus- und einbauen
- Getriebe ausbauen.
- Ölwannenunterteil ausbauen.
- Dichtflansch hinten ausbauen.
- Ölpumpe ausbauen.
- Elektrische Steckverbindung (14 im Bild 17) trennen.
- Schrauben (13) ausschrauben.
- Schrauben im Bild 19 (1) bis (14) herausschrauben.
- Ölwannenoberteil zuerst getriebeseitig abhebeln. Beim Abhebeln vorsichtig vorgehen, damit die Abdeckung für Steuerketten nicht verbogen wird.

Einbauen
⚠ Haltbarkeitsdatum des Silikon-Dichtmittels beachten. Das Ölwannenoberteil muss nach dem Auftragen des Silikon-Dichtmittels innerhalb 5 Minuten eingebaut werden. Schrauben, die mit Weiterdrehwinkel angezogen werden, ersetzen. Dichtringe, Dichtungen und selbstsichernde

Muttern ersetzen.

■ Dichtmittelreste am Zylinderblock mit einem Flachschaber entfernen.

■ Dichtmittelreste am Ölwannenoberteil z. B. mit rotierender Kunststoffbürste entfernen.

⚠ Verletzungsgefahr der Augen. Schutzbrille tragen!

👁 Prüfen Sie, ob die Abdeckung für Steuerketten verformt wurde. Dazu Ölwannenoberteil zuerst ohne Dichtmittel ansetzen und Spaltmaß zwischen Abdeckung und Ölwannenoberteil kontrollieren. Wird eine Verformung festgestellt und lässt sich die Abdeckung nicht mehr richten, ersetzen Sie die Abdeckung, nachdem das Ölwannenoberteil eingebaut wurde.

■ Dichtflächen reinigen, sie müssen öl- und fettfrei sein.

■ Prüfen Sie die Ölkanäle im Ölwannenoberteil und im Zylinderkurbelgehäuse auf Verschmutzung.

■ Tubendüse an der vorderen Markierung abschneiden (Durchmesser der Düse ca. 2 mm).

⚠ Verstopfungsgefahr des Schmiersystems durch überschüssiges Dichtmittel. Dichtmittelraupe nicht dicker als angegeben auftragen.

■ Silikon-Dichtmittel, wie in der Abbildung gezeigt (Pfeil im Bild 20), auf die saubere Dichtfläche am Ölwannenoberteil auftragen. Die Dicke der Dichtmittelraupe muss 2 bis 3 mm betragen.

■ Silikon-Dichtmittel, wie im Bild 21 gezeigt (Pfeile), zwischen Zylinderblock und Abdeckung unten für Steuerkette auftragen.

☞ Das Ölwannenoberteil muss nach dem Auftragen des Silikon-Dichtmittels innerhalb von 5 Minuten eingebaut werden. Die Dichtmittelraupe darf nicht dicker

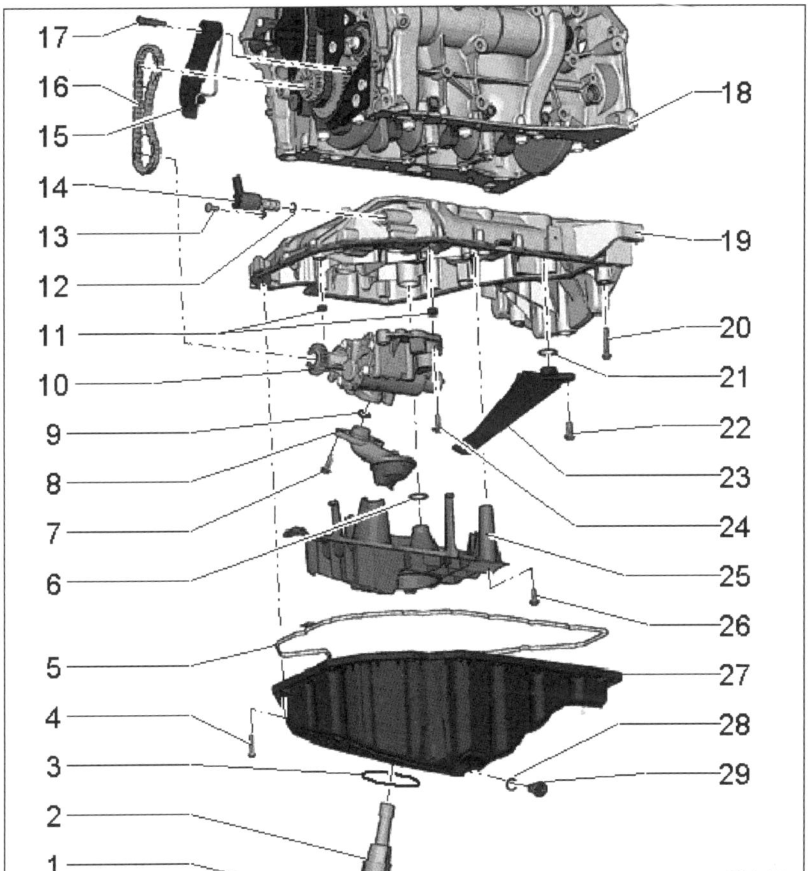

Bild 17

Bild 17
1 Mutter
2 Ölstands- und Öltemperaturgeber
3 Dichtung
4 Schraube
5 Dichtung
6 O-Ring
7 Schraube
8 Ölansaugrohr
9 O-Ring
10 Ölpumpe
11 Zentrierhülse
12 O-Ring
13 Schraube
14 Ventil für Öldruckregelung
15 Kettenspanner
16 Antriebskette für Ölpumpe
17 Schraube
18 Zylinderblock
19 Ölwannenoberteil
20 Schraube
21 O-Ring
22 Schraube
23 Ölrücklaufrohr
24 Befestigungsschrauben Ölpumpe
25 Schwallsperre
26 Schraube
27 Ölwannenunterteil
28 O-Ring
29 Verschlussstopfen

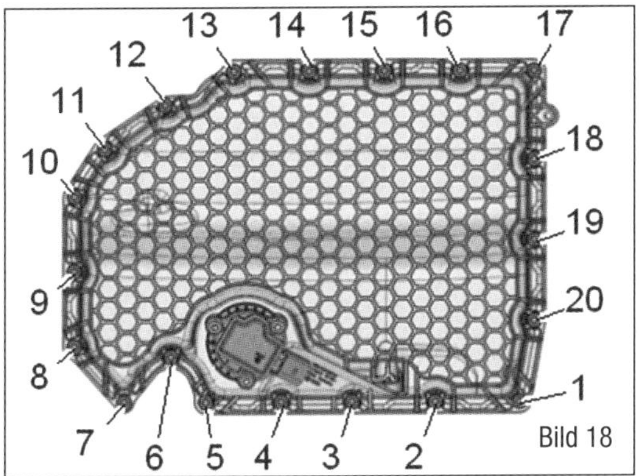

Bild 18

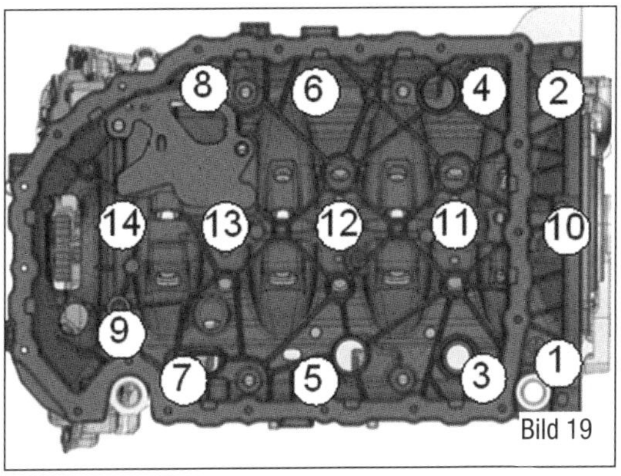

Bild 19

Bild 18
Ölwannenunterteil: Reihenfolge 1–20 zur Montage und zur Demontage der Schrauben.

Bild 19
Ölwannenoberteil: Reihenfolge 1–14 zur Montage und zur Demontage der Schrauben.

Sichtprüfung Messen

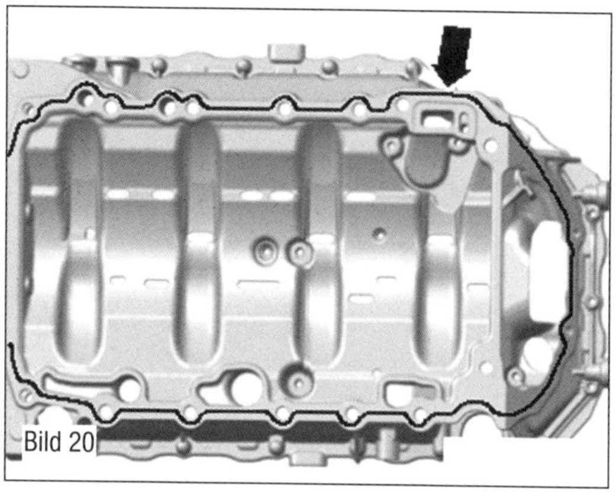

Bild 20
Lage der Dichtmasse auf der gereinigten Ölwanne.

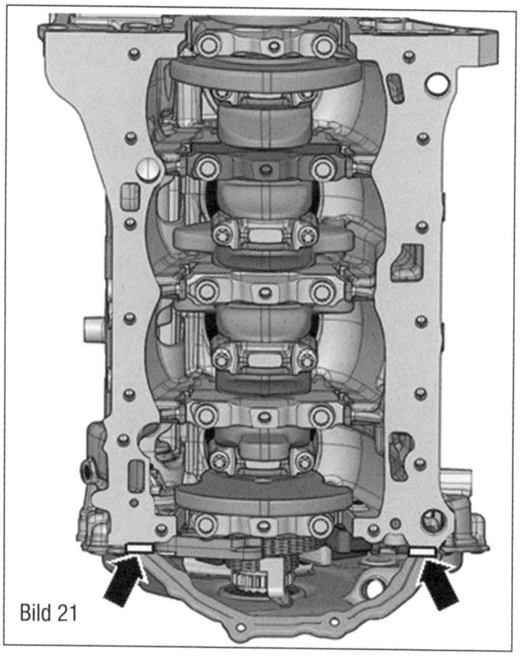

Bild 21
Lage der Dichtmasse auf der gereinigten Motorblockfläche.

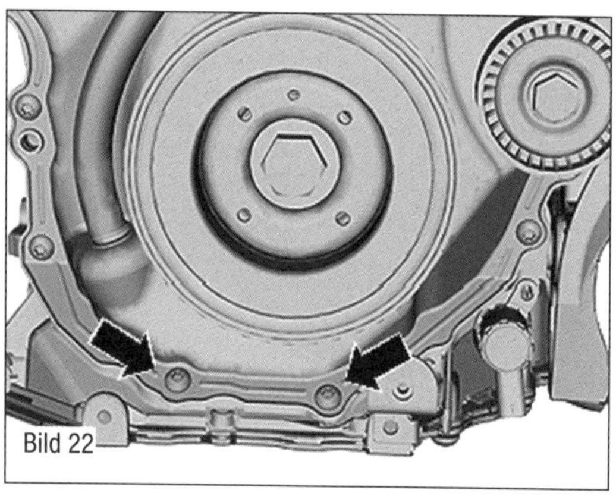

Bild 22
Pfeile = Schrauben

als vorgeschrieben sein, da sonst überschüssiges Dichtmittel in die Ölwanne gelangen und das Sieb im Ölansaugrohr verstopfen kann.

Getriebeseitig müssen Ölwannenoberteil und Kurbelgehäuse bündig sein.

- Ölwannenoberteil sofort ansetzen und Schrauben (1) bis (14) in der im Bild 19 gezeigten Reihenfolge festziehen.

1. Schrauben (1 bis 14) mit 8 Nm anziehen.
2. Schrauben (1 und 2) 180° weiterdrehen.
3. Schrauben (3 bis 9) 45° weiterdrehen.
4. Schraube (10) 180° weiterdrehen.
5. Schrauben (11 bis 14) 90° weiterdrehen.

- Neue Schrauben (Pfeile im Bild 22) einschrauben. Anzugsdrehmomente 8 Nm +45°.
- Dichtflansch hinten einbauen.
- Ölpumpe einbauen.
- Neue Schwallsperre einsetzen und festschrauben.
- Ölwannenunterteil einbauen.

Der weitere Zusammenbau erfolgt sinngemäß in entgegengesetzter Reihenfolge zum Ausbau.

Motoröl einfüllen und Ölstand prüfen.

Demontage der Ölpumpe

⚠ Zahnriemen nicht knicken, verdrehen oder durch scharfe Kanten beschädigen!

1,6 l- und 2,0 l-TDI-Motor

- Ölwanne ausbauen.
- Schrauben (Pfeile im Bild 23) herausdrehen, Ölpumpe (1) abnehmen. Die Schraube am Pumpenrad darf nicht gelöst werden.

Der Zusammenbau erfolgt sinngemäß in entgegengesetzter Reihenfolge zum Ausbau.

- Dichtungen nach Demontage ersetzen.
- Schrauben, die mit Weiterdrehwinkel festgezogen werden, nach der Demontage ersetzen.
- Wenn in der Ölpumpe keine Passhülsen (am oberen Pfeil im Bild 23) vorhanden sind, Passhülsen einsetzen.
- Ölwanne einbauen.
- Motoröl einfüllen und Ölstand prüfen.

1,2 l- und 1,4 l-TSI-Motoren

- Ölwannenunterteil ausbauen.
- Abdeckung für Antriebskettenrad der Ölpumpe nach unten abziehen.
- Schrauben (Pfeile im Bild 24) herausdrehen.
- Ölpumpe mit Antriebskettenrad unter der Antriebskette heraus führen.

Einbauen

■ Prüfen, ob die Passhülsen (1 und 3 im Bild 25) in die Ölpumpe eingesetzt sind.
■ Dichtung mit Sieb (2) einsetzen.

Der weitere Einbau erfolgt sinngemäß in umgekehrter Reihenfolge.

■ Leichtgängigkeit der Ölpumpe prüfen, dazu Antriebskettenrad der Ölpumpe mit einem Finger durchdrehen.
Schwergängige Ölpumpe ersetzen.
■ Ölpumpe mit Antriebskettenrad in die Antriebskette einsetzen und festschrauben.
■ Ölwannenunterteil einbauen.
■ Motoröl einfüllen und Ölstand prüfen.

2,0 l-TSI-Motoren

■ Ölwannenunterteil ausbauen.
■ Schraube ausdrehen und Schwallsperre abziehen.
■ Feder des Kettenspanners mit Montagewerkzeug »T10118« in (Pfeilrichtung) ziehen und mit Absteckwerkzeug »T40265« sichern (Bild 27).
■ Schrauben (Pfeile) ausdrehen und Ölpumpe abnehmen.

Der Einbau erfolgt in umgekehrter Reihenfolge, dabei ist Folgendes zu beachten:

■ Prüfen, ob beide Passhülsen zur Zentrierung der Ölpumpe vorhanden sind.
■ Vor dem Einbau der Ölpumpe das Sieb im Ölansaugrohr und die Ölkanäle im Ölwannenoberteil auf Verschmutzung prüfen.
■ Kettenrad der Ölpumpe in Antriebskette einfädeln und Ölpumpe einbauen.
■ Feder des Kettenspanners mit Montagewerkzeug »T10118« in Pfeilrichtung ziehen und Absteckwerkzeug »T40265« entfernen.
■ Montagewerkzeug »T10118« langsam entlasten.
■ O-Ring auf neue Schwallsperre stecken und mit Motoröl benetzen.
■ Neue Schwallsperre einsetzen und festschrauben.
■ Ölwannenunterteil einbauen.
■ Motoröl einfüllen und Ölstand prüfen.

Öldruckschalter und Öldruck prüfen

Es werden ein üblicher Öldruckprüfer (z. B. V.A.G 1342) sowie ein Spannungsprüfer mit Leuchtdiode und den Messhilfsmitteln (Anschlusskabel) benötigt.
Der Öldruckschalter ist bei den einzelnen Motortypen an unterschiedlichen Stellen eingebaut (z. B. beim 1,4 l-TSI getriebeseitig unterhalb der beiden Nockenwellen-Verschlussdeckel).

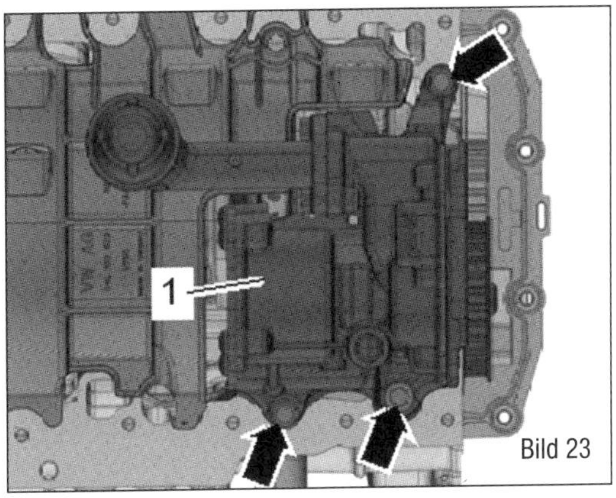

Bild 23
1,6 l- und 2,0 l-TDI.
1 Ölpumpe
Pfeile = Verschraubungen

Bild 24
Pfeile = Schrauben

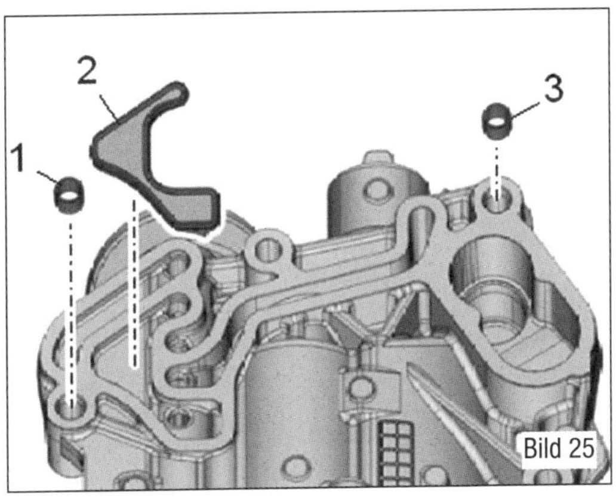

Bild 25
1 Passhülse
2 Sieb
3 Passhülse

Bild 26
Pfeil = Schraube

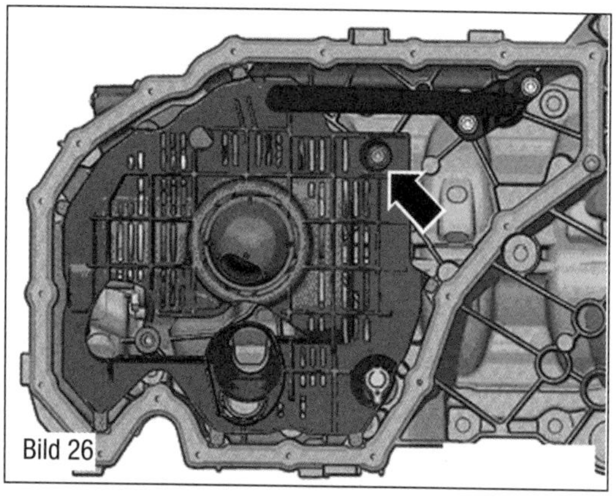

Bild 26

Bild 27
T10118 Montagewerkzeug
T40265 Absteckwerkzeug
Pfeil = Zugrichtung

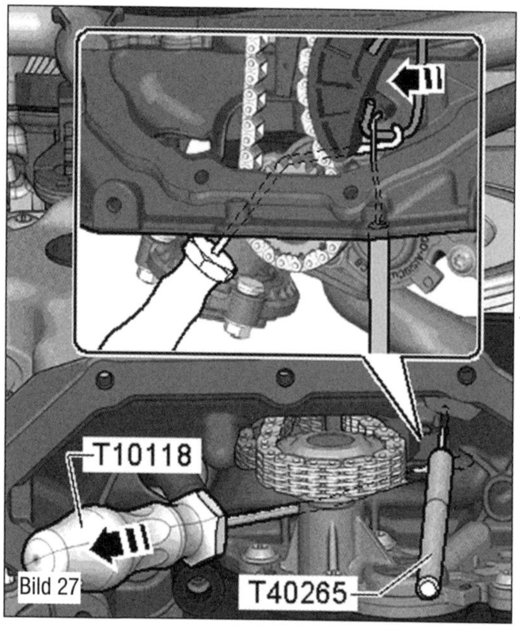

Bild 27

Bild 28
Pfeile = Schrauben

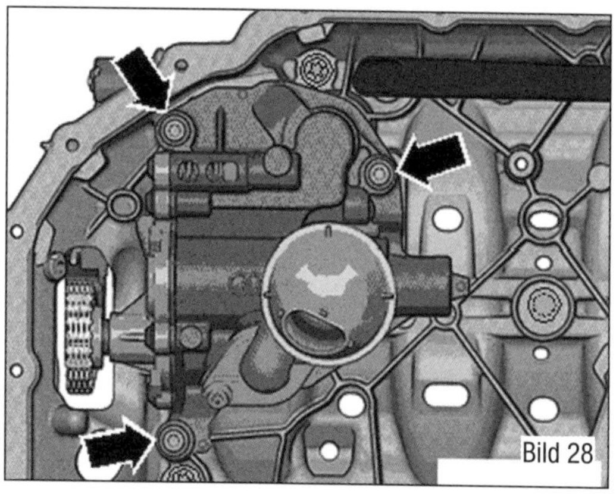

Bild 28

Prüfablauf

Prüfen Sie den Motorölstand.

- Stecker vom Öldruckschalter abziehen.
- Öldruckschalter ausbauen und in das Prüfgerät schrauben.
- Prüfgerät anstelle des Öldruckschalters in den Zylinderkopf einschrauben.
- Braune Leitung des Prüfgerätes an Masse (-) legen. Spannungsprüfer mit Hilfsleitungen (Kabelset) an Batterie plus (+) und Öldruckschalter anschließen (Prüfanordnung nach Bild 29).
- Motor anlassen, die LED und die Druckanzeige beobachten. Der Schaltpunkt des Öldruckschalters kann bereits beim Anlassen überschritten werden.
- Langsam die Drehzahl erhöhen.

1,6 l- und 2,0 l-TDI-Motoren

Es ist wegen der Kupplungsschutzdrehzahl nicht möglich, bei Fahrzeugstillstand alle Schaltstufen der Öldruckregelung anzufahren. Aus diesem Grund muss der Öldruck mit dem Fahrzeugdiagnosetester geprüft werden.

- Fahrzeugdiagnosetester anschließen.
- Folgendem Pfad zur Öldruckprüfung folgen:
Antrieb
01 – 4-Zylinder Dieselmotor BOSCH – J623
17 – Schmierung
Teilsystem, Randbedingungen
Öldruck prüfen
Bei 0,3 bis 0,6 bar Überdruck muss die Leuchtdiode aufleuchten, andernfalls Öldruckschalter ersetzen.
- Drehzahl weiter erhöhen. Bei 2000/min und 80 °C Öltemperatur soll der Ölüberdruck mindestens 2,5 bar und maximal etwa 3,2 bar betragen.
- Bei höherer Drehzahl darf der Ölüberdruck 7,0 bar nicht überschreiten.

1,2 l- und 1,4 l-TSI-Motoren

Öldruckschalter reduzierter Öldruck prüfen (brauner Öldruckschalter)

- Öldruckschalter für reduzierten Öldruck ausbauen.
- Öldruckprüfgerät »V.A.G 1342« an der Bohrung für Öldruckschalter einschrauben.
- Öldruckschalter für reduzierten Öldruck in die Bohrung am Öldruckprüfgerät »V.A.G 1342« einschrauben, um diese zu verschließen.
- Motor starten.

Öldruck im Leerlauf und bei 2000/min prüfen:

Öldruck im Leerlauf: mindestens 0,6 bar.
Öldruck bei 2000/min: mindestens 1,5 bar.

- Motor ausschalten.

Öldruck bei 3800/min prüfen:
■ Elektrische Steckverbindung vom Ventil für Öldruckregelung abziehen (Bild 31).
■ Motor starten.
■ Motordrehzahl auf 3800/min erhöhen und den Öldruck auf dem Öldruckprüfgerät »V.A.G 1342« ablesen.
Öldruck bei 3800/min: mindestens 2,8 bar.

Wird der Sollwert unterschritten:
■ Elektrische Steckverbindung am Ventil für Öldruckregelung aufstecken (Bild 31).
■ Den Ereignisspeicher des Motorsteuergeräts abfragen und alle Ereigniseinträge mit dem Fahrzeugdiagnosetester löschen.
■ Ventil für Öldruckregelung mit dem Fahrzeugdiagnosetester prüfen.

(Tipp) Auch mechanische Schäden, z. B. Lagerschäden, können die Ursache für zu geringen Öldruck sein. Wird kein Fehler festgestellt, ist die Ölpumpe zu ersetzen.

■ Zündung ausstellen.
■ Braune Leitung des Prüfgeräts an Masse (-) legen.
■ Spannungsprüfer »V.A.G 1527B« mit Hilfsleitungen aus Messhilfsmittel-Set »V.A.G 1594C« an Batterie plus (+) und Öldruckschalter für reduzierten Öldruck (braun) anschließen. Die Leuchtdiode darf nicht aufleuchten.

Wenn die Leuchtdiode aufleuchtet:
■ Den Öldruckschalter für reduzierten Öldruck ersetzen.

Wenn die Leuchtdiode nicht aufleuchtet:
■ Motor starten: Bei 0,3 bis 0,6 bar Überdruck muss die Leuchtdiode aufleuchten, andernfalls Öldruckschalter ersetzen.

Öldruckschalter prüfen (blauer Öldruckschalter)
■ Motor abstellen.
■ Spannungsprüfer »V.A.G 1527B« mit Hilfsleitungen aus Messhilfsmittel-Set »V.A.G 1594C« an Batterie plus (+) und Öldruckschalter (blau) anschließen. Die Leuchtdiode darf nicht aufleuchten.

Wenn die Leuchtdiode aufleuchtet:
■ Den Öldruckschalter ersetzen.
Wenn die Leuchtdiode nicht aufleuchtet:
■ Elektrische Steckverbindung vom Ventil für Öldruckregelung abziehen.

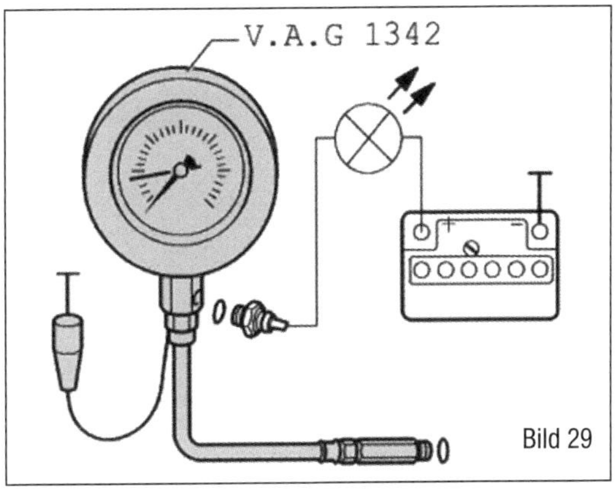

Bild 29
Prüfgerät von VW/AUDI.
1 Masseanschluss
2 Öldruckschalter

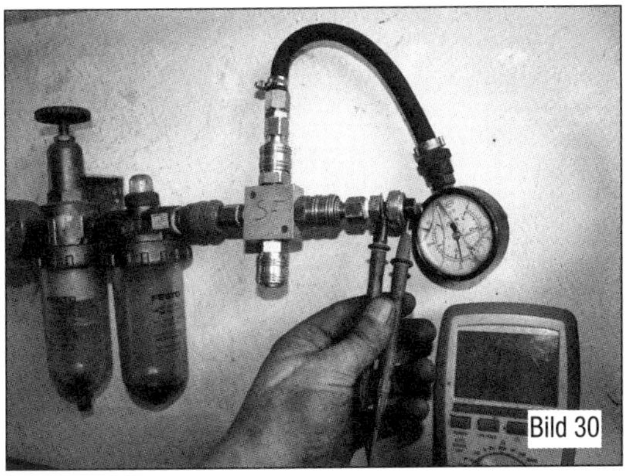
Bild 30
Prüfgerät aus dem Eigenbausortiment.

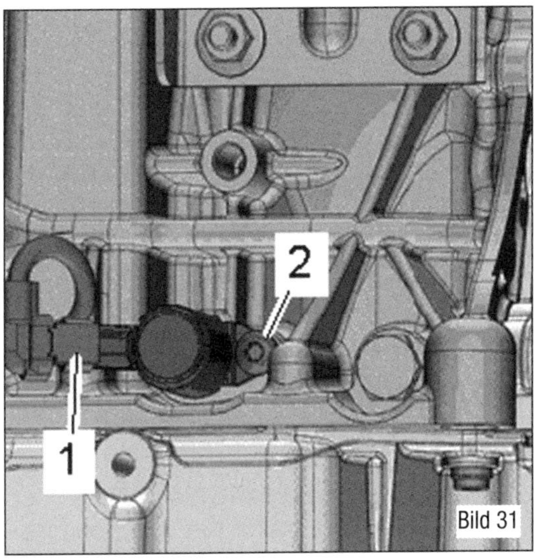

Bild 31
1 Steckverbindung
2 Schraube

■ Motor starten und Drehzahl erhöhen. Bei 2,15 bis 2,95 bar Überdruck muss die Leuchtdiode aufleuchten, andernfalls Öldruckschalter ersetzen.
■ Elektrische Steckverbindung am Ventil für Öldruckregelung aufstecken (Bild 31).
■ Öldruckschalter für reduzierten Öldruck einbauen.
■ Den Ereignisspeicher des Motorsteuergeräts mit dem Fahrzeugdiagnosetester abfragen und alle Ereigniseinträge löschen.

Bild 32
1 Öldruckschalter
Pfeil = Steckverbindung

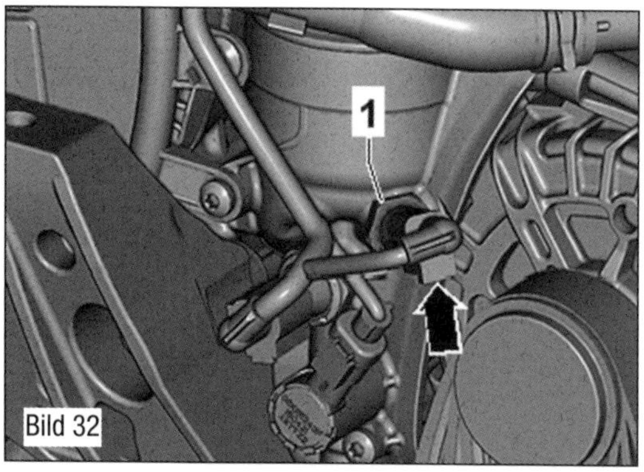

Bild 32

Bild 33
Ventil für Öldruckregelung (1).

Bild 33

Bild 34
1 Schraube
2 Ventil für Öldruckregelung
Pfeil = Steckverbindung

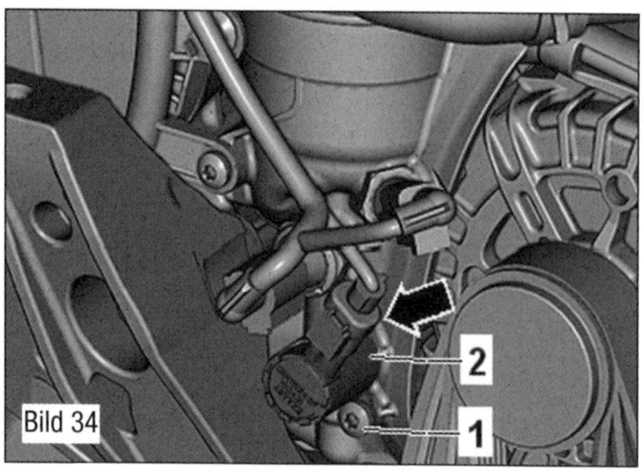

Bild 34

2,0 l-TSI-Motoren
Die Ölpumpe ist geregelt und hat 2 Druckstufen. Die Druckstufen werden nacheinander geprüft. Während der Einlaufphase oder im Notlauf des Motors fördert die Ölpumpe nur in der hohen Druckstufe. Der Öldruck ist von der Motoröltemperatur abhängig. Bei 80 °C Motoröltemperatur muss etwa der Mittelwert erreicht werden.

Prüfablauf
- Elektrische Steckverbindung (Pfeil) am Öldruckschalter für reduzierten Öldruck trennen.
- Putzlappen unter den Halter für Nebenaggregate legen, um austretendes Motoröl aufzufangen.
- Öldruckschalter für reduzierten Öldruck (1 im Bild 32) herausschrauben.
- Öldruckprüfgerät anstelle des Öldruckschalters in den Ölfilterhalter einschrauben.
- Öldruckschalter für reduzierten Öldruck in das Öldruckprüfgerät einschrauben und elektrische Steckverbindung aufstecken.
- Öldruckprüfgerät mit Masse verbinden.
- Motor starten und Öldruck bei den angegebenen Drehzahlen prüfen.
Öldruck im Leerlauf: 0,85 … 1,6 bar
Öldruck bei 2000/min: 1,2 … 1,6 bar
Öldruck bei 3700/min: 1,2 … 1,6 bar

- Motor abstellen.
- Geräuschdämpfung ausbauen.
- Stecker (1) vom Ventil für Öldruckregelung abziehen (Bild 32). Kabel ausclipsen und nach unten verlegen, damit es nicht in den Riementrieb gerät. Bei abgezogenem Stecker fördert die Ölpumpe in der hohen Druckstufe.
- Motor starten und Öldruck bei den angegebenen Drehzahlen prüfen:
Öldruck im Leerlauf: 0,85 … 4,0 bar
Öldruck bei 2000/min: 2,0 … 4,0 bar
Öldruck bei 3700/min: 3,0 … 4,0 bar

Zusammenbauen
- Öldrückschalter einbauen.
- Stecker (1) vom Ventil für Öldruckregelung aufstecken. Die Kabel wieder sorgfältig verlegen.
- Geräuschdämpfung einbauen.
- Ereignisspeicher des Motorsteuergeräts abfragen und alle Einträge löschen.
- Ölstand prüfen.

Öldruck für Kolbenspritzdüsen prüfen

Als Voraussetzungen für diese Prüfung muss der Ölstand in Ordnung und die Motoröltemperatur mindestens 80 °C (Kühlerlüfter muss einmal gelaufen sein) betragen.

Prüfablauf
- Öldruckschalter Stufe 3 ausbauen.
- Öldruckprüfgerät »V.A.G 1342« anstelle des Öldruckschalters einschrauben.

☞ Beschädigungsgefahr des Öldruckprüfgeräts. Der Schlauch vom Öldruckprüfgerät darf nicht mit dem Zahnriemenrad der Kühlmittelpumpe in Berührung kommen.

- Die Gewindebohrung im Öldruckprüfgerät (V.A.G 1342) muss verschlossen sein. Eventuell den Öldruckschalter einschrauben.
- Stecker (Pfeil) vom Steuerventil für Kolbenkühldüsen abziehen. Bei abgezogenem Stecker ist die Ölbohrung zu den Kolbenkühldüsen geöffnet (Bild 34).
- Luftführungsrohr wieder auf die Schlauchanschlüsse stecken, damit der Motor gestartet werden kann.
- Motor starten und Öldruck prüfen. Der Öldruck soll im Leerlauf: Mindestens 0,60 bar erreichen.

Zusammenbauen

- Öldrückschalter einbauen.
- Ölstand prüfen.

Öldruckschalter aus- und einbauen

Der Arbeitsablauf für die einzelnen Motortypen ist sehr ähnlich. Wir stellen den Ablauf allgemeingültig vor und heben die Besonderheiten für die einzelnen Modelle hervor.

Tipp: Um austretendes Motoröl aufzufangen, legen Sie einen Lappen unter. Öldruckschalter nach Demontage ersetzen.

- Motorabdeckungen ausbauen.

1,6 l- und 2,0 l-TDI-Motoren

Öldruckschalter ersetzen

- Schrauben (1 und 3 im Bild 35) herausdrehen.
- Verrastung entriegeln (Pfeil), Abdeckung (2) abnehmen.
- Kühlmittelschlauch (2 im Bild 36) freilegen.
- Verrastungen entriegeln (Pfeile), Luftführung Oberteil (1) abnehmen.
- Links und rechts Schraube (Pfeil im Bild 37) herausdrehen.
- Unterteil (1) der Luftführung ausclipsen und abnehmen.
- Elektrische Steckverbindung (Pfeil im Bild 38) trennen.
- Öldruckschalter herausschrauben.

Der Einbau erfolgt sinngemäß in umgekehrter Reihenfolge.

Bild 35
1 Schraube
2 Abdeckung
3 Schraube
Pfeil = Verrastung

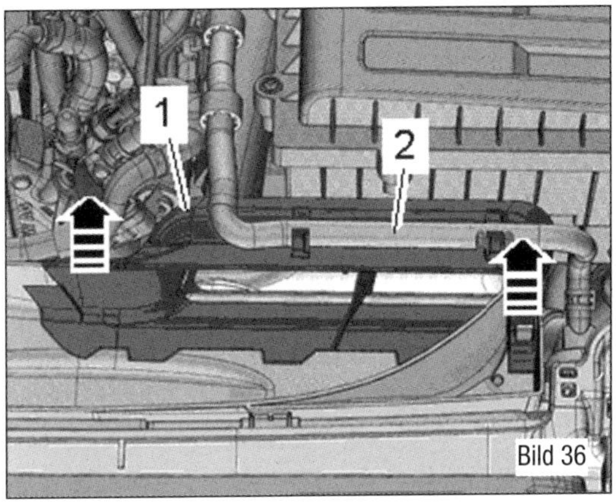

Bild 36
1 Luftführungsoberteil
2 Kühlschlauch
Pfeile = Verrastungen

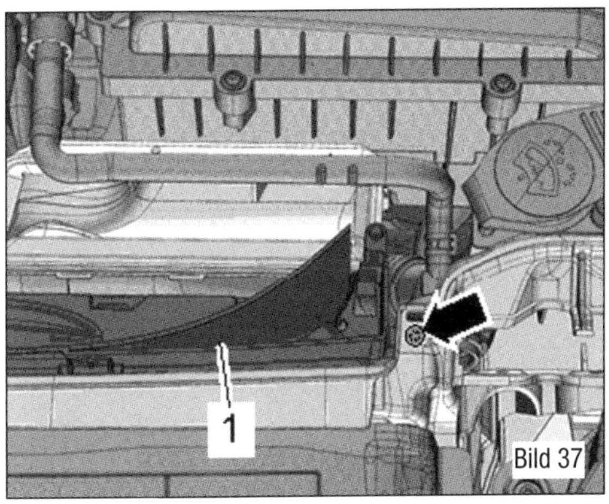

Bild 37
1 Luftführungsunterteil
Pfeil = Schrauben (links und rechts)

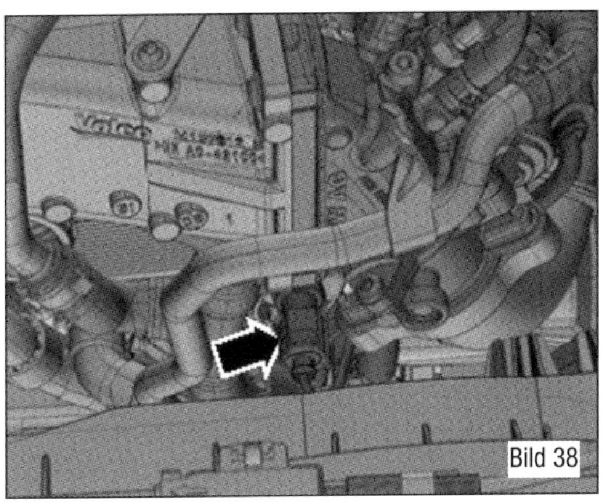
Bild 38
Steckverbindung und Öldruckschalter (Pfeil).

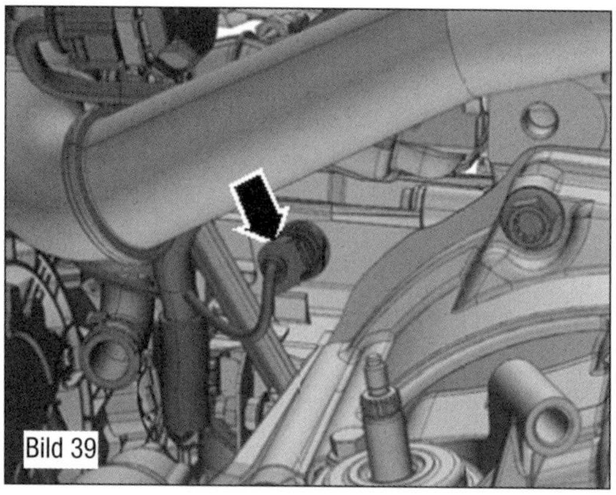

Bild 39
Pfeil = Steckverbindung und Öldruckschalter

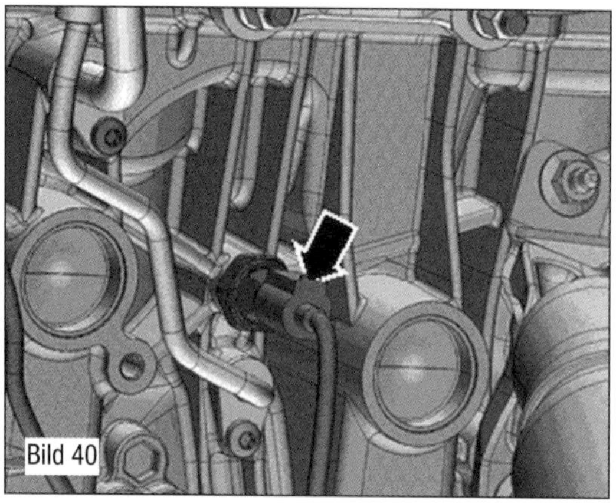

Bild 40
Pfeil = Steckverbindung und Öldruckschalter

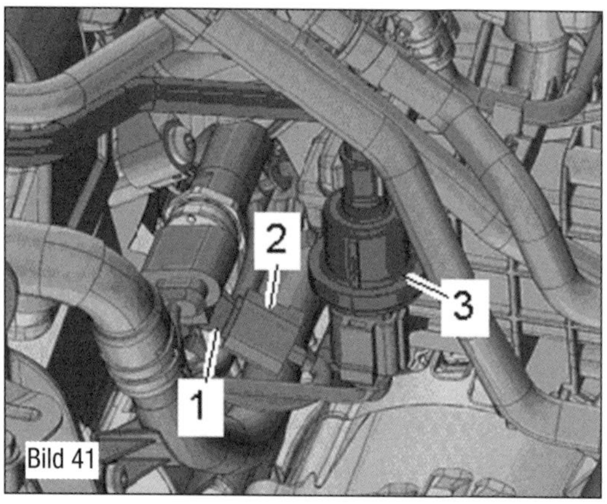

Bild 41
1 Öldruckschalter für reduzierten Öldruck
2 Steckverbindung
3 Magnetventil für Aktivkohlebehälter

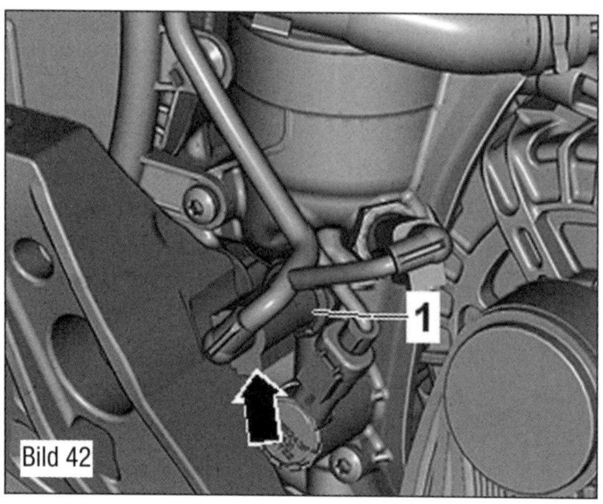

Bild 42
1 Öldruckschalter
Pfeil = Steckverbindung

■ Motorabdeckung einbauen.
■ Ölstand prüfen.

Öldruckschalter für reduzierten Öldruck aus- und einbauen
■ Luftfiltergehäuse ausbauen.
■ Elektrische Steckverbindung (Pfeil) trennen.
■ Öldruckschalter für reduzierten Öldruck herausschrauben.

Der Einbau erfolgt sinngemäß in umgekehrter Reihenfolge.

1,2 l- und 1,4 l-TSI-Motoren
Öldruckschalter aus- und einbauen
■ Elektrische Steckverbindung (Pfeil) trennen.
■ Öldruckschalter herausschrauben.

Öldruckschalter für reduzierten Öldruck
■ Elektrische Steckverbindung (2) trennen.
■ Öldruckschalter für reduzierten Öldruck (1) herausschrauben (Bild 41).

Der Einbau erfolgt in umgekehrter Reihenfolge.

2,0 l-TSI-Motoren
Öldruckschalter aus- und einbauen
■ Ziehen Sie den Stecker vom Öldruckschalter (Pfeil im Bild 42) ab.
■ Drehen Sie den Öldruckschalter (1) heraus.

Öldruckschalter für reduzierten Öldruck aus- und einbauen
■ Ziehen Sie den Stecker vom Öldruckschalter (Pfeil im Bild 42) ab.
■ Drehen Sie den Öldruckschalter (1) heraus.

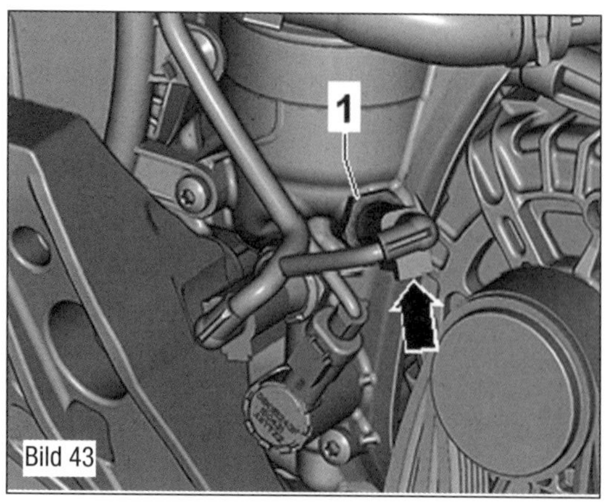

Bild 43
1 Öldruckschalter
Pfeil = Steckverbindung

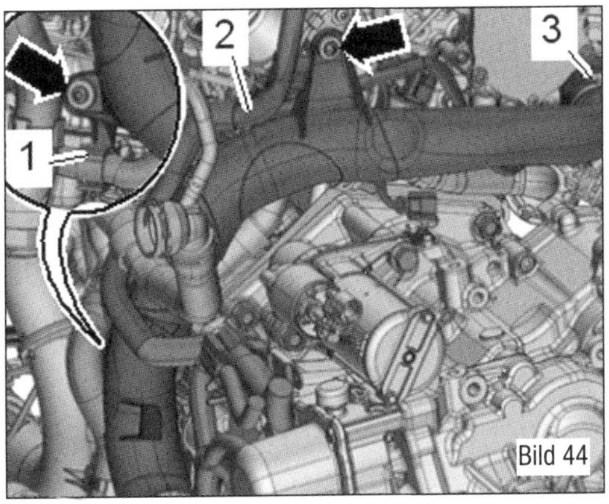

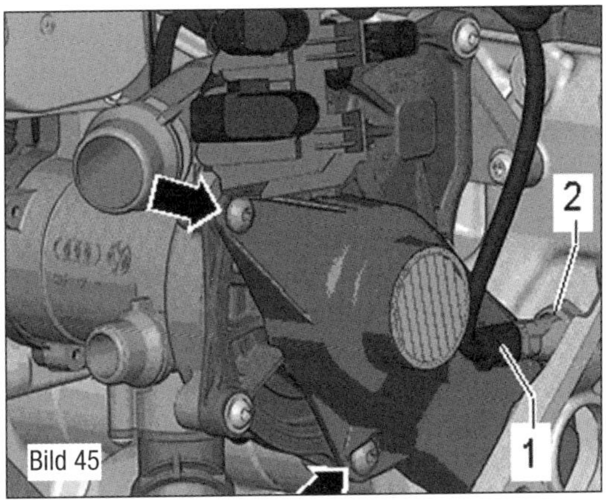

Bild 44
1 Leitungsstrang
2 Leitungsstrang
3 Schraubschelle
Pfeile = Schrauben

Bild 45
1 Steckverbindung
2 Öldruckschalter
Pfeile = Schrauben

Öldruckschalter Stufe 3 aus- und einbauen

- Geräuschdämpfungen ausbauen.
- Luftfiltergehäuse ausbauen.
- Elektrische Leitungsstränge (1 und 2 im Bild 44) am Luftführungsrohr freilegen.
- Schraubschelle (3) lösen.
- Schrauben (Pfeile) herausdrehen, Schraubschelle unten lösen und Luftführungsrohr ausbauen.
- Elektrische Steckverbindung (1) am Öldruckschalter Stufe 3 trennen.
- Schrauben (Pfeile) herausdrehen und Zahnriemenschutz abnehmen.
- Öldruckschalter Stufe 3 (2) mit dem Gelenkschlüssel SW24 »T40175« herausschrauben (Bild 45).

Alle Öldruckschalter

Der Einbau erfolgt sinngemäß in umgekehrter Reihenfolge.

- Motorabdeckung einbauen.
- Ölstand prüfen.

6 Kühlsystem

Funktion des Kühlkreislaufs
Das Kühlsystem sorgt für die richtige Betriebstemperatur des Motors. Es besteht aufbauseitig aus Kühler, Ladeluftkühler, Luftführungshutze mit Kühlerlüftern und Ausgleichsbehälter für Kühlmittel. Motorseitig gehören Kühlmittelschläuche und Kühlmittelrohre sowie ein Netz aus kleinen, genau bemessenen Kanälen in Motorblock und Zylinder, in denen die in den Ausgleichsbehälter eingefüllte Kühlflüssigkeit zirkuliert, zum System. So entsteht ein Wassermantel, der die Verbrennungswärme über die Schläuche des Kühlsystems an den Kühler abführt. Welche Wege im jeweils konkreten Betriebszustand das Kühlmittel im Kühlsystem nimmt, hängt von der Temperatur des Motors ab.
Zu den motorseitigen Aggregaten des Kühlsystems gehören ferner der Motorölkühler und der Kühler für Abgasrückführung. Diese Niedertemperatur-Abgasrückführung sorgt für die Reduzierung der NOx-Emissionen. Bei geschlossenem Kühlmittelregler (Thermostat) wird der Abgasrückführungs-Kühler direkt vom Motorkühler mit kaltem Kühlmittel versorgt. Aufgrund des dadurch größeren Temperaturgefälles kann eine größere Abgasmenge zurückgeführt werden. Somit können die Verbrennungstemperaturen und in deren Folge die Stickoxid-Emissionen in der Warmlaufphase des Motors weiter gesenkt werden. Eine mechanische Kühlmittelpumpe (»Wasserpumpe«) sorgt für den ständigen Kreislauf des Kühlmittels. Sie wird bei den TDI-Motoren von der Kurbelwelle über den Zahnriemen angetrieben, der das Nockenwellenrad und die Hochdruckpumpe des Einspritzsystems antreibt. Die elektrische Zusatzwasserpumpe wird vom Motorsteuergerät angesteuert und läuft nach Motorstart ständig mit. Ein Kühlmittelregler (Dehnstoff-Thermostat) hält die Kühlmitteltemperatur konstant. Das Kühlsystem steht unter einem Überdruck von etwa 1,2 bis 1,5 bar bei Betriebstemperatur. Dadurch und durch den Einsatz von Kühlmittelzusätzen erhöht sich der Siedepunkt der Kühlflüssigkeit von 100 °C auf rund 120 °C. Die höhere Temperatur ermöglicht einen wirtschaftlicheren und damit Kraftstoff sparenden Motorbetrieb. Wenn bei einem heißen Motor der Kühlmitteldruck 1,5 bar übersteigt, tritt das Überdruckventil am Ausgleichsbehälter in Aktion. Es öffnet dann und lässt zum Druckausgleich etwas Wasserdampf entweichen.

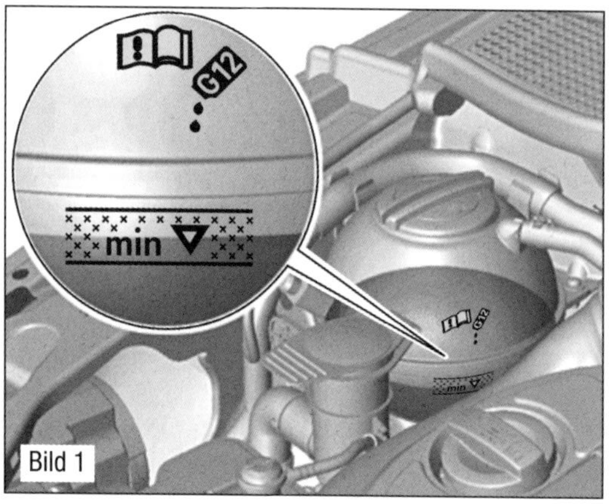

Bild 1

Bild 1
Kühlmittelstand am Kühlmittelausgleichsbehälter.

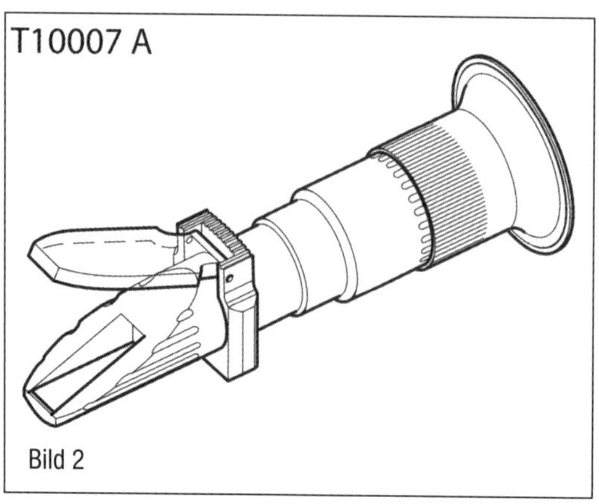

Bild 2

Bild 2
Refraktometer zur Frostschutzgehaltsprüfung.

Sicht- und Funktionsprüfungen

Kühlmittelstand prüfen

- Der Kühlmittelstand wird bei kaltem Motor am Kühlmittel-Ausgleichsbehälter geprüft. Dieser Behälter befindet sich im Motorraum rechts hinten. Er ist meist mit den Markierungen »Max« und »Min« gekennzeichnet, auf jeden Fall mit der »Min«-Markierung und einer Markierungslinie für den maximalen Füllstand.
- Ist der Motor kalt, muss das Kühlmittel zwischen »Max« und »Min« (Bild 1), bei warmem Motor etwas über der Markierungslinie für maximalen Füllstand stehen.
- Bei nicht verbrauchsbedingtem Flüssigkeitsverlust muss die Ursache ermittelt und durch Reparatur beseitigt werden.

Frostschutz des Kühlmittels prüfen

Zur Frostschutzprüfung wird ein handelsüblicher Ansaugprüfer oder für genauere Prüfung ein so genanntes Refraktometer (VW: T10007, T10007 A) benötigt. Beim Ansaugprüfer wird der jeweilige Frostschutz in °C angezeigt. VW schreibt den Werkstätten aber vor, die Konzentration des Kühlmittelzusatzes bei der jüngsten Motorengeneration mit dem Refraktometer »T10007 A« entsprechend Bedienungsanleitung zu prüfen (Bilder 2 und 3). Die Skala »1« des Refraktometers bezieht sich auf die Kühlmittelzusätze G12, G12 plus, G12 plusplus und G11. Die Skala »2« bezieht sich nur auf zu verwendenden Kühlmittelzusatz G13.

- Prüfen Sie den Kühlmittelstand im Ausgleichsbehälter bei kaltem Motor.
- Den genauen Wert bei den Prüfungen liest man an der Hell/Dunkel-Grenze ab. Zur besseren Veranschaulichung der Hell/Dunkel-Grenze wird mit der Pipette ein Tropfen Wasser auf das Glas gebracht. Die Hell/Dunkel-Grenze ist dann deutlich an der »Waterline« zu erkennen (Bild 3). Der Frostschutz muss bis etwa -25 °C gewährleistet sein.
- Bei zu geringem Frostschutz Kühlflüssigkeit ablassen und durch Kühlmittelzusatz G12 plusplus ergänzen.
- Probefahrt durchführen und Frostschutz des Kühlmittels erneut prüfen. Kühlsystem auf Dichtigkeit prüfen. Zur Prüfung der Dichtheit des Kühlsystems und des Überdruckventils wird ein Kühlsystem-Prüfgerät (V.A.G 1274 B) einschließlich Adapter für Kühlsystem-Prüfgerät (V.A.G 1274/8 und V.A.G 1274/9) benötigt. Der Motor muss betriebswarm sein.
- Verschlussdeckel vom Kühlmittel-Ausgleichsbehälter öffnen.
- Adapter für Kühlsystemprüfgerät (V.A.G 1274/8) in den Kühlmittelausgleichsbehälter schrauben, Anschlussstück (V.A.G 1274 B/1) in den Adapter für Kühlsystemprüfgerät klemmen und das Anschlussstück über den mitgelieferten Verbindungsschlauch mit dem Kühlsystem-Prüfgerät (V.A.G 1274 B) verbinden (Bild 4).
- Mit der Handpumpe des Kühlsystem-Prüfgerätes ca. 1,0 bar Überdruck erzeugen. Fällt der Druck ab: Undichte Stelle suchen und Fehler beseitigen. Bevor das Kühlsystemprüfgerät vom Verbindungsschlauch oder Anschlussstück getrennt wird, muss unbedingt der vorhandene Druck abgebaut werden. Dazu das Druckentlastungsventil am Kühlsystem-Prüfgerät drücken, bis das Druckmanometer den Wert »0« anzeigt.

Überdruckventil im Verschlussdeckel des Kühlmittelbehälters prüfen

- Verschlussdeckel des Kühlmittel-Ausgleichsbehälters in den Adapter für Kühlsystemprüfgerät (V.A.G 1274/9) schrauben, Anschlussstück (V.A.G 1274 B/1) in den Adapter für Kühlsystemprüfgerät klemmen und das Anschlussstück über den mitgelieferten Verbindungsschlauch mit dem

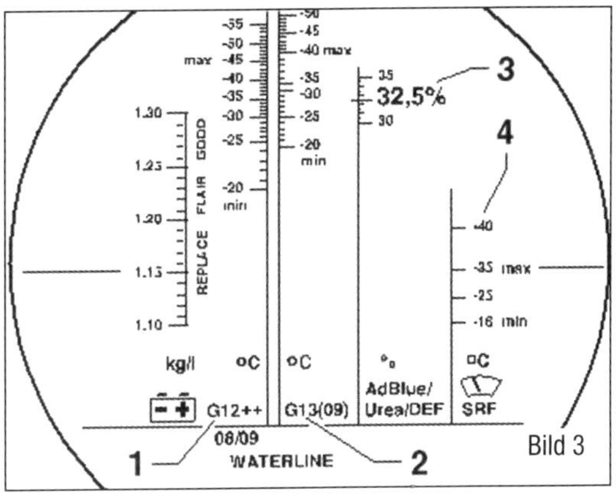

Bild 3

Bild 3 Sichtfeld des Refraktometer.
1 G12, G12 Plus, G12 Plus-plus und G11
2 G13
3 Ad Blue
4 Scheibenfrostschutz.

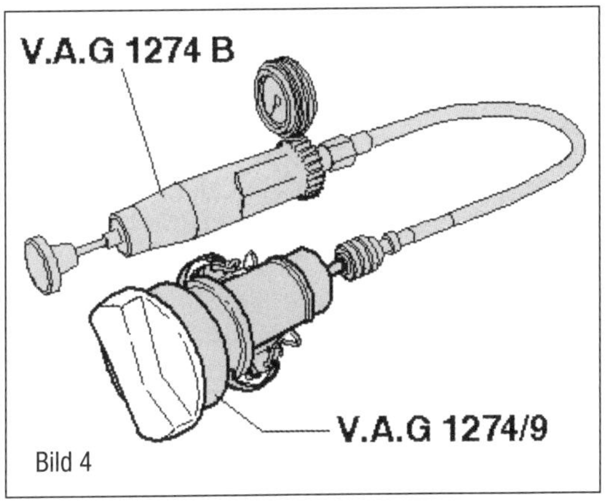

Bild 4

Bild 4 Kühlsystemprüfgerät V.A.G 1274 BCC.

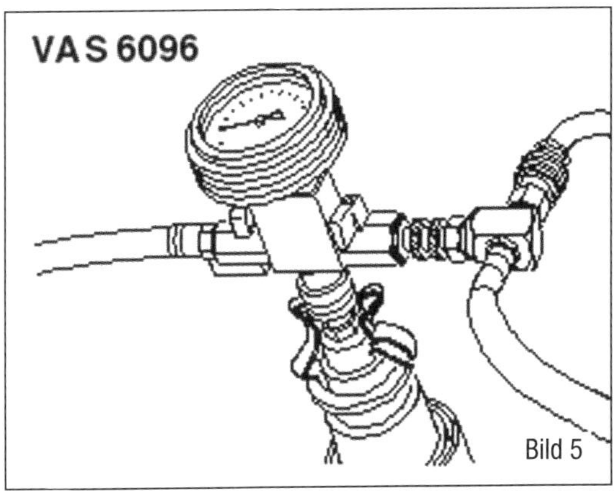

Bild 5

Bild 5 Füllgerät für den Kühlkreislauf bei VW/Audi.

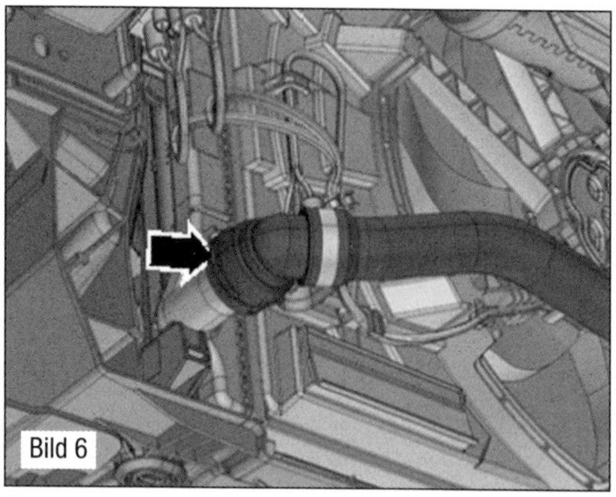

Bild 6
Version 1.
Pfeil Halteklammern am Kühleranschluss rechts beziehungsweise links.

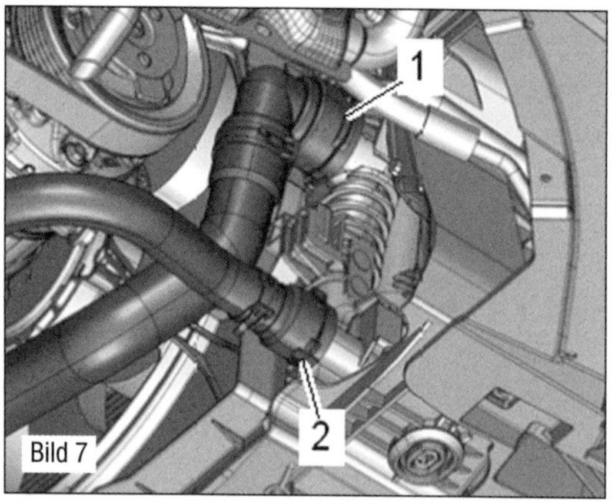

Bild 7
Version 2.
1 Halteklammer
2 Halteklammer

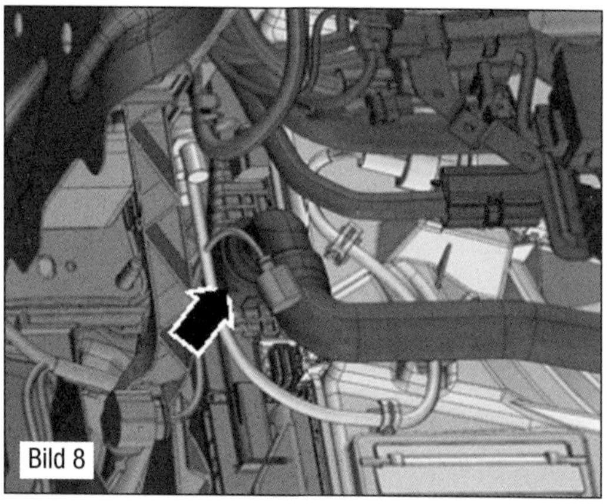

Bild 8
Version 3.
Pfeil = Halteklammer

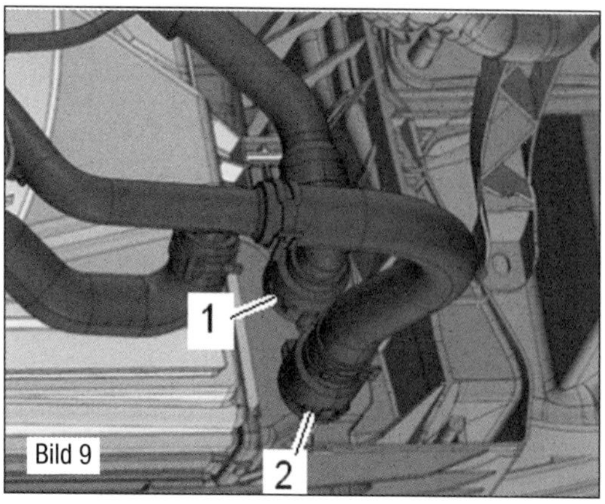

Bild 9
Version 3.
1 Halteklammer
2 Halteklammer

Kühlsystem-Prüfgerät verbinden.
■ Mit der Handpumpe des Kühlsystem-Prüfgerätes einen Überdruck von max. 1,6 bar erzeugen. Das Überdruckventil darf noch nicht öffnen. Öffnet das Überdruckventil vorzeitig: Verschlussdeckel ersetzen.
■ Druck auf über 1,6 bar erhöhen. Das Überdruckventil muss öffnen. Öffnet das Überdruckventil nicht: Verschlussdeckel ersetzen.

Kühlmittel ablassen, ergänzen, auffüllen

Kühlmittel ablassen

Die wesentlichen Arbeitsschritte unterscheiden sich nicht in den einzelnen Motormodellen. Wir stellen Ihnen eine allgemeingültige Anweisung vor und führen die Besonderheiten der einzelnen Modelle auf.
■ Verschlussdeckel vom Kühlmittel-Ausgleichsbehälter öffnen.

⚠ Bei warmem Motor steht das Kühlsystem unter Druck, beim Öffnen des Ausgleichsbehälters kann deshalb heißer Dampf bzw. heißes Kühlmittel entweichen. Überdruck abbauen, dazu Verschlussdeckel mit einem Lappen abdecken und vorsichtig öffnen. Schutzbrille und Schutzbekleidung tragen, um Augenverletzungen und Verbrühungen zu vermeiden.

■ Fahrzeug anheben und Motorspritzschutz (Geräuschdämpfung) abschrauben.
■ Auffangwanne für Werkstattkräne (z. B. VAS 6208) unter den Motor stellen.

1,6 l- und 2,0 l-TDI-Motor

Im Golf wurden drei unterschiedliche Kühlervarianten eingebaut.

Fahrzeuge mit Kühler Version 1:
■ Halteklammer (Pfeil im Bild 6) anheben, Kühlmittelschlauch links unten vom Kühler abbauen, Kühlmittel ablaufen lassen.
■ Halteklammer anheben, Kühlmittelschlauch rechts unten vom Kühler für Ladeluft-Kühlkreislauf abbauen, Kühlmittel ablaufen lassen.

Fahrzeuge mit Kühler Version 2:
■ Halteklammer (1 im Bild 7) anheben, Kühlmittelschlauch links unten vom Kühler abbauen, Kühlmittel ablaufen lassen.

■ Halteklammer (2) anheben, Kühlmittelschlauch rechts unten vom Kühler für Ladeluft-Kühlkreislauf abbauen, Kühlmittel ablaufen lassen.

Fahrzeuge mit Kühler Version 3:
■ Halteklammer (Pfeil im Bild 8) anheben, Kühlmittelschlauch links unten vom Kühler abbauen, Kühlmittel ablaufen lassen.
■ Halteklammern (1), (2) anheben, Kühlmittelschläuche vom Kühler für Ladeluft-Kühlkreislauf abbauen, Kühlmittel ablaufen lassen.

Fortsetzung für alle Fahrzeuge:
■ Schlauchschelle (Pfeil im Bild 10) lösen, Kühlmittelschlauch unten zur Heizungsunterstützungspumpe abbauen, Kühlmittel ablaufen lassen.

1,2 l- und 1,4 l-TSI-Motoren
■ Elektrische Steckverbindung (2) am Kühlmitteltemperaturgeber am Kühlerausgang (3) trennen (Bild 11).
■ Halteklammer (1) anheben, Kühlmittelschlauch links unten vom Kühler abbauen, Kühlmittel ablaufen lassen.
■ Halteklammer anheben, Kühlmittelschlauch rechts unten vom Kühler für Ladeluft-Kühlkreislauf abbauen, restliches Kühlmittel ablaufen lassen.

2,0 l-TSI-Motoren
■ Kühlmittelschlauch (1) rechts unten vom Kühler abbauen, Kühlmittel ablaufen lassen (Bild 12).

⚠ Es darf nur destilliertes Wasser zur Mischung von Kühlmittelzusätzen verwendet werden. Durch die Verwendung von destilliertem Wasser wird der optimale Korrosionsschutz erreicht.

Fahrzeuge mit Standheizung:
■ Kühlmittelschläuche abbauen und restliches Kühlmittel ablaufen lassen.

Motorkühlsystem befüllen
Wurden Kühler, Wärmetauscher, Zylinderkopf oder Zylinderkopfdichtung ersetzt: Gebrauchtes Kühlmittel vorschriftsmäßig entsorgen und nicht wieder verwenden!
■ Kühlmittelschlauch unten am Kühler einbauen und mit Halteklammer sichern.
■ Kühlmittelschläuche am Ölkühler und an der Pumpe 2 für Kühlmittelumlauf anschließen.

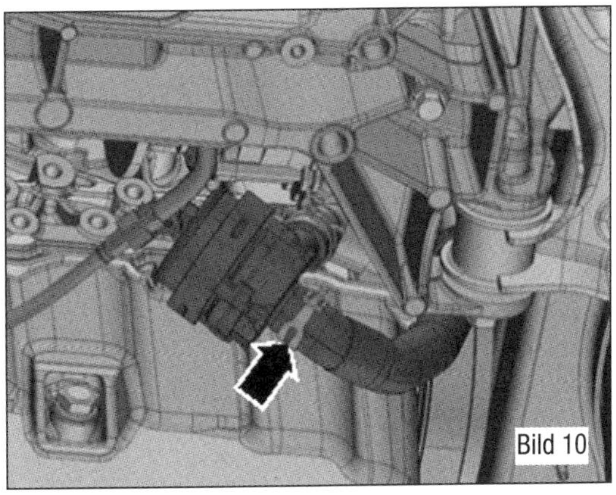

Bild 10
Version 3.
Pfeil = Schlauchschelle

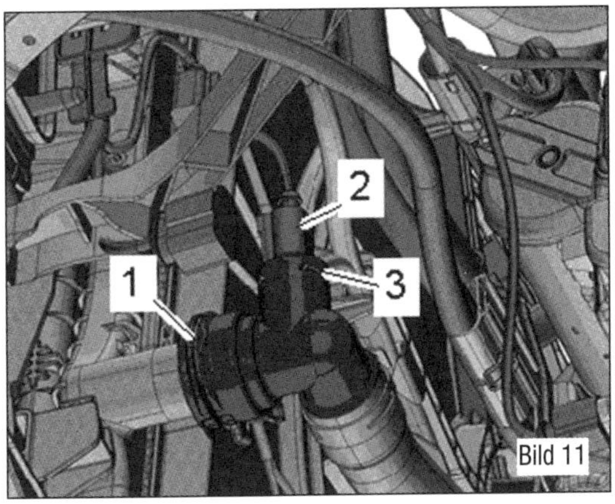

Bild 11
1 Halteklammer
2 Steckverbindung
3 Kühlmitteltemperaturgeber, Kühlerausgang

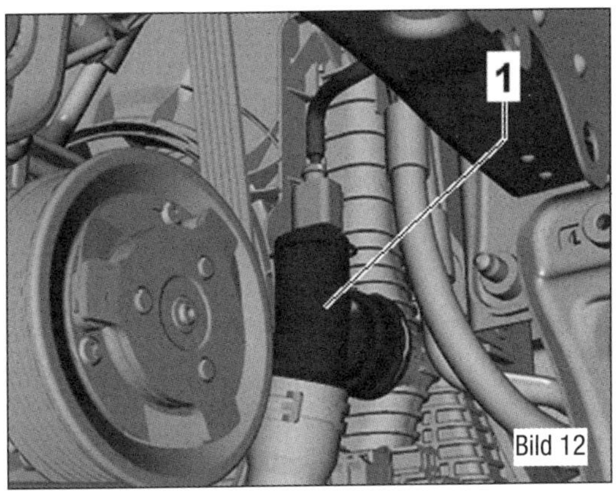

Bild 12
Kühlmittelschlauch (1) mit Steckkupplung.

■ Geräuschdämpfung einbauen.
■ Zum Befüllen ist laut Werkstattunterlagen von VW ab Herbst 2010 ausdrücklich destilliertes Wasser (plus Frostschutz) vorgeschrieben. Bis dahin galt die Vorschrift »Leitungswasser mit dem vorgeschriebenen Frostschutzzusatz«. Nun also heißt es: »Durch die unterschiedlichen Inhaltsstoffe, die länderspezifisch und sogar regionalspezifisch sein können, hat Volkswagen entschieden, die Wasserqualität für Kühlsysteme zu definieren. Destilliertes Wasser erfüllt alle Anforderungen. Aus diesem Grund wird empfohlen, auch bei älteren Modellen das Kühl-

Bild 13
1 Abluftschlauch
2 Auffangbehälter
3 Druckluftschlauch
1274/8 = Adapter
A und B = Ventile
6096 = Entlüftungsgerät
6096/1 = Kühlmittelbehälter

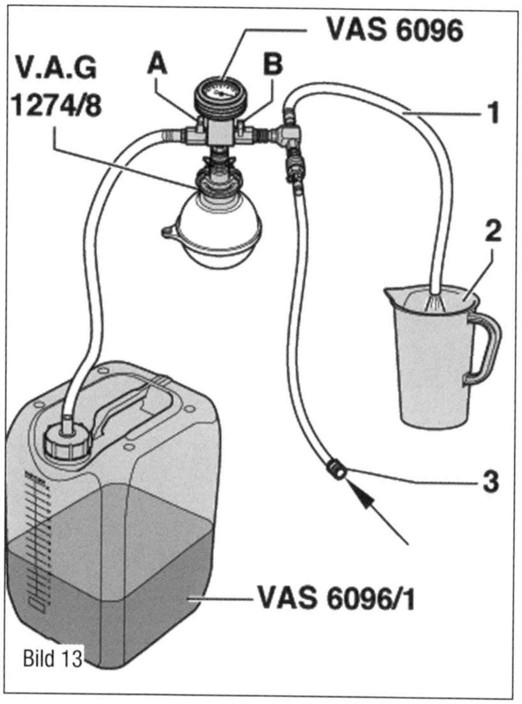

Bild 13

Bild 14
Version 1: Halteklammern (Pfeil) am Kühleranschluss rechts.

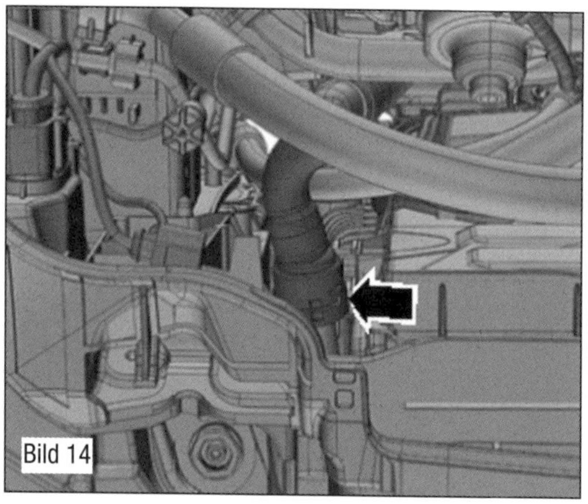
Bild 14

mittel bei Ergänzungen und Neubefüllungen mit destilliertem Wasser anzumischen. Bei neueren Fahrzeugtypen (ab Baujahr 2010) ist destilliertes Wasser zwingend vorgeschrieben.« Die Konzentration des Kühlmittels darf auch in der warmen Jahreszeit bzw. in warmen Ländern nicht durch Nachfüllen von Wasser verringert werden. Der Kühlmittelzusatz-Anteil muss mindestens 40% betragen. Ist ein stärkerer Frostschutz erforderlich, kann der Anteil von G12 plusplus erhöht werden, jedoch nur bis zu 60% (Frostschutz bis etwa -40 °C), da sich sonst der Frostschutz wieder verringert und außerdem die Kühlwirkung verschlechtert wird.

■ Zum Feststellen der aktuellen Frostschutzdichte wird das Refraktometer (T10007) empfohlen.

Befüllen mit Gerät VAS 6096

■ Den Adapter für Ausgleichsbehälter V.A.G 1274/8 auf den Behälter schrauben.

■ Den Kühlmittelkreislauf mit dem Kühlsystem-Befüllgerät entsprechend Bedienungsanleitung mit mindestens 8 Litern vorgemischtem Kühlmittel (im Behälter VAS 6096/1) im richtigen Mischungsverhältnis befüllen. Dazu werden die Ventile (A) und (B) bedient. Der Schlauch (3) wird an Druckluft (6 bis 10 bar Überdruck) angeschlossen (Bild 13).

■ Die Abluft durch den Schlauch (1) reißt eine geringe Menge Kühlmittel mit, die in einem geeigneten offenen Behälter (2) aufgefangen wird.

Befüllen ohne Gerät

■ Das Kühlmittel langsam bis zur oberen Markierung des gerasterten Feldes am Ausgleichsbehälter auffüllen (Bild 1).

■ Ausgleichsbehälter verschließen. Den Motor starten und die Motordrehzahl für ca. 3 Minuten auf ca. 2000/min halten.

■ Motor danach im Leerlauf laufen lassen, bis der Lüfter anläuft.

■ Kühlmittelstand prüfen und ggf. ergänzen. Bei betriebswarmem Motor muss der Kühlmittelstand an der oberen Markierung, bei kaltem Motor in der Mitte des gerasterten Feldes liegen.

Kühler aus- und einbauen

■ Geräuschdämpfung oder den Unterfahrschutz ausbauen.

■ Kühlmittel ablassen.

1,6 l- und 2,0-TDI-Motoren

Auch hier tauchen wieder die drei im Golf eingebauten unterschiedliche Kühlervarianten auf.

■ Kühlmittel ablassen.

■ Stoßfängerabdeckung vorn ausbauen.

■ Führungsprofil Mitte am Schlossträger ausbauen.

■ Schrauben (1 und 3 im Kapitel 5, Bild 35) herausdrehen.

■ Verrastung entriegeln (Pfeil), Abdeckung (2) abnehmen.

■ Kühlmittelschlauch (2 im Kapitel 5, Bild 36) freilegen.

■ Verrastungen entriegeln (Pfeile), Luftführung Oberteil (1) abnehmen.

- Links und rechts Schraube (Pfeil im Kapitel 5, Bild 37) herausdrehen.
- Unterteil (1) der Luftführung ausclipsen und abnehmen.
- Lüfterzarge ausbauen.

Fahrzeuge mit Kühler Versionen 1 und 2:

- Halteklammer (Pfeil im Bild 14) anheben, Kühlmittelschlauch rechts oben vom Kühler für Ladeluft-Kühlkreislauf abbauen.

Fahrzeuge mit Kühler Version 3:

- Halteklammer (Pfeil im Bild 8) anheben, Kühlmittelschlauch links unten vom Kühler abbauen.
- Halteklammern (1 und 2 im Bild 7) anheben, Kühlmittelschläuche vom Kühler für Ladeluft-Kühlkreislauf abbauen.

Fortsetzung für alle Fahrzeuge:

- Halteklammer oben links anheben, Kühlmittelschlauch oben links vom Kühler abbauen.
- Wenn vorhanden, Verrastung entriegeln, Abdeckung (1 im Bild 15) nach vorn abnehmen.
- Führungsprofil Mitte (A im Bild 16) am Schlossträger abbauen (Pfeile).
- Links und rechts die Verrastungen (Pfeile im Bild 17) des Kühlerlagers mit einem Seitenschneider abkneifen. Kühler für Kühlmittel oben etwas zum Motor drücken.

Tipp: Das Kühlerlager wird beim Einbau wiederverwendet. Es wird dann mit dem Schlossträger verschraubt.

- Links und rechts Luftführung (2 im Bild 18) nach unten ausclipsen (Pfeil B).
- Links und rechts Verrastungen entriegeln (Pfeil A), Kondensator (3) vom Kühler für Ladeluft-Kühlkreislauf (1) aushängen.
- Kondensator zum Schlossträger festbinden.

Fahrzeuge mit Kühler Versionen 1 und 2:

- Links und rechts Verriegelungslaschen (rechts und links etwa mittig) für Kühler gleichzeitig drücken und Kühler für Kühlmittel vom Kühler für Ladeluft-Kühlkreislauf abnehmen.

Fahrzeuge mit Kühler Version 3:

- Verrastungen (unten am Wasserkühler) am Kühler für Ladeluft-Kühlkreislauf entriegeln.
- Kühler für Ladeluft-Kühlkreislauf vom

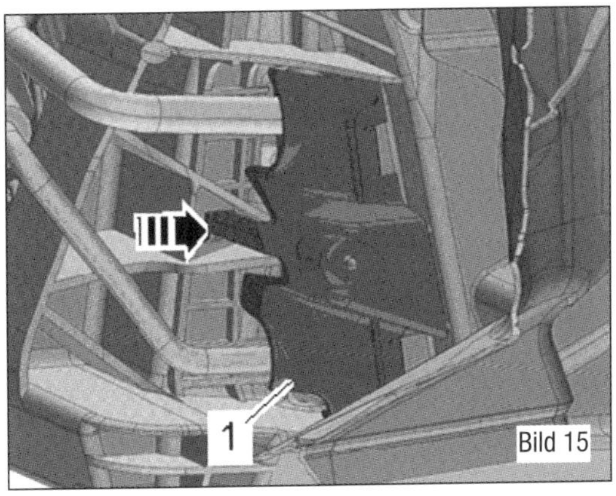

Bild 15
1 Abdeckung
Pfeil = Verrastung

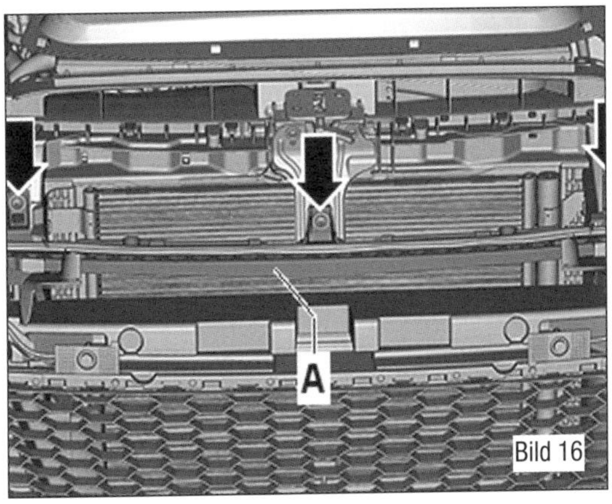

Bild 16
Führungsprofil (A), Verschraubungen (Pfeil).

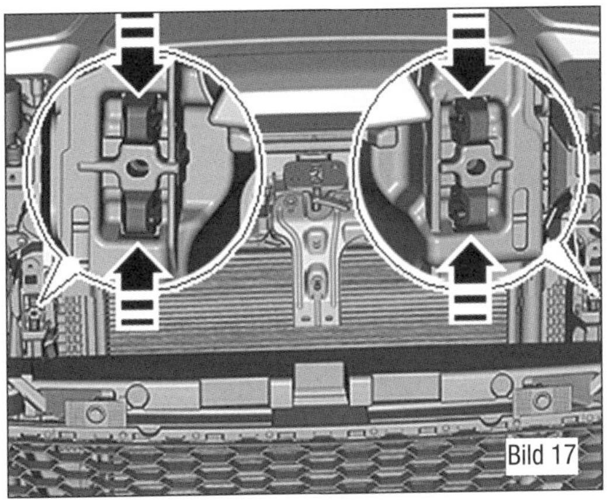

Bild 17
Verrastung (Pfeil).

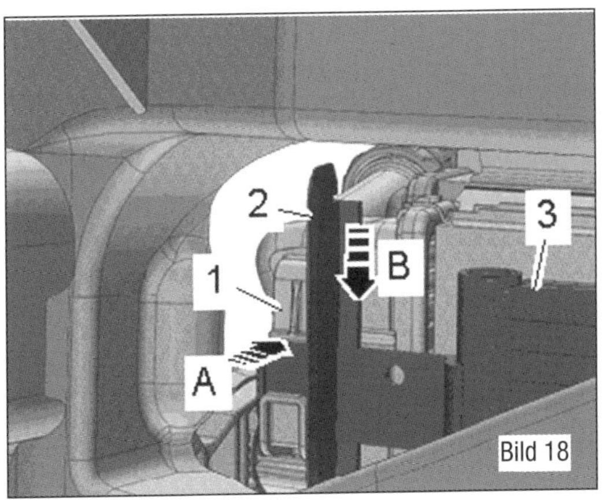

Bild 18
1 Ladeluftkühler
2 Luftführung
3 Kondensator
A Verrastung
B Richtung zum Ausclipsen

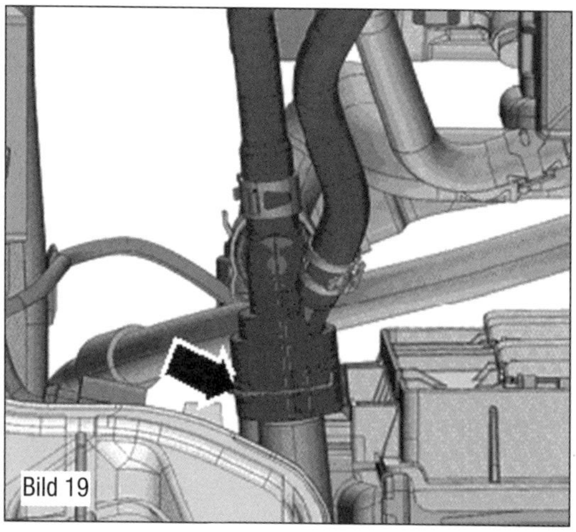

Bild 19
Halteklammer (Pfeil).

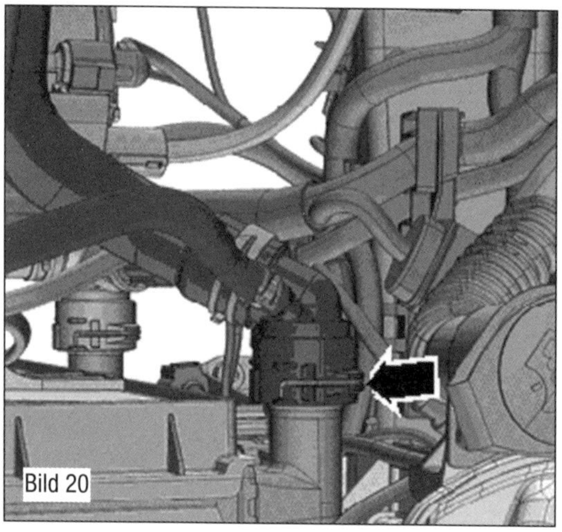

Bild 20
Halteklammer (Pfeil).

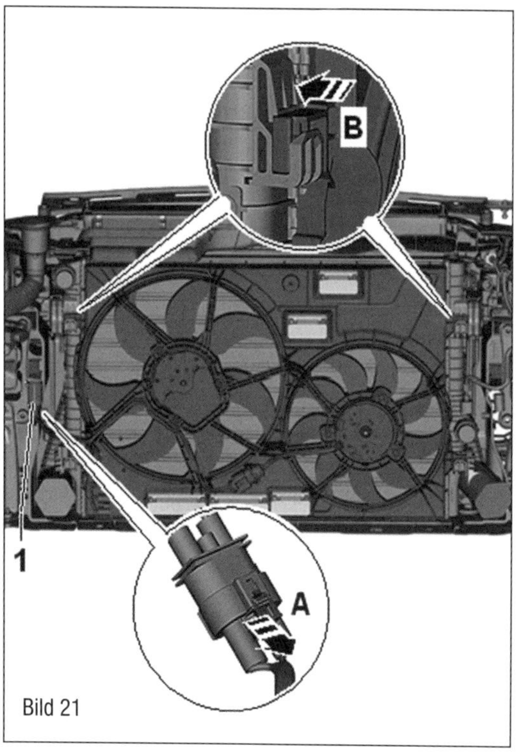

Bild 21
1 elektrische Steckverbindung
A Demontagerichtung am Steckkontakt
B Demontagerichtung der Rastnase an der Lüfterzarge

Kühler für Kühlmittel abbauen und aushängen.
- Beide Kühler abnehmen.

1,2 l- und 1,4 l-TSI-Motoren
- Kühlmittelschläuche oben und unten am Kühler abziehen.
- Lüfterzarge ausbauen.
- Stoßfängerabdeckung vorn ausbauen.
- Halteklammer (Pfeil im Bild 19) anheben, Kühlmittelschlauch rechts oben vom Kühler für Ladeluft-Kühlkreislauf trennen.
- Halteklammer (Pfeil im Bild 20) anheben, Kühlmittelschlauch oben links vom Kühler abbauen.
- Führungsprofil Mitte am Schlossträger abbauen.
- Verrastung entriegeln (Pfeil im Bild 15), Abdeckung (1) nach vorn abnehmen.
- Links und rechts Luftführung (2 im Bild 18) nach unten ausclipsen (Pfeil B).
- Links und rechts Verrastungen entriegeln (Pfeil A), Kondensator (3) vom Kühler für Ladeluft-Kühlkreislauf (1) aushängen.
- Kondensator zum Schlossträger festbinden.
- Links und rechts die Verrastungen (Pfeile im Bild 17) des Kühlerlagers mit einem Seitenschneider abkneifen. Kühler für Kühlmittel mit Kühler für Ladeluft-Kühlkreislauf oben etwas nach hinten drücken.

Das Kühlerlager wird beim Einbau wiederverwendet. Es wird dann mit dem Schlossträger verschraubt.
- Kühler für Kühlmittel mit Kühler für Ladeluft-Kühlkreislauf abnehmen.
- Links und rechts Verriegelungslaschen für Kühler gleichzeitig drücken und den Kühler für Kühlmittel vom Kühler für Ladeluft-Kühlkreislauf abnehmen.

2,0 l-TSI-Motoren
- Die Lüfterzarge ausbauen.
- Die Stoßfängerabdeckung vorn ausbauen.
- Anschließend die Schrauben der Luftführung herausdrehen.
- Die Verrastung entriegeln und abnehmen.
- Den Kühlmittelschlauch freilegen.
- Die Verrastungen entriegeln und das Luftführungs-Oberteil abnehmen.
- Links und rechts jeweils die Schraube herausdrehen.
- Das Unterteil der Luftführung ausclipsen und abnehmen.

■ Halteklammer (Pfeil im Bild 20) anheben, Kühlmittelschlauch oben links vom Kühler abbauen.
■ Führungsprofil Mitte (A im Bild 16) am Schlossträger abbauen (Pfeile).
■ Links und rechts die Verrastungen (Pfeile im Bild 17) des Kühlerlagers mit einem Seitenschneider abkneifen. Kühler für Kühlmittel oben etwas zum Motor drücken.

Das Kühlerlager wird beim Einbau wiederverwendet. Es wird dann mit dem Schlossträger verschraubt.

■ Links und rechts Verriegelungslaschen für Kühler drücken (Pfeil im Bild 18) und Kühler für Kühlmittel vom Ladeluftkühler abnehmen.
■ Ladeluftkühler sichern.

Einbau für alle Motoren
Der Einbau erfolgt sinngemäß in umgekehrter Reihenfolge.

Lüfter und Zarge aus- und einbauen

1,6 l- und 2,0 l-TDI-Motoren
■ Motorabdeckungen oben und unten ausbauen.
■ Elektrische Steckverbindung (1 im Bild 21) für Kühlerlüfter trennen, dazu Sicherung in Pfeilrichtung (A) schieben und Entriegelung nach unten drücken.
■ Links und rechts Verriegelungslaschen für Lüfterzarge gleichzeitig drücken (Pfeil B) und Lüfterzarge nach unten vom Kühler abnehmen.

1,2 l- und 1,4 l-TSI-Motoren
■ Geräuschdämpfung oder den Unterfahrschutz ausbauen.
■ Motorabdeckung ausbauen.
■ Schlauchschelle (1 im Bild 22) lösen, Luftführungsschlauch abbauen.
■ Links und rechts Schraube (2) herausdrehen.
■ Luftführung am Schlossträger ausclipsen und abnehmen.
■ Elektrische Steckverbindung (1 im Bild 21) für Kühlerlüfter trennen, dazu Sicherung nach hinten schieben (Pfeil A) und Entriegelung nach unten drücken.
■ Links und rechts Verriegelungslaschen für Lüfterzarge gleichzeitig drücken (Pfeil B)

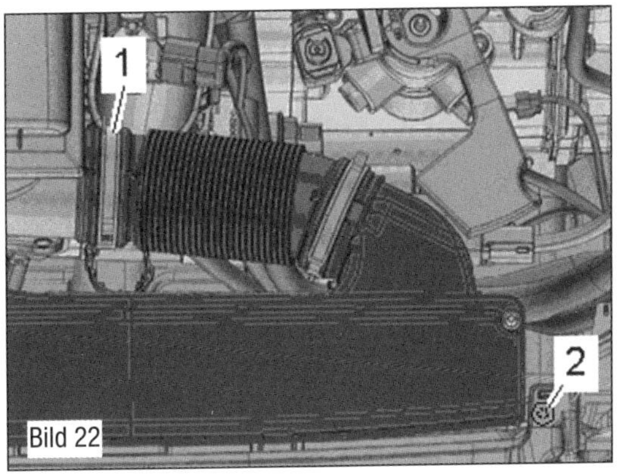

Bild 22

Bild 22
1 Schlauchschelle
2 Schraube

und Lüfterzarge nach oben vom Kühler abnehmen. Lüfterzarge dabei auf einer Seite ca. 45° nach oben drehen.

2,0 l-TSI-Motoren
■ Luftfiltergehäuse ausbauen.
■ Geräuschdämpfung (1) ausbauen.
■ Elektrische Steckverbindung (1) für Kühlerlüfter trennen. Dazu Sicherung (A) in Pfeilrichtung schieben und Entriegelung nach unten drücken.
■ Links und rechts Verriegelungslaschen für Lüfterzarge gleichzeitig drücken (Pfeil B), Lüfterzarge nach oben vom Kühler abziehen und nach unten herausnehmen.

Lüftermotor ausbauen
■ Lüfterzarge ausbauen.
■ Elektrische Steckverbindung zu den Elektromotoren trennen.
■ Schrauben des Lüftermotors herausdrehen.
■ Kühlerlüfter abnehmen.

Kühlmittelpumpe (Wasserpumpe) aus- und einbauen

■ Lassen Sie das Kühlmittel ab.
■ Bauen Sie den Keilrippenriemen aus.

1,6 l- und 2,0 l-TDI-Motoren
■ Bauen Sie den Zahnriemen aus.
■ Elektrische Leitungsstränge (1 und 2 im Kapitel 5, Bild 44) am Luftführungsrohr freilegen.
■ Schraubschelle (3) lösen.
■ Schrauben (Pfeile) herausdrehen.
■ Schlauchschelle am Ladeluftkühler unten lösen und Ladeluftschlauch mit Luftführungsrohr nach unten ausbauen.

Bild 23
1 Schraube
2 Abdeckung
3 Schraube
Pfeile = Leitungsstrang

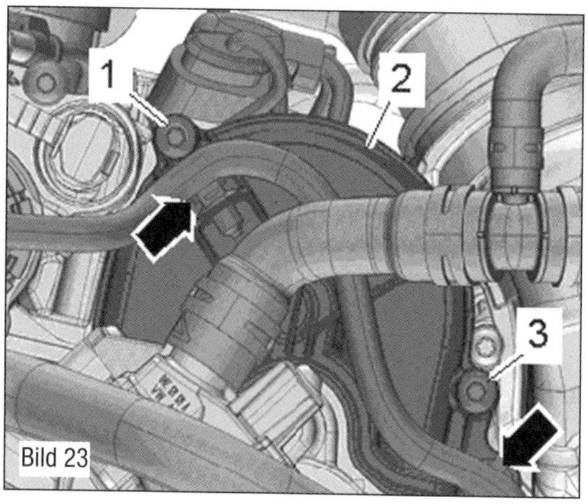

Bild 24
1 elektrischer Leitungsstrang
2 Kühlmittelschlauch

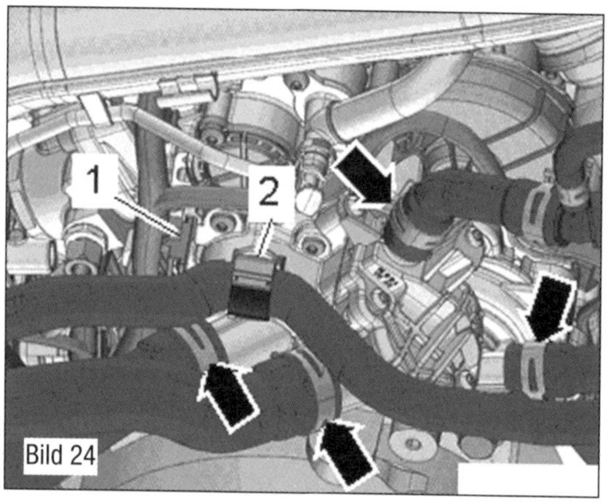

Bild 25
Montagereihenfolge (1 bis 5) der Schrauben.

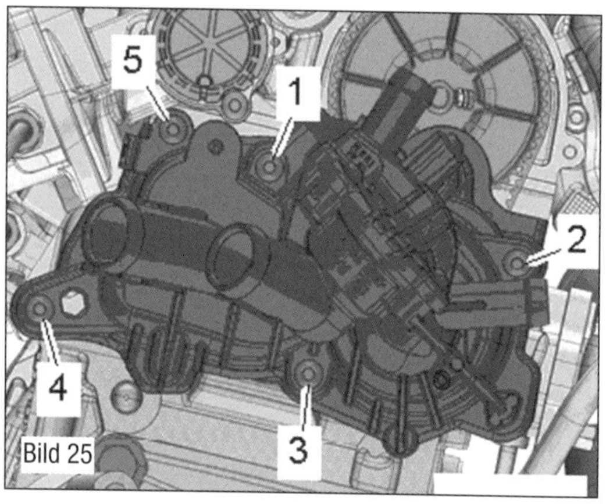

Bild 26
1 Schraube
2–4 Steckverbindungen

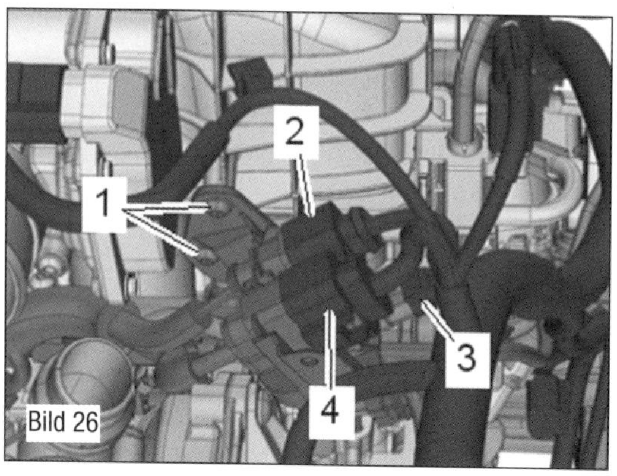

■ Links und rechts Schraube (Pfeil Kapitel 5, Bild 37) herausdrehen.
■ Unterteil der Luftführung ausclipsen und abnehmen.
■ Drosselklappensteuereinheit ausbauen.
■ Halteklammer des Kühlschlauches anheben, oberen Kühlmittelstutzen abziehen und zur Seite drücken.

1,2 l- und 1,4 l-TSI-Motoren
■ Batterieträger ausbauen.
■ Schlauchschellen lösen, Luftführungsrohr zum Luftfilter ausbauen.
■ Luftführungsschläuche zum Turbolader am Luftführungsrohr freilegen.
■ Stecker vom Ladedruckgeber abziehen.
■ Verrastungen am Turbolader mit Entriegelungswerkzeugen »T10527« und »T10527/1« entriegeln.
■ Luftführungsrohr abnehmen.
■ Entriegelungstasten drücken, Schlauch zum Aktivkohlebehälter abbauen.
■ Schrauben an der Befestigung am Zylinderkopf herausdrehen und den Schlauch für Kurbelgehäuseentlüftung abnehmen.
■ Elektrischen Leitungsstrang freilegen (Pfeile im Bild 23).
■ Schrauben (1), (3) herausdrehen, Zahnriemenschutz (2) für Zahnriemen für Kühlmittelpumpe abnehmen.
■ Elektrischen Leitungsstrang (1 im Bild 24) und Kühlmittelschlauch (2) frei legen.
■ Schlauchschellen (Pfeile) lösen, alle Kühlmittelschläuche an der Kühlmittelpumpe abbauen.
■ Schrauben in Bild 25 in der Reihenfolge (5) bis (1) lösen und herausdrehen.
■ Kühlmittelpumpe mit Zahnriemen für die Kühlmittelpumpe abnehmen.

☞ Wenn die Kühlmittelpumpe ersetzt wird, Kühlmittelreglergehäuse abbauen.

2,0 l-TSI-Motoren
■ Luftfiltergehäuse ausbauen.
■ Elektrische Leitungsstränge (1 und 2 im Kapitel 5, Bild 44) am Luftführungsrohr freilegen.
■ Schraubschelle (3) lösen.
■ Schrauben (Pfeile) herausdrehen.
■ Schlauchschelle am Ladeluftkühler lösen und Ladeluftschlauch mit Luftführungsrohr nach unten ausbauen.
■ Links und rechts Schraube (Pfeil im Kapitel 5, Bild 37) herausdrehen.

■ Unterteil (1) der Luftführung ausclipsen und abnehmen.
■ Drosselklappensteuereinheit ausbauen.
■ Halteklammer anheben, oberen Kühlmittelstutzen abziehen und zur Seite drücken.
■ Steckverbindungen (2, 3 und 4 im Bild 26) trennen. Befestigungsschrauben (1) herausdrehen und Halter zur Seite legen.
■ Elektrische Steckverbindung (1 im Kapitel 5, Bild 45) am Öldruckschalter (2) trennen.
■ Schrauben (Pfeile) herausdrehen und Zahnriemenschutz abnehmen.
■ Schrauben (1 bis 4 im Bild 27) lösen und Zahnriemen von der Kühlmittelpumpe abnehmen.
■ Schrauben (1) bis (4) herausdrehen und Kühlmittelpumpe vom Stellelement für Motortemperaturregelung abnehmen.

Einbau der Kühlmittelpumpe für alle Motoren
Der Einbau erfolgt sinngemäß in umgekehrter Reihenfolge.
■ Wenn eine neue Kühlmittelpumpe eingebaut wurde, müssen Sie die Schutzkappe am Antriebsrad abziehen.
■ Kühlmittel auffüllen.

Kühlmittelumlaufpumpe (elektrisch) aus- und einbauen

Tipp: Der Einbauort der Pumpe für Kühlmittelumlauf befindet sich unterhalb des Saugrohres.
■ Geräuschdämpfung oder den Unterfahrschutz ausbauen.
■ Überdruck abbauen, dazu Verschlussdeckel für Kühlmittelausgleichsbehälter mit Lappen abdecken und vorsichtig öffnen.
■ Wärmeschutzmanschette (3 im Bild 28) öffnen.
■ Stecker (1) entriegeln und abziehen.
■ Wasserschläuche mit Schlauchklemmen bis 40 mm (3093) verschließen.
■ Schellen öffnen, Kühlmittelschläuche (Pfeile) abziehen.
■ Befestigungsschraube (2) herausdrehen und die Pumpe vom Halter nehmen.

Der Einbau erfolgt sinngemäß in umgekehrter Reihenfolge.

Absperrventil für Kühlmittel (elektrisch) aus- und einbauen

Tipp: Der Einbauort der Pumpe für Kühlmittelumlauf befindet sich unterhalb des Saugrohres.
■ Luftfiltergehäuse ausbauen.
■ Schlauchschelle (2 im Bild 29) lösen.
■ Schraube (1) herausdrehen, Luftführungsrohr links etwas nach links drücken.

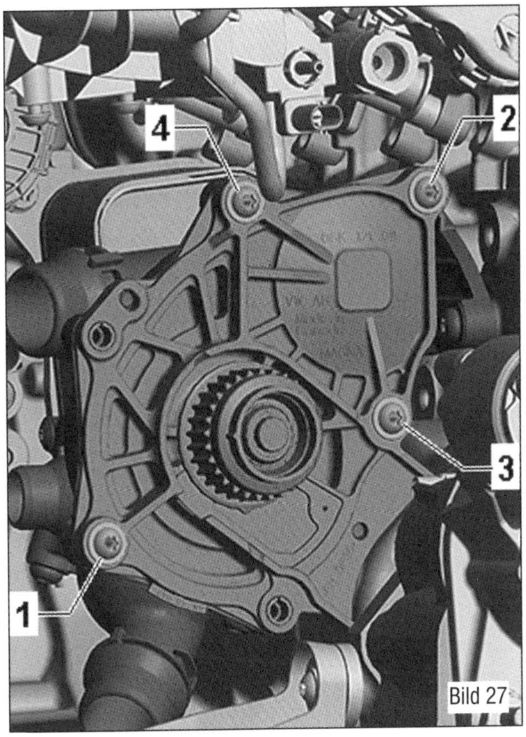

Bild 27

Bild 27
Schrauben 1 bis 4: Die Nummerierung ist für die Anzugsreihenfolge für Montage und Demontage wichtig.

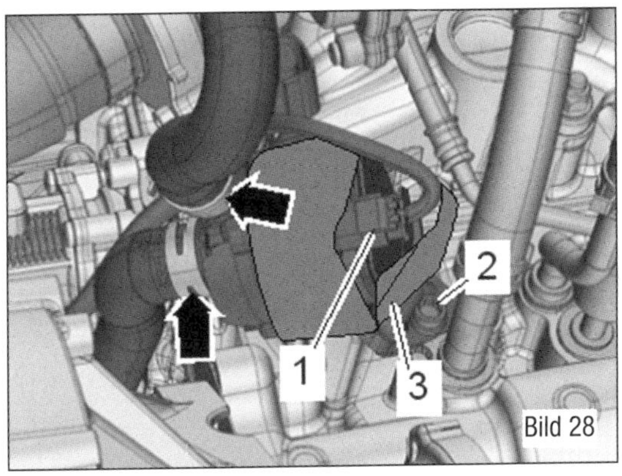

Bild 28

Bild 28
1 elektrische Steckverbindung
2 Schraube
3 Wärmeschutzmanschette
Pfeile = Schlauchschelle

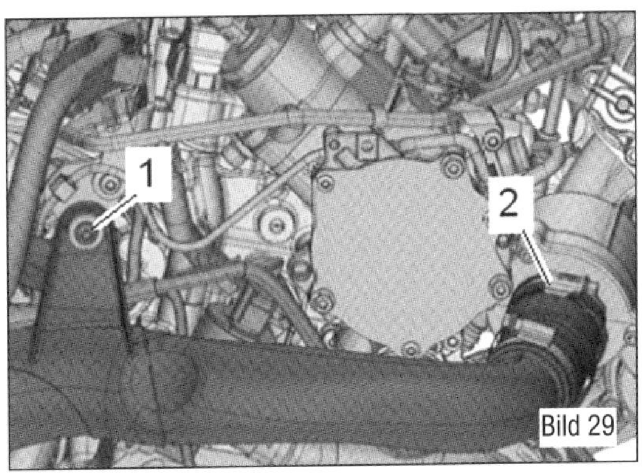

Bild 29

Bild 29
1 Schraube
2 Schlauchschelle

Sichtprüfung Messen

Bild 30
1 Schlauchschellen
2 elektrischer Anschluss
Pfeile = Schrauben

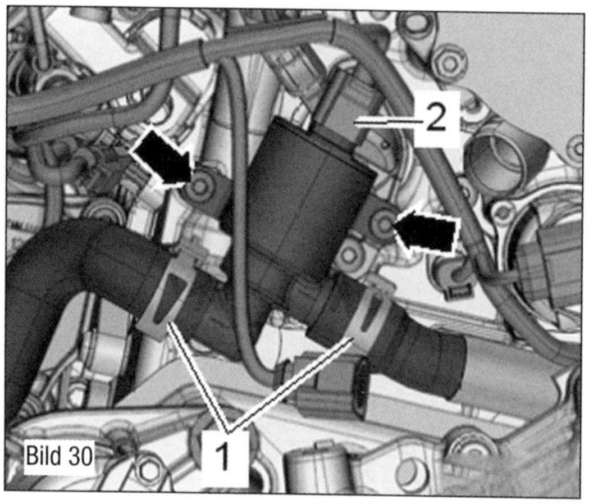

Bild 31
TDI-Motoren.
1 O-Ringe
2 Anschlussstutzen
3 O-Ring
4 Kühlmittelrohr vorn unten
5 Dichtring
6 O-Ring
7 Kühlmittelpumpe
8 O-Ringe
9 Schraube
10 Kühlmittelventil für Zylinderkopf
11 Schraube
12 Halteklammer
13 Halteklammer
14 O-Ring
15 Dichtring
16 Schraube
17 Kühlmittelreglergehäuse
18 O-Ring
19 Thermostat
20 Schraube
21 Anschlussstutzen

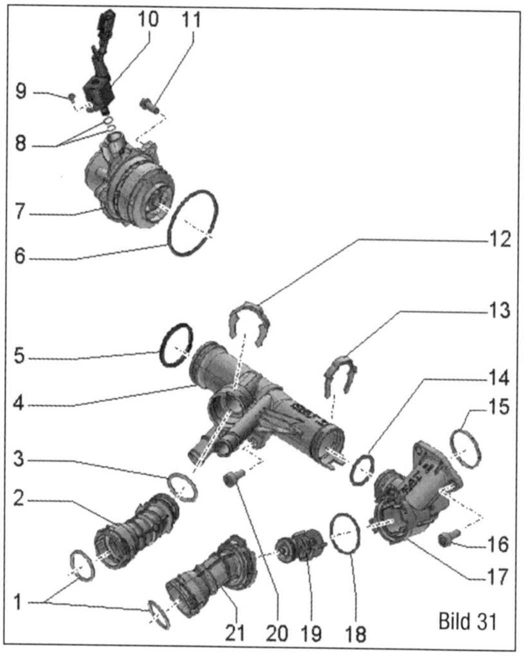

Bild 32
1 Anschlussstutzen
A Öffnungsrichtung
B Verriegelung

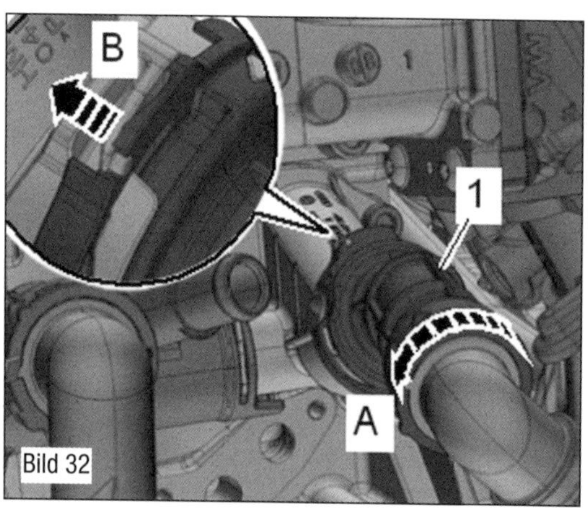

■ Elektrische Steckverbindung (2 im Bild 30) trennen.
■ Kühlmittelschläuche am Absperrventil für Kühlmittel mit Schlauchklemmen »3094« abklemmen.

Putzlappen unterlegen, um austretendes Kühlmittel aufzufangen.
■ Schlauchschellen (1) lösen, Kühlmittelschläuche abbauen.
■ Schraube (Pfeile) herausdrehen, Absperrventil für Kühlmittel abnehmen.

Der Einbau erfolgt sinngemäß in umgekehrter Reihenfolge.
■ Prüfen Sie nach der Montage den Kühlmittelstand und füllen Sie eventuell etwas Kühlmittel nach.

Temperaturregler und Thermostate

Die Begriffe erscheinen auf den ersten Blick etwas verwirrend. Wir benennen die herkömmlichen, mechanischen Regelventile als Thermostat und die elektrisch angesteuerten Ventile als Temperaturregler.

1,6 l- und 2,0 l-TDI-Motoren
Thermostat ausbauen:
■ Kühlmittel ablassen.
■ Luftfiltergehäuse ausbauen.
■ Schrauben am Luftführungsrohr über dem Getriebe herausdrehen.
■ Schraubschelle lösen und Luftführungsrohr abnehmen.

Fahrzeuge mit Motorkennbuchstaben CKRB, CRLB, CUNA, CRMB:
■ Links und rechts Schraube am Luftführungsunterteil (Pfeil im Kapitel 5, Bild 37) herausdrehen.
■ Unterteil der Luftführung ausclipsen und abnehmen.

Fortsetzung für alle Fahrzeuge:
■ Verriegelung entriegeln (Pfeil B im Bild 32).
■ Anschlussstutzen (1) in (Pfeilrichtung A) drehen und abziehen.
■ Kühlmittelregler abnehmen.

Der Einbau erfolgt in umgekehrter Reihenfolge, dabei ist Folgendes zu beachten:
■ Neuen O-Ring mit Kühlmittel benetzen.
■ Thermostat (2) in das Kühlmittelreglergehäuse (1) einsetzen. Die Haltenasen müssen in die Führungen eingreifen (Pfeile im Bild 33).
■ Kühlmittel auffüllen.

Kühlmittelventil aus- und einbauen:

- Zahnriemenschutz oben ausbauen.
- Elektrische Steckverbindung (2 im Bild 34) trennen, elektrische Leitung freilegen.
- Schraube (3) herausdrehen, Kühlmittelventil für Zylinderkopf (1) abziehen.

Der Einbau erfolgt in umgekehrter Reihenfolge, dabei ist Folgendes zu beachten:

- Kühlmittel kontrollieren und wenn erforderlich auffüllen.

1,2 l- und 1,4 l-TSI-Motoren

Thermostat für den großen Kühlkreislauf

- Kühlmittel ablassen.
- Luftführungsschläuche am Luftführungsrohr zum Turbolader freilegen.
- Stecker vom Ladedruckgeber abziehen.
- Verrastungen am Luftführungsrohr mit Entriegelungswerkzeugen »T10527« und »T10527/1« entriegeln.
- Luftführungsrohr zum Turbolader abnehmen.
- Schlauchschelle am Deckel (14 im Bild 35) lösen, Kühlmittelschlauch abbauen.
- Schrauben im Deckel (14) herausdrehen, und den Deckel vom Kühlmittelreglergehäuse abnehmen.
- Kühlmittelregler mit Schlüssel »T10508« ausbauen.
- Schlüssel »T10508« leicht herunterdrücken und dabei in (Pfeilrichtung im Bild 36) drehen.

Die Montage erfolgt sinngemäß in umgekehrter Reihenfolge.

- Kühlmittel kontrollieren und wenn erforderlich auffüllen.

Thermostat für den kleinen Kühlkreislauf

- Kühlmittelpumpe ausbauen.
- Schrauben in der Reihenfolge (F) bis (A) herausdrehen (Bild 37).
- Kühlmittelpumpe vom Kühlmittelreglergehäuse abziehen.
- Kühlmittelregler (2 im Bild 35) von der Kühlmittelpumpe (1) abnehmen.

Der Einbau erfolgt in umgekehrter Reihenfolge, dabei ist Folgendes zu beachten:

- Neuen O-Ring mit Kühlmittel benetzen.
- Kühlmittelreglergehäuse an der Kühlmittelpumpe ansetzen. Die Zentrierbolzen am Kühlmittelregler müssen in die Führungen an der Kühlmittelpumpe eingesetzt sein.

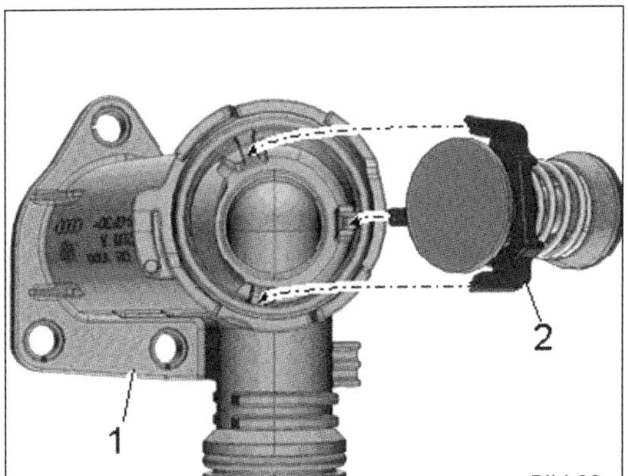

Bild 33

Bild 33
1 Reglergehäuse
2 Thermostat
Pfeile = Haltenasen

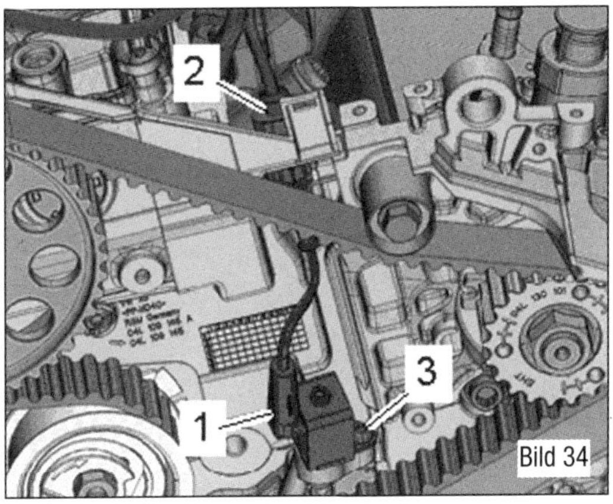

Bild 34

Bild 34
1 Kühlmittelventil
2 elektrische Steckverbindung
3 Schraube

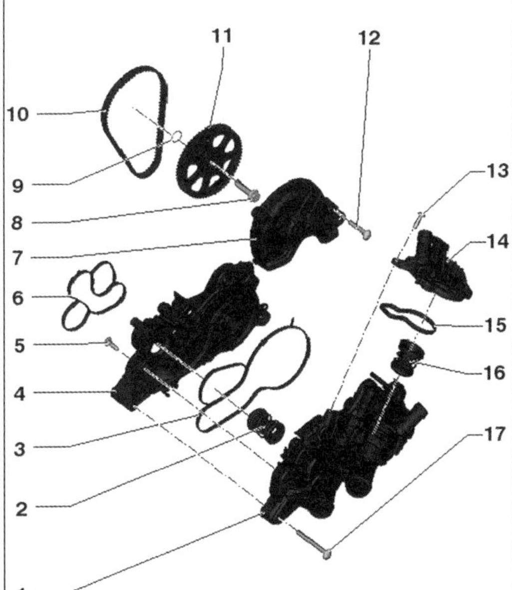

Bild 35

Bild 35
1 Kühlmittelreglergehäuse
2 Kühlmittelregler
3 Dichtung
4 Kühlmittelpumpe
5 Schraube
6 Dichtung
7 Zahnriemenschutz
8 Schraube
9 O-Ring
10 Zahnriemen
11 Zahnriemenrad
12 Schraube
13 Schraube
14 Deckel
15 Dichtung
16 Thermostat
17 Schraube

- Schrauben für Kühlmittelreglergehäuse festziehen.
- Kühlmittelpumpe einbauen.
- Kühlmittel auffüllen.

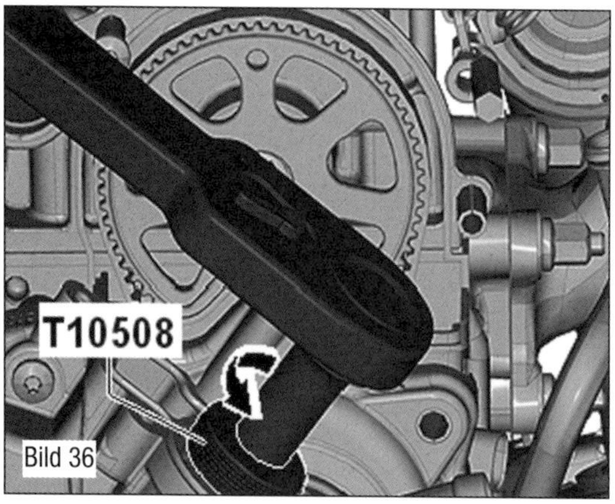

Bild 36
Spezialschlüssel T10508 zum Ausbau des Thermostates.

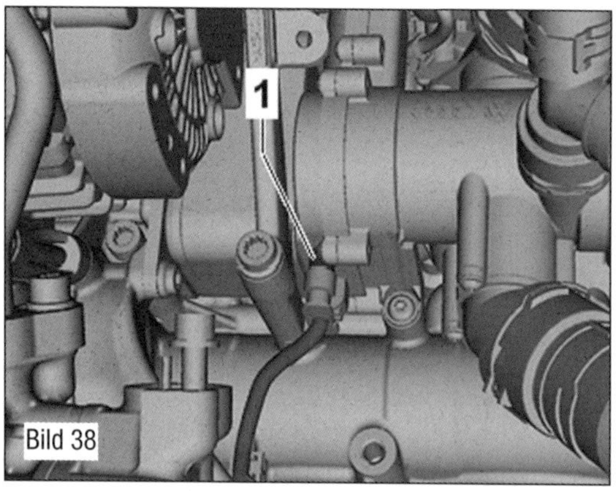

Bild 38
Elektrischer Anschluss (1) am Stellelement.

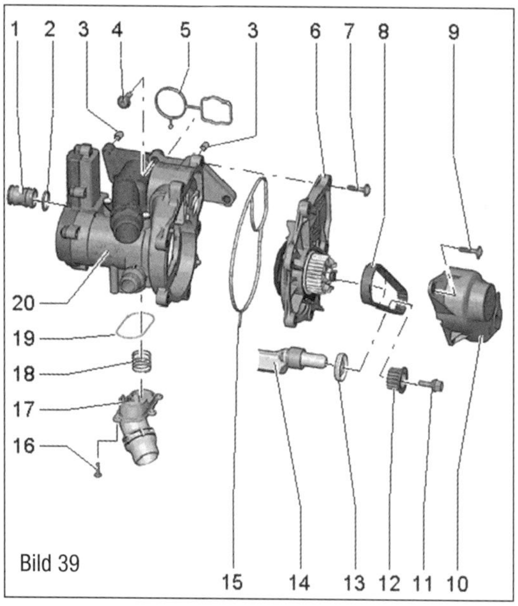

Bild 39
1 Verbindungsstutzen
2 O-Ring
3 Zentrierstift
4 Schraube
5 Dichtung
6 Kühlmittelpumpe
7 Schraube
8 Zahnriemen
9 Schraube
10 Zahnriemenschutz
11 Schraube (Linksgewinde)
12 Antriebsrad für Zahnriemen
13 Wellendichtring für Ausgleichswelle Einlassseite
14 Ausgleichswelle
15 Dichtung
16 Schraube
17 Anschlussstutzen
18 Feder
19 Dichtung
20 Stellelement

2,0 I-TSI-Motoren

Bei diesen Motoren gibt es keinen Thermostaten im herkömmlichen Sinn mehr. Die Temperaturregelung erfolgt über ein Stellelement.

- Kühlmittelpumpe ausbauen.
- Drosselklappensteuereinheit ausbauen.

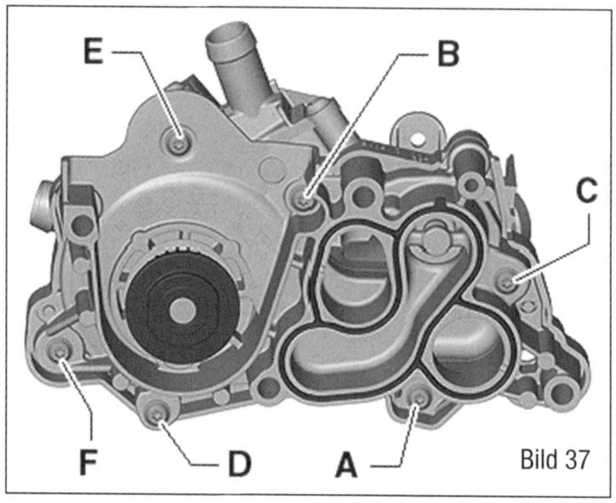

Bild 37
Montage- und Anzugsreihenfolge (A bis F) der Schrauben.

- Kühlmittelrohr über dem Generator vom Saugrohr abschrauben.
- Halteklammern anheben, Kühlmittelschläuche abbauen.
- Elektrische Steckverbindung (1 im Bild 38) vom Stellelement für Motortemperaturregelung abziehen.
- Schrauben in der Reihenfolge (1) bis (5) im Bild 40 herausdrehen.
- Stellelement für Motortemperaturregelung von den Zentrierbolzen nehmen und vom Motorölkühler abziehen.

Der Einbau erfolgt in umgekehrter Reihenfolge. Dabei ist Folgendes zu beachten:

í Ersetzen Sie Dichtungen und O-Ringe.
- Neue O-Ringe mit Kühlmittel benetzen.
- Kontrollieren, ob die beiden Zentrierbolzen (3 im Bild 39) im Zylinderblock eingesetzt sind, ggf. einsetzen.
- Verbindungsstück (1) in den Motorölkühler einsetzen.
- Stellelement für Motortemperaturregelung (20) auf das Verbindungsstück und die Zentrierbolzen im Zylinderblock schieben.

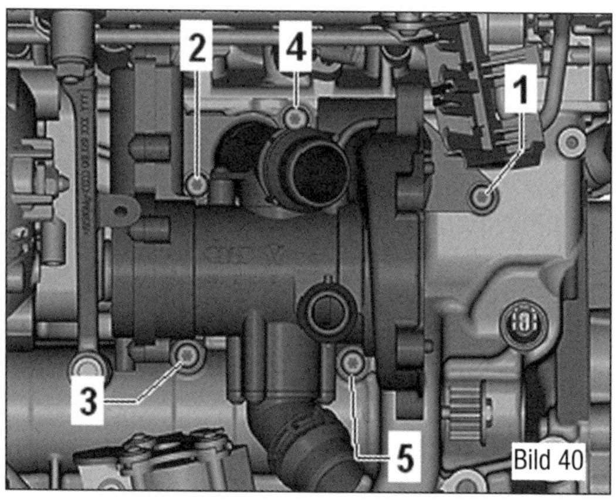

Bild 40
Montagereihenfolge der Schrauben (1) bis (5).

7 Kraftstoffversorgung

Bauteile der Anlage und Arbeiten am Kraftstoffsystem

Sicherheit geht vor

Der Kraftstoffdruck im Hochdruckrohr kann bis zu 120 bar betragen! Beachten Sie die Sicherheitsmaßnahmen zum Druckabbau im Hochdruckbereich. Die Kraftstoffvorlaufleitung steht unter Druck! Tragen Sie Schutzbrille und Schutzbekleidung, um Verletzungen und Hautkontakt zu vermeiden. Vor dem Lösen von Schlauchverbindungen Putzlappen um die Verbindungsstelle legen. Dann durch vorsichtiges Abziehen des Schlauchs Druck abbauen.

Aus Sicherheitsgründen muss vor dem Öffnen des Kraftstoffsystems die Stromzufuhr zur Kraftstoffpumpe unterbrochen werden. Die Kraftstoffpumpe wird sonst beim Öffnen der Fahrertür aktiviert. Nutzen Sie eine der folgenden Möglichkeiten um die Stromzufuhr zu unterbrechen.

Für die Arbeit an dieser Reparaturgruppe ist es wichtig zu wissen, dass es automatische Ein- und Ausschaltfunktionen für die Kraftstoffpumpe gibt. Die Crash-Kraftstoffabschaltung soll die Gefahr eines Fahrzeugbrandes nach einem Crash reduzieren, indem die Kraftstoffpumpe abgeschaltet wird. Kurzzeitiges Einschalten der Pumpe beim Öffnen der Tür soll andererseits eine Komfortverbesserung des Startverhaltens beim Motor bewirken. Dabei wird die Kraftstoffpumpe zwei Sekunden lang angesteuert, damit sich im Kraftstoffsystem Druck aufbaut. Weil die Kraftstoffpumpe beim Einschalten der Zündung und durch den Türkontaktschalter der Fahrertür aktiviert wird, muss vor dem Öffnen des Kraftstoffsystems aus Sicherheitsgründen, wenn die Batterie nicht abgeklemmt wird, der Anschlussstecker von der Kraftstofffördereinheit abgezogen oder die Sicherung für die Ansteuerung der Kraftstofffördereinheit aus dem Sicherungshalter entfernt werden.

Die Anlage im Überblick

Wichtigste Bauteile des Systems der Kraftstoffversorgung sind der Kraftstoffbehälter

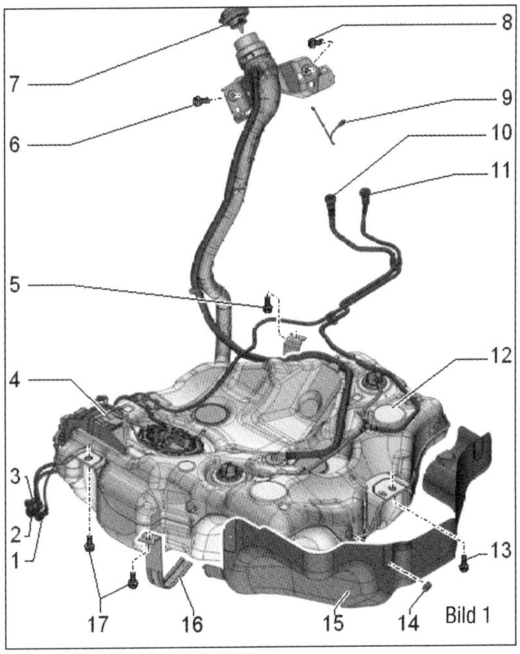

Bild 1

Bild 1
1 Kraftstoffleitung Standheizung
2 Kraftstoffvorlaufleitung
3 Entlüftungsleitung
4 Halter
5 Schraube
6 Schraube
7 Verschlussdeckel
8 Schraube
9 Masseverbindung
10 Entlüftungsleitung
11 Entlüftungsleitung
12 Kraftstoffbehälter
13 Schraube
14 Mutter
15 Wärmeschutzblech
16 Spannband
17 Schrauben

(Tank), in den der Kraftstoff über Tankklappeneinheit und Einfüllstutzen eingebracht wird, die in den Tank eingebaute Kraftstofffördereinheit (Kraftstoffpumpe), der Kraftstofffilter und die Kraftstoffleitungen (Bild 1). Die Vorlaufleitung (die untere Leitung über dem Verschlussring der Fördereinheit) ist schwarz gekennzeichnet, die Rücklaufleitung (im Bild die obere) ist blau. Es gibt kaum Merkmale, durch die sich die durchaus unterschiedlichen Tankanlagen für Diesel und Benzinermodelle mit 0,5 bar oder 6 bar Niederdrucksystem voneinander unterscheiden lassen. Die Einbauposition der Komponenten unterscheidet sich nicht. Erfahrungsgemäß werden der Ersatz oder auch Arbeiten am Tanksystem sich auf die Intankpumpe oder den Kraftstoffgeber beschränken. Der Austausch der kompletten Tankanlage ist möglich, aber aufwändig und kommt sehr selten vor.

Kraftstoffdämpfe absaugen

Beim Aus- und Einbau des Gebers für die Kraftstoffvorratsanzeige oder der Kraftstoffpumpe aus gefüllten Kraftstoffbehältern muss bereits vor Beginn der Arbeiten in der Nähe der Montageöffnung des Kraftstoffbehälters zum Absaugen der Kraftstoffgase der Abgasschlauch einer eingeschalteten Abgas-Absauganlage gelegt werden. Alternativ kann ein Radiallüfter mit Motor außerhalb des Luftstroms und Fördervolumen größer als 15 m³/h verwendet werden.

Kraftstoffleitungen sind mit Schnellverschlüssen gesichert. Kraftstoffschläuche dürfen nur mit Federbandschellen gesichert werden. Die Verwendung von Klemm- oder Schraubschellen ist nicht zulässig.

Kraftstoffbehälter entleeren

Das Entleeren des Tanks mit dem Absauggerät wird vor allem dann erforderlich, wenn die Kraftstoffpumpe nicht arbeitet. Wir erläutern das Vorgehen bei fast gefülltem und bei weniger vollem Kraftstoffbehälter. Die Unterscheidung von Diesel- zu Benzinmotoren ist für die Arbeiten fast nicht relevant.

⚠ Hautkontakt mit Kraftstoff vermeiden! Kraftstoffbeständige Handschuhe tragen!

Kraftstoffbehälter entleeren bei intakter Kraftstoffpumpe

- Ziehen Sie die Vorlaufleitung (2 in Bild 1) ab, fangen ausfließenden Kraftstoff mit einem Putzlappen auf.
- Kraftstoffabsauggerät »VAS 5190« mit Adapter zur Kraftstoffabsaugung »VAS 5190 /3« an die Kraftstoffvorlaufleitung (1) anschließen.
- Sitzbank ausbauen.
- Abdeckung für Verschlussflansch mit dem Demontagekeil »3409« an den Halterasten ausclipsen.
- Dichttülle in der Abdeckung nach unten aus der ausclipsen.
- Abdeckung am elektrischen Leitungsstrang nach hinten schieben.
- Elektrische Steckverbindung am Verschlussflansch entriegeln und abziehen.
- Adapter für Messtechnik/DSO (5-polig) »VAS 5565« an die Kraftstofffördereinheit anschließen.
- Fernbedienung »V.A.G 1348/3A« an den Adapter »VAS 5565« und an die Batterie-Pluspolklemme im Motorraum anklemmen.
- Anschluss (5) (gelb) vom Adapter »VAS 5565« mit geeigneten Werkstattmitteln (3) mit dem Batterie-Minuspol verbinden.
- Dazu das Messhilfsmittel-Set »V.A.G 1594C« verwenden.

☞ Dieser Arbeitsschritt dient lediglich dazu, die Kraftstoffpumpe bei stehendem Motor laufen zu lassen. Die Kraftstoffpumpe darf nicht »trocken« laufen.

- Tankklappen öffnen.
- Bereich um den Kraftstoffeinfüllstutzen reinigen.
- Verschlussdeckel für den Kraftstoffeinfüllstutzen abschrauben.
- Fernbedienung »V.A.G 1348/3A« und Absperrhahn am Kraftstoffabsauggerät »VAS 5190« drücken, bis der Kraftstoffbehälter entleert ist.

Kraftstoffpumpe nicht intakt

Entleeren zum Ausbau des Tankgebers:

- Im Abstand vom Ende des Absaugschlauchs vom Kraftstoffabsauggerät »VAS 5190» eine Markierung (Pfeil im Bild 3) auf den Schlauch machen. Dazu Isolierband verwenden. Der Abstand beträgt für Fahrzeuge mit Mehrlenkerhinterachse 945 mm und für Fahrzeuge mit Verbundlenkerhinterachse 1010 mm.
- Tankklappen öffnen.
- Den Bereich um den Kraftstoffeinfüllstutzen reinigen.
- Den Tankdeckel abschrauben.

☞ Die Masseleitung vom Kraftstoffabsauggerät an einer blanken Stelle der Karosserie befestigen.

- Den Absaugschlauch vom Kraftstoffabsauggerät so weit in den Kraftstoffbehälter schieben, bis die zuvor angebrachte Markierung (Pfeil) mit dem Einfüllstutzen (2) abschließt.
- Den Kraftstoffbehälter durch den Einfüllstutzen so weit wie möglich entleeren.

⚠ Am unteren Ende des Einfüllstutzens befindet sich eine Klappe (1) im Kraftstoffbehälter, die durch den Absaugschlauch nicht beschädigt werden darf. Deshalb den Schlauch nur bis zu der zuvor angebrachten Markierung (Pfeil) einschieben. Wenn sich beim Herausziehen des Absaugschlauchs dieser an der Rückschlagklappe verklemmt, den Absaugschlauch nicht gewaltsam herausziehen. In diesem Fall die Kraftstofffördereinheit ausbauen und die Rückschlagklappe von Hand offen halten. Dabei gewährleisten, dass der Arm nicht mit Kraftstoff in Berührung kommt.

- Absaugschlauch vorsichtig herausziehen.

⚠ Wenn kein Kraftstoff mehr abgesaugt wird, ist der Kraftstoffbehälter nur so weit entleert, dass der Geberflansch gefahrlos geöffnet werden kann.

Vollständiges Entleeren:

- Tankgeber ausbauen.
- Saugschlauch des Kraftstoffabsauggeräts »VAS 5190« so tief wie möglich in den Kraftstoffbehälter stecken.
- Kraftstoff mit dem Kraftstoffabsauggerät »VAS 5190« vollständig absaugen.

Kraftstofffördereinheit im Tank aus- und einbauen

Soll die Kraftstofffördereinheit getauscht werden, ist zuvor die Kraftstoffpumpe zu prüfen (Funktion und Spannungsversorgung, Kraftstoffdruck und Haltedruck sowie Kraftstofffördermenge, Stromaufnahme). Prüfen Sie zuerst die Steckverbindung 5-polig auf festen Sitz, indem Sie am Stecker ziehen, ohne die Verriegelung zu betätigen. War der Stecker nicht richtig gesteckt, kann er einen Fehler verursacht haben. Damit soll u. a. auch ein Fehltausch der Kraftstofffördereinheit vermieden werden. Diese komplexen Prüfungsarbeiten erfordern eine Reihe von Prüf- und Messgeräten, wie Druckmessgerät (V.A.G 1318) mit verschiedenen Adaptern, Mengenvergleichsmessgerät (V.A.G 1348) und einen Fahrzeugdiagnosetester, die in der heimischen Garage kaum vorhanden sein dürften. Eventuell hilft eine Mietwerkstatt. Wir halten für diese Prüfung eine Fachwerkstatt für die beste Empfehlung.

⚠ Das Kraftstoffsystem steht unter Druck! Tragen Sie Schutzbrille und Schutzhandschuhe um Verletzungen und Hautkontakt zu vermeiden. Vor dem Lösen von Schlauchverbindungen Putzlappen um die Verbindungsstelle legen. Dann durch vorsichtiges Abziehen des Schlauchs Druck abbauen.

- Der Kraftstoffbehälter darf maximal 3/4 gefüllt sein. Damit ist sichergestellt, dass der Füllstand unterhalb des Flansches der Kraftstofffördereinheit liegt.
- Sitzbank ausbauen und die Abdeckung von der Kraftstofffördereinheit abnehmen.
- Dichttülle in der Abdeckung nach unten aus der Abdeckung ausclipsen.
- Die Abdeckung am elektrischen Leitungsstrang entlang nach hinten führen.

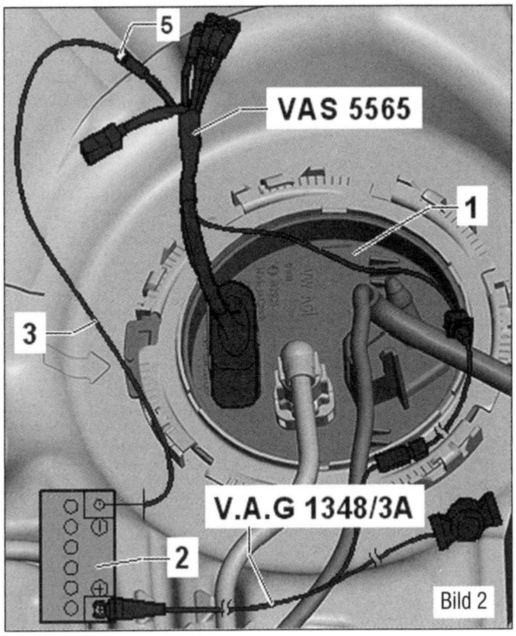

Bild 2
1 Kraftstofffördereinheit
2 Batterie
3 Anschlusskabel (Laborkabel)
5 Adapteranschluss gelb
VAS 5565 = Adapter VW
VAG 1348/3A = Fernbedienung

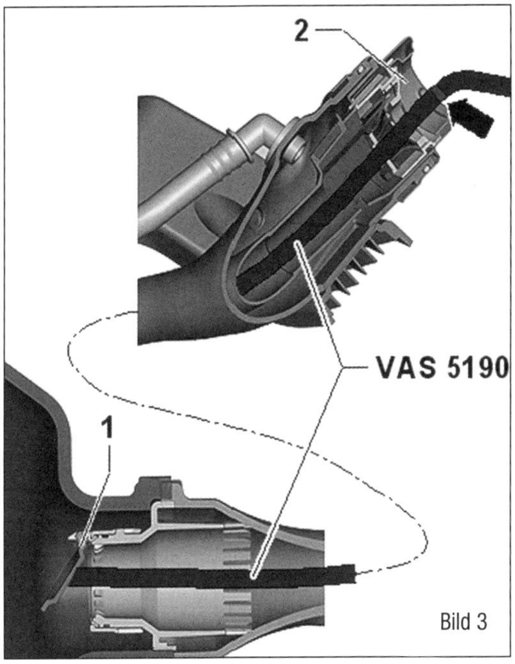

Bild 3
1 Klappe
2 Tankstutzen
VAS 5190 = Absaugschlauch

- Elektrische Steckverbindung am Verschlussflansch der Kraftstofffördereinrichtung entriegeln und abziehen.
- Falls vorhanden, elektrische Steckverbindung für die Dosierpumpe der Standheizung am Verschlussflansch aushängen und zur Seite legen.
- Steckverschluss der Kraftstoffleitung (7 im Bild 4) am Verschlussflansch trennen.
- Falls vorhanden, Kraftstoffleitung (2) zur Dosierpumpe für die Standheizung am Verschlussflansch abbauen. Dazu die untere Schlauchschelle lösen.

Bild 4
1 Kraftstofffördereinheit
2 Dichtring
3 Verschlussring
4 Steuergerät für Kraftstoffpumpe
5 elektrische Steckverbindung
6 elektrische Steckverbindung
7 Kraftstoffvorlaufleitung
8 Geber für Kraftstoffvorratsanzeige

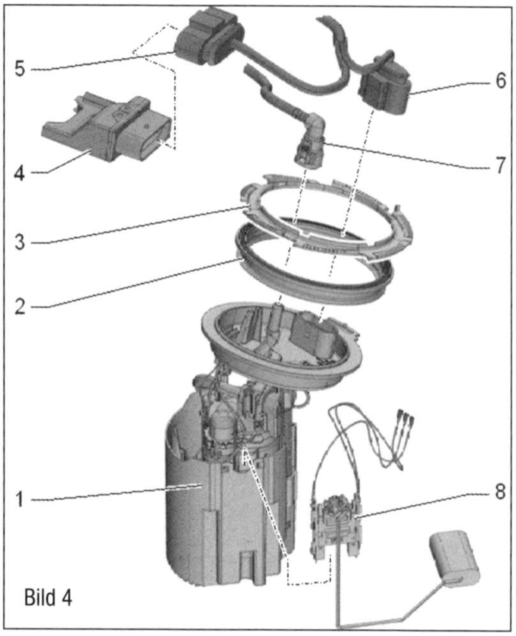

Bild 4

Bild 5
1 Kraftstofffördereinheit
2 Markierung
3 Pfeil auf dem Tank

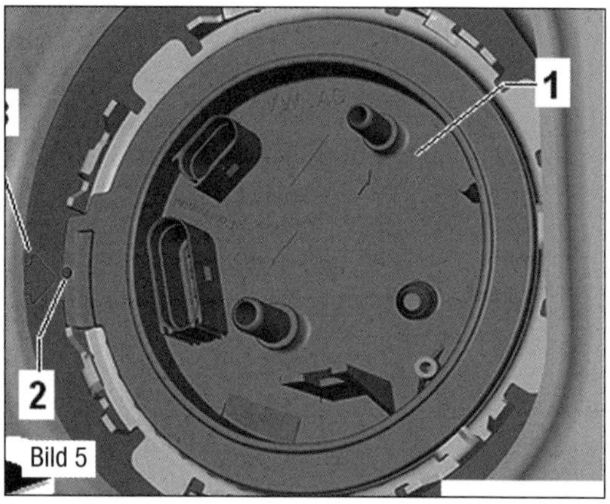

Bild 5

Bild 6
1 Kraftstoffleitung
2 Kraftstoffleitung zur Dosierpumpe

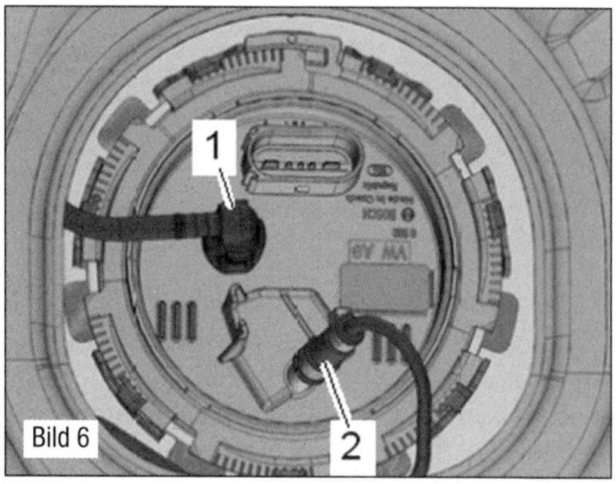

Bild 6

- Verschlussring mit dem Schlüssel »T10202« öffnen.
- Flansch der Kraftstofffördereinheit vorsichtig anheben.
- Verschlussflansch (Kraftstofffördereinheit) ein Stück aus der Öffnung des Kraftstoffbehälters ziehen.
- Dichtring (2 im Bild 4) an der Öffnung des Kraftstoffbehälters abnehmen.
- Kraftstofffördereinheit mit dem Geber für Kraftstoffvorratsanzeige vorsichtig aus der Öffnung des Kraftstoffbehälters herausziehen. Dabei entsprechend verdrehen und kippen.

⚠ Es besteht Gefahr durch auslaufenden Kraftstoff aus der noch gefüllten Kraftstofffördereinheit. Lappen zum Auffangen von Kraftstoff unterlegen.

⚠ Beim Herausnehmen der Kraftstofffördereinheit darauf achten, dass der Schwimmerarm des Kraftstoffvorratsgebers nicht verbogen wird.

⚠ Wenn die Fördereinheit ersetzt werden soll, muss die alte Fördereinheit vor dem Entsorgen entleert werden. Bitte die Entsorgungsvorschriften beachten.

(Sichtprüfung) Kraftstoffbehälter auf Verunreinigungen prüfen.

Der Einbau erfolgt sinngemäß in umgekehrter Reihenfolge. Dabei ist Folgendes zu beachten:

- Steckkupplungen trennen.
- Dichtring bei Beschädigung ersetzen.
- Dichtring (2 im Bild 4) der Kraftstofffördereinheit trocken in die Öffnung des Kraftstoffbehälters einsetzen.
- Beim Einsetzen der Kraftstofffördereinheit darauf achten, dass der Geber für die Kraftstoffvorratsanzeige nicht verbogen wird.
- Dichtring (2) auf der Innenseite mit Kraftstoff benetzen.
- Verschlussflansch (Kraftstofffördereinheit (1 im Bild 11) gegen die Federkraft nach unten drücken.
- Den Verschlussflansch in Einbaulage bringen. Der Pfeil (3 im Bild 5) auf dem Kraftstoffbehälter muss zu der Markierung (2) am Verschlussflansch (1) zeigen.

⚠ Beim Einsetzen des Verschlussflansches darf der Dichtring nicht beschädigt oder verquetscht werden.

- Verschlussring mit dem Schlüssel »T10202« festziehen.
- Kraftstoffleitung (1 im Bild 6) am Verschlussflansch bis zum hörbaren Einrasten aufstecken.
- Falls vorhanden, Kraftstoffleitung (2) zur Dosierpumpe für Standheizung am Verschlussflansch einbauen.
- Steckverbindung an der Kraftstofffördereinheit anschließen.

- Falls vorhanden, elektrische Steckverbindung für die Dosierpumpe der Standheizung am Verschlussflansch einhängen.
- Den festen Sitz der Stecker durch Gegenziehen prüfen!
- Nach dem Einbau der Kraftstofffördereinheit Fahrzeug mit mindestens 5 Liter Kraftstoff betanken.

Geber für Kraftstoffvorratsanzeige aus- und einbauen

Die Montagearbeiten für die einzelnen Modelle unterscheiden sich nur unwesentlich. Die hier beschriebenen Arbeitsschritte können als Arbeitsschema für alle Modelle übernommen werden.

- Kraftstofffördereinheit ausbauen.
- Farbzuordnung der Kabel (1 im Bild 8) für den Wiedereinbau notieren.
- Elektrische Steckverbindungen (1) am Verschlussflansch entriegeln und abziehen.
- Elektrische Leitungen am Halter (Pfeil) aushängen und freilegen.
- Rastnasen (3) und (4) an den Laschen entriegeln.
- Den Geber für Kraftstoffvorratsanzeige (2) nach oben herausziehen.
- Rasthaken der Stecker zurückbiegen.

Der Einbau erfolgt in umgekehrter Reihenfolge.

Kraftstofftank aus- und einbauen

- Vordersitze ganz nach vorn fahren.
- Zündung ausschalten.
- Rücksitzbank ausbauen.
- Kraftstoffbehälter entleeren.
- Abdeckung für Verschlussflansch mit dem Demontagekeil an den Halterasten ausclipsen.
- Dichttülle nach unten aus der Abdeckung drücken.
- Die Abdeckung am elektrischen Leitungsstrang entlang nach hinten führen.
- Elektrische Steckverbindung (6 im Bild 4) am Verschlussflansch entriegeln und abziehen.

Bild 7
Verschlussringschlüssel T10202.

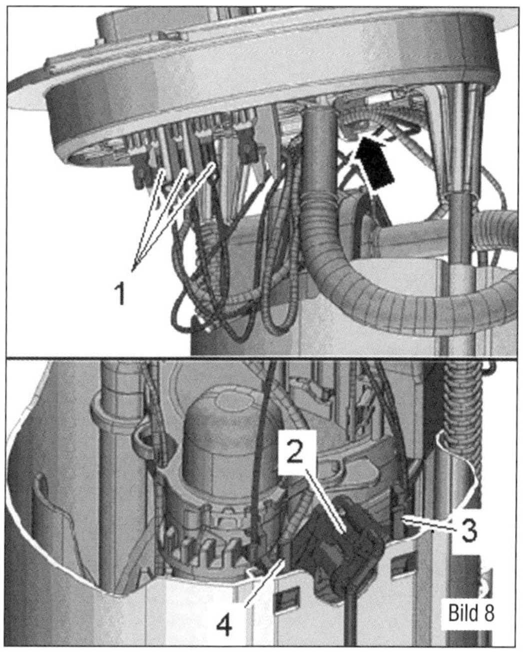

Bild 8
1 Farbige Steckkontakte
2 Geber
3 Rastnase
4 Rastnase

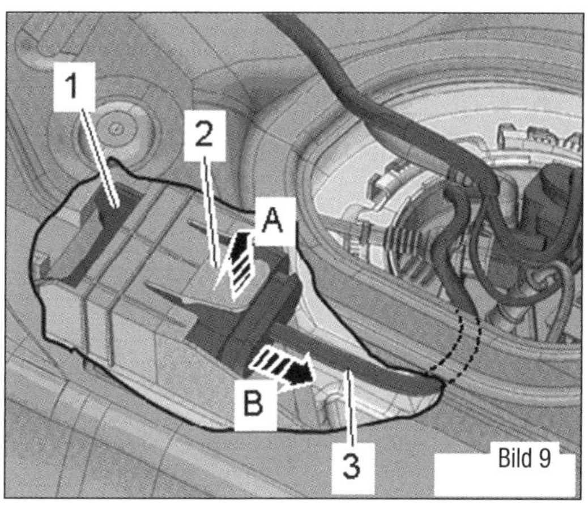

Bild 9
1 Steuergerät
2 Lasche
3 Leitungsstrang
A Öffnungsrichtung
B Demontagerichtung

- Falls vorhanden, elektrische Steckverbindung für die Dosierpumpe der Standheizung am Verschlussflansch aushängen und zur Seite legen.
- Steckverbindung an der Kraftstoffförder-

Bild 10
1 und 2 Schrauben

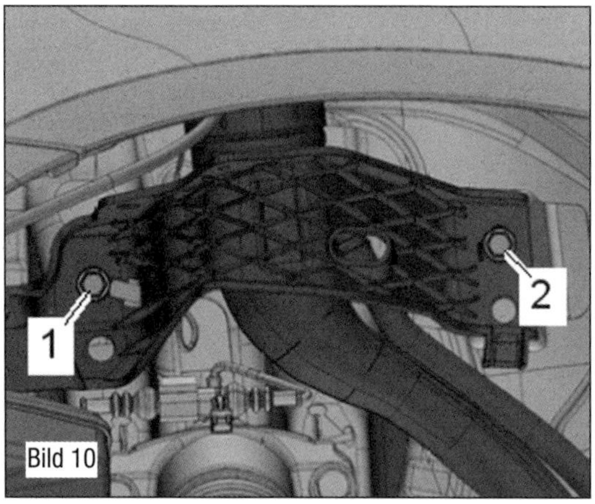

Bild 11
1 und 2 Entlüftungsleitung
Pfeile = Befestigungsclips

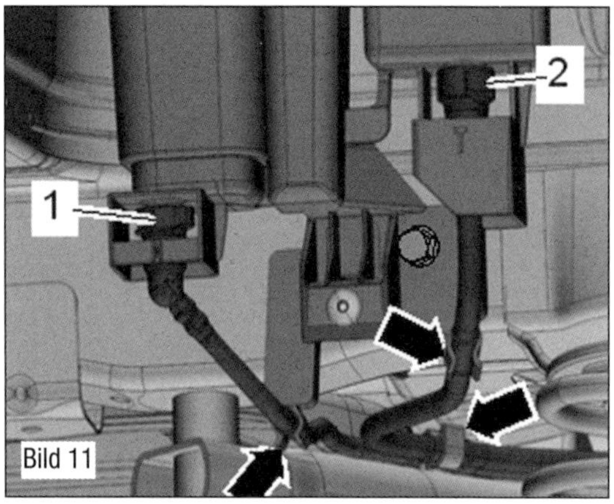

Bild 12
1 und 2 Entlüftungsleitung
Pfeile = Befestigungsclips

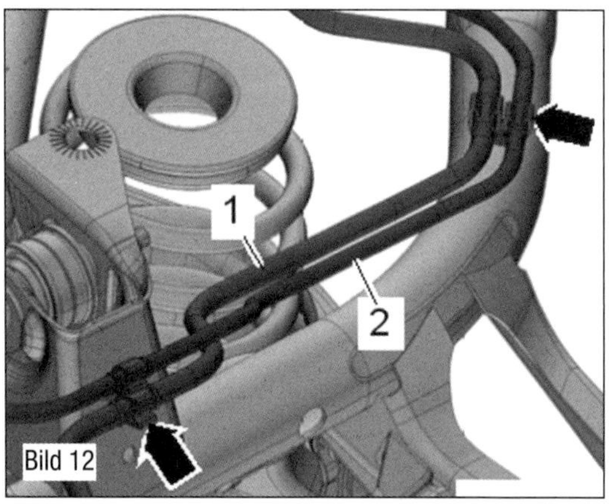

Bild 13
1 Vorlaufleitung
2 Rücklauf(Entlüftungs-Leitung

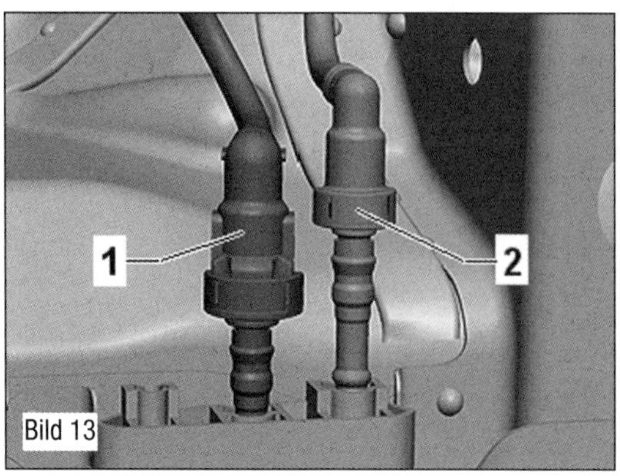

einheit entriegeln und abziehen.

■ Lasche (2 Bild 9) in Pfeilrichtung (A) hochdrücken, dazu mit dem Finger zwischen Bodenblech und Kraftstoffbehälter greifen.

■ Gleichzeitig das Steuergerät für Kraftstoffpumpe (1) vorsichtig am elektrischen Leitungsstrang (3) aus der Aufnahme in Pfeilrichtung (B) herausziehen und nach innen herausnehmen.

■ Tankklappeneinheit öffnen.

■ Bereich um den Kraftstoffeinfüllstutzen reinigen.

■ Verschlussdeckel (Tankdeckel) für den Kraftstoffeinfüllstutzen abschrauben.

i Um zu verhindern, dass Schmutz eindringt, die Öffnung des Kraftstoffeinfüllstutzens mit einem sauberen Stopfen verschließen.

■ Tankklappeneinheit ausbauen.

■ Rad hinten rechts abbauen.

■ Radhausschale hinten rechts ausbauen.

■ Unterbodenverkleidung hinten ausbauen.

■ Schrauben (1) und (2) im Bild 10 für Kraftstoffeinfüllstutzen herausdrehen.

■ Entlüftungsleitungen (1) und (2) im Bild 11 am Aktivkohlebehälter an den Steckkupplungen trennen und am Halter (Pfeile) abclipsen.

■ Entlüftungsleitungen (1) und (2) im Bild 12 am Halter (Pfeile) abclipsen.

■ Den hinteren Teil der Abgasanlage ausbauen.

■ Kraftstoffleitung (1 im Bild 13) an der Steckkupplung am Unterboden trennen.

⚠ Die Kraftstoffleitung steht unter Druck! Verletzungsgefahr der Augen und der Haut durch Kraftstoff. Schutzbrille und Schutzbekleidung tragen, um Verletzungen und Hautkontakt zu vermeiden. Vor dem Lösen von Schlauchverbindungen Putzlappen um die Verbindungsstelle legen. Dann durch vorsichtiges Öffnen der Verbindungsstelle Druck abbauen.

■ Entlüftungsleitung (2 im Bild 13) an der Steckkupplungen trennen.

Fahrzeuge mit Standheizung:

■ Kraftstoffleitung (1 im Bild 14) zur Standheizung trennen. Steckkupplungen trennen.

■ Falls vorhanden Unterbodenverkleidung hinten abbauen.

Fortsetzung für alle Fahrzeuge:

■ Vordere Schraube an der Querstrebe des

Tanks (Spannband) herausdrehen.
- Halter für die Abgasanlage abnehmen.
- Hintere Schraube herausdrehen und das Spannband abnehmen.
- Motor- und Getriebeheber zum Abfangen unter den Kraftstoffbehälter stellen.
- Die beiden verbleibenden Schrauben herausdrehen.

Tipp: Zum Abnehmen des Kraftstoffbehälters wird ein zweiter Mechaniker benötigt.

- Kraftstoffbehälter mit dem Motor- und Getriebeheber absenken und durch entsprechendes Verdrehen seitlich nach unten ablassen (Bild 15).
- Auf die Leitungen zum Aktivkohlebehälter achten, soweit erforderlich ausclipsen.
- Einfüllstutzen zwischen Hinterachse und Aufbau ausfädeln.

Der Einbau erfolgt in umgekehrter Reihenfolge. Dabei ist Folgendes zu beachten:
- Falls vorhanden, den festen Sitz der Dosierpumpe am Halter prüfen.
- Darauf achten, dass der Einfüllstutzen des Kraftstoffbehälters korrekt in die Öffnung an der Karosserie eingeführt wird.
- Entlüftungs- und Kraftstoffleitungen knickfrei verlegen.
- Nach dem Einbau des Kraftstoffbehälters prüfen, ob die Vorlauf-, Rücklauf- und Entlüftungsleitungen noch am Kraftstoffbehälter eingeclipst sind.
- Kraftstoffbehälter zusammen mit dem Spannband am Unterboden mit dem Motor- und Getriebeheber positionieren.
- Den richtigen Sitz des Halters für die Abgasanlage beachten.
- Die Lage des Spannbands beachten.
- Auf festen Sitz der Leitungsanschlüsse achten. Den festen Sitz durch Gegenziehen prüfen!
- Einbaulage der Masseverbindung beachten. Prüfen Sie auch, ob die Masseleitung an den Steckern Oxidationsspuren aufweist, gegebenenfalls entfernen.
- Der Stecker muss am Blechring fest aufgesteckt sein.

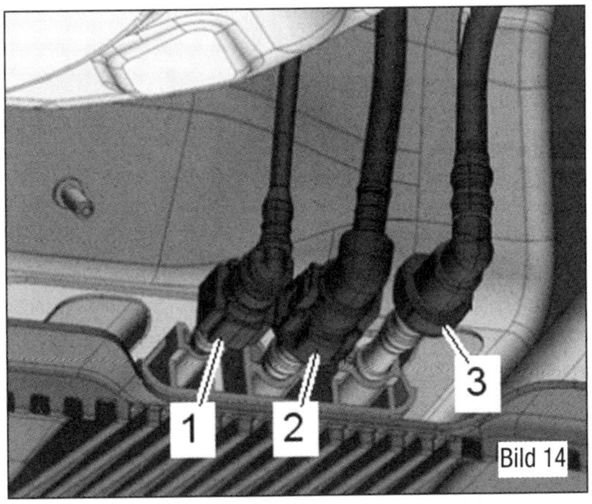

Bild 14
1 Kraftstoffleitung zur Standheizung
2 Vorlaufleitung
3 Rücklauf(Entlüftungs-) Leitung

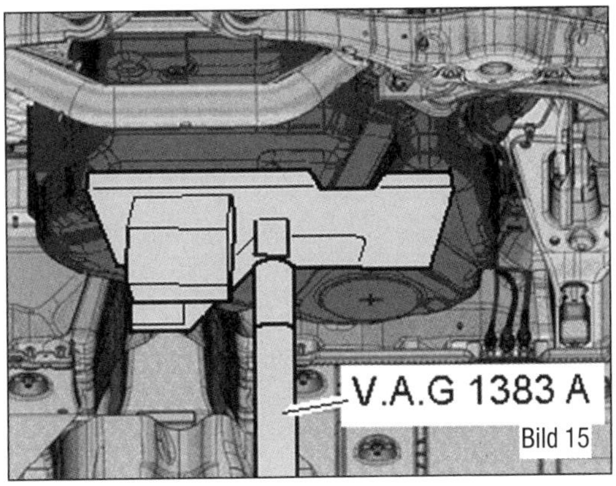

Bild 15
Motorheber VAG 1383A als Tankstütze.

- Die Kontaktzunge muss in den Kraftstoffbehälter eingehängt und mit der Distanzbuchse gesichert sein.

Achtung: Es besteht Explosionsgefahr durch elektrostatische Aufladung. Nach dem Einbau die elektrische Verbindung mit einem Ohmmeter prüfen. Verbindung des Blechrings am Kraftstoffeinfüllstutzen zu einer blanken Stelle an der Karosserie prüfen. Der Sollwert muss etwa 0 Ohm betragen.

Achtung: Es besteht Explosionsgefahr des Kraftstoffbehälters! Nach dem Einbau eines neuen oder vollkommen entleerten Kraftstoffbehälters muss umgehend eine Mindestmenge von 5 Liter Kraftstoff eingefüllt werden. Die Kraftstoffpumpe darf in einen vollkommen leeren Kraftstoffbehälter nicht anlaufen.

8 Kraftstoffaufbereitung und Einspritzung

Gemischaufbereitung, Einspritzung und (Selbst-)Zündung werden durch elektronisch gesteuerte Einspritzsysteme realisiert. Die Aufladung über Abgasturbolader gehört zur Ausrüstung der Motor, egal ob diese der Gattung »Diesel« oder «Benzin« angehören. Die Benzin TSI-Motoren haben eine direkte Benzineinspritzung.

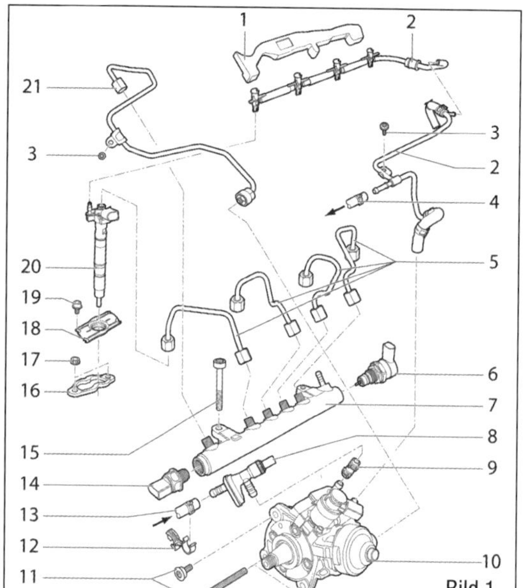

Bild 1

Bild 1
1 Kraftstoffbehälter
2 Kraftstofffilter
3 Zusatzkraftstoffpumpe
4 Filtersieb
5 Kraftstofftemperaturgeber
6 Hochdruckpumpe
7 Ventil für Kraftstoffdosierung
8 Regelventil für Kraftstoffdruck
9 Hochdruckspeicher (Rail)
10 Kraftstoffdruckgeber
11 Druckhalteventil
12 Einspritzventile (Piezo-Injektoren)

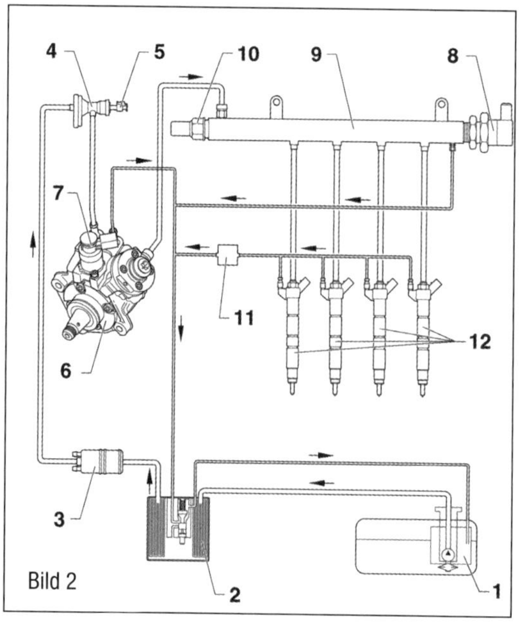

Bild 2

Bild 2
2,0 l TDI.
1 Schutzleiste
2 Kraftstoffrücklaufleitungen
3 Anbindung
4 Kraftstoffrücklaufleitung
5 Hochdruckleitungen
6 Regelventil für Kraftstoffdruck
7 Hochdruckspeicher (Rail)
8 Kraftstofftemperaturgeber
9 Kraftstoffvorlaufleitung
10 Hochdruckpumpe
11 Schraube
12 Halter
13 Kraftstoffvorlaufleitung
14 Kraftstoffdruckgeber
15 Schraube
16 Spannpratze
17 Mutter
18 Abdeckung für Einspritzeinheit
19 Schraube
20 Einspritzdüse (Piezo-Injektor)
21 Hochdruckleitung

TDI-Motoren

Die TDI-Motoren haben direkte Kraftstoffeinspritzung über Hochdruckspeicher »Common Rail« (Bild 1) mit Aufladung über Abgasturbolader. Der Kraftstoff für die TDI, Diesel mit einer Cetanzahl (CZ) von mindestens 51, wird von der Fördereinheit im Tank über Vorlaufleitung und Kraftstofffilter zur Hochdruckpumpe geschafft. Diese drückt ihn ins »Common Rail«, das Kraftstoffsammler- und Verteilerrohr und von dort in die Piezo-Injektoren, die hier als Einspritzventil zum Einsatz kommen. Kraftstoffvor- und -rücklaufleitungen sind aus besonders druckfestem Material gefertigt.

Hauptkomponenten der Anlage
Einige Anmerkungen zu einzelnen Komponenten der Einspritzanlage gemäß Bild 2. Das Schema zeigt die Anlage für die 2,0 l-TDI. Das Ventil für Kraftstoffdosierung an der Hochdruckpumpe darf nicht geöffnet werden. Wenn die Kraftstoff-Hochdruckpumpe (10) erneuert wurde, muss eine Kraftstofferstbefüllung vorgenommen werden, auf jeden Fall muss Trockenlauf vermieden werden. Die Einspritzventile (20), bei den TDI von Anfang an Piezo-Injektoren, die Vorteile gegenüber magnetisch angesteuerten Dieselinjektoren haben, werden als Bauteil (»N«) durchnummeriert von 30 bis 33. Der Injektor für Zylinder 1 ist demnach »N30«, der Injektor für Zylinder 4 ist »N33«. Die Kraftstoffrücklaufleitungen (2) dürfen nicht zerlegt werden. Sie dürfen nur komplett mit Druckhalteventil erneuert werden. Dieses Druckhalteventil hat die Aufgabe, in den Kraftstoffrücklaufleitungen immer einen Restdruck (Steuermenge) von ca. 1 bar zu halten. Die Piezo-Injektoren benötigen diese Steuermenge für ihre Funktion. Das Druckhalteventil ist innerhalb der Kraftstoffrücklaufleitungen kurz vor der (Metall-)Rücklaufleitung einzubauen. Nach Austausch (Ventil plus Leitungen) muss der Motor für ca. 2 Minuten im Leerlauf laufen, um das Kraftstoffsystem zu entlüften. Anschließend müssen die Kraftstoffrücklaufleitungen auf Dichtigkeit geprüft werden. Der Kraftstoffkühler muss nicht zwingend eingebaut sein. Auch das separate Vorwärmventil muss nicht eingebaut sein. Die Montage-Übersicht Bild 1 vermittelt einen

Eindruck von der konkreten Umsetzung des Schemas in Funktionsgruppen und Bauteile. Wir geben hier einige der direkt aufs Bauteil bezogenen Arbeitshinweise von VW wieder, um auf die Sensibilität des Systems aufmerksam zu machen. Daran darf nur mit Kenntnis, Sachverstand und Fingerspitzengefühl gearbeitet werden. Hochdruckleitung (21) verläuft zwischen Hochdruckpumpe und Rail-Element (Common Rail, Hochdruckspeicher). Sie muss spannungsfrei eingebaut werden. Die Hochdruckleitung kann wiederverwendet werden, wenn ihr Dichtkonus ohne Beanstandungen auf Verformungen und Risse geprüft wurde und wenn die Leitungsbohrung nicht verformt, verengt oder beschädigt ist. Korrodierte Leitungen dürfen nicht mehr verwendet werden. Die Hochdruckleitungen (21) verlaufen zwischen dem Rail-Element (Hochdruckspeicher (7) und den Einspritzventilen (Piezo-Injektoren 20). Sie dürfen nicht vertauscht und müssen spannungsfrei eingebaut werden. Bei Wiederverwendung der Hochdruckleitungen nach den genannten Überprüfungen muss ihre zylinderspezifische Kennzeichnung beachtet werden. Bei Beschädigung der Dichtungen an den Injektoren muss die Zylinderkopfhaube ersetzt werden.

TSI-Motoren

FSI-Konzept

Bei einem konventionellen Einspritzsystem für Ottomotoren befindet sich das Einspritzventil im Saugrohr vor dem Einlassventil. Diese Systeme werden dann Saugrohreinspritzer »SRE« genannt. »Direkteinspritzung« bezeichnet ein Verfahren zur Kraftstoffeinspritzung für Dieselmotoren und Ottomotoren. Bei der Direkteinspritzung wird dagegen der Kraftstoff direkt in den Zylinder-Brennraum eingespritzt. Unterschiede zum Dieselmotor bestehen auch in dem deutlich geringeren Einspritzdruck. Der Einspritzdruck beim Saugrohrbenziner ist bei etwa 3,5 bis 5 bar angesiedelt. Der »TSI«-Benziner spritzt in einem Bereich von 100 bis 200 bar ein. Beim Common-Rail-Diesel liegt der Wert im Bereich von 1600 bis 2000 bar. Bei beiden Motorentypen wird der Einspritzdruck steigen, um die Verwirbelung und den Kraftstoffverbrauch oder auch die

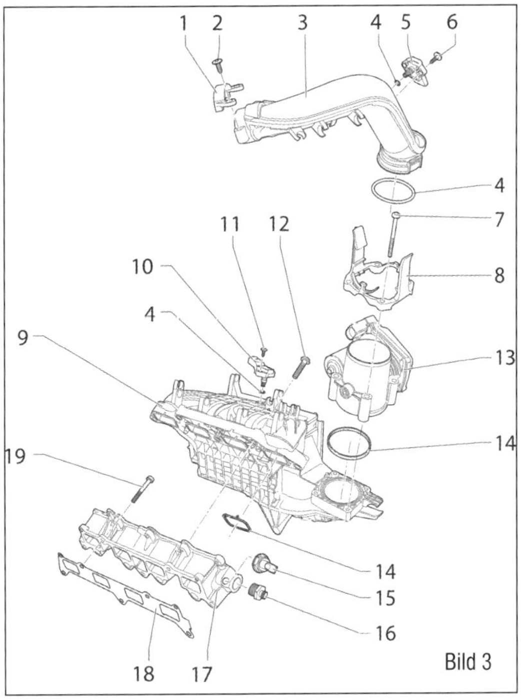

Bild 3

Bild 3
1 Halteklammer
2 Schraube
3 Druckrohr
4 O-Ring
5 Ladedruckgeber mit Ansauglufttemperaturgeber
6 Schraube
7 Schraube
8 Adapter
9 Saugrohr
10 Saugrohrdruckgeber
11 Schraube
12 Schraube
13 Drosselklappensteuereinheit
14 Dichtring
15 Kraftstoffdruckgeber
16 Schraube
17 Saugrohrunterteil
18 Dichtung
19 Schraube

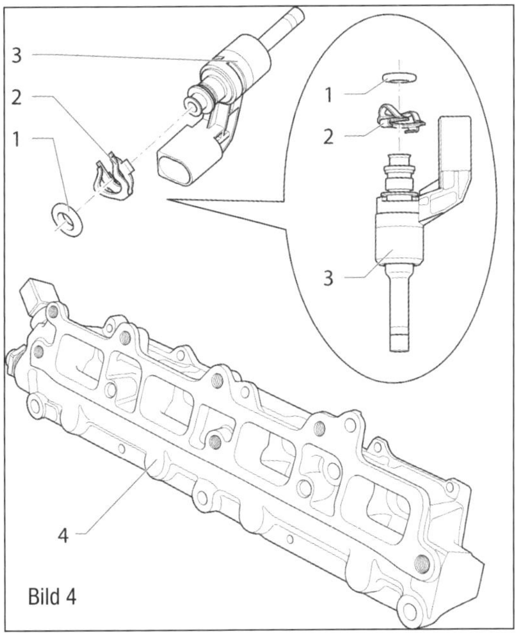

Bild 4

Bild 4
1 O-Ring
2 Federelement
3 Einspritzventil für 4. Zylinder
4 Saugrohrunterteil

Leistung und der Drehmoment zu verbessern.

Durch die direkte Einspritzung sollte eigentlich eine Ladungsschichtung erreicht werden, wodurch der Motor mit Sauerstoffüberschuss besonders sparsam betrieben werden kann.
Zwar wurde aufgrund der schwierigen Gemischbildung und Alltagsproblemen zunehmend auf die Schichtladung verzichtet, die entwickelten Vorteile des Gemischbildungs-

verfahrens durch Turbolader und/oder Kompressor und die verringerte Motor-Reibleistung sind der Trend in der jüngeren Motorenentwicklung in der Volkswagengruppe.

FSI und TSI
Die Bezeichnungen sind ähnlich lautend und klingen sportlich dynamisch. Was dahintersteckt sind Abkürzungen für die Motorentechnologie aus der englischen Sprache.

FSI
»**F**uel-**S**tratified-**I**njektion« bedeutet Kraftstoffschichteinspritzung. Hier findet sich die eigentliche Idee des Systems noch in der Namensgebung wieder.

TSI
»**T**wincharged-**S**tratified-**I**njection verweist ursprünglich nur auf die doppelt aufgeladenen Motoren. Ab Modelljahr 2008 wurden auch die bisherigen nur turbogeladenen Motoren mit Benzindirekteinspritzung als »**T**urbocharged **S**tratified **I**njection TSI« in unterschiedlichen Modellen eingesetzt.

Anlagentypen und Hinweise zur Arbeit
Die elektronische Zündung ohne Verteiler hat bei den durchweg Vierzylindermotoren eine Zündfolge von 1-3(4)2. Je nach Motor, vor allem hinsichtlich der Leistungsstufe, und nach aktuellem Entwicklungsstand werden im Golf verschiedene elektronisch gesteuerte Systeme verwendet:

- Das Motorsteuergerät ist mit Eigendiagnose ausgestattet. Vor Reparaturen sowie zur Fehlersuche ist als Erstes der Fehlerspeicher abzufragen. Ebenso sind die Unterdruckschläuche und Anschlüsse zu prüfen (Falschluft).
- Das Kraftstoffsystem steht unter Druck. Schutzbrille und Schutzbekleidung tragen. Vor dem Lösen von Schlauchverbindungen einen sauberen Putzlappen um die Verbindungsstelle legen. Dann vorsichtig Druck abbauen.
- Zur einwandfreien Funktion der elektrischen Bauteile ist eine Spannung von mindestens 11,5 V erforderlich.
- Vor dem Öffnen des Kraftstoffsystems Zündung ausschalten und Masseband der Batterie abklemmen (»Elektrische Anlage«) oder die zutreffenden Sicherungen (für Kraftstoffpumpe oder Steuergerät) aus den Sicherungshaltern entfernen. Das Ab- und Anklemmen der Batterie darf nur bei ausgeschalteter Zündung erfolgen, da sonst das Motorsteuergerät beschädigt werden kann. Zündleitungen bei laufendem Motor oder bei Anlassdrehzahl nicht berühren und nicht abziehen. Leitungen der Anlage, auch Messgeräteleitungen, nur bei ausgeschalteter Zündung ab- und anklemmen.
- Wenn TSI-Motoren mit Anlassdrehzahl betrieben werden sollen, ohne dass sie anspringen: Sicherung für Steuergerät der Kraftstoffpumpe aus dem Sicherungshalter entfernen, alle Zündkerzenstecker von den Zündkerzen abziehen.
- Kraftstoffschläuche im Motorraum dürfen nur mit Federbandschellen gesichert werden. Die Verwendung von Klemm- oder Schraubschellen ist nicht zulässig.
- Keine silikonhaltigen Dichtmittel verwenden. Vom Motor angesaugte Spuren von Silikonbestandteilen werden im Motor nicht verbrannt und schädigen die Lambdasonde.
- Prüf- und Messgeräte an Bord bei Probefahrten sind immer auf dem Rücksitz zu befestigen und durch eine zweite Person auch von dort zu bedienen. Wenn die Prüf- und Messgeräte vom Beifahrersitz aus bedient werden, könnte es bei einem Unfall durch das Auslösen des Beifahrer-Airbags zu Verletzungen der dort sitzenden Person kommen.
- Springt der Motor nach Fehlersuche, Reparatur oder Prüfungen von Bauteilen nur kurz an und geht dann aus, kann das daran liegen, dass die Wegfahrsicherung das Motorsteuergerät sperrt. Dann muss das Steuergerät mit dem Diagnosetester angepasst werden (VAS505x: »Geführte Funktion«).

Einspritzdüsen wechseln

1,6 l- und 2,0 l-TDI Injektor wechseln

- Motorabdeckung ausbauen.
- Geräuschdämpfung abnehmen.
- Rücklaufleitungs-Anschlüsse an den Einspritzeinheiten abziehen, dazu Entriegelungen nach oben ziehen (Pfeile im Bild 5).
- Elektrische Steckverbindungen (Pfeile im Bild 6) an den Einspritzeinheiten trennen.

Eine Spannpratze fixiert immer 2 Einspritzeinheiten und kann nur entnommen werden, wenn beide Einspritzeinheiten »gezogen« werden.

■ Überwurfmuttern der jeweiligen Hochdruckleitungen (1) bis (4) herausdrehen und die entsprechenden Hochdruckleitungen abnehmen.
■ Offene Leitungen und Anschlüsse mit sauberen Blindstopfen verschließen.
■ Schraube (1 im Bild 7) herausdrehen. Reihenfolge zum Ausbau der Einspritzeinheiten: Zuerst Einspritzeinheit an Zylinder »2«, dann »1« beziehungsweise an Zylinder »4«, dann »3« ausbauen.
■ Abzieher »T10055« mit dem Abzieher »T10415« ansetzen, wie in der Abbildung 7 gezeigt und Einspritzeinheiten nach oben herausziehen.
■ Spannpratze vor Entnahme der Einspritzeinheit abnehmen.
í Um die Dichtlippe nicht zu beschädigen, Einspritzeinheiten mit Drehbewegungen herausziehen.
■ Ausgebaute Einspritzeinheiten auf einem sauberen Lappen ablegen.
⚠ Zum Entfernen der Rußpartikel auf der Dichtfläche der Einspritzeinheit den Schacht der Einspritzeinheit im Zylinderkopf mit Reinigungs-Set »VAS 6811« reinigen.

Einbauen neuer Einspritzeinheiten:
Beim Einbau einer neuen oder gebrauchten Einspritzeinheit müssen folgende Teile ersetzt werden:
■ Kupferdichtring,
■ O-Ring für den Schacht der Einspritzeinheit,
■ O-Ring für den Kraftstoffrücklaufanschluss.

Einbauen gelaufener Einspritzeinheiten:
■ Sprühen Sie die Spitze der Einspritzeinheit mit einem Rostlösespray ein. Nach ca. 5 Minuten entfernen Sie mit einem Lappen die Rußpartikel bzw. Ölpartikel.
■ Zum Demontieren des alten Kupferdichtrings von der Einspritzeinheit den Dichtring vorsichtig in einen Schraubstock spannen, bis der Kupferdichtring gerade am Durchdrehen zwischen den Spannbacken gehindert wird. Einspritzeinheit mit leicht drehenden und ziehenden Bewegungen von Hand aus dem Kupferdichtring ziehen.
■ Reinigen Sie die Ablagerung unterhalb des Kupferdichtringes.
■ Ersetzen Sie den Dichtring für die Einspritzeinheit, nutzen Sie dazu die Montagehülse »T10377«.

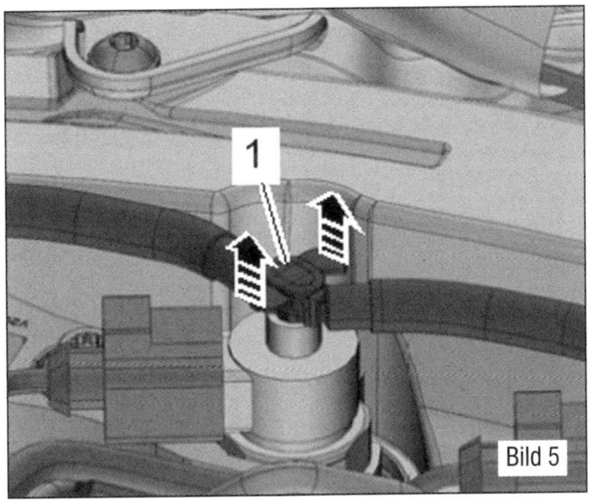

Bild 5
1 Rücklaufanschluss
Pfeil = Demontagerichtung

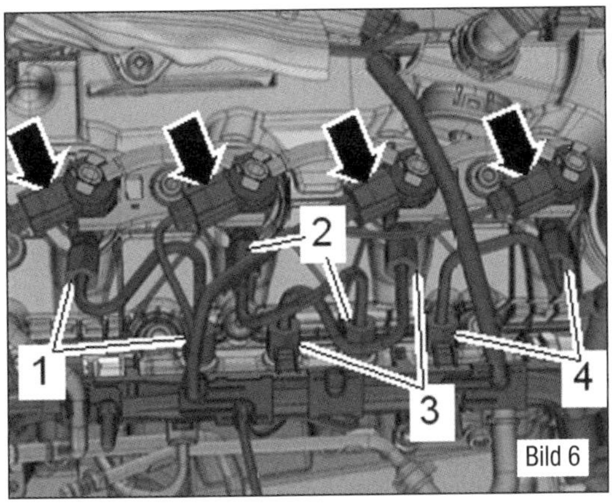

Bild 6
1–4 Überwurfmuttern
Pfeile = elektrischer Anschluss

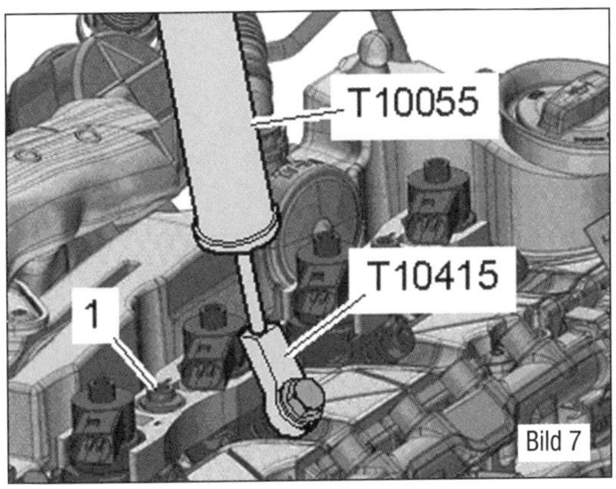

Bild 7
Steckkontakte (1) an den Einspritzdüsen.

Fortsetzung für gelaufene und neue Einspritzeinheiten:
■ O-Ringe der Einspritzeinheiten mit Montageöl, Motoröl oder Dieselkraftstoff bestreichen.
■ Bauen Sie die Einspritzeinheiten ein.
■ Ziehen Sie die Überwurfmuttern der Hochdruckleitungen zunächst handfest an. Achten Sie auf spannungsfreien Sitz.
■ Motorabdeckung einbauen.
⚠ Nach dem Erneuern einer oder mehreren Einspritzeinheiten muss die Anpassung der Korrekturwerte für die neuen

Sichtprüfung Messen

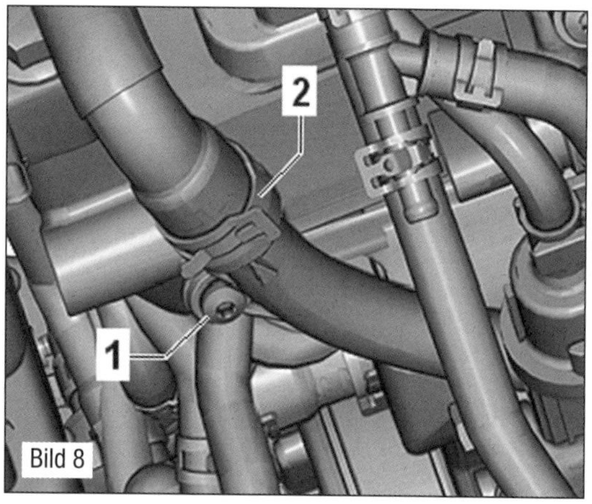

Bild 8
1 Schraube
2 Schlauchschelle

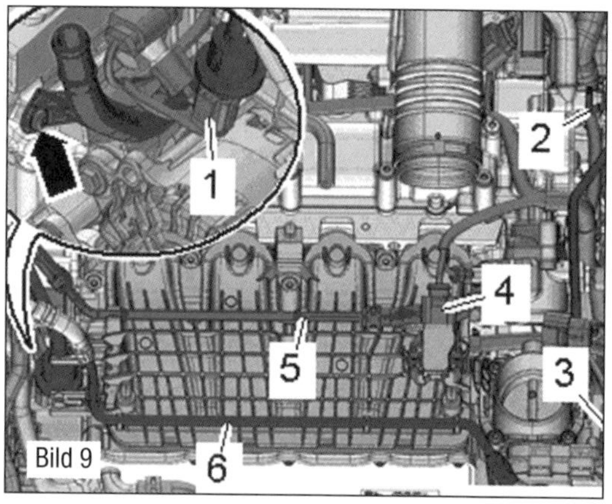

Bild 9
1 Anschluss Magnetventil Aktivkohlebehälter
2 Schlauch Aktivkohlebehälter
3 Anschluss Drosselklappensteuereinheit
4 Anschluss Saugrohrgeber
5 Kraftstoffvorlauf
6 Kühlmittelleitung am Saugrohr

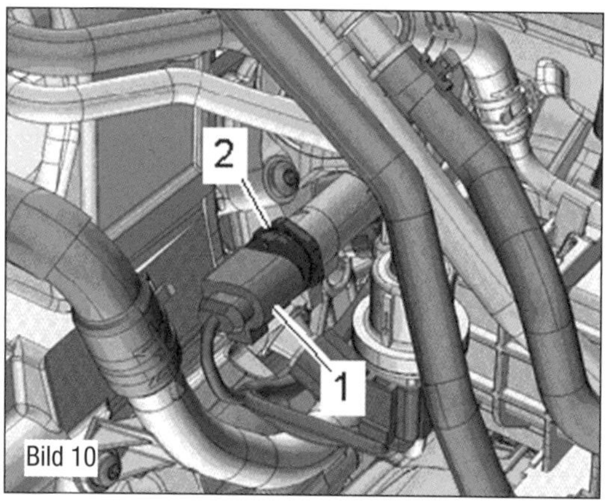

Bild 10
1 Steckverbinder
2 Kraftstoffdruckgeber

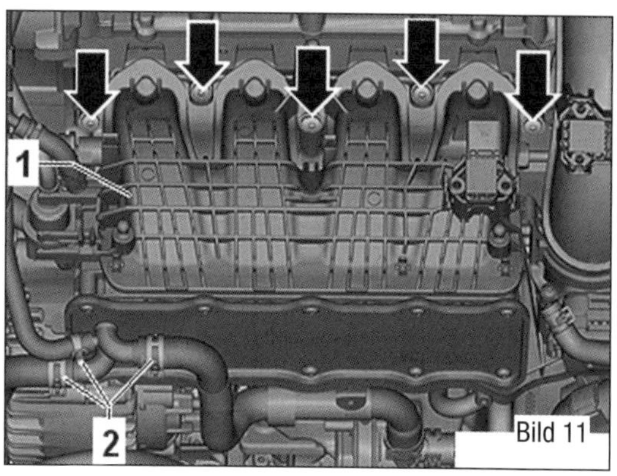

Bild 11
1 Saugrohr
2 Schlauchschellen
Pfeile = Schrauben

Einspritzeinheiten ins Motorsteuergerät geschrieben werden.

1,2 l- und 1,4 l-TSI-Motoren

- Luftfiltergehäuse ausbauen.
- Geräuschdämpfung ausbauen.
- Auffangwanne zum Unterstellen und zum Kühlmittel ablassen.

⚠ Um den Kraftstoffdruck abzubauen, vor dem Öffnen des Kraftstoffsystems sauberen Lappen um die Verbindungsstelle legen und Verbindungsstelle vorsichtig lösen. Gefahr von Funktionsstörungen durch Verschmutzung.

⚠ Schlauchkupplung der Vorlaufleitung zuerst nach unten drücken, dann Entriegelungstasten drücken. Anschließend die Schlauchkupplung mit gedrückten Entriegelungstasten abziehen.

- Entriegelungstaste am Schlauch (2) für Aktivkohlebehälter drücken und den Schlauch abziehen und freilegen.
- Unterdruckschlauch am Luftführungsrohr lösen und freilegen.
- Luftführungsschläuche am Ladeluftrohr freilegen.
- Stecker vom Ladedruckgeber abziehen.
- Verrastungen mit Entriegelungswerkzeugen »T10527« und »T10527/1« entriegeln und das Luftführungsrohr zum Turbolader abnehmen.
- Schraube (1 im Bild 8) herausdrehen und Schelle (2) lösen.
- Kühlmittelschlauch abziehen.
- Die beiden anderen Kühlmittelschläuche vom Kühlmittelrohr ebenfalls abziehen.
- Elektrische Steckverbindungen im Bild 9 trennen.
- Schraube (Pfeil im Bild 9) herausdrehen.
- Entriegelungstasten drücken, Schlauch (2) für Aktivkohlebehälter abziehen. Kraftstoffvorlaufleitung (5) und Kühlmittelleitung (6) am Saugrohr ausclipsen und zur Seite drücken.
- Elektrische Steckverbindung (1 im Bild 10) vom Kraftstoffdruckgeber trennen.
- Elektrische Steckverbindung vom Öldruckschalter ebenfalls trennen.
- Schlauchschellen (2 im Bild 11) lösen und Kühlmittelschläuche abziehen.
- Schrauben (Pfeile) herausdrehen.
- Saugrohr (1) abnehmen.
- Überwurfmuttern am Hochdruckrohr herausdrehen, Hochdruckrohr abnehmen.
- Elektrische Steckverbindung am Hochdruckrohr trennen.

Um austretenden Kraftstoff aufzufangen, einen Lappen unterlegen.

- Schrauben am Kraftstoffverteiler herausdrehen und den Kraftstoffverteiler von den Einspritzventilen abziehen.
- O-Ring (3) vom Einspritzventil (1) abnehmen.
- Elektrische Steckverbindung am betreffenden Einspritzventil trennen.
- Stützring (1) mit einem Schraubendreher (2) vom Einspritzventil abhebeln.
- Schlaghülse »T10133/18« über das Einspritzventil schieben.
- Vorsichtig ein paar Prellschläge auf die Schlaghülse ausführen, um das Einspritzventil zu lösen.

Zum Herausziehen des Einspritzventils einen Drehmomentschlüssel verwenden und 5 Nm am Drehmomentschlüssel einstellen. Abzieher »T10133/19« an der Rille am Einspritzventil ansetzen. Demontagewerkzeug »T10133/16 A« am Abzieher aufsetzen.
Das Einspritzventil durch Hineindrehen der Schraube (1) herausziehen. Wird das Grenzdrehmoment »5 Nm« erreicht, ohne dass sich das Einspritzventil löst, nehmen Sie das Ausziehwerkzeug wieder ab und beginnen Sie nochmals mit der Schlaghülse das Einspritzventil zu lösen. Den Arbeitsablauf an jedem Einspritzventil wiederholen.

Bei Nichtbeachten des Drehmoments droht die Zerstörung des Einspritzventils.

Der Brennraumdichtring ist immer vor dem Wiedereinbau des Einspritzventils zu ersetzen.

- Dichtung für Saugrohrunterteil abnehmen.

Einspritzventil zerlegen:

- Stützring (4) und Distanzring (2) vom Einspritzventil (1) abziehen (Bild 13).
- Sicherungsring (7), Dichtscheibe oben (5) und Dichtscheibe unten (6) abnehmen.
- Alten Brennraumdichtring (8) vorsichtig entfernen, dazu Ring mit Messer aufschneiden oder mit einem kleinen Schraubendreher den Ring aufweiten und nach vorn abziehen.

Darauf achten, dass die Nut des Einspritzventils nicht beschädigt wird. Bei Beschädigungen der Nut muss das Einspritzventil ersetzt werden.

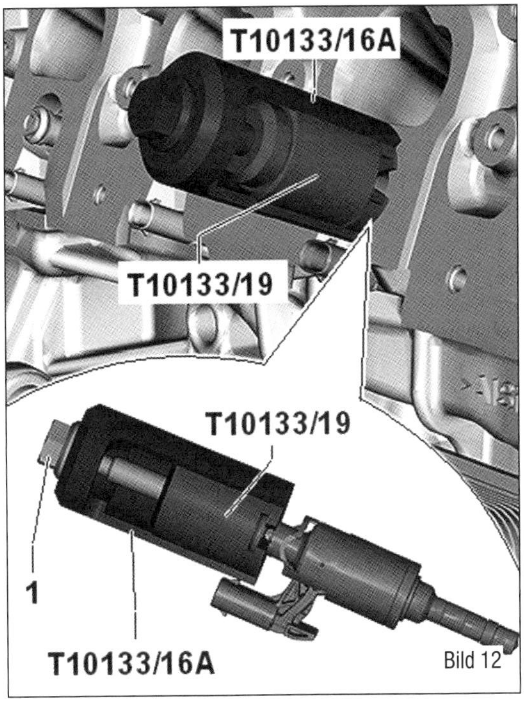

Bild 12

Bild 12
1 Schraube
T10133/16A Demontagewerkzeug
T10133/19 Abzieher

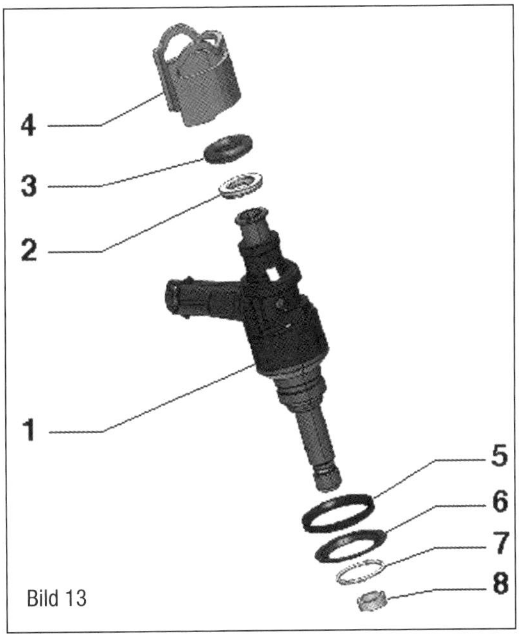

Bild 13

Bild 13
Einspritzdüse am 1,2 l- und 1,4 l-Motor.
1 Einspritzventil
2 Distanzring
3 O-Ring
4 Stützring
5 Dichtscheibe
6 Dichtscheibe
7 Sicherungsring
8 Brennraumdichtring

1,4 l Erdgasmotor, Ausbau der Gaseinspritzventile

Für die Arbeiten an Gasanlagen müssen Sie sachkundig sein. Führen Sie niemals Arbeiten an Gasanlagen und deren Komponenten durch, wenn Sie nicht spezielle Schulungen nachweisen können.

Vor Arbeiten an der Erdgasanlage sind unbedingt die Sicherheitsmaßnahmen zu beachten.

 Sichtprüfung 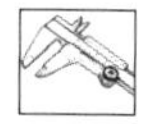 Messen

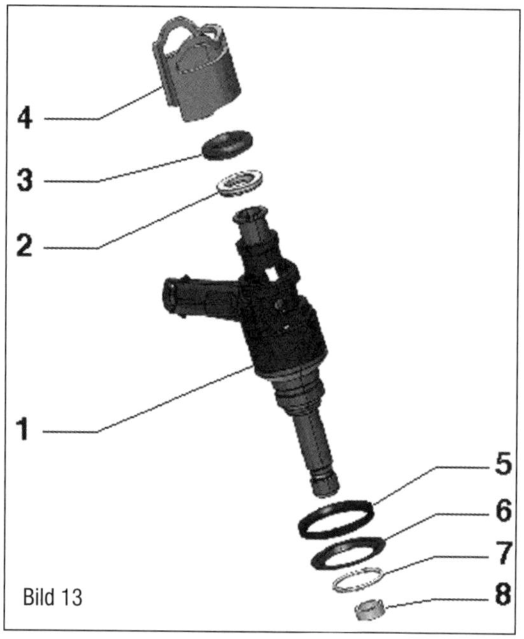

Bild 13
Einspritzdüse am 1,2 l- und 1,4 l-Motor.
1 Einspritzventil
2 Distanzring
3 O-Ring
4 Stützring
5 Dichtscheibe
6 Dichtscheibe
7 Sicherungsring
8 Brennraumdichtring

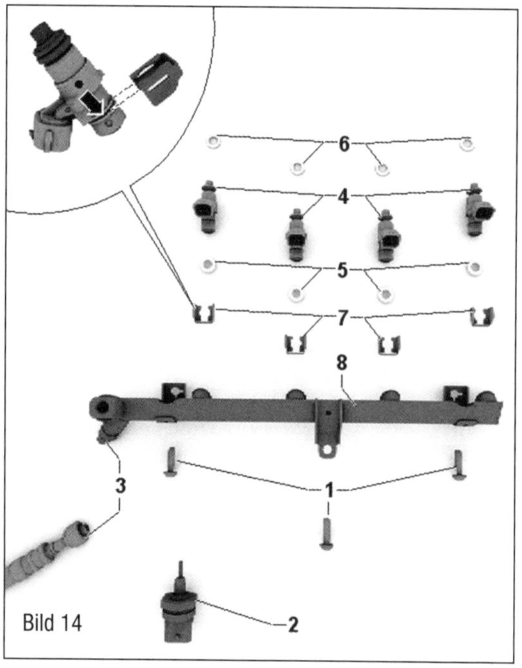

Bild 14
1,4 l-Gaseinspritzer.
1 Schraube
2 Temperatur- und Drucksensor
3 Vorlaufleitung
4 Gaseinblasventil
5 O-Ring
6 Halteklammer
7 Sitz der Gaseinblasventile
8 Kraftstoffverteiler mit Einspritzventilen

- Luftfiltergehäuse ausbauen.
- Gassystem entleeren und Druck in der Hochdruckleitung abbauen.
- Überwurfmutter der Niederdruckleitung (3 im Bild 14) mit einem offenen Ringschlüssel »SW 16« lösen. Gleichzeitig an der Gasverteilerleiste (3) mit einem Schraubenschlüssel »SW 15« gegenhalten.
- Halteclips für Leitungsstrang (Pfeile im Bild 15) trennen.
- Steckverbindungen (1) an den Gaseinblasventilen und am Temperatur- und Drucksensor für Gasverteilerleiste (2) abziehen.
- Schrauben (1 im Bild 14) aus dem Saugrohr herausdrehen.
- Gasverteilerleiste (8) zusammen mit den Gaseinblasventilen (4) aus dem Saugrohr herausziehen.

Müssen die Gaseinblasventile oder deren Dichtungen ersetzt werden:
- Halteklammer des auszubauenden Gaseinblasventils vorsichtig abziehen.
- Gaseinblasventil aus der Gasverteilerleiste ziehen.

Der Einbau erfolgt in umgekehrter Reihenfolge. Dabei ist Folgendes zu beachten:
- Dichtringe erneuern.
- Auf richtigen Sitz der Dichtringe achten.
- Dichtringe trocken einsetzen.
- Halteklammern ersetzen.
- Einbaulage der Halteklammern (7) zum Gaseinblasventil (4) beachten.
- Die Gasverteilerleiste mit den Gaseinblasventilen vorsichtig und gleichmäßig in das Saugrohr drücken.
- Auf den richtigen Sitz der Einspritzventile (4) in der Gasverteilerleiste (8) achten.
- Die Befestigungsschrauben (1) der Gasverteilerleiste mit Anzugsdrehmoment festziehen.

 Abhängig vom vorhandenen Füllstand gibt es unterschiedliche Verfahren:
- Prüfvoraussetzungen für Gasanlagen.
- Gasanlage auf Dichtigkeit prüfen.
- Sichtprüfung der Erdgas-Kraftstoffbehälter auf Korrosion und Dichtheitsprüfung.

 Nach Montagearbeiten an der Erdgasanlage muss immer eine Dichtheitsprüfung durchgeführt werden.

 Sichtprüfung der Erdgas-Kraftstoffbehälter auf Korrosion und Dichtheitsprüfung durchführen.

2,0 l-TSI-Motoren

Die Montagearbeiten bei diesen Motorentypen fällt deutlich aufwändiger aus. Bei einigen Motortypen sind neben den Brennraum-Einspritzventilen zusätzlich Saugrohr Einspritzventile verbaut. Wir gehen in der folgenden Beschreibung den Montagearbeiten für beide Ventile nach.

Brennraumeinspritzventile ausbauen:

⚠ Die Einspritzventile dürfen nur bei kaltem Motor ausgebaut werden.

Saugrohr ausbauen

☞ Wird das Saugrohr ausgebaut oder ersetzt, muss das Potenziometer für Saugrohrklappe an das Motorsteuergerät angepasst werden.

- Batterie abklemmen.
- Motorabdeckung ausbauen.
- Schrauben am Kühlwasserrohr über dem Generator herausdrehen.
- Luftfiltergehäuse ausbauen.
- Linke und rechte Schraube des Unterteils der Luftführung herausdrehen, die Luftführung ausclipsen und abnehmen.
- Geräuschdämpfung unten ausbauen.
- Kühlmittelschlauch (3 im Bild 16) freilegen.
- Elektrische Steckverbindung (1) vom Ladedruckgeber abziehen.
- Schrauben (Pfeile) herausdrehen.
- Schlauchschelle (2) des Luftführungsschlauchs lösen und Luftführungsschlauch von der Drosselklappensteuereinheit nach unten abziehen.
- Elektrische Steckverbindungen (1 im Bild 17), (2) und (3) unterhalb des Saugrohrs trennen.
- Kraftstoffvorlaufschlauch (1 im Bild 18) vom Saugrohr abziehen.
- Elektrische Steckverbindung (3) aus der Halterung ziehen.
- Elektrische Steckverbindungen (4), (5), und (6) abziehen.
- Leitungsstrang vom Kraftstoffverteiler freilegen.
- Elektrische Steckverbindung und Unterdruckschläuche vom Ventil für Saugrohrklappe abziehen.
- Elektrische Leitungsstränge (1 im Bild 19) und (2) am Luftführungsrohr freilegen.
- Schraubschelle (3) lösen.
- Schrauben (Pfeile) herausdrehen.
- Schlauchschelle lösen und linken Ladeluftschlauch mit Luftführungsrohr nach unten ausbauen.
- Halteschelle (Pfeil im Bild 20) der Hochdruckleitung abschrauben.

⚠ Die Kraftstoffleitung steht unter Druck! Verletzungsgefahr der Augen und der Haut durch Kraftstoff. Schutzbrille und Schutzbekleidung tragen, um Verletzungen und Hautkontakt zu vermeiden. Vor dem Lösen von Schlauchverbindungen Putzlappen um die Verbindungsstelle legen. Dann durch vorsichtiges Öffnen der Verbindungsstelle Druck abbauen.

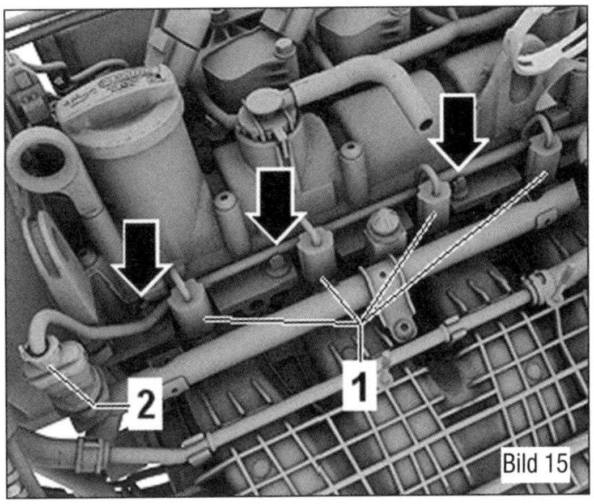

Bild 15
1 Verbindungen Gaseinblasventile
2 Steckverbindung am Druck- und Temperatursensor

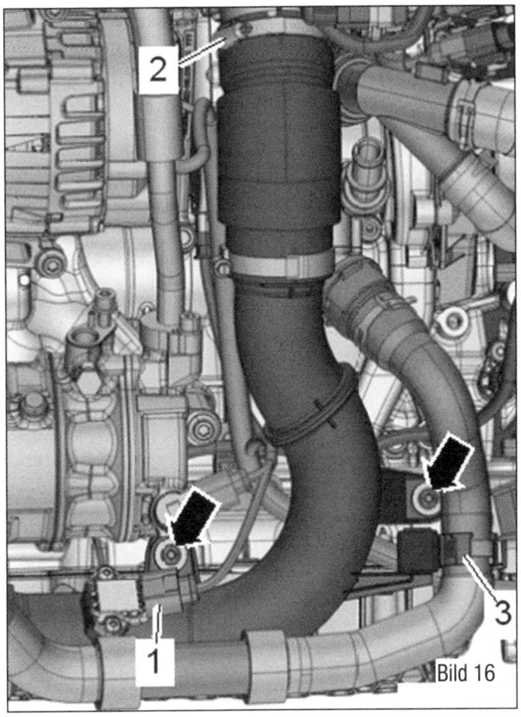

Bild 16
1 Schraube
2 Schlauchschelle
3 Kühlmittelschlauch

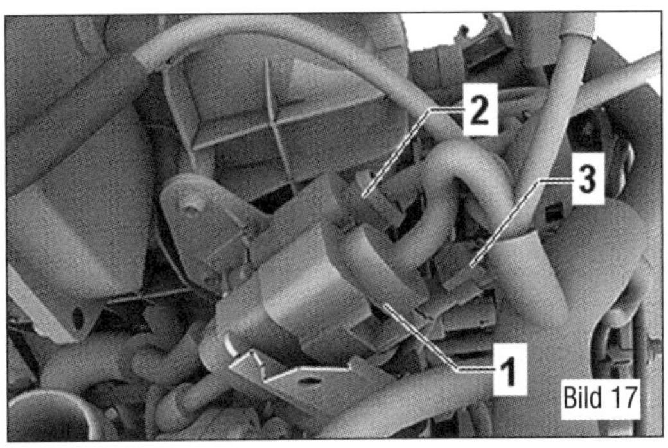

Bild 17
Elektrische Steckverbindungen (1–3).

Sichtprüfung Messen

Bild 18
1 Kraftstoffvorlauf
2 Leitung
3- 6 Steckverbindung

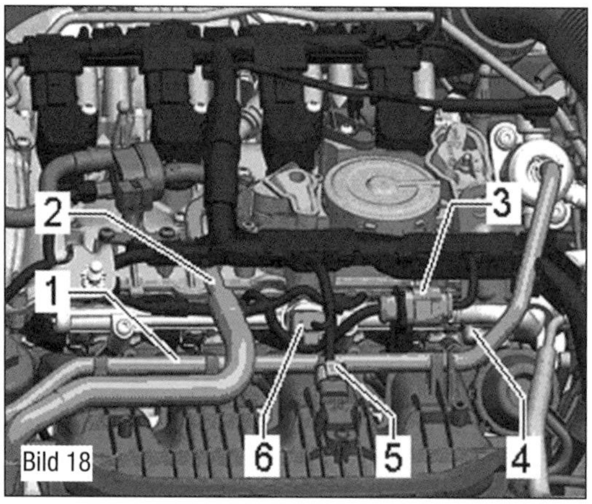

Bild 19
1–2 Elektrische Leitungen
3 Schraubschelle
Pfeile Schrauben

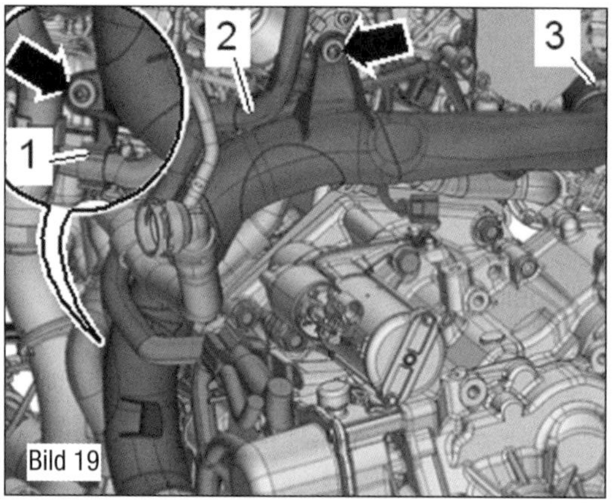

Bild 20
Pfeil = Schraube

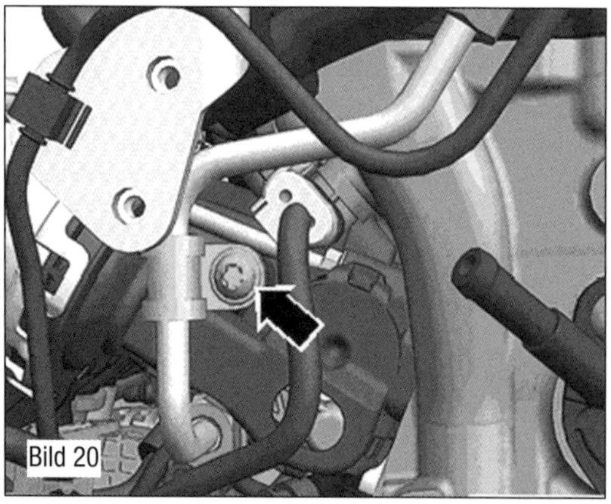

Bild 21
Anschlussstutzen (A) und Überwurfmutter (Pfeil).

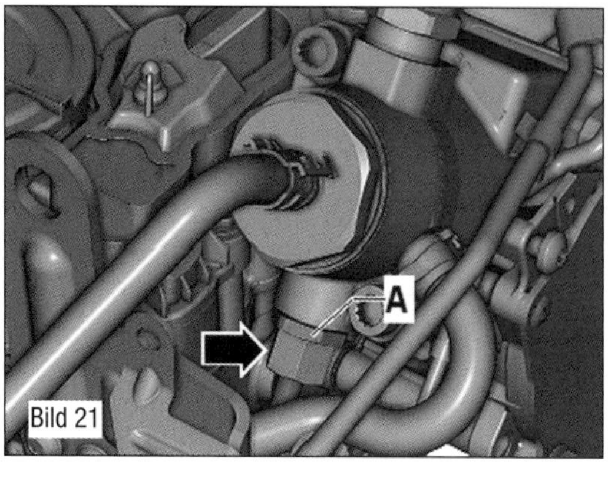

- Anschlussstutzen (A im Bild 21) gegenhalten und Überwurfmutter (Pfeil) lösen.
- Überwurfmutter am Kraftstoffverteiler mit Steckeinsatz SW 17 »T10456« lösen und Hochdruckleitung ausbauen.

Das Kraftstoffsystem muss drucklos sein. Ausfließenden Kraftstoff mit einem sauberen Putzlappen auffangen. Verschließen Sie die offenen Anschlüsse mit sauberen Kappen. Achten Sie darauf, dass kein Schmutz in das Kraftstoffsystem gelangt.

- Befestigungsmutter (3 im Bild 22) ein wenig lösen und Schraube (1) ganz herausdrehen.
- Elektrische Steckverbindung vom Hallgeber abziehen.
- Elektrische Steckverbindung vom Potenziometer für Saugrohrklappe abziehen.
- Muttern (A im Bild 23) vom Saugrohr abschrauben und Schrauben (Pfeile) mit Steckeinsatz »T10347« herausdrehen.
- Saugrohr ein wenig vom Zylinderkopf abziehen und Schrauben für den Halter der Steckkontakte herausdrehen.
- Saugrohr vom Zylinderkopf abnehmen.

Ansaugkanäle mit einem sauberen Putzlappen verschließen.

Kraftstoffverteiler ausbauen

- Alle elektrischen Steckverbindungen an den Einspritzventilen abziehen.
- Schrauben vom Kraftstoffverteiler herausschrauben.
- Kraftstoffverteiler vom Zylinderkopf abziehen.
- Einspritzventile herausziehen.

Falls die Einspritzventile im Kraftstoffverteiler stecken bleiben:

- Einspritzventile vorsichtig aus dem Kraftstoffverteilerrohr herausziehen.

Falls die Einspritzventile im Zylinderkopf stecken bleiben:

- Offene Einlasskanäle mit einem sauberen Lappen abdecken.
- Elektrische Steckverbindung am auszubauenden Einspritzventil abziehen.
- Schlaghülse »T10133/18« über das Einspritzventil schieben.
- Geben Sie vorsichtig ein paar Prellschläge auf die Schlaghülse um das Einspritzventil zu lösen.

■ Abzieher »T10133/2A« in die Rille am Einspritzventil einführen.
■ Abzieher »T10133/16A« aufsetzen.
■ Durch Drehen der Schraube (siehe Bild 12) mit dem Drehmomentschlüssel das Einspritzventil herausziehen. Wird das Grenzdrehmoment »5 Nm« erreicht, ohne das sich das Einspritzventil löst, Ausziehwerkzeug abnehmen und nochmals mit der Schlaghülse das Einspritzventil zu lösen.

Tipp: Bei Nichtbeachten des Drehmoments droht die Zerstörung des Einspritzventils. Der Brennraumdichtring ist immer vor dem Wiedereinbau des Einspritzventils zu ersetzen.

Brennraumdichtring ersetzen und Einspritzventil einbauen:
■ Brennraumdichtring (3 im Bild 24) vorsichtig mit geeignetem Werkzeug (z. B. mit einer Rasierklinge) aufschneiden bzw. mit einem kleinen Schraubendreher den Ring aufweiten und entfernen, dann nach vorne abziehen. Dabei ist unbedingt darauf zu achten, dass die Nut und umlaufender Steg im Nutgrund nicht beschädigt werden.

Tipp: Wird die Nut beschädigt, muss das Einspritzventil ersetzt werden.

■ Vor der Montage des neuen Brennraumdichtrings Dichtringnut und Schaft des Einspritzventils mit einem sauberen Tuch von Verbrennungsrückständen reinigen.
■ Montagekegel »T10133/5« mit einem neuen Brennraumdichtring (1 im Bild 25) auf das Einspritzventil (2) aufsetzen.
■ Brennraumdichtring mit der Montagehülse »T10133/6« so weit wie möglich auf den Montagekegel »T10133/5« schieben.
■ Montagehülse »T10133/6« umdrehen und Brennraumdichtring bis zum Ende auf den Montagekegel »T10133/5« schieben.
■ Montagekegel »T10133/5« entfernen und Brennraumdichtring mit der Montagehülse »T10133/6« bis in die Dichtringnut schieben.
■ Kalibrierhülse »T10133/7« mit einer leichten Drehbewegung (etwa 180°) bis zum Anschlag auf das Einspritzventil aufdrücken.
■ Kalibrierhülse »T10133/7« in entgegengesetzter Drehrichtung wieder abziehen.
■ Kalibrierhülse »T10133/8« mit einer leichten Drehbewegung (etwa 180°) bis zum Anschlag auf das Einspritzventil aufdrücken.
■ Kalibrierhülse »T10133/8« in entgegengesetzter Drehrichtung wieder abziehen.

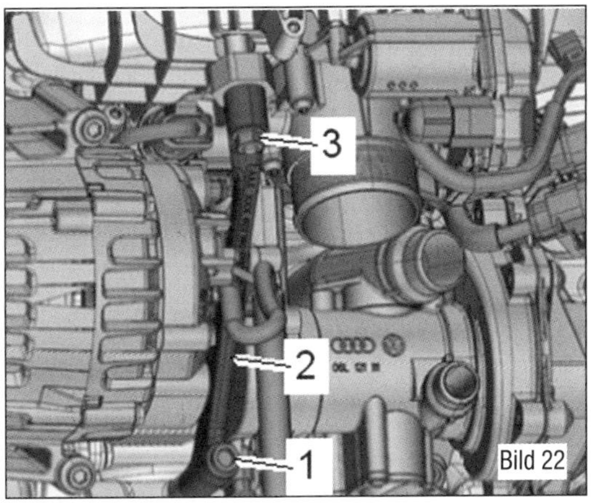

Bild 22
1 Schraube
2 Halter
3 Mutter

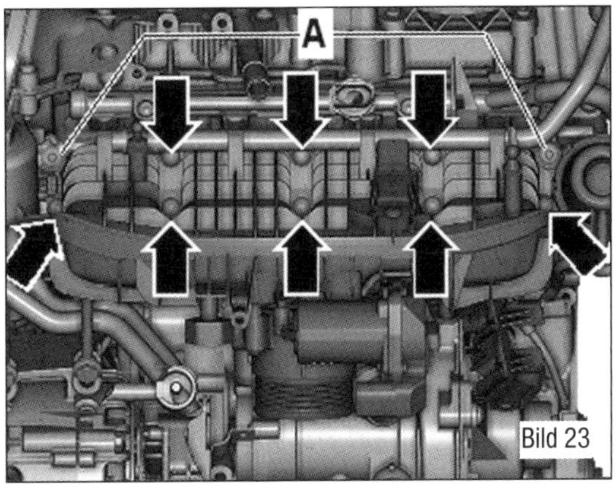

Bild 23
Muttern (A) und Schrauben (Pfeile).

■ O-Ring am Einspritzventil ersetzen und vor dem Einbau mit sauberem Motoröl benetzen.
■ Bohrungen der Einspritzventile im Zylinderkopf vor dem Einbau der Einspritzventile gründlich mit der beiliegenden Nylonbürste »T10133/4« reinigen.

Tipp: Der Brennraumdichtring des Einspritzventils darf nicht eingeölt oder gefettet werden. Bei der Montage des Einspritzventils darf sich kein Reinigungsmittel oder Öl in den Bohrungen im Zylinderkopf befinden.

■ Einspritzventil von Hand bis zum Anschlag in die Bohrung des Zylinderkopfes (Öl- und fettfrei) eindrücken. Auf die korrekte Lage der Einspritzventile im Zylinderkopf achten.
■ Die Nase und die Bohrung im Zylinderkopf müssen zueinanderstehen.
i Sie müssen das Einspritzventil leicht einsetzen können; gegebenenfalls noch warten, bis sich der Brennraumdichtring genügend zusammengezogen hat. Achten Sie auf korrekten Sitz und Einbaulage der Einspritzventile im Zylinderkopf. Sollte das

Bild 24
1 Zwischenring
2 Aufnahme
3 Brennraumdichtung
4 Einspritzventil
5 Distanzring
6 O-Ring
7 Stützring

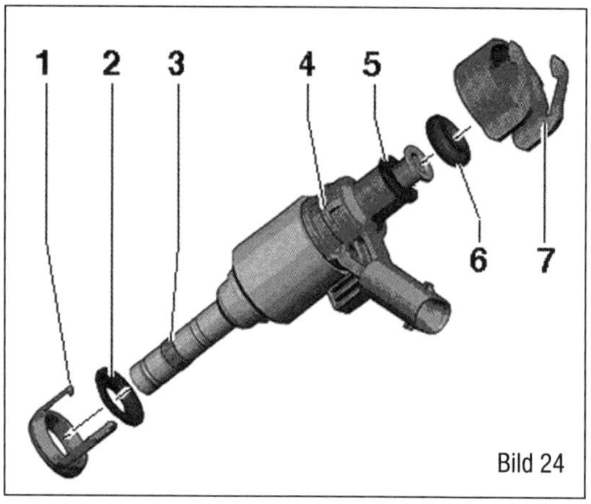

Bild 24

Bild 25
1 Brennraumdichtung
2 Einspritzventil
T10133/5 = Montagekegel

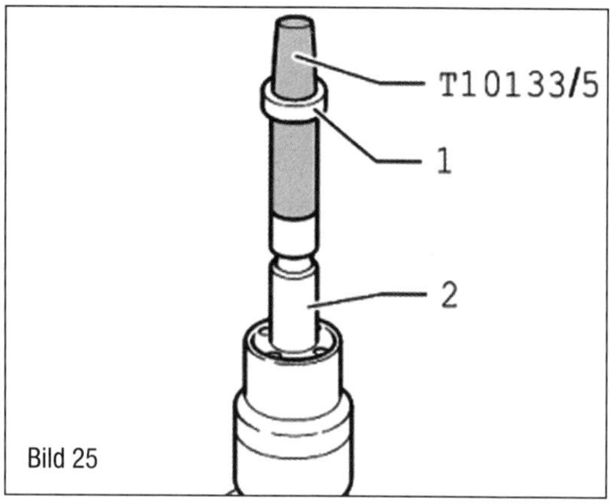

Bild 25

Bild 26
Montagekegel T10133/5 und Montagehülse T10133/6.

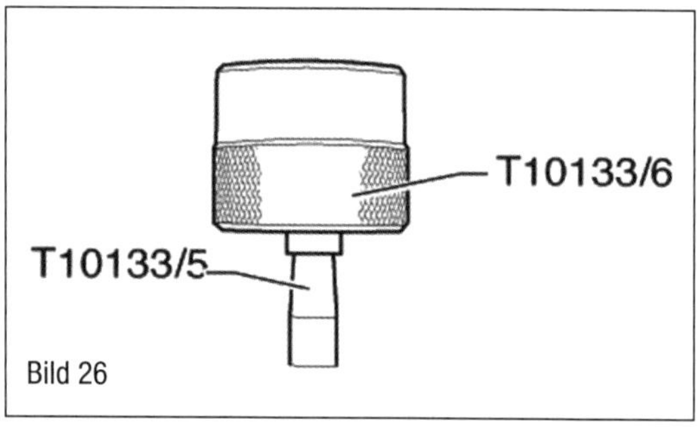

Bild 26

Einsetzen des Einspritzventils von Hand nicht gehen, benutzen Sie den Abzieher »T10133/2A« mit Schlaghammer »T10133/3« zum Einführen des Einspritzventils.

- Die O-Ringe der Einspritzventile zum leichteren Einführen in den Kraftstoffverteiler mit sauberem Motoröl benetzen.
- Kraftstoffverteiler einbauen.
- Saugrohr einbauen.

Saugrohr-Einspritzventile ausbauen

Die Fahrzeuge mit Motorkennbuchstaben CNTA haben keine Saugrohr-Einspritzventile.

- Kraftstoffvorlaufschlauch (1 im Bild 18) vom Saugrohr abziehen.
- Elektrische Steckverbindungen (3) aus der Halterung ziehen.
- Elektrische Steckverbindungen (4) und (5) trennen.
- Leitungsstrang (1) vom Kraftstoffverteiler frei legen.
- Schrauben vom Kraftstoffverteiler herausschrauben.
- Kraftstoffverteiler mit Einspritzventilen vorsichtig nach oben herausziehen.
- Elektrische Steckverbindungen an den Einspritzventilen trennen.

Der Einbau erfolgt sinngemäß in umgekehrter Reihenfolge.

Einbauen des Saugrohres

- Wurden die Anschlussstutzen an der Hochdruckpumpe gelöst, Anschlussstutzen ersetzen.
- Saugrohr am Zylinderkopf ansetzen und Halter (A) für die elektrischen Steckverbindungen festschrauben.
- Muttern (A) handfest anschrauben.
- Schrauben (Pfeile) mit Steckeinsatz »T10347« gleichmäßig, von innen nach außen, festziehen.

Montage der Saugrohreinspritzventile

- O-Ringe am Einspritzventil ersetzen.
- O-Ringe vor dem Einbau mit sauberem Motoröl benetzen.
- Elektrische Steckverbindungen an den Einspritzventilen aufstecken.
- Kraftstoffverteiler mit den Einspritzventilen von Hand bis zum Anschlag in die Bohrung des Saugrohrs (Öl und fettfrei) eindrücken.
- Kraftstoffverteiler einbauen.

Glühkerzen wechseln

1,6 l- und 2,0 l-TDI-Motor

- Motorabdeckung ausbauen.
- Halteklammern vom elektrischen Leitungsstrang öffnen und wie folgt die elektrischen Steckverbindungen von den Glühstiftkerzen abziehen.
- Zange »3314« mit der Zangennut (Pfeil A) am Bund der Stützhülse (Pfeil B) ansetzen, wie in der Abbildung 28 gezeigt.
- Glühkerzenstecker vorsichtig von den Glühkerzen abziehen.

⚠ Beschädigungsgefahr der Stützhülsen. Zange »3314« zum Abziehen der Glühkerzenstecker nur so weit zusammendrücken, dass sie den Bund der Stützhülse sicher greift, ohne diese zu beschädigen.

- Reinigen Sie den Glühstiftkanal im Zylinderkopf (es darf kein Schmutz in den Zylinder fallen).

☞ Beispiel zum Reinigen: Groben Schmutz mit einem Staubsauger aussaugen. Sprühen Sie einen Bremsenreiniger oder einen geeigneten Reiniger in den Glühstiftkanal, kurz einwirken lassen und mit Pressluft ausblasen. Reinigen Sie anschließend den Glühstiftkanal mit einem Öl benetzten Lappen.

⚠ Schutzbrille tragen!

- Glühkerzen den Gelenkschlüssel Schlüsselweite 10 »3220« lösen und von Hand herausschrauben.

Motorkennbuchstaben CKRB, CRLB, CUNA, CRMB

- Verwenden Sie an Zylinder 3 den Steckeinsatz Schlüsselweite 12, Glühstiftkerze 4-Zyl.TDI CR-Diesel »VAS 6454« zum Lösen.

Der Einbau erfolgt sinngemäß in umgekehrter Reihenfolge, dabei Folgendes beachten:

- Glühkerzenstecker wieder auf die Glühkerzen aufstecken. Dabei auf den festen Sitz der Glühkerzenstecker achten.
- Motorabdeckung einbauen.

Zündsystem am TSI

Ein weiterer Teil des Systems ist die Zündanlage. Alle Ottomotoren haben keinen Zündtrafo, sondern auf jeder Zündkerze eine Zündspule mit Leistungsendstufe (Bild 29). Die Spulen sind in der Zylinderreihenfolge benannt: Spule 1 = N70, Spule 2 = N127, Spule 3 = N291, Spule 4 = N292.

☞ Die Zündspulen lassen sich bei warmem Motor leichter herausziehen. Das beim Verbau der Zündspulen verwendete Fett gibt die Zündspulen bzw. Zündkerzenstecker bei warmem Motor leichter frei.

Zündkerzen ausbauen 1,2 l- und 1,4 l-TSI-Motoren

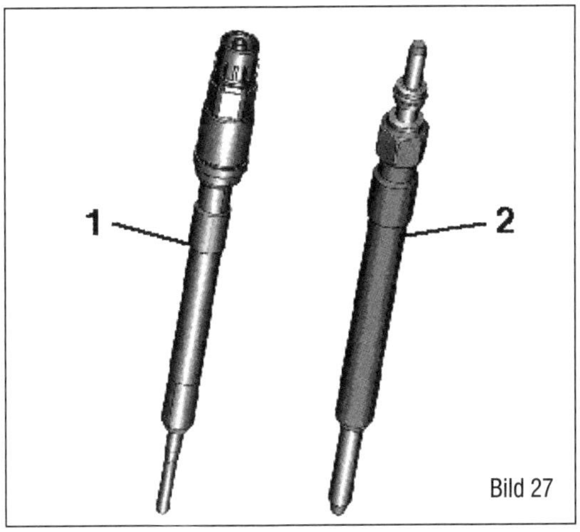

Bild 27
Glühkerzenvarianten: (1) Glühkerze mit Geber für Innendruck des Zylinders – nur für Zylinder 3 bei den Motorkennbuchstaben KRB, CRLB, CUNA, CRMB, (2) Glühkerze ohne Brennraumdruckgeber.

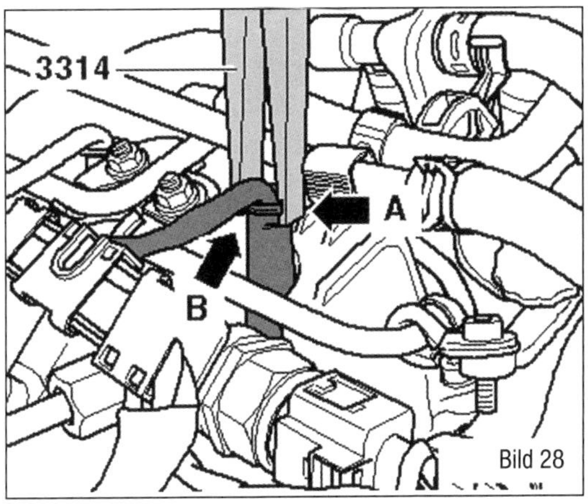

Bild 28
Pfeil A = Zangennut
Pfeil B = Stützhülse
3314 = Zange

Zündspulen Zylinder 2, 3, 4:

- Schlauchschellen lösen und das Luftführungsrohr oben ausbauen.

Fortsetzung für alle Zündspulen:

- Elektrische Steckverbindung an der Zündspule trennen.
- Die Befestigungsschrauben der Zündspulen herausdrehen.
- Abzieher »T10530« bis zum Anschlag in die Bohrung der Zündspule (1 im Bild 30) drücken.
- Rändelmutter (2) in Pfeilrichtung festziehen.
- Zündspule am Abzieher »T10530« in nach oben aus dem Nockenwellengehäuse ziehen.

Zündkerzen ausbauen 2,0 l-(T)FSI

- Motorabdeckung ausbauen.
- Wenn vorhanden, Masseleitungen (Pfeile) abschrauben.
- Die Stecker entriegeln und alle Stecker gleichzeitig von den Zündspulen abziehen.

Sichtprüfung Messen

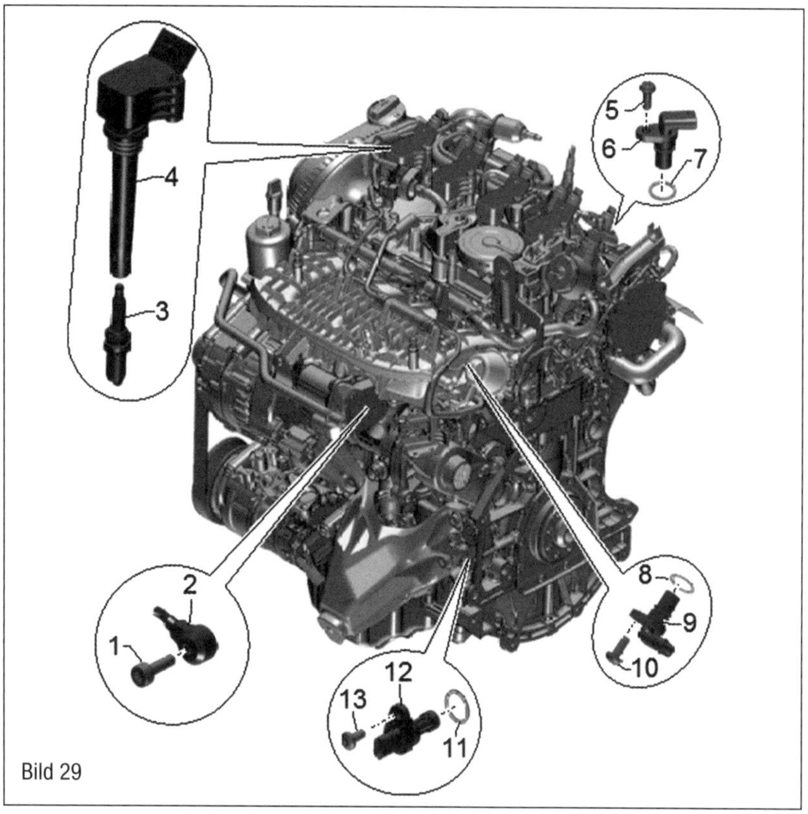

Bild 29
2,0 l-TSI.
1 Schraube
2 Klopfsensor
3 Zündkerze
4 Zündspule
5 Schraube
6 Hallgeber
7 O-Ring
8 O-Ring
9 Hallgeber
10 Schraube
11 O-Ring
12 Motordrehzahlgeber
13 Schraube

- Befestigungsschraube der auszubauenden Zündspule herausschrauben.
- Abzieher »T10530« in die Bohrung (1) der Zündspule einsetzen.
- Rändelmutter (2) im Uhrzeigersinn drehen, bis sich der Abzieher festklemmt.
- Mit dem Abzieher »T10530« die Zündspule vorsichtig, senkrecht nach oben, heraus ziehen.

Zündkerzen einbauen (alle Motoren)
Der Einbau erfolgt in umgekehrter Reihenfolge, dabei bitte Folgendes beachten:
- Alle Zündspulen mit Zündkerzenstecker locker in den Zündkerzenschacht stecken.

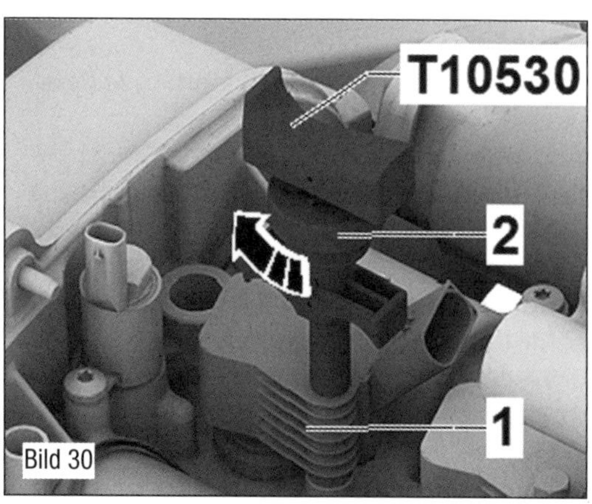

Bild 30
1 Bohrung in der Zündspule
2 Rändelmutter
T10530 Abzieher Zündspule

- Zündspulen zu den Steckverbindungen ausrichten und alle Steckverbindungen gleichzeitig auf die Zündspulen aufstecken.
- Zündspulen gleichmäßig mit der Hand auf die Zündkerzen drücken (kein Schlagwerkzeug benutzen).

Zündspule mit Leistungsendstufe und Zündkerzenstecker sind für den Reparaturfall einzeln erhältlich. Der Zündkerzenstecker wird von Hand von der Zündspule abgezogen.

Kraftstofffilter wechseln

1,6 l- und 2,0 l-TDI-Motoren

Verbrennungsgefahr durch sehr heißen Kraftstoff. Die Temperatur der Kraftstoffleitungen bzw. des Kraftstoffes kann im Extremfall bis zu 100 °C betragen. Vor dem Öffnen von Leitungsverbindungen Kraftstoff abkühlen lassen, da akute Verbrühungsgefahr besteht. Schutzhandschuhe tragen. Schutzbrille tragen. Weiterhin besteht Verletzungsgefahr durch unter hohem Druck stehenden Kraftstoff. Um den Druck im Kraftstoffsystem abzubauen, sauberen Lappen um die Verbindungsstelle legen und Verbindungsstelle vorsichtig lösen. Achten Sie bitte darauf, dass kein Dieselkraftstoff auf andere Bauteile im Motorraum gelangt. Gegebenenfalls sofort reinigen!

Vor dem Öffnen des Systems Putzlappen um das Filtergehäuse legen!

- Zündung ausschalten.
- Schrauben (4 im Bild 31) herausdrehen und Filtergehäusedeckel (3) mit angeschlossenen Kraftstoffschläuchen zur Seite anheben.
- Filtereinsatz (2) aus dem Kraftstofffiltergehäuse (1) entnehmen.
- Filtereinsatz (2) zentriert in das Filtergehäuse (1) einsetzen.
- Schrauben für Filtergehäuse (4) einschrauben und mit Anzugsdrehmoment anziehen.
- Kraftstoffsystem befüllen/entlüften. Fangen Sie eventuell abtropfenden Kraftstoff mit einem geeigneten Lappen auf.

Der Einbau erfolgt in umgekehrter Reihenfolge. Dabei ist Folgendes zu beachten:
- Kraftstoffschläuche müssen knickfrei verlegt werden.

■ Vor- und Rücklaufleitung nicht vertauschen (Rücklaufleitung blau bzw. mit blauer Markierung, Vorlaufleitung weiß, bzw. weiße Markierung). Achten Sie auf festen Sitz der Kraftstoffschläuche.
■ Kraftstoff- und Kühlmittelschläuche wieder in die Halterungen clipsen.
■ Entlüften Sie das Kraftstoffsystem.

TSI-Motoren
Das Druckbegrenzungsventil und der Kraftstofffilter sind im Kraftstoffflansch auf der linken Seite im Tank integriert und können nicht einzeln ersetzt werden. Die Montagearbeiten haben wir bereits für die »Kraftstofffördereinheit« abgearbeitet.

Luftfilter wechseln

Beim Ausblasen des Luftfiltergehäuses mit Pressluft ist Folgendes zu beachten: Zur Vermeidung von Funktionsstörungen bitte die kritischen Luft führenden Motorbauteile wie Luftmassenmesser, Lufteinlassrohre usw. mit einem sauberen Putzlappen abdecken. Schlauchstutzen und Schläuche für Ladeluftsystem müssen vor dem Montieren öl- und fettfrei sein. Verwenden Sie keine silikonhaltigen Gleitmittel bei der Montage.

■ Stellen Sie den Motor ab.

TDI-Motoren und 2,0 l-TSI-Motoren
■ Ziehen Sie den Unterdruckschlauch vom Luftfilteroberteil (11 im Bild 32) ab.
■ Befestigungsschrauben (10) vom Luftfilteroberteil herausschrauben und das Luftfilteroberteil mit der gesamten Luftführung zur Seite anheben.
■ Luftfiltereinsatz (12) und Schneesieb (13) herausnehmen.

Tipp: Das Schneesieb ist nicht bei allen Fahrzeugen verbaut.

Montage
■ Gehäuse, Luftmassenmesser und Wasserabläufe auf Verschmutzung prüfen, gegebenenfalls reinigen.
■ Schneesieb (13) in Luftfilterunterteil (14) einsetzen.
■ Luftfiltereinsatz (12) zentriert in die Aufnahme im Luftfilterunterteil (14) einsetzen.
■ Luftfilteroberteil (11) sorgfältig und ohne größere Kräfte auf Luftfilterunterteil (14) aufsetzen und mit den Befestigungsschrauben (10) verschrauben.

1,2 l- und 1,4 l-TSI-Motoren
■ Den Luftführungsschlauch vom Luftfilteroberteil abziehen.
■ Die Schlauchschellen zur Luftführung zum Motor und vom Lufteinlass in der Fahrzeugfront lösen.
■ Luftfiltergehäuse nach oben von den Kugelbolzen abziehen.
■ Luftführungen am Luftfiltergehäuse abziehen.

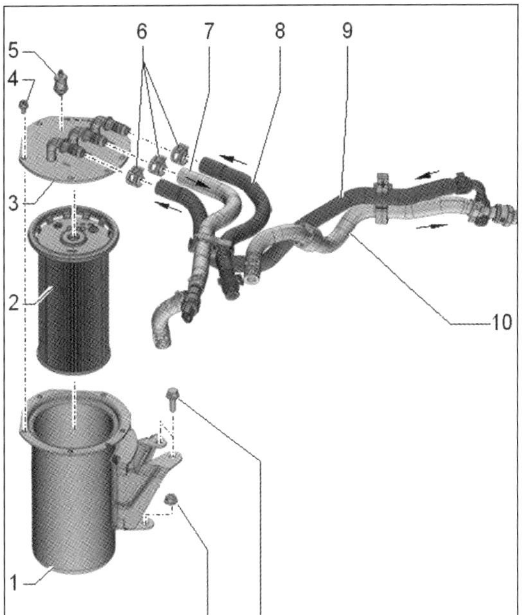

Bild 31
1 Filtergehäuse
2 Filtereinsatz
3 Gehäusedeckel
4 Schraube
5 Halter
6 Schellen
7 Rücklauf
8 Vorlauf
9 Rücklauf Pumpe
10 Vorlauf Pumpe
11 Schraube
12 Mutter

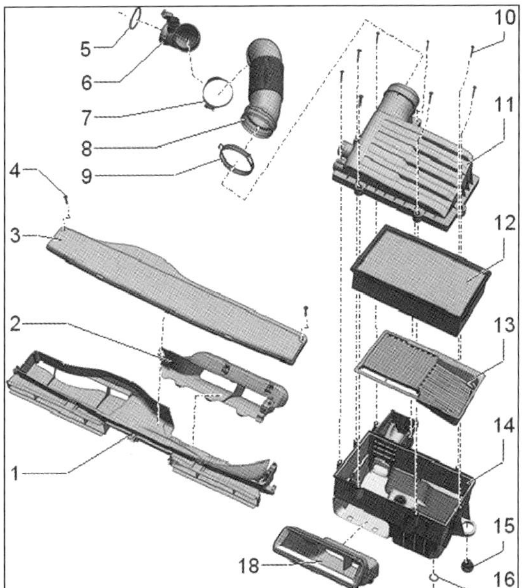

Bild 32
1 Luftführung
2 Lufteinlass
3 Abdeckung oben
4 Schrauben
5 Dichtring
6 Luftmassenmesser
7 Schelle
8 Luftführung
9 Schelle
10 Schrauben
11 Luftfilteroberteil
12 Luftfiltereinsatz
13 Schneesieb
14 Luftfilterunterteil
15 Silentblock
16 Dichtung
17 Entwässerung
18 Anschlussstück

Sichtprüfung Messen

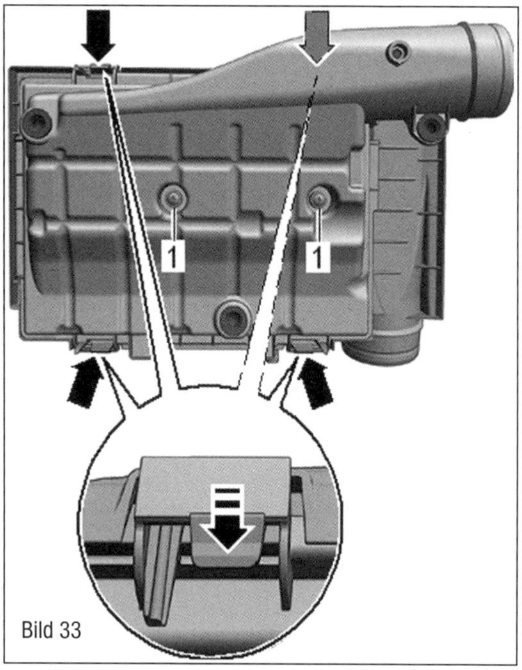

Bild 33
1 Schrauben
Pfeile = Befestigungslaschen

- Luftfiltergehäuse entnehmen und um 180° gedreht ablegen.
- Schrauben (1 im Bild 33) der Luftfilterunterseite herausschrauben.
- Befestigungslaschen (Pfeile) am Luftfilteroberteil vorsichtig der Reihe nach entriegeln (Bruchgefahr).
- Luftfilteroberteil abnehmen und Luftfiltereinsatz herausnehmen.

Fahrzeugdiagnosetester einsetzen

Es gibt eine Reihe von Arbeiten im Bereich der Einspritz- und Zündanlage, die man ohne Tester mit Übung und Erfahrung, unter Einsatz bestimmter Spezialwerkzeuge und am besten auch mit fachkundiger Beratung in einer Mietwerkstatt ausführen kann. Darauf gehen wir mit den folgenden Arbeitsbeschreibungen ein. Vielfach aber kann man an den elektronisch gesteuerten Einspritzsystemen nur selbst Hand anlegen, wenn man über einen Diagnosetester verfügt. Das Steuergerät kann zwar viele Fehler an elektrischen Teilen der Einspritz- und Zündanlage per Selbstdiagnose erkennen und sie in einem Fehlerspeicher ablegen. Dabei wird auch eine Entscheidung getroffen, ob es sich um permanente Fehler oder um sporadische Mängel handelt.

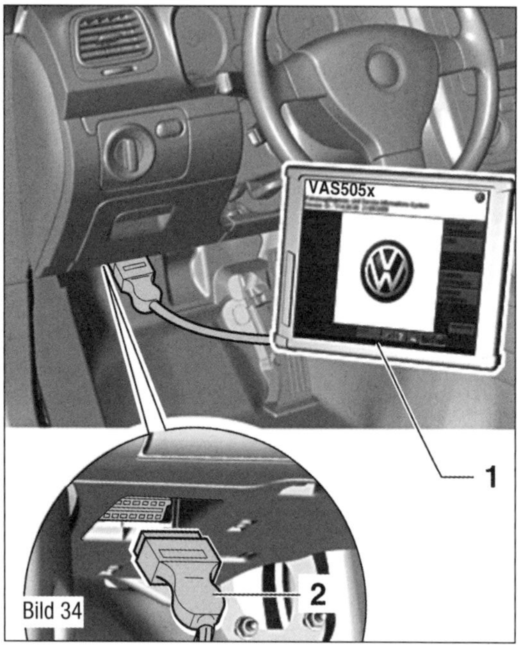

Bild 34
1 VAG-Tester als Tabletgerät
2 Anschlussstecker an die E-OBD Dose im Fußraum

Diagnosegeräte

Zum Abfragen des Fehlerspeichers wird das Diagnosegerät benötigt. Volkswagen-Werkstätten verwenden das schon mehrmals erwähnte VAS 505x, aber mit geeigneter Software und gewisser Kenntnis der Funktions- und Vorgehensweise sind auch andere Werkstattsysteme zu verwenden, wie sie in vielen Mietwerkstätten vorhanden sind. Wir haben schon auf das System »VCDS« hingewiesen. Es ist absehbar, dass sich dieser hochwertige Tester in freien Werkstätten verbreitet. Die Firma PCI Tuning bietet auf Internetseiten Fehlerbeschreibungen und das Vorgehen mit dem VCDS.

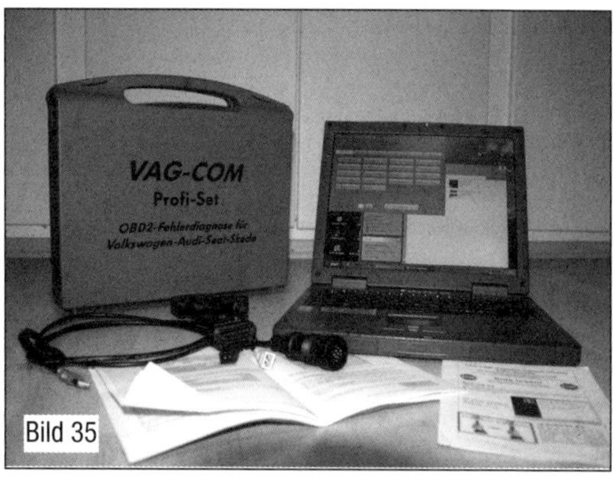

Bild 35
VAG-COM oder VCDS mit Laptop.

Anschluss am Fahrzeug

- Schließen Sie ein Erhaltungsladegerät an die Batterie an.
- Stecken Sie den Stecker der Diagnoseleitung auf den Diagnoseanschluss (Bild 34).

■ Schalten Sie den Fahrzeugdiagnosetester ein.
■ Zündung einschalten.
■ Folgen Sie den Anzeigen auf dem Bildschirm, um die gewünschten Funktionen zu starten.

Fehlerspeicher auslesen (am Beispiel »Motor«)
Die meisten Fahrzeugtester arbeiten »Menügeführt«. Das bedeutet, Sie werden mit der Displayanzeige oder der Bildschirmanzeige durch einzelne Menüpunkte geführt, indem Sie diese mit Cursor oder Maustaste anwählen. Die Menüpunkte hängen wesentlich von den freigegebenen Funktionen des Steuergerätes ab und weiterhin natürlich auch von der Ausarbeitung durch den Testerhersteller. Für die VW/Audi-Szene hat sich der VAG-Com als verbreiteter Standardtester durchgesetzt. Wir zeigen Ihnen am Beispiel der Fehlerspeicherauslese für das Motorsteuergerät die wirklich einfache Vorgehensweise. Die Vorgehensweise verändert sich für andere Steuergeräte und auch Funktionen so unwesentlich, dass wir auf weitere Beschreibungen verzichten und Sie auf die praktische Arbeit mit Ihrem Tester verlagern wollen. Achten Sie auf die Beschreibungen des Testers!

■ Schließen Sie ein Erhaltungsladegerät an die Batterie an.
■ Stecken Sie den Stecker der Diagnoseleitung auf den Diagnoseanschluss (Bild 34).
■ Klicken Sie auf die Taste »Verbaut«.
■ Klicken Sie auf die Taste »01 Motorelektronik« (Bild 36).
■ Klicken Sie auf die Taste »Fehlerspeicher 02«. Nun werden Ihnen die Fehler, soweit vorhanden, als Text angezeigt.

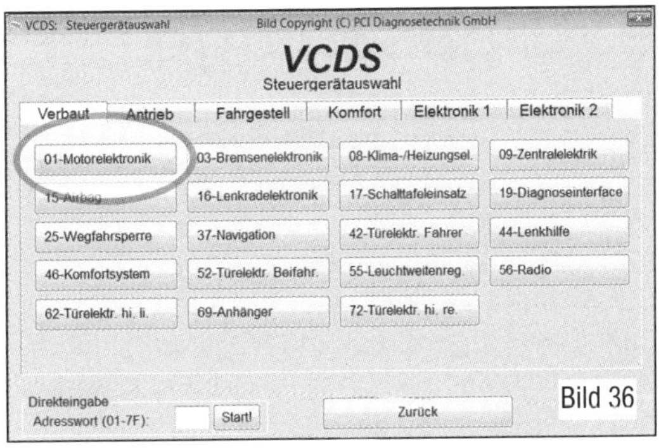

Bild 36
Anwahl der Motorelektronik.

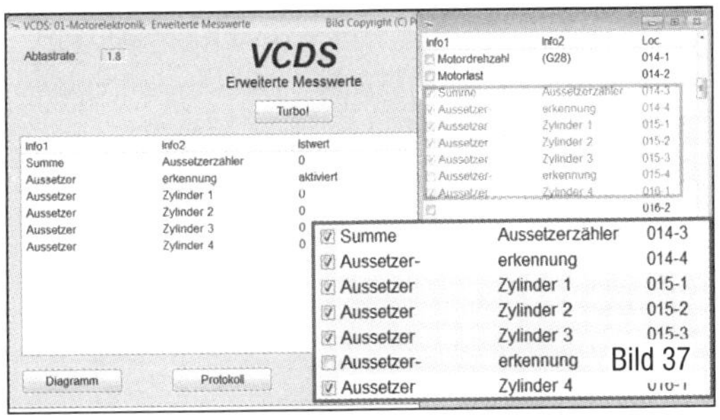

Bild 37
Sonderfunktion »Aussetzererkennung« zur Fehlersuche.

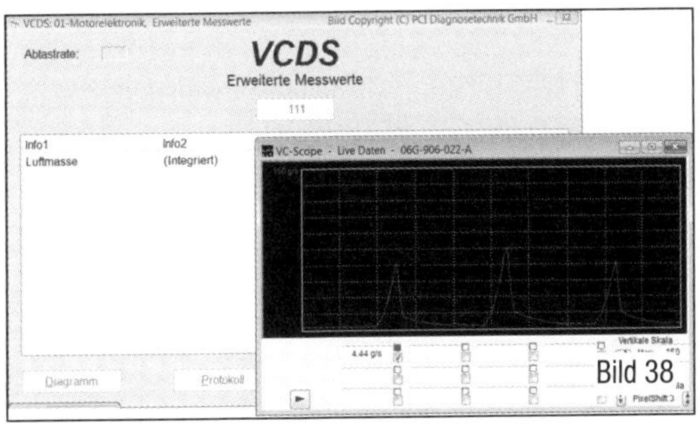

Bild 38
Grafische Auswertung zur Bauteilprüfung: Hier wird anhand des Spannungsverlaufs und der Spannungshöhe der Zustand des Luftmassenmessers bewertet.

■ Sie können die Fehleranzeige speichern, drucken oder kopieren. Sie sollten in jedem Fall den Fehler vermerken, um diesem vielleicht einmal nachgehen zu können. Die Erfahrung zeigt, dass man sich den Fehler auf Dauer nicht im Kopf merken kann.
■ Anschließend können Sie den einzelnen oder alle Fehler mit einem Klick löschen.
■ Schalten Sie die Zündung aus.
■ Ziehen Sie den Tester aus der Diagnosedose.

9 Abgasanlage

Die Abgas- oder Auspuffanlage am Unterboden des Golf reinigt mit Partikelfilter plus Oxidationskatalysator und Abgasvorrohr oder mit Katalysator und Abgasvorrohr die Verbrennungsabgase und leitet sie mit geringem Gegendruck ins Abgasrohr mit Schalldämpfer und Endrohr am Fahrzeugheck (Bilder 1 und 2). Der Schalldämpfer reduziert die Verbrennungsgeräusche auf ein Minimum. Der Differenzdruckgeber und der Abgastemperaturgeber mit Regelsystem tragen dazu bei, die Motorleistung zu optimieren. Der Auspuff moderner Pkw ist für mehr als 60.000 Kilometer gut, wobei die Lebensdauer natürlich auch von den Einsatzbedingungen des Fahrzeugs abhängt. Ist man überwiegend auf kurzen Strecken unterwegs, fallen mehr Kondensat, Ruß und aggressive Säuren im Innern der Anlage an, als beim Langstreckenbetrieb mit voll durchgewärmtem Motor. Das Abgasvorrohr ist seltener als die anderen Teile vom Rost bedroht, weil dort die Verbrennungsgase noch mit Temperaturen zwischen 800 und 1000 °C einströmen. Danach verlieren die Abgase an Temperatur und sind am Endrohr nur noch 150 bis 300 °C heiß. Dort tritt das meiste Kondenswasser aus. Es mischt sich mit Verbrennungsrückständen zu aggressiven Säuren und lässt das Auspuffblech von innen nach außen durchrosten. Falls das Endrohr nicht aus besonders korrosionsbeständigem Material hergestellt wurde, ist Arbeit angesagt: Ausbau des alten und Einbau eines neuen Abgasrohrs mit Schalldämpfer.

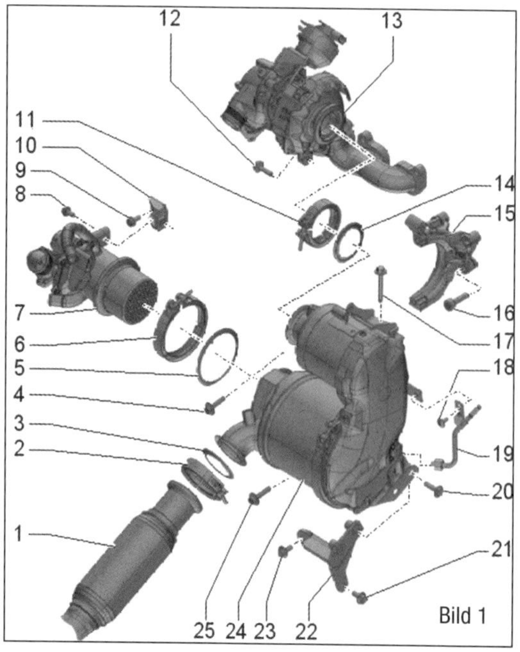

Bild 1

Bild 1
TDI-Motoren.
1 Abgasvorrohr
2 Schraubschelle
3 Dichtung
4 Schraube
5 Dichtung
6 Schraubschelle
7 Kühler AGR
8 Schraube
9 Schraube
10 Halter
11 Schraubschelle
12 Schraube
13 Abgasturbolader
14 Dichtung
15 Halter
16 Schraube
17 Schraube
18 Schraube
19 Messrohr
20 Schraube
21 Schraube
22 Halter
23 Schraube
24 Abgasreinigungsmodul
25 Schraube

Hinweise und Regeln für Arbeiten an der Auspuffanlage

Reparaturen an durchgerosteten Auspuffanlagen, z. B. mit Auspuffkitt und Bandagen, haben nur kurzzeitig Erfolg. Das Blech bricht bald neben der Reparaturstelle. Werkstätten wechseln Auspuffanlagen meist komplett aus. Vor weiteren Arbeiten daher Zustand der Anlage genau prüfen und dann entscheiden, ob einzelne Teile oder das ganze System erneuert werden sollen. Die Abgasanlage hinten kann, bei der Demontage abgestützt, komplett mit Schalldämpfer ausgebaut werden.

Wird nach gründlicher Prüfung an der Abgasanlage gearbeitet, sollten folgende Grundregeln beachtet werden:

- Bei einer Demontage darf die Abgasanlage keinesfalls herunterfallen. Dabei könnten wichtige Teile beschädigt werden.
- Dichtungen und selbstsichernde Muttern immer ersetzen.
- Verschraubungen der Auspuffanlage lassen sich beim nächsten Mal leichter lösen, wenn die Gewinde beim Einbau mit hochhitzefestem Kupferfett bestrichen werden.
- Werden Partikelfilter oder Differenzdruckgeber gewechselt, muss der Differenzdruckgeber zwingend über den Fahrzeugdiagnosetester angepasst werden (Tester erforderlich).

⚠ Werden Partikelfilter ausgebaut und ersetzt, müssen die Altteile vorschriftsmäßig entsorgt werden. Sie dürfen nicht wie Schrott behandelt werden, weil sie wertvolles Edelmetall enthalten, das wieder in den Produktionsprozess eingebracht werden kann.

☞ Für Arbeiten an Lambdasonden gilt: Nur das Gewinde mit Heißschraubenpaste »G 052 112 A3« fetten. An die Schlitze des Sondenkörpers darf kein Fett kommen. Aus- und Einbau am besten mit Ringschlüsselsatz »3337« für Lambdasonde. Dichtring bei Undichtigkeit aufkneifen und ersetzen. Festziehen mit 50 bzw. 55 Nm.

- Alle Schlauchverbindungen mit Schlauchschellen sichern, die dem Serienstand entsprechen.
- Alle Kabelbinder, die beim Ausbau gelöst werden, sind beim Einbau an der gleichen Stelle wieder anzubringen.
- Nach Montagearbeiten an der Abgasanlage darauf achten, dass die Anlage nicht verspannt wird und ausreichend Abstand zum Aufbau hat. Gegebenenfalls Doppelschelle lösen und Schalldämpfer und Abgasrohr so ausrichten, dass überall ausreichend Abstand zum Aufbau vorhanden ist und die Aufhängungen gleichmäßig belastet werden.
- Nach getaner Arbeit immer Motorprobelauf durchführen und »Auspuffanlage auf Dichtheit prüfen«. Ansonsten gelten für Arbeiten an Abgasanlage und Abgasrückführung hinsichtlich Sauberkeit und Sicherheit die Vorschriften, die auch für Arbeiten an Motor, Kraftstoff- oder Einspritzsystem üblich sind.

Arbeiten am Abgasrückführungssystem

In diesem Abschnitt möchten wir Ihnen einige typische Montagearbeiten beispielhaft vorstellen:

1,6 l- und 2,0 l-TDI-Motoren Temperaturfühler für Abgasrückführung 1 aus- und einbauen (3 im Bild 4)
Für diese Arbeiten ist es erforderlich, dass die Zündung ausgeschaltet und der Motor kalt ist.

Tipp: Bringen Sie alle Kabelbinder beim Einbau wieder an der gleichen Stelle an. Beim Ausbau darf die elektrische Leitung nicht abgeschnitten werden, da in diesem Fall keine Fehlerdiagnose mehr möglich ist.

Montagarbeiten Motorraum von oben:
- Bauen Sie die Motorabdeckung aus.
- Wärmeschutzmanschette öffnen.
- Elektrische Steckverbindung aus dem Halter nehmen, trennen und elektrischen Leitungsstrang freilegen.

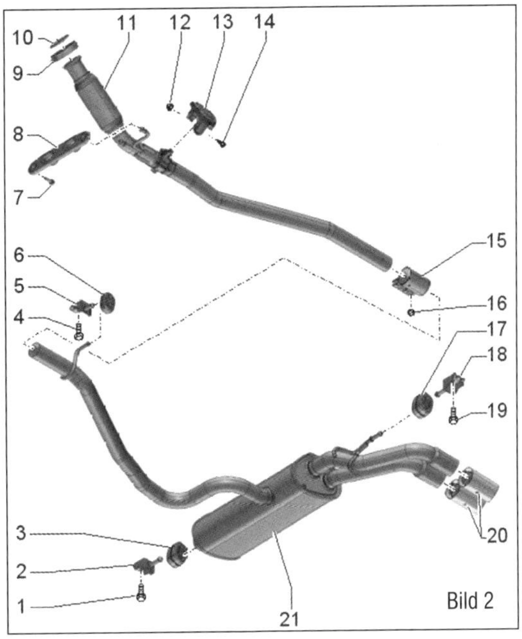

Bild 2

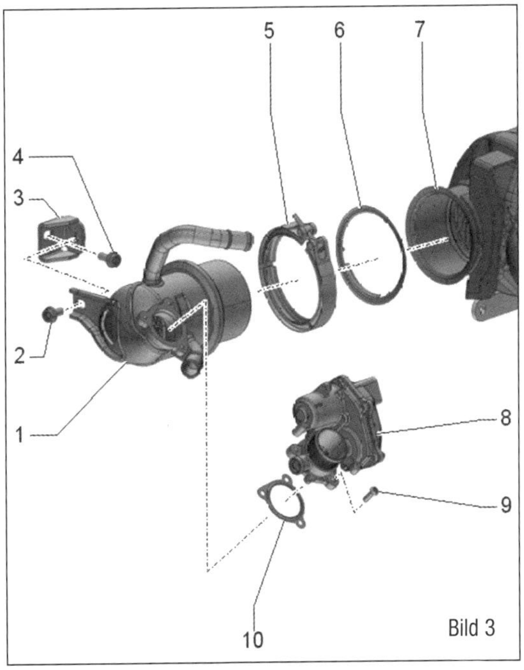

Bild 3

Elektrische Steckverbindung bei Motorkennbuchstaben CRVA:
- Abgastemperaturgeber 1 mit dem Ring-Einsteckwerkzeug, offen SW 17 »V.A.G 1331/10« herausschrauben.

Der Einbau erfolgt sinngemäß in umgekehrter Reihenfolge, dabei bitte Folgendes beachten:
- Anzugsdrehmoment.
- Abgastemperaturgeber vor Stößen und Schlägen schützen. Zu Boden gefallene Abgastemperaturgeber nicht mehr verwenden.

Bild 2
TDI-Motoren.
1 Nachschalldämpfer
2 Schraube
3 Aufhängung
4 Halteschlaufe
5 Halteschlaufe
6 Schraube
7 Aufhängung
8 Schraube
9 Halter
10 Schraubschelle
11 Dichtung
12 Abgasvorrohr
13 Mutter
14 Abgasklappensteuereinheit
15 Schraube
16 Klemmhülse
17 Mutter
18 Halteschlaufe
19 Aufhängung
20 Schraube

Bild 3
TDI-Motoren.
1 Kühler AGR
2 Schraube
3 Halter
4 Schraube
5 Schraubschelle
6 Dichtung
7 Abgasreinigungsmodul
8 Stellmotor für Abgasrückführung
9 Schraube
10 Dichtung.

Sichtprüfung Messen

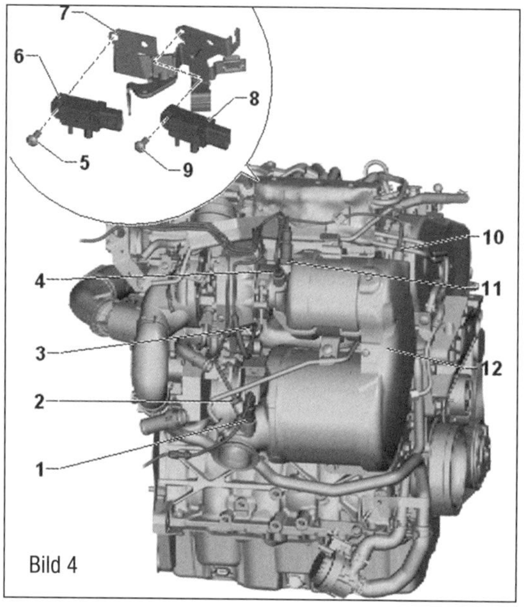

Bild 4

Bild 4
TDI-Motoren.
1 Nachkatsonde
2 Abgastemperaturgeber 4
3 Abgastemperaturgeber 1
4 Abgastemperaturgeber 2
5 Schraube
6 Differenzdruckgeber
7 Halter
8 Drucksensor Abgas
9 Schraube
10 Abgastemperaturgeber 3
11 Lambdasonde vor Kat
12 Abgasreinigungsmodul

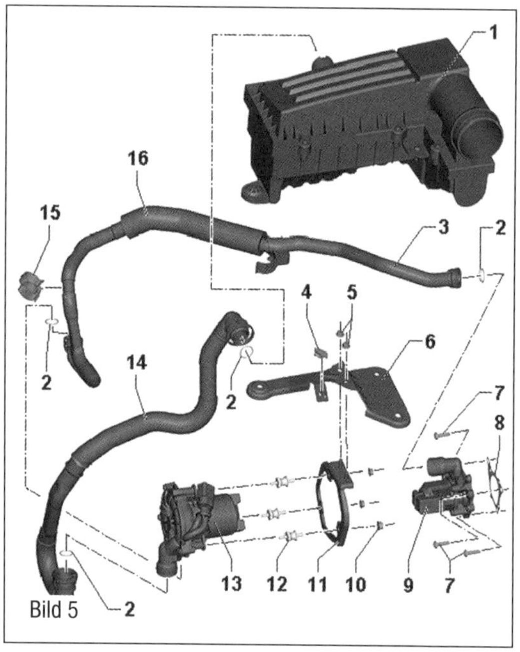

Bild 5

Bild 5
1 Luftfiltergehäuse
2 O-Ring
3 Verbindungsleitung
4 Halter
5 Mutter
6 Halter
7 Schraube
8 Dichtung
9 Sekundärlufteinblasventil
10 Mutter
11 Halter
12 Gummilager
13 Motor für Sekundärluftpumpe
14 Verbindungsleitung
15 Halter
16 Schutz

Bild 6

Bild 6
Zuhalten des Abgasrohres zur Dichtheitsprüfung.

Gewinde mit Heißschraubenpaste bestreichen.

■ Der Abgastemperaturgeber muss so montiert werden, dass der abgewinkelter Schaft senkrecht nach unten zeigt.

Benzinmotoren 2,0 l-TSI-Motoren Sekundärlufteinblasventil (9 im Bild 5) **aus- und einbauen**

■ Luftfilter ausbauen.
■ Batterie und den Batterieträger ausbauen.
■ Stecker und Schlauch vom Sekundärlufteinblasventil abziehen.
■ Kühlmittelrohr lösen, dazu Schrauben herausdrehen.
■ Schrauben herausdrehen und Sekundärlufteinblasventil abnehmen.

Der Einbau erfolgt in umgekehrter Reihenfolge, ersetzen Sie hierbei die Dichtung.

Zustand der Auspuffanlage kontrollieren

■ Fahrzeug auf einer Hebebühne anheben oder absolut rüttelsicher aufbocken. Es darf nicht kippeln, wenn heftig an den Rohren der Auspuffanlage gedreht oder gezerrt wird. Die Aufhängungen und Gummiösen dürfen keine Schäden aufweisen.
■ Zur Kontrolle die Abgasanlage an den Schraubbefestigungen rütteln. Komponenten auf Brüchigkeit, Einrisse oder sonstige Schäden überprüfen, bei Bedarf ersetzen.
■ Wenn sich beim Demontieren eine Verschraubung nicht lösen lässt, mit rostlösendem Mittel behandeln oder durch Überdrehen abreißen. Beim Festziehen von Verschraubungen z. B. am Abgaskrümmer die Reihenfolge von innen nach außen und über Kreuz einhalten.
■ Wenn Teile der Anlage schon einmal ersetzt wurden, trennt man die Steckverbindung der Rohrenden am besten in erwärmtem Zustand. Schweißbrenner oder Propangasbrenner verwenden und Feuerlöscher bereithalten.
■ Schalldämpfer mit einem Hammer rundum gründlich abklopfen, auch an den Stirnseiten (Übergang von den Töpfen zu den Rohren). Nicht zu zaghaft hämmern. Klingt es bei jedem Schlag hell, ist das Blech noch gesund. Wird das Klopfgeräusch an man-

chen Stellen dumpfer, ist die Außenhaut bereits geschwächt und wird bald durchbrechen.

Ein sehr dumpfer Auspuffton und Knallen im Schiebebetrieb können auf einen durchgerosteten Auspuff hinweisen.

■ Dichtheit der Auspuffanlage prüfen (nachfolgende Anleitung).

Abgasanlage auf Dichtheit prüfen

■ Motor anlassen und im Leerlauf drehen lassen.

■ Auspuffendrohr für die Dauer der Dichtheitsprüfung verschließen (Lappen, Stöpsel). Der Motor kann ausgehen. Grundsätzlich sollten Sie keine lauten Zischgeräusche wahrnehmen können.

■ Verbindungsstellen Zylinderkopf/Abgaskrümmer, Abgasturbolader/Abgasvorrohr usw. durch Abhören auf Dichtheit prüfen. Gibt es zischelnde Geräusche an Verbindungsstellen, ist die Anlage an der Geräuschstelle undicht.

■ Festgestellte Undichtigkeiten beseitigen.

Abgasvorrohr und Schalldämpfer aus- und einbauen

Unfallgefahr durch das Gewicht der Schalldämpfer. Zum Abnehmen der Schalldämpfer ist ein zweiter Mechaniker erforderlich.

1,6 l- und 2,0 l-TDI-Motoren

■ Geräuschdämpfung ausbauen.

Fahrzeuge mit Motorkennbuchstaben CLHA, CRBC, CRKA, CRKB, CRLB, CUNA, CRMB, CKFC:

■ Elektrische Steckverbindung (1) trennen.

Fortsetzung für alle Fahrzeuge:

■ Klemmhülse (2) lösen und nach hinten schieben.

■ Schrauben (1) herausdrehen.

■ Schraube (2) lösen, Klemmschelle abnehmen.

■ Abgasvorrohr abnehmen.

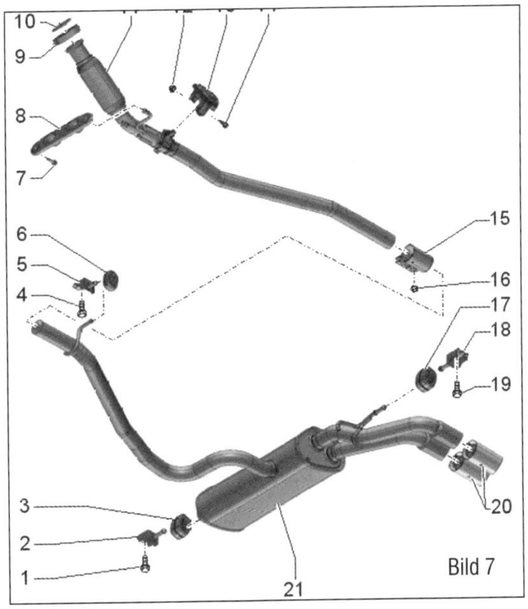

Bild 7

Bild 7
Schalldämpferanlage TDI.
1 Schraube
2 Aufhängung
3 Halteschlaufe
4 Schraube
5 Aufhängung
6 Halteschlaufe
7 Schraube
8 Halter
9 Schraubschelle
10 Dichtung
11 Abgasvorrohr
12 Mutter
13 Abgasklappensteuereinheit
14 Schraube
15 Klemmhülse
16 Mutter
17 Halteschlaufe
18 Aufhängung
19 Schraube
20 Abgasendrohre
21 Nachschalldämpfer

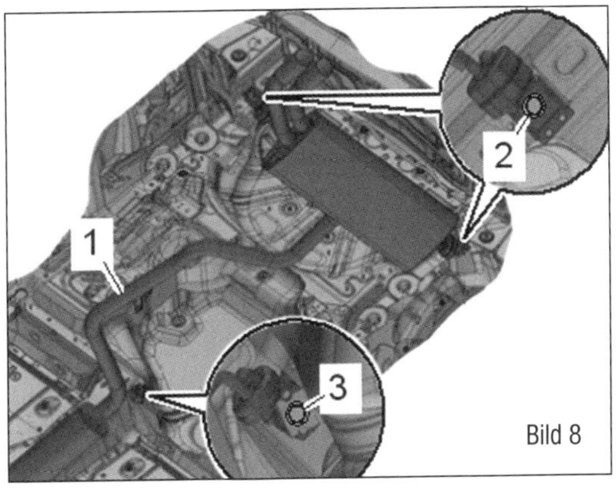

Bild 8

Bild 8
1,2 l- und 1,4 l-TSI.
1 Schalldämpfer
2 Schraube
3 Schraube

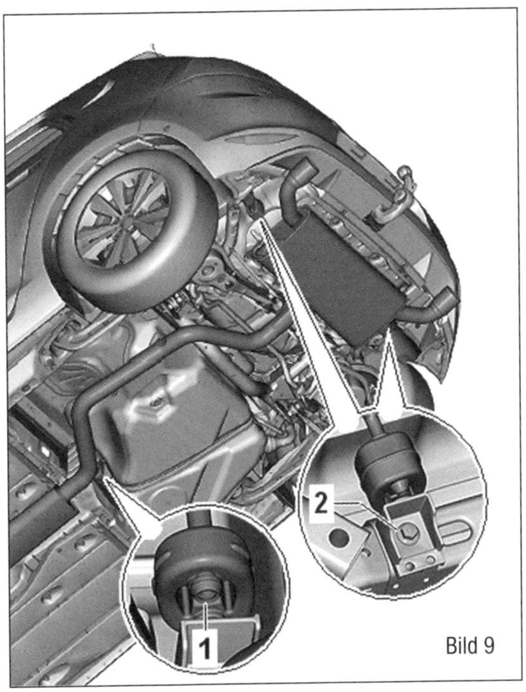

Bild 9

Bild 9
2,0 l-TSI
1 Aufhängung
2 Aufhängung

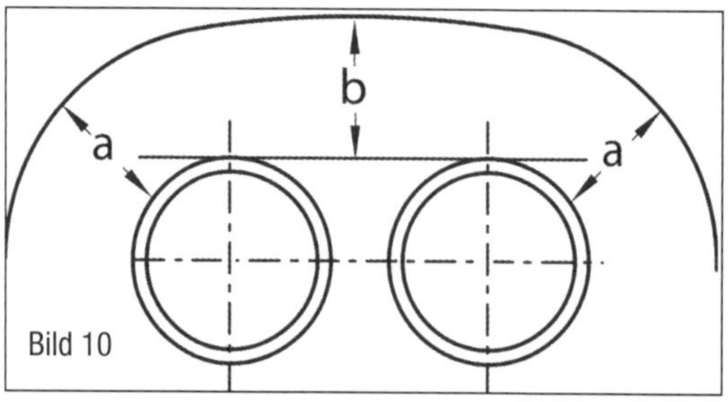

Bild 10
Die Abstandmaße zum Schalldämpferrohr müssen annähernd gleich ausfallen.

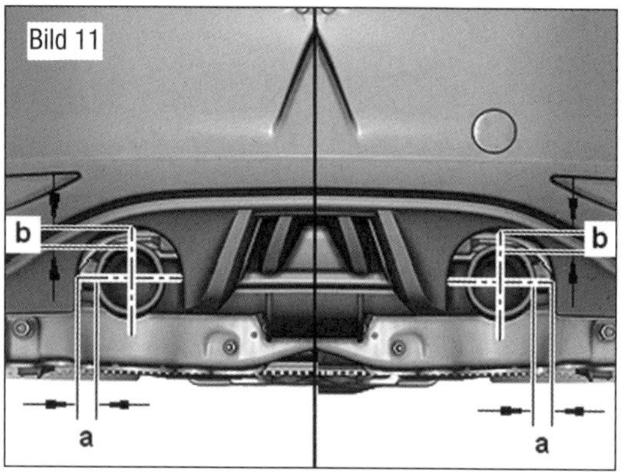

Bild 11
Vorspannung an der Halteschlaufe.

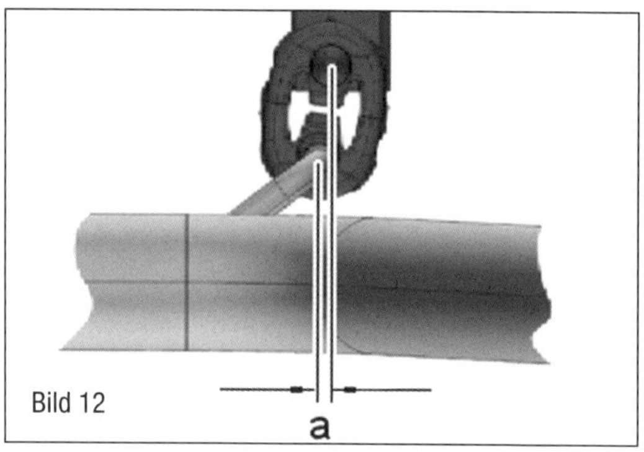

Bild 12
Die Abstandmaße zum Schalldämpferrohr müssen auch bei diesem Schalldämpfertyp annähernd gleich ausfallen.

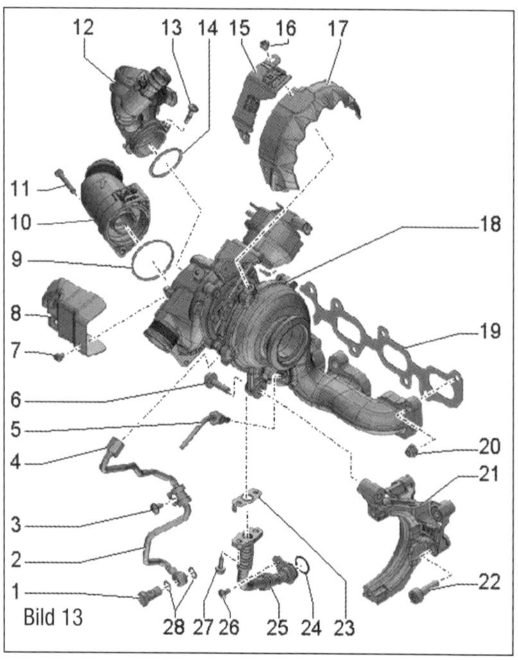

Bild 13
TDI-Motoren
1 Hohlschraube
2 Ölvorlaufleitung
3 Schraube
4 Überwurfmutter
5 Abgastemperaturgeber 1
6 Schraube
7 Schraube
8 Wärmeschutzblech
9 O-Ring
10 Pulsationsdämpfer
11 Schraube
12 Anschlussstutzen
13 Schraube
14 O-Ring
15 Halter
16 Schraube
17 Wärmeschutzblech
18 Abgasturbolader
19 Dichtung
20 Mutter
21 Halter
22 Schraube
23 Dichtung
24 O-Ring
25 Ölrücklaufleitung
26 Schraube
27 Rippschraube
28 Dichtringe

1,2 l- und 1,4 l-TSI-Motoren

- Wenn vorhanden, Unterbodenverkleidung hinten links ausbauen.
- Tunnelbrücke hinten ausbauen.
- Klemmhülse vor dem Vorschalldämpfer lösen und nach hinten schieben.
- Links und rechts Schraube (2) herausdrehen (Bild 8).
- Schraube (3) herausdrehen, Schalldämpfer (1) abnehmen.

2,0 l-TSI-Motoren

- Tunnelbrücke hinten unter dem Vorschalldämpfer ausbauen.
- Verschraubungen der Klemmhülse vorn lösen.
- Aufhängung (1) aushängen und Aufhängung (2) vom Aufbau abschrauben. Schalldämpfer abnehmen (Bild 9).

Der Einbau erfolgt sinngemäß in umgekehrter Reihenfolge.

- Dichtungen und selbstsichernde Muttern ersetzen.
- Das Abgasvorrohr in der vorgegebenen Anzugsreihenfolge am Abgaskrümmer festschrauben.
- Die Abgasanlage spannungsfrei einrichten (folgt später).

Abgasanlage spannungsfrei einrichten

Der Motor muss kalt sein.

- Beide Verschraubungen der Klemmhülse vorn (15 Bild 7) lösen.
- Abgasanlage so weit nach vorn drücken, bis die Vorspannung an der Halteschlaufe am Abgasrohr (a) = 5 mm beträgt (Bild 11).
- Klemmhülse vorn einbauen.

Abgasendrohre ausrichten

- Nachschalldämpfer so ausrichten, dass zwischen Stoßfängerausschnitt und Abgasendrohren ein gleichmäßiger Abstand (a) und (b) entsteht (Bilder 10 und 12).
- Zum Ausmitteln der Abgasendrohre Aufhängung des Nachschalldämpfers lösen.

Arbeiten am Aufladesystem

Alle Modelle des Golf VII sind mit Turboladern ausgerüstet. Die sich ergebende Mehrleistung und das steigende Drehmoment erlauben den Einsatz von Motoren mit kleinerem Hubraum bei erstaunlichen Fahrleistungswerten.

⚠ Wenn am Abgasturbolader ein mechanischer Schaden (beispielsweise ein zerstörtes Verdichterrad) festgestellt wird, genügt es nicht, nur den Abgasturbolader zu ersetzen. Um Folgeschäden zu vermeiden, müssen folgende Arbeiten durchgeführt werden:

- Luftfiltergehäuse, Luftfiltereinsatz und Luftführungsschläuche auf Verunreinigungen prüfen.
- Gesamte Ladeluftstrecke und Ladeluftkühler auf Fremdkörper prüfen.
- Wenn Fremdkörper im Ladeluftsystem festgestellt werden, Ladeluftstrecke reinigen und gegebenenfalls Ladeluftkühler ersetzen.

⚠ Bringen Sie alle Wärmeschutzmanschetten beim Einbau wieder an der gleichen Stelle an.

☞ Nach Einbau von Neuteilen (Motor/Teilmotor, Zylinderkopf, Nockenwellengehäuse oder Abgasturbolader) ist die Öldruckregelung für ca. 1000 km auf die hohe Druckstufe einzugrenzen. Dadurch werden der höheren Reibung beim Einlaufen neuer Bauteile Rechnung getragen sowie der optimale Abtransport von Partikeln aus dem Einlaufverschleiß gewährleistet. Dazu den Fahrzeugdiagnosetester anschließen, Zündung einschalten und folgende Menüpunkte anwählen:

- 01 – Motorelektronik
- Geführte Funktionen
- Anpassungen
- Öldruckregelung/Einfahrfunktion aktivieren.

Ausbau des Turboladers 1,6 l- und 2,0 l-TDI-Motor

- Motorabdeckung ausbauen.
- Kühlmittel ablassen.
- Abgasvorrohr ausbauen.
- Kühlmittelrohr hinten ausbauen.
- Kühlmittelrohre links ausbauen.

Fahrzeugen mit Standheizung:

- Kühlmittelleitungen an der Stirnwand abbauen.

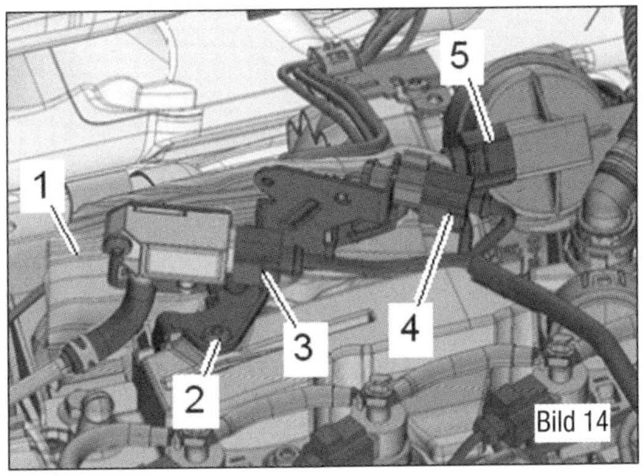

Bild 14
1 Wärmeschutzmanschette
2 Schraube
3 Steckverbindung
4 Steckverbindung
5 Steckverbindung

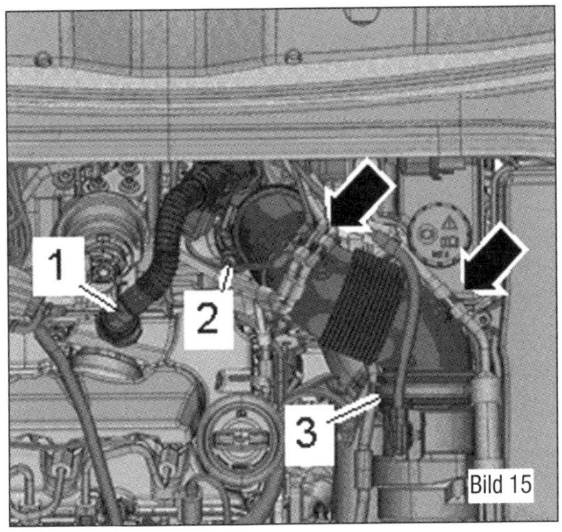

Bild 15
1 Entriegelungstaste
2 Schraube
3 Schlauchschelle
Pfeile = Unterdruckschläuche

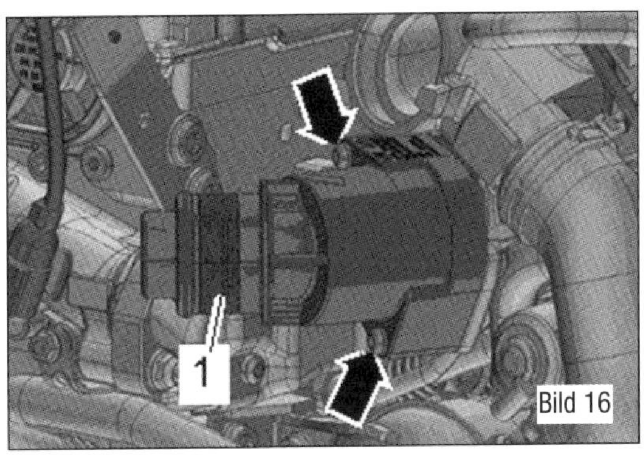

Bild 16
1 Resonator
Pfeile Schrauben

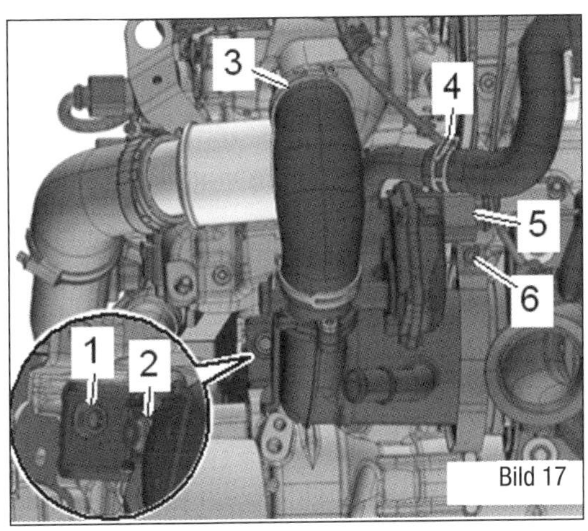

Bild 17
1 Schraube
2 Schraube
3 Schlauchschelle
4 Schlauchschelle
5 Steckverbindung
6 Schraube

Sichtprüfung Messen

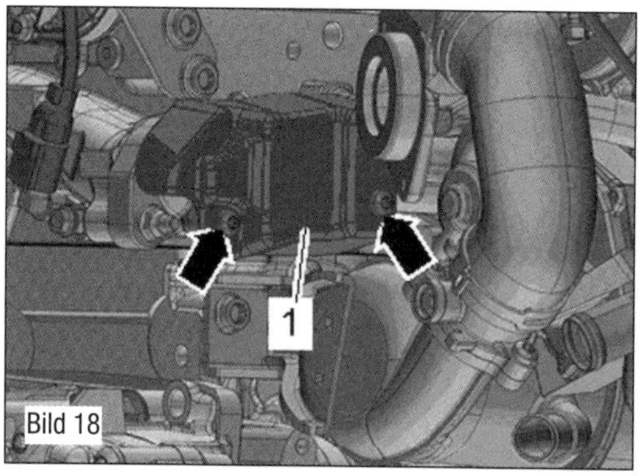

Bild 18
1 Wärmeschutzblech
Pfeile = Schrauben

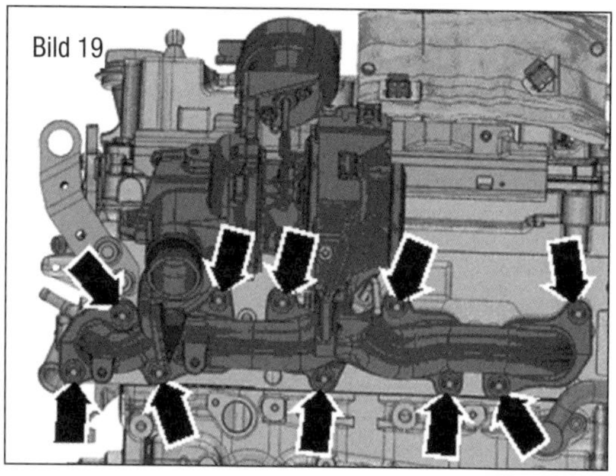

Bild 19
Pfeile = Muttern

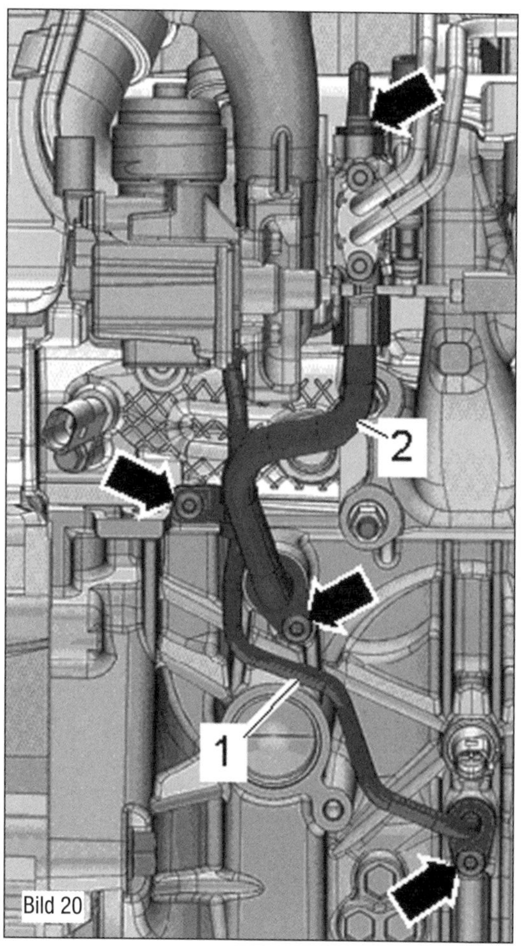

Bild 20
1 Ölvorlaufleitung
2 Ölrücklaufleitung
Pfeile Schrauben

Rechtslenker mit Motornummer CLHA, CRBC, CLHB, CRKA, CRKB, CRLB, CUNA, CRMB, CKFC:

- Temperaturfühler für Abgasrückführung ausbauen (Bild 4).
- Abgasreinigungsmodul ausbauen.

Linkslenker (alle):

- Wärmeschutzmanschette (1 im Bild 14) öffnen.
- Elektrische Steckverbindung (4) aus dem Halter nehmen, trennen und elektrische Leitung freilegen.
- Elektrische Steckverbindungen (3), (5) trennen und elektrischen Leitungsstrang freilegen.
- Schraube (2) herausdrehen, Halter mit Differenzdruckgeber nach hinten legen.
- Entriegelungstasten am Schlauch (1 im Bild 15) für Kurbelgehäuseentlüftung drücken und von der Zylinderkopfhaube abbauen.
- Unterdruckschläuche am Luftführungsrohr freilegen (Pfeile).
- Schraube (2) herausdrehen, Luftführungsrohr mit Ansaugstutzen nach hinten schwenken und vom Abgasturbolader abziehen.
- Schrauben (Pfeile im Bild 16) herausdrehen, Resonator (1) abnehmen.
- Schlauchschelle lösen, Kühlmittelschlauch an de Kühlmittelleitung abziehen.
- Schraube (2) lösen, Schraube (3) herausdrehen und Kühlmittelleitung zur Seite schwenken.
- Elektrische Steckverbindungen trennen und elektrische Leitungen für den Abgastemperaturgeber 4, den Abgastemperaturgeber 3 und die Lambdasonde 1 vor Katalysator freilegen.

Fahrzeuge mit Allradantrieb:

- Kühler für Abgasrückführung ausbauen.

Fahrzeuge mit Frontantrieb:

- Wärmeschutzmanschette zur Seite drücken, elektrische Steckverbindung (5 im Bild 17) trennen.
- Schlauchschelle (3) lösen, Luftführungsschlauch abbauen.
- Schlauchschelle (4) lösen, Kühlmittelschlauch abbauen.
- Schraube (1) mit Steckeinsatz XZN 10 »T10501« herausdrehen und die Schraube (2) lösen. Schraube der Schelle zwischen

Turbolader und Abgasreinigungsmodul mit Steckeinsatz XZN 10 »T10501« herausdrehen und die Schrauben am Abrasreinigungsmodul lösen und die Schraubschelle abnehmen.

Beim Abnehmen des Abgasreinigungsmoduls auf die elektrische Leitung des Abgastemperaturgebers 1 achten!

- Schrauben herausdrehen, Abgasreinigungsmodul und Kühler für Abgasrückführung nach hinten drücken.

Fortsetzung für alle Fahrzeuge:

- Schraube und Überwurfmutter der Ölversorgungsleitung zum Turbolader herausdrehen und die Ölrücklaufleitung abnehmen.
- Schrauben des Dieselpartikelfilters herausdrehen und den Halter für Dieselpartikelfilter abnehmen.
- Schrauben (Pfeile im Bild 18) herausdrehen, Wärmeschutzblech (1) abnehmen.

Ausbau des Turboladers 1,2 l- und 1,4 l-TSI-Motor

- Kühlmittel ablassen.
- Wärmeschutzblech für Gelenkwelle rechts abbauen.
- Wärmeschutzmanschette abnehmen.
- Elektrische Steckverbindung am Öldruckschalter für reduzierten Öldruck trennen.
- Schrauben (Pfeile im Bild 20) herausdrehen, Ölvorlaufleitung (1) und Ölrücklaufleitung (2) abnehmen.
- Schraube (2 im Bild 21) herausdrehen, Schraubschelle abnehmen.
- Schraube (1) und Muttern (Pfeile) herausdrehen, Katalysator hochbinden.
- Schlauchschellen am Luftführungsrohr zum Luftfilter lösen, Luftführungsrohr ausbauen.
- Luftführungsschläuche am Luftführungsrohr freilegen.
- Stecker vom Ladedruckgeber abziehen.
- Verrastungen (Pfeile im Bild 22) mit Entriegelungswerkzeugen »T10527« und »T10527/1« entriegeln.
- Luftführungsrohr (1) abnehmen. Entriegelungstasten drücken und den Schlauch zum Aktivkohlebehälter abziehen.
- Schrauben herausdrehen und den Schlauch für Kurbelgehäuseentlüftung abnehmen.
- Elektrische Steckverbindung (2 im Bild 23) trennen.

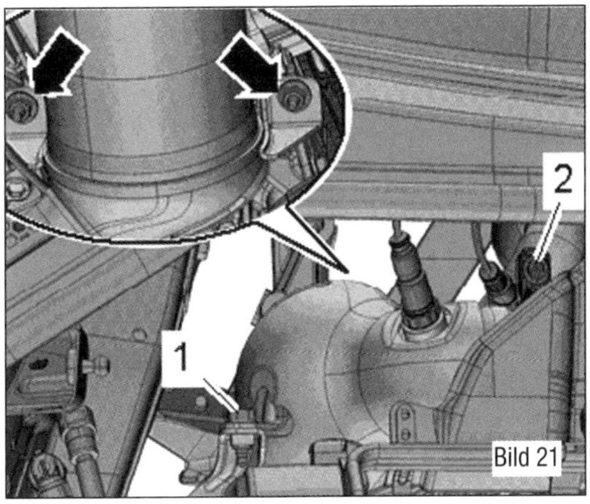

Bild 21
1 Schraube
2 Mutter
Pfeile = Muttern

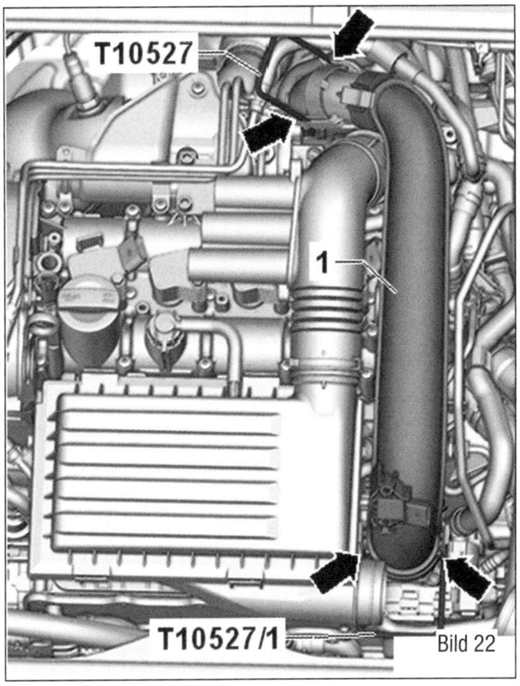

Bild 22
Entriegelungswerkzeuge T10527 und T10527/1.
Pfeile = Halteklammern.

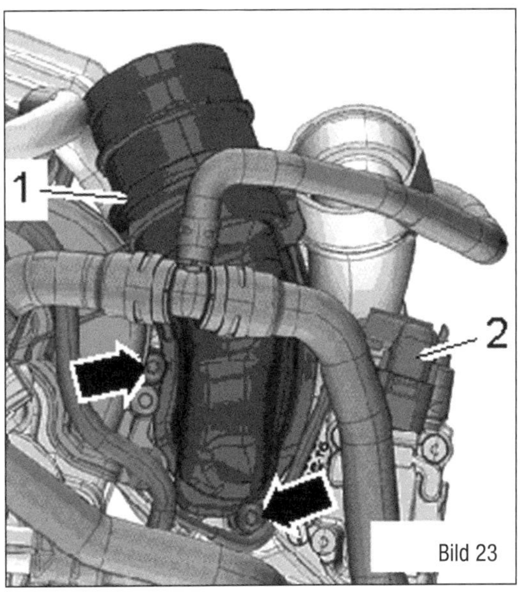

Bild 23
1 Stutzen
2 Steckverbindung
Pfeile = Schrauben

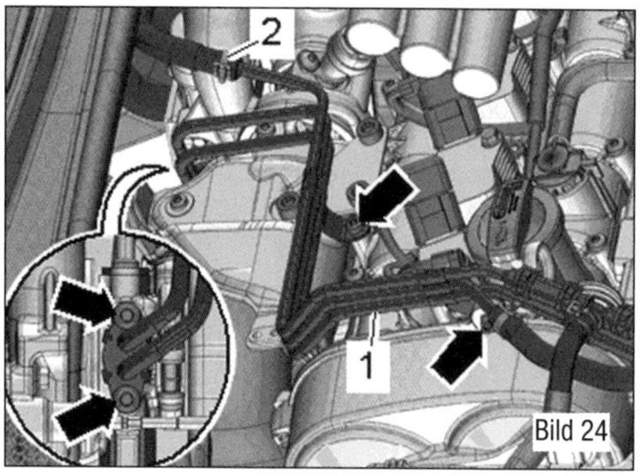

Bild 24
1 Kühlmittelleitung
2 Schelle

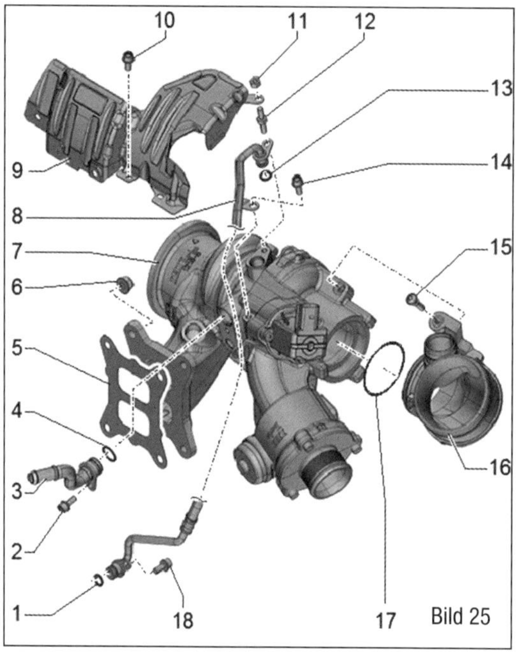

Bild 25
Ansicht vom Kopf her.
1 O-Ring
2 Schraube
3 Kühlmittelvorlaufleitung
4 O-Ring
5 Dichtung
6 Mutter
7 Abgasturbolader
8 Ölvorlaufleitung
9 Wärmeschutzblech
10 Schraube
11 Mutter
12 Schraube
13 O-Ring
14 Schraube
15 Schraube
16 Stutzen
17 O-Ring
18 Schraube

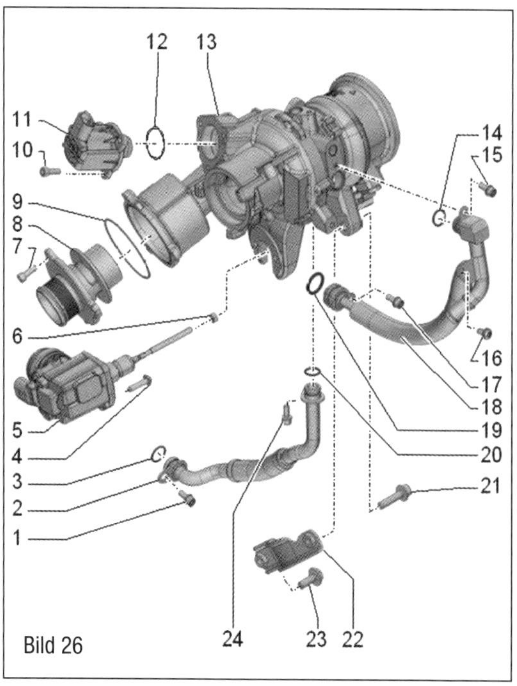

Bild 26
Ansicht zum Kopf hin.
1 Schraube
2 Ölrücklaufleitung
3 O-Ring
4 Schraube
5 Ladedrucksteller
6 Mutter
7 Schraube
8 Stutzen
9 O-Ring
10 Schraube
11 Umluftventil
12 O-Ring
13 Abgasturbolader
14 O-Ring
15 Schraube
16 Schraube
17 Schraube
18 Kühlmittelrücklauf
19 O-Ring
20 O-Ring
21 Schraube
22 Halter
23 Schraube
24 Schraube

- Schrauben (Pfeile) herausdrehen, Stutzen (1) abnehmen.
- Schlauchschelle (2 im Bild 24) lösen, Kühlmittelschlauch abbauen.
- Schrauben (Pfeile) herausdrehen, Kühlmittelleitungen (1) zur rechten Seite schwenken.
- Schrauben herausdrehen und das Wärmeschutzblech über dem Turbolader abnehmen.
- Muttern herausdrehen, Abgasturbolader abnehmen.

Der Einbau erfolgt in umgekehrter Reihenfolge, dabei Folgendes beachten:

- Den Dichtring in die Aussparung des Anschlusses des Abgasturboladers schieben und mit einem kleinen Schraubendreher den Dichtring heraushebeln.
- Dichtringe, Dichtungen, O-Ringe und selbstsichernde Muttern müssen nach Demontage ersetzen werden.
- Befüllen Sie den Abgasturbolader am Anschlussstutzen für Ölvorlaufleitung mit Motoröl.
- Alle Schlauchverbindungen mit Schlauchschellen sichern, die dem Serienstand entsprechen.
- Um die Ölversorgung des Abgasturboladers sicherzustellen, lassen Sie den Motor nach Einbau des Abgasturboladers etwa eine Minute im Leerlauf laufen; nicht gleich hochdrehen.
- Kühlmittel auffüllen.

Ausbau des Turboladers am 2,0 l-TSI-Motor

- Kühlmittel ablassen.
- Abgasvorrohr mit Katalysator ausbauen.
- Luftfiltergehäuse mit Luftführungsrohr zum Abgasturbolader ausbauen.
- Schlauchschelle lösen, Schraube am Luftführungsrohr herausdrehen, Luftführungsrohr vom Abgasturbolader abziehen.
- Kühlmittelschlauch (Pfeil) abziehen.
- Stecker (1 im Bild 27) und (2) abziehen. Halter (3) öffnen.
- Wenn vorhanden, Schraube (1 im Bild 28) für Masseleitung herausdrehen.
- Den Kühlmittelschlauch (2) abziehen.
- Die Stecker (Pfeile) abziehen.
- Verrastung entriegeln und den Leitungsschacht nach oben vom Halter abnehmen.
- Schrauben der Kühlmittelleitung zum Turbolader herausdrehen und das Kühlmittelrohr zur Seite schwenken.

■ Lambdasonde 1 vor Katalysator ausbauen.
■ Stellelemente für Nockenverstellung (Pfeile im Bild 29) ausbauen.
■ Zündspulen mit Leistungsendstufen ausbauen.
■ Schrauben und die Mutter am Wärmeschutzblech herausdrehen und das Wärmeschutzblech abnehmen.
■ Schraube Stütze am Turbolader zum Motorblock oben herausdrehen, die untere Schraube nur lösen. Den Halter für Abgasturbolader abnehmen.
■ Elektrische Steckverbindungen am Turbolader trennen.
■ Entriegelungstasten am Schlauch für die Kurbelgehäuseentlüftung drücken und den Schlauch abziehen.
■ Schrauben (1 im Bild 30) herausdrehen, Anschlussstutzen abziehen.
■ Schrauben (2) und (3) herausdrehen, die Ölvorlaufleitung und den Ölrücklaufleitung abziehen.
■ Schlauchschelle (Pfeil) lösen.

Der folgende Arbeitsschritt ist notwendig, um zwischen Zylinderkopf und Stirnwand etwas mehr Platz zu bekommen.
■ Schrauben der Pendelstütze zwischen Getriebe und Achsträger herausdrehen und die Pendelstütze abnehmen.
■ Motor, mit dem Spanngurt etwa 20 mm nach hinten ziehen.
■ Muttern (6 im Bild 25) herausdrehen.
■ Abgasturbolader vom Zylinderkopf abnehmen und nach oben herausheben.

Der Einbau erfolgt sinngemäß in umgekehrter Reihenfolge, dabei ist Folgendes zu beachten:

Ersetzen Sie Dichtringe, Dichtungen, O-Ringe und selbstsichernde Muttern. Die Stiftschrauben des Abgasturboladers mit Heißschraubenpaste einstreichen.
■ Befüllen Sie den Abgasturbolader am Anschlussstutzen der Ölvorlaufleitung mit Motoröl.
■ Schlauchstutzen und Schläuche für Ladeluftsystem müssen vor dem Montieren öl- und fettfrei sein.
■ Sichern Sie alle Schlauchverbindungen mit Schlauchschellen, die dem Serienstand entsprechen.
■ Abgasvorrohr mit Katalysator einbauen.

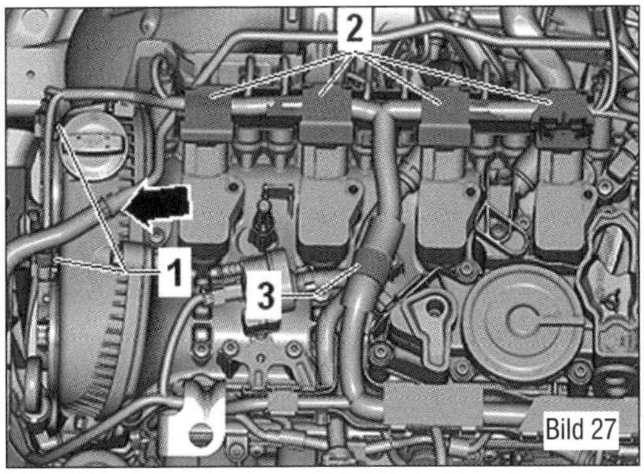

Bild 27
1 Stecker
2 Stecker
3 Halter

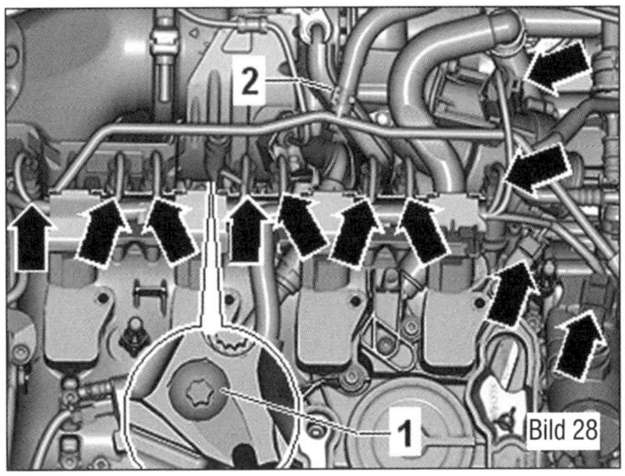

Bild 28
1 Schraube Masse
2 Schelle
Pfeile = Stecker

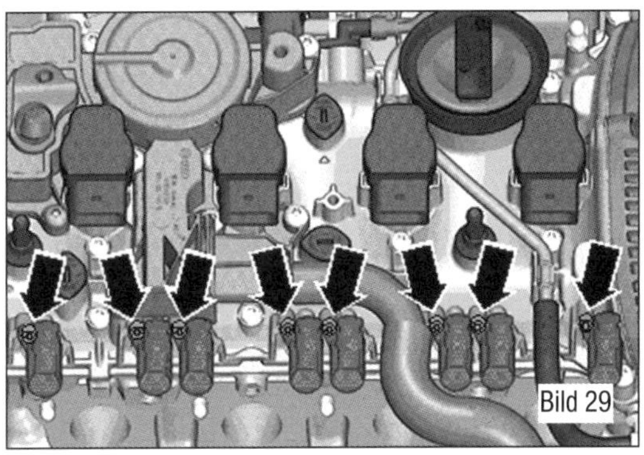

Bild 29
• Stellelemente (Pfeile) für die Nockenwellenverstellung.

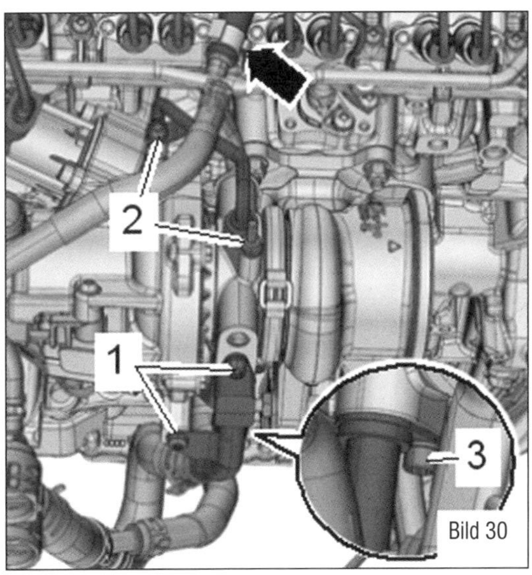

Bild 30
1 Schraube
2 Schraube
3 Schraube
Pfeil = Schelle

- Abgasanlage spannungsfrei einrichten.
- Kühlmittel auffüllen.
- Ölstand prüfen.

Wechsel der Druckdose am Turbolader
Nicht immer muss gleich der ganze Turbolader ersetzt werden. Ein typischer Fehler am Turbolader ist neben einer schwergängigen Mechanik ein Riss in der Membran der Verstellerdose. Oftmals schon durch ein »zischendes Geräusch« zu lokalisieren. In vielen Fällen müssen die Dichtheit und die Betätigung mit Unterdruckbeaufschlagung am Anschluss geprüft werden.
Für die TDI-Motoren erfolgt die Verstellung mittels Unterdruck. Hier finden sich zwei unterschiedliche Bauvarianten, die wir Ihnen in den Bildern 31 und 32 exemplarisch vorstellen. Die Vorgehensweise unterscheidet sich hier nicht. Bei den 1,2 l- und 1,4 l-TSI-Motoren erfolgt die Verstellung elektrisch per Servo. Wie auch beim 2,0 l-TSI muss hier die Grundeinstellung mit dem Diagnosetester erfolgen.

TDI-Motoren:
- Elektrische Steckverbindung am Positionsgeber für Ladedrucksteller (3 im Bild 31) trennen.
- Unterdruckschlauch (2) von der Unterdruckdose des Abgasturboladers abziehen.

⚠ Beim Ab- und Anbauen des Sicherungsrings ist die Krafteinwirkung auf das Hebelgestänge möglichst gering zu halten. Das Herunterdrücken des Sicherungsrings z. B. mit einem großen Schraubendreher kann zur Schädigung des Abgasturboladers führen.

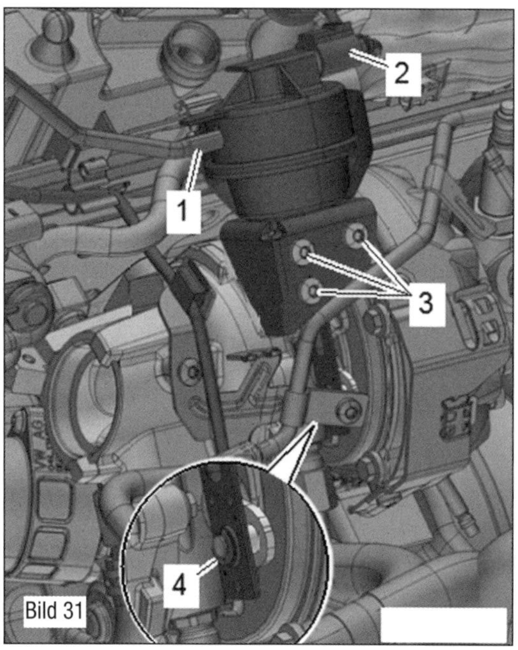

Bild 31
1 Schrauben
2 Unterdruckschlauch
3 Stecker
4 Sicherungsring

- Sicherungsring (4 Bild 31) abbauen.
- Schrauben (1) für Druckdose herausdrehen.
- Regelstange am Verstellhebel aushängen und Druckdose mit Positionsgeber für Ladedrucksteller abnehmen.

1,2 l- und 1,4 l-TSI-Motoren:
☞ Es können unterschiedliche Ladedrucksteller-Varianten verbaut worden sein.
- Zündung ausschalten.
- Elektrische Steckverbindung (1 im Bild 32) trennen.
- Sicherungsklammer (2) abnehmen.
- Schrauben (Pfeile) herausdrehen, Ladedrucksteller abnehmen.

Der Einbau erfolgt sinngemäß in umgekehrter Reihenfolge, dabei ist Folgendes zu beachten:
- Die Befestigungsschrauben und die Sicherungsklammer sind zu ersetzen.

Version mit Ladedrucksteller ohne einstellbares Gestänge:
- Motorsteuergerät an den Ladedrucksteller mit dem Diagnosetester anpassen.

Version mit Ladedrucksteller mit einstellbarem Gestänge:
- Gewinde des Ladedruckstellers auf Mittelstellung in das Gelenkstück einschrauben.
- Ladedrucksteller mit Fahrzeugdiagnosetester einstellen.
- Sollwert durch Drehen des Gestänges einstellen.
- Kontermutter mit 6 Nm festziehen und mit Siegellack sichern.

2,0 l-TSI-Motoren (siehe 5 im Bild 26)
- Zündung ausschalten.
- Schraube der Schelle des Katalysators am Turbolader herausdrehen, Schraubschelle abnehmen.
- Geräuschdämpfung ausbauen.
- Muttern und Schrauben herausdrehen und Katalysator etwas zur Seite legen.
- Zündung einschalten und am Fahrzeugdiagnosetester folgende Menüpunkte anwählen:

— 01 – Motorelektronik
— Geführte Funktionen
— 01 – Ladedrucksteller einstellen

- Das Gestänge des Ladedruckstellers nach Anweisung des Fahrzeugdiagnosetesters einstellen.
- Kontermutter mit Drehmomentschlüssel »VAS 6854« festziehen.

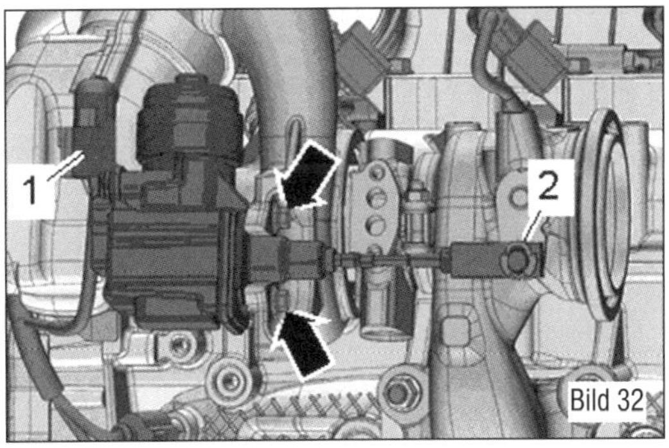

Bild 32
1 Stecker
2 Sicherungsring
Pfeile = Schrauben

Bild 33
Symptom: Öl im Abgaskanal.

Bild 34
Symptom zwei: Öl auch im Einlass.

Bild 35
Fehler gefunden: Die Sicherungsmutter (Pfeil) fehlt.

10 Kraftübertragung

Getriebetypen beim Golf VII

Zum System der Kraftübertragung bei Fahrzeugen mit Schaltgetriebe gehören Getriebe, Kupplung und Achsantrieb. Damit alle Akteure perfekt zusammenarbeiten und die vom Motor produzierte Leistung an die Antriebsräder übertragen, sind sie durch Gelenke, Wellen und Zahnräder miteinander verbunden. Welche Kraft tatsächlich an den Rädern benötigt wird, hängt davon ab, was dem Fahrzeug während der Fahrt abverlangt wird. Der Motor bietet jedoch nur in einem begrenzten Drehzahlbereich eine verwertbare Leistung an. Damit der Wagen beim Beschleunigen und bei Bergfahrten trotzdem genügend Zugkraft entwickelt, ist das Getriebe nötig. Mit seinen verschiedenen Gängen gewährleistet es eine jeweils passende Übersetzung. Im Golf VII werden je nach Motor vier verschiedene Getriebe verbaut. Gerade beim Ersetzen des Getriebes aus dem Gebrauchtmarkt ist es wichtig, die Getriebe unterscheiden zu können.

Bedeutung der Getriebekennung
Auf dem Getriebeblock von oben sichtbar ist im Bereich des Pfeils 1 im Bild 1 die Kennnummer eingeschlagen. Diese Kennnummer finden Sie auch auf dem Fahrzeugdatenträger im Fahrzeug oder im Serviceplan.

Kennbuchstaben	Fertigung		
	Tag	Monat	Jahr
FNE	10	11	3

Dieses Getriebe, dessen Nummer wir als Beispiel verwendet haben, trägt also die Kennnummer »FNE« und wurde am 10.11. 2003 gebaut. Wird ein Getriebe gebraucht verbaut, sollte die Verwendung nach Motortyp geprüft werden. Ein anderes Getriebe kann vielleicht mechanisch passen, kann aber die Fahrdynamik und die Motordrehzahl und damit auch den Verbrauch beeinflussen.

Getriebe OAF (5-Gang-Schaltgetriebe)	
Fahrzeug (Bauzeitraum)	5-Gang OAF Kennbuchstaben
TSI 1,2 l – 63 kW (08/12–09/12)	MHY
TSI 1,2 l – 63 kW (05/13)	PTB
TSI 1,6 l - 81 kW (05/13)	PTB

Getriebe OA4 Frontantrieb (5-Gang-Schaltgetriebe)	
Fahrzeug (Bauzeitraum)	6-Gang OA4 Kennbuchstaben
TDI 1,6 l – 77 kW (06/08–07/08)	LHW, LUB
TDI 1,6 l – 66 kW TDI 1,6 l – 77 kW TDI 1,6 l – 81 kW (08/12)	MWW
TDI 1,6 l – 81 kW (05/13)	PME
TSI 2,0 l – 81 kW (01/13)	MWX

Getriebe O2S Frontantrieb (6-Gang-Schaltgetriebe)	
Fahrzeug (Bauzeitraum)	6-Gang O2S Kennbuchstaben
TSI 1,4 l – 118 kW (03/11)	KWB
TSI 1,4 l – 103 kW TSI 1,4 l - 110 kW (03/11)	NBJ
TSI 1,4 l – 103 kW TSI 1,4 l – 110 kW (06/14)	QSZ
TDI 1,6 l – 81 kW (05/13)	PTW

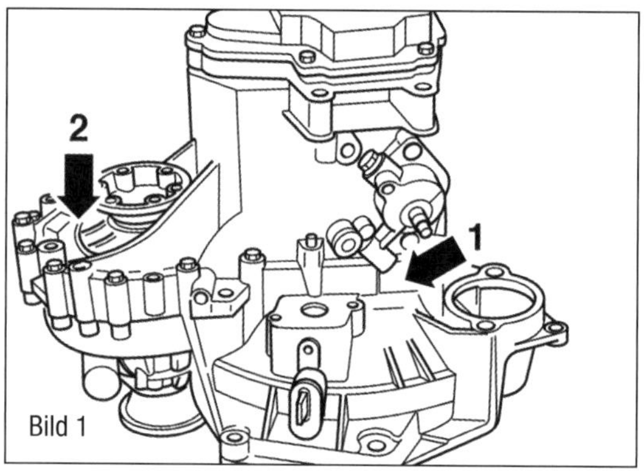

Bild 1

Bild 1
1 Kennbuchstaben und Produktionsdatum
2 Getriebetyp

Getriebe O2Q Frontantrieb (6-Gang-Schaltgetriebe)	
Fahrzeug (Bauzeitraum)	6-Gang O2Q Kennbuchstaben
TDI 1,6 l – 77 kW TDI 1,6 l – 81 kW (11/12)	MRV
TDI 2,0 l – 110 kW (08/12)	PGT
TDI 2,0 l – 110 kW (11/12)	PFM, PLR
TDI 2,0 l – 110k (05/13)	PGS
TDI 2,0 l – 105 kW TDI 2,0 l – 110 kW (08/12)	PFL
TDI 2,0 l – 162 kW (08/12)	PNN
TDI 2,0 l – 105 kW (05/14)	PFN
TDI 2,0 l – 103 kW (06/11 – 11/11)	MAY, NGB
TDI 2,0 l – 100 kW TDI 2,0 l – 103 kW (11/11)	NFU
TSI 2,0 l – 169 kW (01/13)	PNP
TSI 2,0 l – 155 kW (05/12)	KZS

DSG-Getriebe Frontantriebe (6-Gang)	
Fahrzeug	6-Gang-DSG 0D9 Kennbuchstaben
TDI 2,0 l -81 kW TDI 2,0 l -105 kW TDI 2,0 l -110 kW	MTD, MTE, PPL, PPM, PUG, PUH
TDI 2,0 l -110 kW	PPL, PPM, PUG, PUH
TDI 2,0 l -135 kW TSI 2,0 l -155 kW	PDZ, PPR, PUJ
TSI 2,0 l -162 kW TSI 2,0 l -169 kW	MTF, PPN, PUL PER, PPT, PUS

Automatisches Getriebe (6 Gang) 09G	
Fahrzeug	Automatik 6G 09G Kennbuchstaben
SRE 1,6 l 81 kW	PAL, QNQ

DSG-Getriebe Frontantriebe (7-Gang)	
Fahrzeug	7-Gang-DSG 0CW Kennbuchstaben
TSI 1,2 l – 77 kW	PNA, NNN, PLE, PWM, PYT
TSI 1,4 l – 90 kW	PNA, PLE, PWM, PYT
TSI 1,4 l – 103 kW	MSP, PNB, PLF, PWN, PYU
TSI 1,4 l – 81 kW TDI 1,6 l – 77 kW	PLE, PWM, PYT
TDI 1,6 l – 81 kw	NAR, PMZ, PLD, PWL, PYS
TDI 2,0 l – 81 kW	PMZ

Montagearbeiten am Getriebe

Die Demontage des Getriebes erfordert einige spezielle Werkzeuge und auch Erfahrung in der Montage. Im Rahmen dieses Buches gehen wir nur auf Arbeiten ein, die üblicherweise in privater Hand von Schraubern angegangen werden.
Hinzu kommt, dass der Umfang der Arbeitsbeschreibungen für die Demontage den Rahmen dieses Buches sprengen würde.

Bild 2
5-Gang-Schaltgetriebe 0A4.
I Getriebeaußendeckel und der 5. Gang
II Getriebegehäuse und die Schaltbetätigung
III Antriebswellen-Abtriebswellen und Differenzial

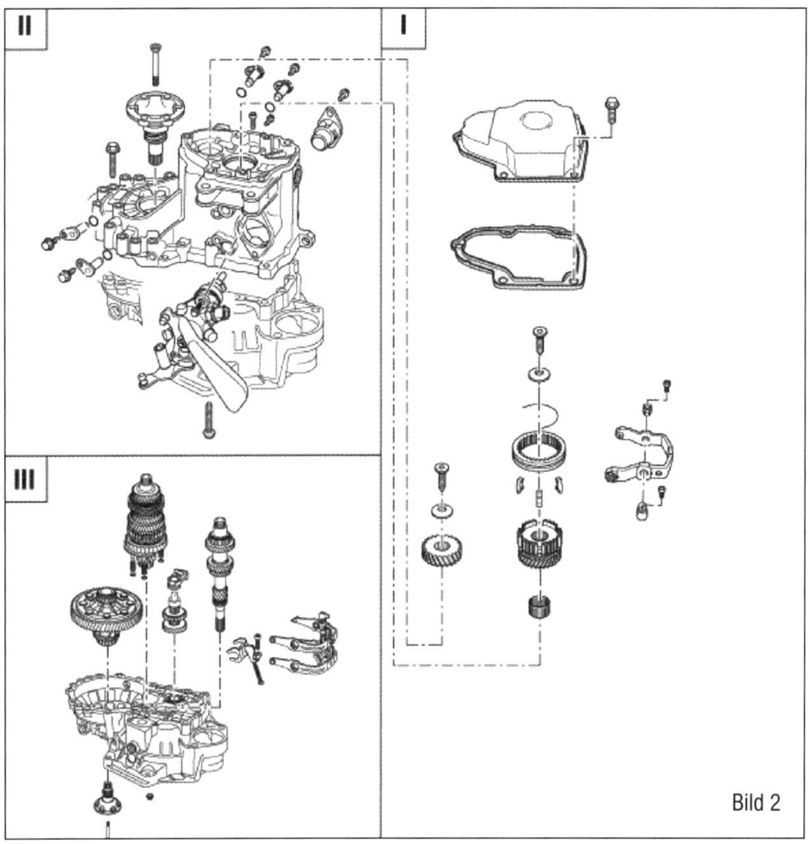

Bild 2

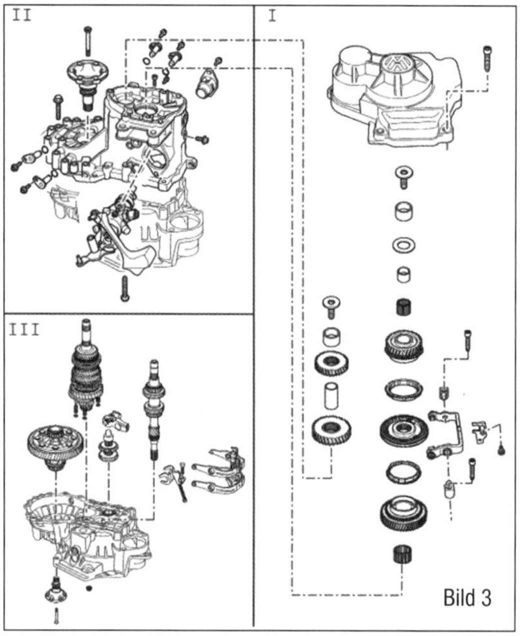

Bild 3
6-Gang-Schaltgetriebe 02S.

- I Getriebeaußendeckel und der 5./6. Gang
- II Getriebegehäuse und die Schaltbetätigung
- III Antriebswellen, Abtriebswellen und Differenzial

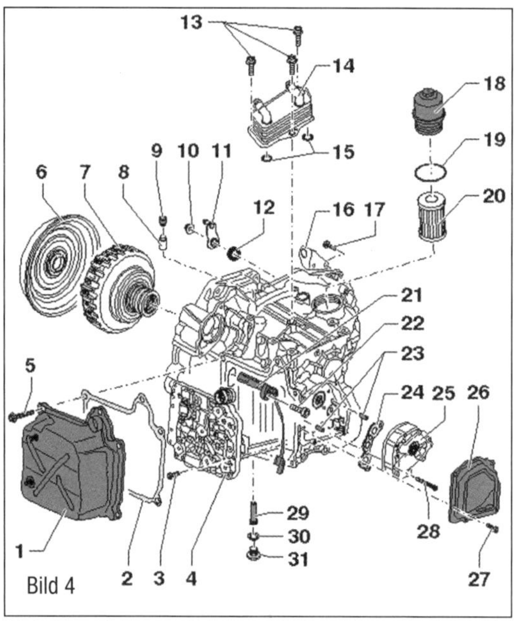

Bild 4
6-Gang-DSG 0D9.

1 Ölwanne
2 Dichtung
3 Schraube
4 Mechatronik DSG
5 Schraube
6 Kupplungs-Abschlussdeckel
7 Doppelkupplung
8 Entlüftungsrohr
9 Entlüftungskappe
10 Mutter
11 Getriebeschalthebel
12 Dichtring
13 Schraube
14 Getriebeölkühler
15 O-Ringe
16 Seilzugwiderlager
17 Schraube
18 Filtergehäuse
19 O-Ring
20 Ölfilter
21 ist entfallen
22 ist entfallen
23 Passstift
24 Dichtung
25 Getriebeölpumpe
26 Deckel Getriebeölpumpe
27 Schraube
28 Schraube
29 Überlaufrohr
30 Dichtring
31 Ablass- und Kontrollschraube

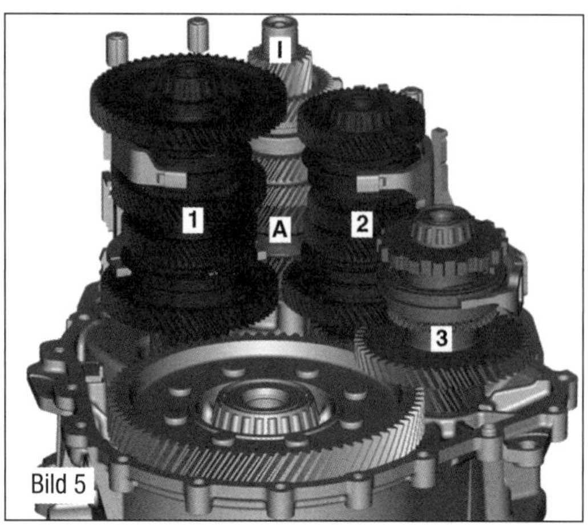

Bild 5
7-Gang DSG.

A Antriebswelle außen
I Antriebswelle innen
1 Abtriebswelle 1
2 Abtriebswelle 2
3 Abtriebswelle 3

Ölwechsel am Getriebe

Ölwechsel am Schaltgetriebe

Die Arbeitsvorgänge für die Schaltgetriebe sind sehr ähnlich. Wir stellen Ihnen hier eine allgemeingültige Arbeitsbeschreibung vor.

- Geräuschdämpfung abbauen.
- Drehen Sie die Ablassschraube unten heraus und lassen Sie das Getriebeöl vollständig ablaufen.
- Drehen Sie die Schraube zur Getriebeölkontrolle (2 im Bild 7) heraus.
- Drehen Sie die Ablassschraube (1) unter Verwendung eines neuen Dichtrings wieder hinein.
- Füllen Sie neues Getriebeöl durch die Einfüll- und Kontrollschraube ein. Der Ölstand ist korrekt, wenn das Getriebe bis Unterkante Öleinfüllbohrung befüllt ist.
- Öleinfüllschraube mit neuem Dichtring einschrauben und festziehen.
- Falls vorhanden, Geräuschdämpfung an das Getriebe und unterhalb Motor/Getriebe anbauen.

Ölwechsel am DSG-Getriebe

Das Doppelkupplungsgetriebe besitzt nur einen Ölhaushalt. Dieser Ölhaushalt gilt für die Räder/Wellen, den Achsantrieb, die Kupplungen und für die Mechatronik für Doppelkupplungsgetriebe. Die Vorgehensweise unterscheidet sich am 6-Gang- und 7-Gang-DSG Getriebe. Das Öl ist ein Originalteil, das vor dem Öffnen geschüttelt werden muss. Es dürfen keine Zusätze in das Öl gefüllt werden und es darf mit keinem anderen Öl gemischt werden. Abgelassenes Öl darf nicht wieder eingefüllt werden.

Zuerst wird die Öltemperatur ausgelesen. Ist sie höher als 50 °C, Getriebe abkühlen lassen. Bei stehendem Motor das Überlaufrohr herausdrehen und das Öl ablaufen lassen. Danach das Überlaufrohr wieder einbauen und das Getriebe mit Öl »überfüllen«. Anschließend den Motor starten und überschüssiges Öl so lange ablassen, bis der Ölstand das Überlaufrohr erreicht hat.

Erforderliche Bedingungen:

- Motor abgestellt.
- Fahrzeug steht in waagerechter Stellung, alle Aufnahmen der Bühne sind gleichmäßig in einer Höhe.

■ Falls vorhanden, muss die Geräuschdämpfung ausgebaut werden.
■ Der Wählhebel steht in der Position »P«.
■ Ein geeignetes Fahrzeugdiagnosesystem ist angeschlossen.
■ Zu Beginn der Arbeit darf die Öltemperatur nicht höher als 45 °C sein.

Ölwechsel durchführen

■ Fahrzeugdiagnosesystem, anschließen und in »Geführte Funktionen« das Fahrzeug identifizieren.
■ »Doppelkupplungsgetriebe« auswählen.
■ »Ölstand prüfen« auswählen.
■ Motor auslassen und nicht starten!
■ Ölablassschraube ausbauen.
■ Dichtring der Schraube ersetzen.
■ Ölstandsrohr (Pfeil im Bild 9) entfernen und Öl herauslaufen lassen.
■ Ölablassschraube der Mechatronik ausbauen. Es laufen noch etwa 1,2 Liter Öl aus.
■ Dichtring ersetzen und Ölablassschraube der Mechatronik wieder einbauen und mit 20 Nm festziehen.
■ Ölstandsrohr bis Anschlag eindrehen und mit 3 Nm festziehen.
■ Adapter vom Adapter zur Ölbefüllung (VAS 6262 A) handfest in die Kontrollbohrung einschrauben.
■ Damit das Entlüftungsrohr des Adapters zur Ölbefüllung »VAS 6262 A« bei einigen Ölflaschen nicht am Flaschenboden anstößt, muss es um das Maß (a) im Bild 12 gekürzt werden.
■ Vor dem Öffnen Flaschen schütteln.
■ 5,5 Liter Öl auffüllen.
■ Zum Flaschenwechseln Hahn verschließen oder Adapter zur Ölbefüllung (VAS 6262 A) höher als das Getriebe halten.
■ Ölablassschraube nur handfest anziehen.
■ Motor starten.
■ Bremse treten und jede Wählhebelstellung für ca. 3 Sekunden einlegen, danach Hebel wieder in »P« stellen.
■ Motor nicht abstellen.
■ Anschließend Ölstand mit dem Tester prüfen und wenn erforderlich, ergänzen.

Ölfilterwechsel am DSG-Getriebe

Ölfilterwechsel nicht erforderlich, wenn
■ der Getriebeölkühler oder seine O-Ringe ersetzt wurde(n) und kein Kühlmittel in das Öl gelangt ist,
■ der Dichtring für die Schaltwelle ersetzt wurde,
■ der Dichtring für die Steckwelle ersetzt wurde,
■ undichte Deckel/Dichtungen der Mechatronik oder der Mehrfachkupplung ersetzt wurden,
■ das Wartungsintervall erreicht wurde.

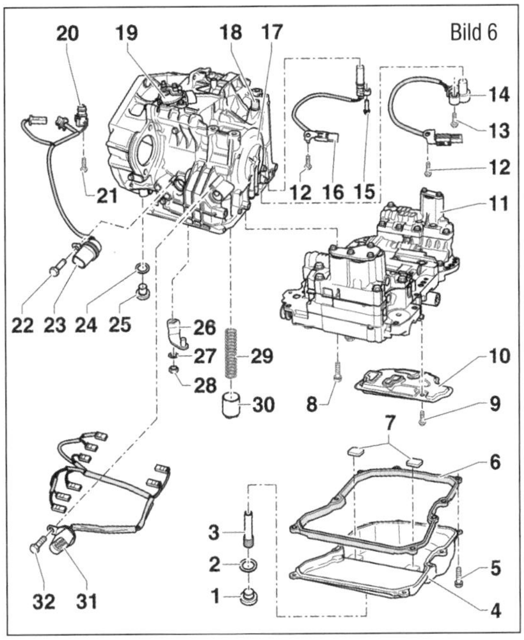

Bild 6
6-Gang-Automatik.
1 ATF-Kontrollschraube
2 Dichtring
3 Überlaufrohr
4 Ölwanne
5 Schraube
6 Dichtung
7 Magnet
8 Schraube
9 Schraube
10 Ölsieb
11 Schieberkasten
12 Schraube
13 Schraube
14 Geber für Getriebeeingangsdrehzahl
15 Schraube
16 Geber für Getriebeausgangsdrehzahl
17 Getriebegehäuse
18 Entlüftungskappe
19 Multifunktionsschalter
20 Getriebeöltemperaturgeber
21 Schraube
22 Schraube
23 Leitungsstrang für Geber
24 Dichtring
25 Ablassschraube
26 Schalthebel
27 Scheibe
28 Mutter
29 Feder
30 Dämpferkolben
31 Leitungsstrang Magnetventile
32 Schraube

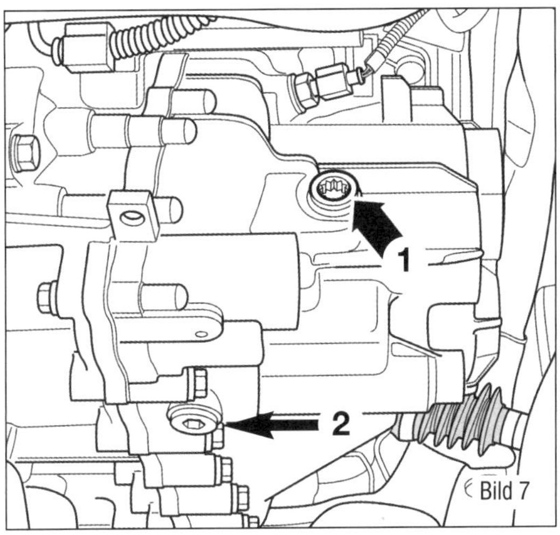

Bild 7
1 Ölablassschraube
1 Ölkontrollschraube

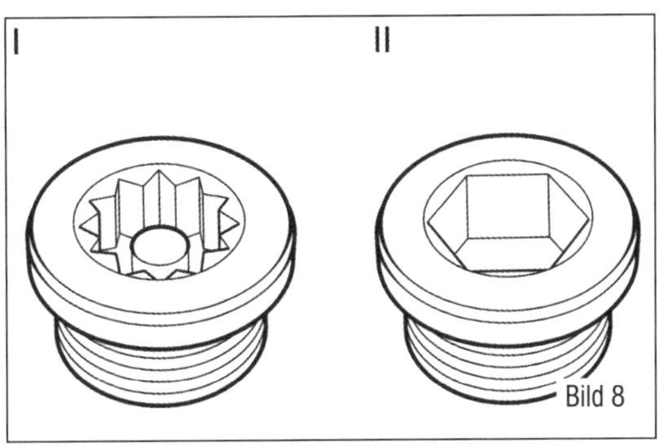

Bild 8
Unterschiedliche Ausführungen mit unterschiedlichen Anzugsdrehmomenten.
I 25 Nm
II 30 Nm

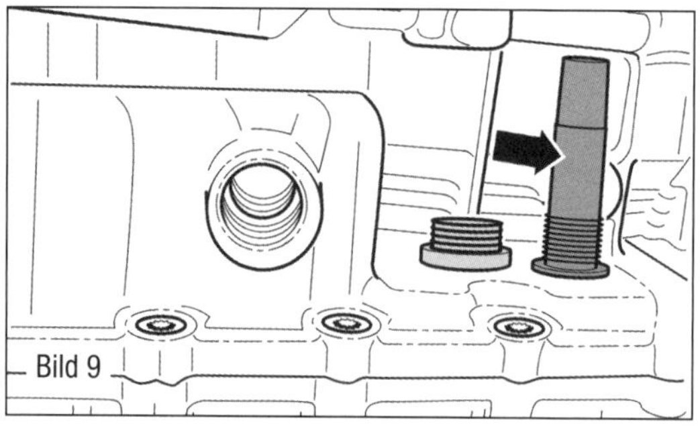

Bild 9
6-Gang-DSG. Ölablass-schraube und Ölstands-rohr.

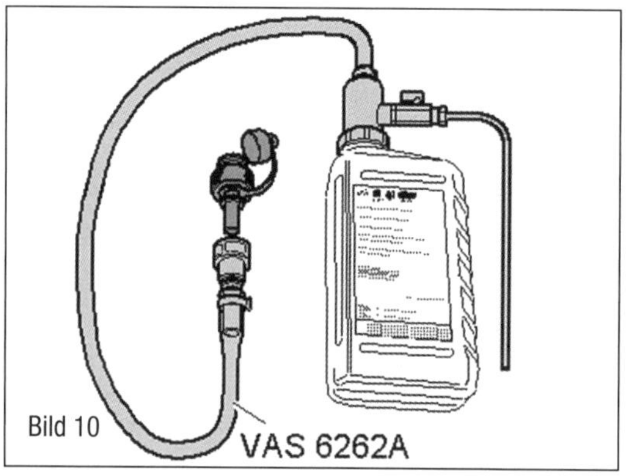

Bild 10
VAS 6262A Füllgerät von VW.

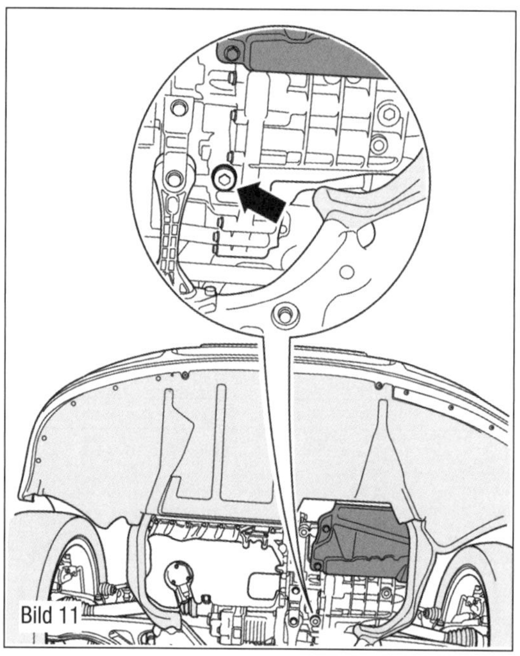

Bild 11
Position der Ablass-schraube (Pfeil).

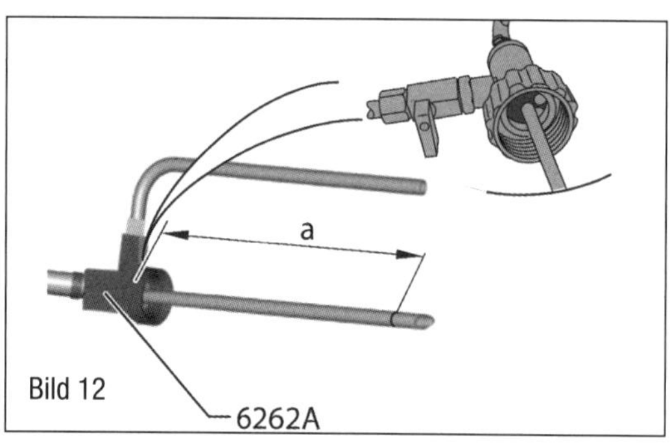

Bild 12
Füllflasche am 6-Gang-DSG: Maß a = 210 mm. Das Maß a wird ab dem Schaft (grüne Fläche in der Lupe) des Adapters zur Ölbefüllung »VAS 6262 A« gemessen.

Ölfilterwechsel erforderlich, wenn

- Metallspäne im Öl gefunden wurden,
- die Kupplung verbrannt oder mechanisch defekt ist.

Filterwechsel:

- Wählhebel in »P« stellen.
- Luftfiltergehäuse ausbauen.

Alle Fahrzeuge:

Vor dem Abschrauben des Filtergehäuses den Bereich um den Ölfilter mit ausreichend vielen Lappen abdecken. Es verbleibt eine Restmenge Öl im Ölfilter. Dieses läuft beim Abschrauben des Filtergehäuses aus.

- Filtergehäuse (1 im Bild 13) zunächst ungefähr 7 Umdrehungen lösen.
- Etwa 10 Sekunden warten. So kann das Öl aus dem Filtergehäuse in das Getriebe zurückfließen.
- Erst jetzt das Filtergehäuse (1) mit Filter abnehmen.
- Fehlende oder beschädigte Wärmeabschirmung (2) ersetzen.

Der weitere Einbau erfolgt in umgekehrter Reihenfolge. Verölte Stellen am Getriebe gründlich reinigen.

- Neuen Ölfilter mit dem Bund nach unten einsetzen.
- Filtergehäuse eindrehen und mit 20 Nm festziehen.
- Anschließend Ölstand mit dem Tester prüfen und wenn erforderlich, ergänzen.

Ölwechsel am Winkelgetriebe (Allrad)

- Geräuschdämpfung abbauen.
- Auffangwanne unter das Winkelgetriebe stellen.
- Lassen Sie das Getriebeöl an der Ablassschraube ablaufen (Bild 14).
- Öleinfüllschraube (Pfeil) im Winkelgetriebe herausdrehen. Die Öleinfüllschraube muss ersetzt werden. Der Ölstand ist korrekt, wenn das Winkelgetriebe bis Unterkante Öleinfüllbohrung befüllt ist. Wenn Öl auf das Winkelgetriebe gelangen sollte, muss dies sorgfältig entfernt werden.
- Füllen Sie ggf. Achsöl nach.
- Neue Öleinfüllschraube einschrauben.
- Ziehen Sie die Schraube mit Anzugsdrehmoment fest.

Die weitere Montage erfolgt sinngemäß in

umgekehrter Reihenfolge.

Ölstand prüfen am hinteren Achsgetriebe (Allrad)
Achsantrieb und Haldex-Kupplung haben getrennte »Ölkreisläufe«. Keine »Zusätze« in das Öl mischen. Abgelassenes Öl nicht wieder auffüllen.

- Auffangwanne »VAS 6208« unter den Achsantrieb stellen.
- Schraube zur Getriebeölkontrolle herausschrauben
- Der Ölstand ist korrekt, wenn der Achsantrieb hinten bis Unterkante Öleinfüllbohrung befüllt ist.
- Schraube einschrauben und festziehen.

Ölstand prüfen am Haldexgetriebe (Allrad)
Achsantrieb und Haldex-Kupplung haben getrennte »Ölkreisläufe«. Keine »Zusätze« in das Öl mischen. Abgelassenes Öl nicht wieder auffüllen.

- Auffangwanne »VAS 6208« unter den Achsantrieb stellen.
- Schraube (1 im Bild 15) herausschrauben.
- Der Ölstand ist korrekt, wenn der Achsantrieb hinten bis Unterkante Öleinfüllbohrung befüllt ist.
- Schraube (1) einschrauben und festziehen. Anzugsdrehmoment 15 Nm.

Besonderheiten am DSG-Getriebe

Die 7-Gang-Doppelkupplungsgetriebe/DSG Automatikgetriebe verbinden Komfortansprüche an Automatikgetriebe mit der Möglichkeit direkter Einflussnahme und blitzschneller, ruckfreier Handschaltung. Das wird mit zwei Lamellen-Kupplungen und unterschiedlichen automatischen Schaltprogrammen verwirklicht. Das 6-Gang-DSG hat zwei Mehrscheiben-Nass-Lamellen-Kupplungen und verfügt über sechs Vorwärts- und einen Rückwärtsgang. Das 7-Gang-DSG hat eine Trocken-Doppelkupplung und sieben Vorwärtsgänge. Die Gänge sind alle synchronisiert und lassen sich im Automatik- und im Tiptronic-Modus bedienen. Der Kraftstoffverbrauch von Golf-DSG-Modellen liegt auf dem Niveau sparsamer Fahrzeuge mit Handschaltgetriebe.

Bild 13
1 Ölfilter
2 Hitzeschutz

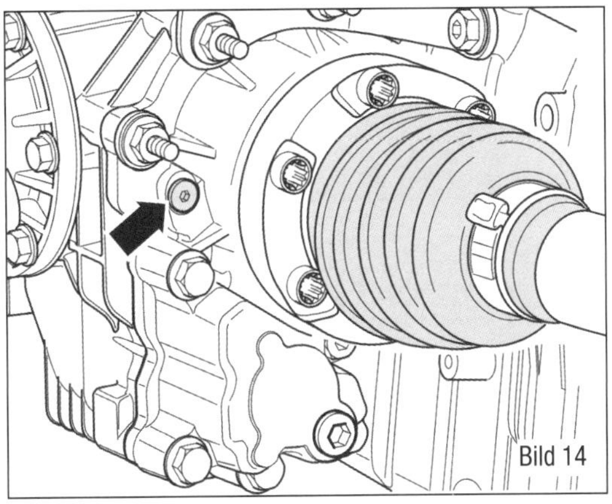

Bild 14
Öleinfüllschraube unten (Pfeil): Ölablassschraube mit Innenvielzahn 45 Nm, Ölablassschraube mit Innensechskant 30 Nm.

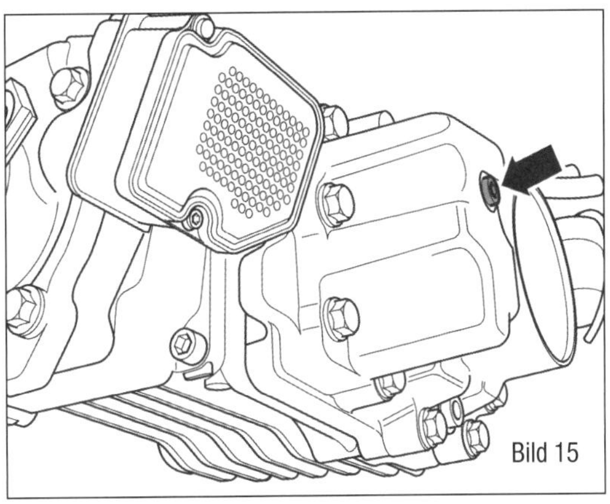

Bild 15
Ölablassschraube mit Innenvielzahn 45 Nm, Ölablassschraube mit Innensechskant 30 Nm.

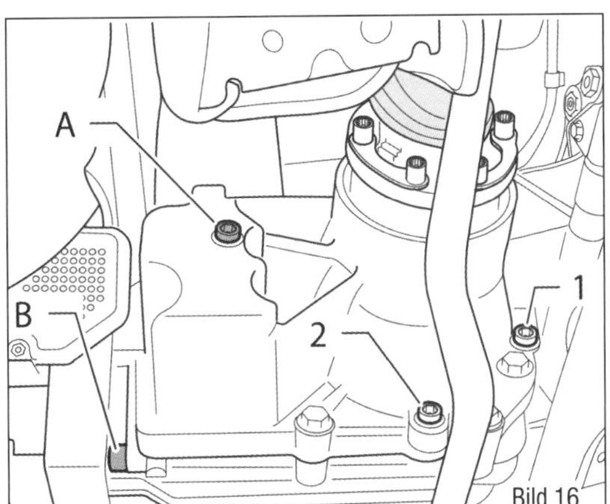

Bild 16
Ölablassschraube mit Innenvielzahn 45 Nm, Ölablassschraube mit Innensechskant 30 Nm.

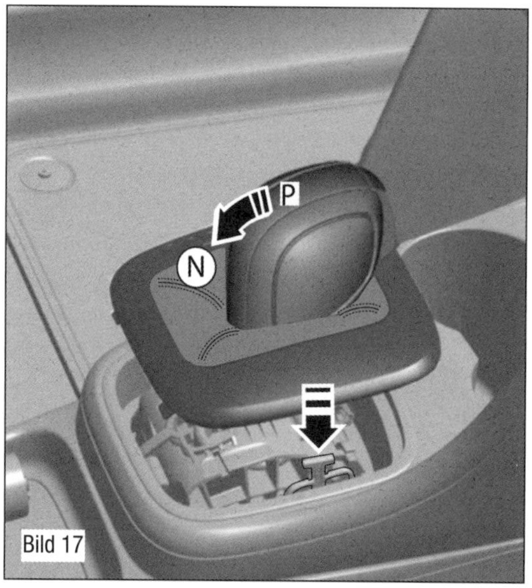

Bild 17
Positionswechsel von »P« nach »N«. Pfeil nach unten = Sicherungsraste.

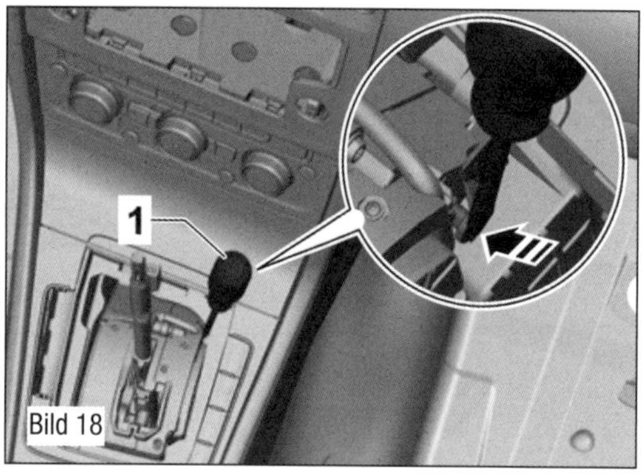

Bild 18
1 Schraubendreher
Pfeil = Verrastung

Verhalten des Steuergeräts bei einem Fehler im DSG
Vor den Arbeitsbeschreibungen zunächst noch ein Wort zu eventuellen Fehlern bei den Doppelkupplungsgetrieben (DSG). Das Steuergerät arbeitet mit weit entwickelter Software. Sie ist in der Lage, im Millisekundenbereich elektrische Funktionen auszuführen, zu überwachen und zu steuern. Neben der weiterentwickelten Software wurde auch vieles getan, um das Getriebe im Falle einer Störung zu schützen. So wird, wenn nötig, beim Auftreten eines Fehlers dieser gespeichert und ein Ersatzprogramm gestartet. Es werden vier Fehlerreaktionen unterschieden:

1. Der Fehler ist so geringfügig, dass die Weiterfahrt durch ein Ersatzprogramm ermöglicht werden kann und die Fahrsicherheit erhalten bleibt. Dem Fahrer wird dies nicht über die Wählbereichsanzeige signalisiert. Die Anzeige zeigt ganz normal die Wählhebelstellung. Wenn überhaupt, können Fahrverhaltensänderungen wahrgenommen werden.

2. Einzelne Hebelstellungen blinken in der Wählbereichsanzeige. Dem Fahrer wird signalisiert, dass diese Gangwahl momentan nicht möglich ist. Ein Beispiel: Rückwärtsfahrt, Hebel in »R« und Fahrzeug fährt rückwärts. Wird in dieser Situation »D« eingelegt, blinkt in der Wählbereichsanzeige der Buchstabe »D«. Das Steuergerät verhindert in diesem Fall das Einlegen des 1. Ganges, um das Getriebe nicht zu beschädigen. Erst bei Fahrzeugstillstand wird der Gang eingelegt.

3. Die Wählbereichsanzeige ist komplett erleuchtet und blinkt. Die eingelegte Wählhebelstellung ist zu erkennen (hervorgehoben). Ein Beispiel hierzu: Die Getriebeöltemperatur ist zu hoch. Gründe können unter anderem sein: Anhängerbetrieb mit zu hoher Last, Zusatzeinbauten vorn am Fahrzeug, Mangel an Kühlluft.

4. Die eingelegte Wählhebelstellung ist nicht zu erkennen. Die Wählbereichsanzeige blinkt. Änderungen im Fahr- und Schaltverhalten sind deutlich zu spüren. Rückwärtsfahrt ist nicht möglich. Es liegt ein »schwerer Fehler« vor, ein Teilgetriebe ist abgeschaltet, eine Getriebereparatur unumgänglich.

Notentriegelung des Wählhebels
Hier kommen zwei Hersteller mit unterschiedlichen Vorgehensweisen zum Einsatz. Bei beiden Herstellern muss der Schalthebel selber nicht abgebaut werden.

Beim ZF-Getriebe
- Schaltabdeckung ausclipsen und zur Seite halten. Nicht den Griff abbauen.
- Bremse treten oder Handbremse anziehen.
- Auf das gelbe Kunststoffteil drücken (Pfeil im Bild 17).
- Der Hebel kann jetzt aus Stellung »P« herausgeschaltet werden und das Fahrzeug ist wieder rangierbar und transportfähig.

Beim ECS-Getriebe
- Bremse treten oder Handbremse anziehen.
- Klappe vom Ablagefach öffnen.

■ Mit einer Hand unter die Schaltabdeckung fassen und durch Hochziehen die Abdeckung ausclipsen.
■ Schaltabdeckung ausclipsen und zur Seite halten.
■ Mit einem Schraubendreher seitlich von rechts auf das gelbe Kunststoffteil drücken und in dieser Stellung halten (Bild 18).
■ Der Wählhebel kann jetzt aus Stellung »P« herausgeschaltet werden. Das Fahrzeug ist wieder rangierbar und transportfähig.

Ausbau Getriebe und Komponenten des Antriebs

Wir geben hier nur grob das prinzipielle Vorgehen an. Diese Arbeit, die viel Spezialwerkzeug erfordert, gehört üblicherweise in die Fachwerkstatt. Die meisten einzelnen Schritte haben wir übrigens im Kapitel 4 Motoren unter »Motor aus- und einbauen« beschrieben. Dabei wurde das Motor/Getriebe-Aggregat ausgebaut, von dem nach Ausbau das Getriebe abgeflanscht werden konnte. Hier nun wird das Getriebe einzeln (ohne Motor) nach unten ausgebaut.

Schaltgetriebe aus- und einbauen

Von oben:
Zuerst werden die Batterie mit Konsole (Batterieträger), der Luftfilter (er behindert den Ausbau) und der Anlasser ausgebaut. Je nach Fahrzeugmodell genügt es schon, Stecker und Leitung vom Anlasser abzubauen. Die Kühlmittelschläuche werden abgeklemmt und (modellabhängig) ausgebaut. Den Getriebeausbau oder den Einsatz der Abfangvorrichtung behindernde Schlauch- und Kabelverbindungen werden ausgebaut. Schaltseilzug, Getriebeschalthebel, Seilzugwiderlager und (bei den Handschaltgetrieben) Nehmerzylinder (Kupplung) werden ausgebaut. Das linke Aggregatelager wird ausgebaut. Motor mit Getriebe werden abgefangen, wozu die Abfangvorrichtung vor der Stütze für die Frontklappe aufgesetzt wird. Alle von oben erreichbaren Verbindungsschrauben Motor/Getriebe werden ausgebaut. Gut geeignet dazu ist ein Einsteckwerkzeug mit den passenden Bits.

Von unten:
Hier werden nach Anheben mit einer Hebebühne zunächst die Geräuschdämpfung und die linke Radhausschale ausgebaut. Erst die linke, dann die rechte Gelenkwelle müssen vom Getriebe abgebaut und (z. B. mit Spanngurten) hochgebunden werden (z. B. an die Federbeine).

Schaltgetriebe:
Bei Fahrzeugen mit Schaltgetriebe Pendelstütze und Getriebekonsole ausbauen. Den Halter T10346 mit einer Bundschraube M6 x 20 festschrauben und die Abstützvorrichtung (3300 A) an dem Halter befestigen. Motor- und Getriebeheber unter das Fahrzeug stellen, Justierplatte parallel zum Getriebe ausrichten, Sicherungsaufnahme am Getriebe arretieren und den Bolzen (3282/29) in die Bohrung für die Befestigungsschraube der Pendelstütze am Getriebe einschrauben.

DSG-Getriebe:
Bei den Fahrzeugen mit DSG den Aggregateträger mit Pendelstütze und beiden Achslenkern zusammen ausbauen. Die Lenkung verbleibt im Fahrzeug. Getriebeaufnahme (3282) mit Justierplatte (3282/42 A) einrichten, Motor- und Getriebeheber unter das Getriebe fahren und Getriebe abfangen, aber nicht hochheben.

Schaltgetriebe und DSG:
Alle Verbindungsschrauben Getriebe/Motor herausschrauben. Dazu und bei den meisten Modellen auch zur Getriebeentnahme muss der vordere Teil der Abgasanlage vom Motor abgebaut werden: Wie auch im Kapitel 9 Abgasanlage beschrieben, die Abgasanlage trennen und den Halter für Abgasrohr vom Aggregateträger abschrauben (Pfeile 2; Bild 19). Getriebe von den Passhülsen abdrücken und unter Beachtung aller Leitungen absenken und herausschwenken.

Einbau
Der Einbau erfolgt sinngemäß in umgekehrter Reihenfolge. Wir nennen wieder einige wesentliche Schritte:

Schaltgetriebe
■ Alle Gewindebohrungen für selbstsichernde Schrauben vorsichtig mit einem

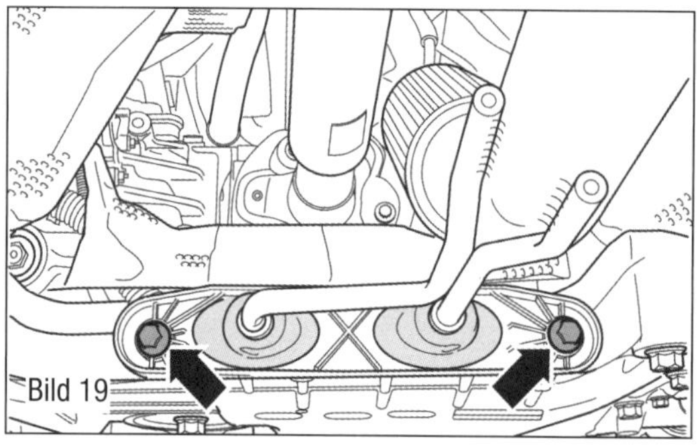

Bild 19
Verschraubungen (Pfeil).

Gewindeschneider von den Rückständen des Sicherungsmittels reinigen und die selbstsichernden Schrauben (gilt auch für derartige Muttern) immer ersetzen.

- Kontrollieren, ob Passhülsen zur Zentrierung von Getriebe an Motor im Zylinderblock vorhanden sind, ggf. einsetzen. Bei nicht vorhandenen Passhülsen treten Schaltschwierigkeiten, Kupplungsprobleme und ggf. Geräusche vom Getriebe (Rasseln) auf.
- Kerbverzahnung der Antriebswelle reinigen und leicht mit Schmierfett für Kupplungsscheibensteckverzahnung (G 000 100) schmieren. Die Kupplungsscheibe muss auf der Antriebswelle leicht hin und her schiebbar sein.

Doppelkupplungsgetriebe

- Wenn das Nadellager in der Kurbelwelle beschädigt oder blau angelaufen ist, muss es ersetzt werden. Ist es nicht beschädigt, wird es mit Hochtemperaturfett (G052133A2) leicht gefettet. Auch den Zapfen (nicht die Verzahnung) des Getriebes leicht einfetten.
- Korrekten Sitz der beiden Passhülsen zwischen Motor und Getriebe sowie des Zwischenblechs überprüfen. Motor und Getriebe müssen sich von Hand so weit zusammenführen lassen, bis sich beide Flansche umlaufend berühren, sonst »läuft etwas verkehrt«!
- Die Getriebeaufnahme nachjustieren, bis Motor und Getriebe in Flucht zueinander stehen.

Alle Getriebetypen

- Getriebe unter das Fahrzeug fahren, in Einbaulage zum Motor ausrichten und einsetzen.
- Zuerst die unteren Schrauben für die Befestigung Getriebe an Motor einschrauben.
- So früh wie möglich, schon beim Hochheben des Getriebes, den Wählhebelseilzug (nicht fetten!) in das Seilzugwiderlager führen. Die Sicherungsscheiben des Wählhebelseilzugs müssen erneuert werden.
- Wählhebelseilzug immer einstellen (folgt).
- Kühlmittelstand prüfen und, wenn nötig, ergänzen.
- Anzugsdrehmomente beachten. VW gibt vor, dass bei Benutzung des Einsteckwerkzeugs SW18 (T10179) statt 80 Nm nur 65 Nm gelten.

Winkelgetriebe aus- und einbauen

Die Montagearbeiten am Haldexgetriebe haben wir nicht beschrieben. Vor und nach jeder Montage muss es geprüft werden. Diese Arbeiten können lediglich von versierten Schraubern mit einiger Erfahrung durchgeführt werden und sollten entweder durch solche oder durch den Volkswagenhändler Ihres Vertrauens durchgeführt werden.

- Radschrauben vorn lösen.
- Fahrzeug anheben.
- Räder vorn abbauen.
- Geräuschdämpfung unterhalb Motor/Getriebe ausbauen.
- Halter für Abgasanlage vom Aggregateträger (Pfeile im Bild 19) abbauen.

Wenn nach Ausbau des Winkelgetriebes das Schaltgetriebe ausgebaut wird:

- Bauen Sie den Aggregateträger mit Lenkgetriebe aus. Beachten Sie dabei, wie beschrieben, das Fixieren des Aggregateträgers.

Wenn nur das Winkelgetriebe ausgebaut wird:

- Senken Sie den Aggregateträger mit Lenkgetriebe ab. Beachten Sie dabei, wie beschrieben, das Fixieren des Aggregateträgers.

Fortsetzung für alle:

- Bauen Sie die den vorderen Teil der Abgasanlage ab.
- Gelenkwelle vom Winkelgetriebe abbauen und hochbinden.

Wenn der Aggregateträger ausgebaut ist:

- Befestigen Sie die Abstützvorrichtung (T10323) an den innen liegenden, hinteren Gewindebohrungen für den Aggregateträger.
- Benutzen Sie dazu die Befestigungs-

schrauben für den Aggregateträger.

- Stellung der Kardanwelle mit Gelenkscheibe zum Flansch des Winkelgetriebes mit Farbe kennzeichnen.
- Kardanwelle vom Winkelgetriebe abschrauben.
- Legen Sie einen Lappen auf die Abstützvorrichtung, damit die Lackierung der Kardanwelle nicht beschädigt wird.
- Schieben Sie die Kardanwelle vorn bis Anschlag zurück.
- Legen Sie die Kardanwelle auf der Abstützvorrichtung ab.

Wenn der Aggregateträger abgesenkt ist:

- Stellung der Kardanwelle mit Gelenkscheibe zum Flansch des Winkelgetriebes mit Farbe kennzeichnen.
- Kardanwelle vom Winkelgetriebe abschrauben.
- Legen Sie einen Lappen auf den Aggregateträger, damit die Lackierung der Kardanwelle nicht beschädigt wird.
- Schieben Sie die Kardanwelle vorn bis Anschlag zurück.
- Legen Sie die Kardanwelle auf dem Aggregateträger ab.

Fortsetzung für alle:

- Drehen Sie die Schrauben für Getriebeträger an Motor und Winkelgetriebe heraus.
- Nehmen Sie den Getriebeträger ab.
- Bauen Sie den Sicherungsring und den O-Ring von der Steckwelle rechts ab.
- Kegelschraube für Steckwelle rechts herausschrauben.
- Bauen Sie die Geräuschdämpfung vom Kompressor ab.
- Befestigungsschrauben oben für Winkelgetriebe am Schaltgetriebe herausschrauben.
- Befestigungsschrauben unten für Winkelgetriebe am Schaltgetriebe herausschrauben.
- Winkelgetriebe vom Schaltgetriebe vorsichtig abdrücken und herausnehmen.
- Verschlusskappe in das Getriebe einsetzen.

Die Montage erfolgt sinngemäß in umgekehrter Reihenfolge.

- Fetten Sie die Verzahnung am Ausgleichsgetriebe mit dem Fett (VAG G 000 100).

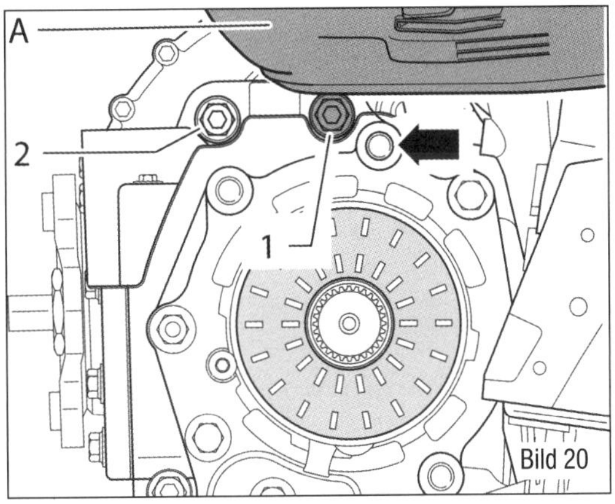

Bild 20
Anordnung der Befestigungsschrauben oben (1) und (2) für das Winkelgetriebe am Schaltgetriebe. Die Schraube (1) wird durch die Geräuschdämpfung des Kompressors (A) verdeckt und befindet sich in der Nähe der Gewindebohrung (Pfeil).

- Winkelgetriebe an das Schaltgetriebe heranschieben, dabei ggf. an der Steckwelle drehen. Bei richtiger Zahnstellung und zentrischer Führung rutscht das Winkelgetriebe bis zum Anschlag gegen das Schaltgetriebe.

Tipp: Das Winkelgetriebe nicht mit den Befestigungsschrauben gegen das Schaltgetriebe ziehen, da sonst das Winkelgetriebe verkantet und die Befestigungsösen abbrechen können.

- Achsöl im Winkelgetriebe prüfen.

Achsantrieb Hinterachse aus und einbauen (Allrad)

Drucken Sie vor dem Ausbau ein Diagnoseprotokoll aus. Schicken Sie den ausgebauten Achsantrieb mit dem Protokoll auf dem üblichen Weg zurück. Vor dem Anheben des Fahrzeuges müssen im Kofferraum zwei Bohrungen angebracht werden. Die Positionen, wo Sie bohren müssen, sind »ab Werk« markiert. Durch diese Bohrungen haben Sie »Zugang« zu den darunter befindlichen Befestigungsschrauben Achsantrieb/Aggregateträger. Die Pendelstütze wird vorn vom Getriebe abgeschraubt. Der Stabilisator wird ausgebaut, die Gelenkwellen werden vom Achsantrieb abgeschraubt. Die elektrischen Verbindungen und Entlüftungsleitungen werden am Achsantrieb getrennt. Der »hintere Teil« der Abgasanlage wird ausgebaut, die Kardanwelle vom Achsantrieb abgeschraubt, nach oben gelegt und dort fixiert. Der Achsantrieb wird mit dem Getriebeheber in Fahrtrichtung schräg nach »unten« abgelassen.

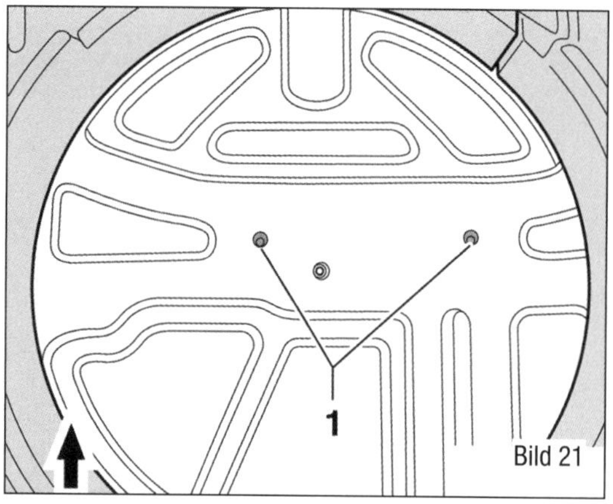

Bild 21
Markierungen (1) für die Bohrungen.

■ Bodenbelag im Kofferraum anheben.
■ Notrad herausnehmen. Nun haben Sie »Zugang« zu den Markierungen (1 im Bild 21) im Kofferraumboden. Der Pfeil zeigt in Fahrtrichtung.
■ Bohren Sie in die Markierungen 2 Löcher (1) auf das Maß (a = 26 mm). Bohrspäne möglichst schon beim Bohren absaugen.
■ Bohrungen entgraten und Späne sorgfältig entfernen. Korrosionsschutz mit den vom Hersteller vorgegebenen Materialien, Grundierung und Rostschutzfarbe wieder herstellen.
■ Beide Schrauben lösen und herausziehen. Diese Schrauben müssen Sie später ersetzen.
■ Das Fahrzeug anheben.
■ Den Stabilisator ausbauen.
■ Das vordere Abgasrohr mit Spanngurt (T10038) am Mittellager der Kardanwelle abfangen.
■ Halter für Abgasrohr vom Aggregateträger abschrauben.
■ Trennen Sie die Abgasanlage an der Klemmhülse und bauen Sie den hinteren Teil der Abgasanlage aus.
■ Geräuschdämpfung vorne unterhalb Motor/Getriebe ausbauen.
■ Drehen Sie die Schrauben der Pendelstütze heraus.
■ Damit der Geber für Fahrzeugniveau hinten links nicht beschädigt wird: Steckverbindung trennen, Geber abschrauben und auf dem Achslenker ablegen.
■ Zwischenlager der Kardanwelle nur lösen (Pfeile), nicht abschrauben.
■ Drücken Sie Motor und Getriebe von Hand nach vorn und fixieren Sie diese Lage mit einem geeigneten Holzstück.
■ Prüfen Sie, ob an der Gelenkscheibe und am Flansch/Kardanwelle vom Achsantrieb hinten eine Markierung (Farbpunkt) vorhanden ist. Wenn nicht, kennzeichnen Sie die Stellung der Gelenkscheibe und des Flansches/Kardanwelle am Achsantrieb hinten zueinander, damit es später nicht durch Unwucht zu Geräuschen kommt.
■ Kardanwelle vom Achsantrieb hinten abschrauben.
■ Kardanwelle vom Achsantrieb abziehen, und mittig nach oben bis unter den Kraftstofftank führen. In dieser Position mit einem geeignetem Stück Holz auf der Tunnelstütze abstützen.

⚠ Der Kraftstofftank darf dabei nicht eingedrückt werden.

Zum Ab- und Anbauen der Gelenkwellen muss der Achsantrieb im hinteren Bereich beweglich sein. Dazu die Schraube am vorderen Lagerbock nicht mehr als 5 Umdrehungen lösen.
■ Gelenkwelle links vom Achsantrieb abschrauben.
■ Achsantrieb im hinteren Bereich anheben und so weit wie möglich nach rechts schieben.
■ Gelenkwelle links aus dem Flansch herausnehmen und vorsichtig nach unten führen.
■ Achsantrieb in Einbaulage zurücklegen.
■ Gelenkwelle rechts vom Achsantrieb abschrauben.
■ Achsantrieb im hinteren Bereich anheben und so weit wie möglich nach links schieben.
■ Gelenkwelle rechts aus dem Flansch herausnehmen und vorsichtig nach unten führen.
■ Achsantrieb in Einbaulage zurücklegen.
■ Achsantrieb mit Motor- und Getriebeheber (V.A.G 1383 A) abfangen, mit dem Gurt auf der Universalaufnahme gegen Herunterfallen sichern.
■ Schraube am vorderen Lagerbock herausdrehen. Diese Schraube müssen Sie später ersetzen.
■ Scheibe oben auf dem Lagerbock herausnehmen.
■ Achsantrieb im Fahrzeug schräg stellen und gleichzeitig etwas absenken.
■ Trennen Sie die Steckverbindung am Steuergerät für Allradantrieb.
■ Ziehen Sie die Entlüftungsleitungen vom Achsantrieb ab.
■ Zum Herausnehmen Achsantrieb weiter

absenken und nach »vorne« ziehen, dabei auf ausreichend »Freigang« zu anderen Bauteilen achten.

Einbau
Die Montage erfolgt sinngemäß in umgekehrter Reihenfolge.

- Achsantrieb mit dem Gurt der Universalaufnahme gegen Herunterfallen sichern.
- Pendelstütze mit »neuen« Schrauben festziehen.
- Zwischenlager spannungsfrei ausrichten und festziehen. Anzugsdrehmomente beachten.
- Geber für Fahrzeugniveau hinten links einbauen.
- Grundeinstellung der Scheinwerfer mit Fahrzeugdiagnosetester durchführen.
- Zwei »neue« Schrauben durch die Bohrungen im Kofferraumboden (Bild 21) stecken und festziehen.
- Bohrungen verschließen. Verwenden Sie dazu die Verschlussdeckel (VAG N 908 572 01).

Wird der Achsantrieb ersetzt:

- Ölstand der Haldex-Kupplung prüfen, Öl nachfüllen.
- Ölstand im Achsantrieb prüfen, Öl nachfüllen.

Gelenkwellen

Nicht alle Fahrzeuge haben die gleichen Antriebswellen: Eine Ausführung bei eingebauten Gleichlaufgelenken von 107 mm (VL107). Drei weitere weisen andere Merkmale auf. Es liegen also Unterschiede bei den in dieser Ausgabe behandelten Fahrzeugausführungen vor. Beim Bezug einer neuen Welle müssen diese Unterschiede beachtet werden.

Die Montagearbeiten für die hinteren beim Allradfahrzeug und die vorderen Achsgelenkwellen unterscheiden sich kaum voneinander. Schrauberisch werden Sie auch keinen Unterschied zu den Fronttrieblern feststellen, lediglich zum Schwenken des hinteren Radlagergehäuses müssen die Spurstange vom Radlagergehäuse abgeschraubt und die Fahrwerksfeder ausgebaut werden.

Unterscheidungsmerkmale der Gelenkwellen im eingebauten Zustand:

Bauform / Bautyp	VL 100 geschraubt	VL 107 geschraubt	AAR3300i geschraubt
Durchmesser des Innengelenkes (mm)	100	107	
Deckel zwischen Innengelenk und Flanschwelle		X	
Innengelenk in das Getriebe gesteckt (nur Automatikgetriebe)			X
Innengelenk in das Getriebe gesteckt (nur Automatikgetriebe Allradantrieb)			X
Innengelenk auf das Getriebe gesteckt (Schaltgetriebe)		X	

Aus und Einbau der Gelenkwellen

- Die Radzierblende entfernen. Bei eingebauten Leichtmetallrädern den Radzierdeckel entfernen. Den Abzieher dazu finden Sie im Bordwerkzeug.
- Die Achsschraube der Antriebswelle lösen, solange das Fahrzeug auf den Rädern ruht.
- Das Rad abschrauben.
- Den Wellenflansch am Getriebe lösen. Dazu ist ein vielverzahnter Steckeinsatz von 8 mm Durchmesser oder auch ein Inbuseinsatz zu verwenden. Achten Sie darauf, dass der Steckeinsatz richtig in die Schraube eingreift. Es besteht sonst die Gefahr, dass die Verzahnung »rund« gedreht wird.
- Die Welle trennen und nach oben über das Getriebe heben.
- Die Muttern für den Traggelenkbolzen unten im Verhältnis zum Querlenker kennzeichnen und herausdrehen. Ebenfalls die beiden Schrauben des Bremssattels lösen.
- Den Bremssattel abnehmen und mit einem Stück Draht an der Vorderradaufhängung festbinden. Nicht den Bremssattel am Schlauch herunterhängen lassen.
- Zum Ausdrücken der Antriebswelle ist nicht unbedingt ein Abzieher erforderlich. Dieser wird an der Radnabe verschraubt.

Ein beliebiger Abdrücker wird sich dazu eignen, solange er mit der Mittelschraube gegen die Welle drückt. An der

Sichtprüfung Messen

Bild 22
Gelenkwelle mit Gleichlaufgelenk VL107 (geschraubt).
1 Schraube
2 Gleichlaufgelenk außen
3 Sicherungsring
4 Klemmschelle
5 Gelenkschutzhülle
6 Klemmschelle
7 Gelenkwelle
8 Klemmschelle
9 Gelenkschutzhülle für Gleichlaufgelenk
10 Klemmschelle
11 Unterlegplatte
12 Kappe
13 Gleichlaufgelenk innen
14 Sicherungsring
15 Deckel
16 Innenvielzahnschraube

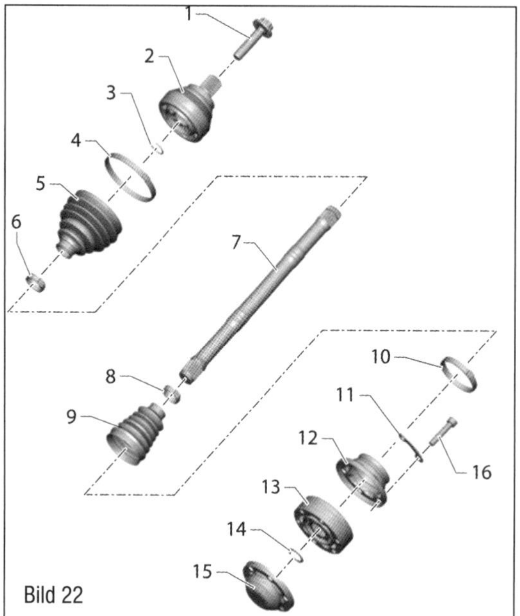

Bild 22

Bild 23
Gelenkwelle mit Gleichlaufschiebegelenk VL107.
1 Gleichlaufgelenk außen
2 Schraube
3 Sicherungsring
4 Anlaufring
5 Tellerfeder
6 Klemmschelle
7 Gelenkschutzhülle
8 Klemmschelle
9 Gelenkwelle
10 Klemmschelle
11 Gelenkschutzhülle für Gleichlaufschiebegelenk
12 Sicherungsring
13 Klemmschelle
14 Gleichlaufschiebegelenk
15 Abschirmkappe

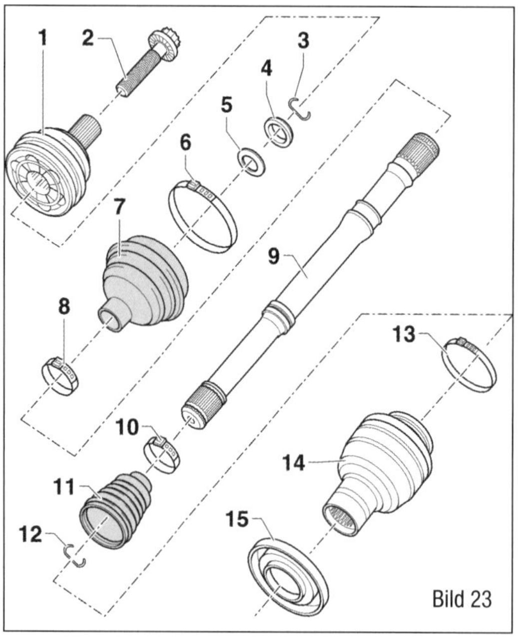

Bild 23

Innenseite muss man überwachen, dass die Welle dabei nirgends anstößt. Meist lässt sich die Achswelle auch mit leichten Schlägen auf einen passenden Kunststoffdurchschlag austreiben.

■ Die Welle herausnehmen.

⚠ Beim Ausbau einer Antriebswelle niemals die Radnarbe anwärmen, da die Radlager beschädigt werden können. Ebenfalls das Fahrzeug nach Ausbau einer Antriebswelle nicht wegschieben, da man andernfalls ebenfalls die Radlager beschädigen kann. Muss das Fahrzeug weggeschoben werden, kann man versuchen, ein altes, äußeres Gleichlaufwerk oder eine Schraube M14 oder M16 mit passenden Unterlegscheiben und dicken Karosseriescheiben zu besorgen. Die Mutter mit einem Anzugsdrehmoment von 100 Nm anziehen.

Beim Einbau der Antriebswelle folgendermaßen vorgehen:

■ Die Antriebswelle in das Fahrzeug einsetzen.

■ Das äußere Gleichlaufwerk so weit wie möglich in die Verzahnung der Radnabe einschieben.

■ Das untere Kugelgelenk entsprechend der eingezeichneten Kennzeichnung anschrauben und die Schrauben mit 20 Nm anziehen.

(Sichtprüfung) Nochmals kontrollieren, dass die Kennzeichnungen fluchten.

■ Die gelöste Seite der Pendelaufhängung wieder am Nebenrahmen verschrauben (20 Nm).

■ Die Flanschverbindung der Welle mit dem Getriebe verbinden und die Schrauben unter Benutzung des vorschriftsmäßigen Schlüsseleinsatzes auf Drehmoment anziehen.

■ Die Berührungsfläche der Doppelsechskantmutter und die Verzahnung des äußeren Gleichlaufwerkes etwas einölen und die Mutter so weit wie möglich aufschrauben.

■ Das Fahrzeug wieder ablassen, ohne dass das Rad vollkommen auf dem Boden aufstehen kann (Achtung: sonst Radlagerbeschädigung).

■ Die Fußbremse von einem Helfer kräftig betätigen lassen und die Achsschraube mit einem Anzugsdrehmoment von 200 Nm anziehen.

■ Aus der Endstellung um genau 180° nachziehen.

Gelenkwellen prüfen

Es gibt eigentlich nur drei Gründe eine Achsgelenkwelle zu zerlegen. Zuerst einmal möchten wir den Hintergrund für diese Arbeiten genauer beleuchten:

Spiel an den Gelenken

Spiel an den Achswellen prüfen (Bild 27).

í Halten Sie den Lageraußenring mit der Hand fest und verdrehen Sie die Achswelle. Sie sollte möglichst kurze schnelle Bewegungen machen (einfach schnell hin und herdrehen). So bemerken Sie ein mögliches Lagerspiel in den Achswellen sehr schnell. Spiel an den Gelenken sollte immer nachgegangen werden.

Denken Sie daran, dass Ihr Fahrzeug beim Anheben einen anderen Winkel der Achswelle bewirkt. Die Prüfungen sollten immer am Boden stattfinden. Zumindest sollte das Fahrzeug auf dem Boden stehen. Eine Grube in der Garage oder eine Mutterbühne ist hier sehr hilfreich. Stellen Sie übermäßiges Spiel fest, sollte die Gelenkwelle erneuert oder zerlegt und repariert werden. Zumeist zeigen sich bei der Demontage erhebliche Schäden an Lagerflächen oder Kugeln. Wird das Spiel zu groß (mehr als 2 mm Spiel in der Verdrehung), kann die Antriebswelle »auseinanderfliegen« und sorgt dann im günstigsten Fall für eine Panne. Im schlimmsten Fall kann die Achswelle weitere Schäden verursachen, wenn sie aus den Führungen herausrutscht.

Geräusche
Die Prüfung der Achsgelenkwellen auf diese Schäden erfolgt in der Regel bei einer Probefahrt. Es sollten hier enge Radien gefahren werden können (Supermarktparkplatz?) und auch der Lastwechsel vom Beschleunigen zum Schiebebetrieb (Gefahren vermeiden! Auf den Verkehr achten!) simuliert werden. Geräusche an den Achswellen lassen sich leider nur für das radseitige Gelenk sicher orten. Die Getriebeseite wird oftmals als »Getriebeschaden« wahrgenommen. Sollten also Geräusche beim Lastwechsel entstehen, nehmen Sie auch die Antriebswellen einmal genauer unter die Lupe. Ein deutliches »Klackern« oder durchaus schon »Schläge« gerade beim Kurvenfahren in engen Radien weisen auf einen Achswellenschaden hin. Je lauter diese Geräusche werden, umso dringender besteht Handlungsbedarf. Auch hier sind oft an den zerlegten Wellen sehr gut sichtbare Schäden vorhanden.

Manschette beschädigt
Das Ende der Lagerungen einer Achswelle wird natürlich schneller erreicht, wenn Schmutz, Wasser und Straßendreck durch eine defekte Manschette eindringen können. Kontrollieren Sie die Lenkmanschetten und

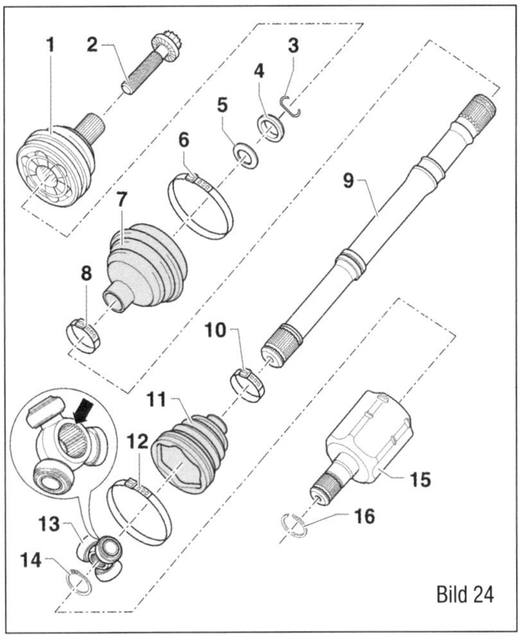

Bild 24
Gelenkwelle mit Tripodegelenk AAR3300i.
1 Gleichlaufgelenk außen
2 Schraube
3 Sicherungsring
4 Anlaufring
5 Tellerfeder
6 Klemmschelle
7 Gelenkschutzhülle
8 Klemmschelle
9 Gelenkwelle
10 Klemmschelle
11 Gelenkschutzhülle für Tripodegelenk
12 Klemmschelle
13 Tripodestern mit Rollen
14 Sicherungsring
15 Gelenkstück
16 Sicherungsring

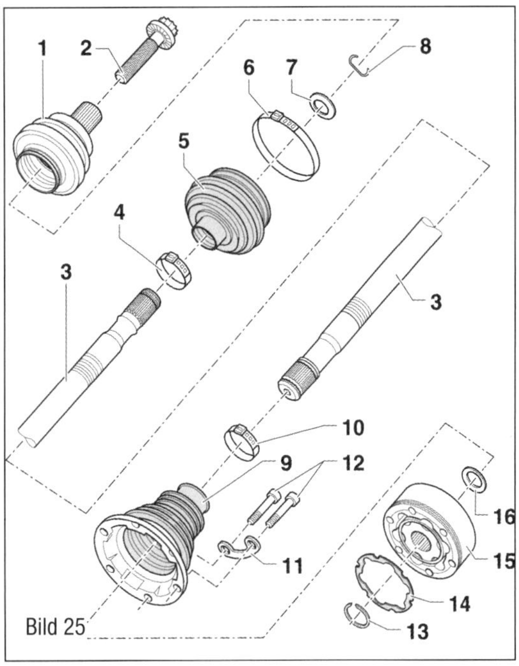

Bild 25
Gelenkwelle hinten (Allrad).
1 Gleichlaufgelenk außen
2 Schraube
3 Gelenkwelle
4 Klemmschelle
5 Gelenkschutzhülle
6 Klemmschelle
7 Tellerfeder
8 Sicherungsring
9 Gelenkschutzhülle für Gleichlaufgelenk
10 Klemmschelle
11 Unterlegplatte
12 Innenvielzahnschraube
13 Sicherungsring
14 Dichtung
15 Gleichlaufgelenk innen
16 Tellerfeder

die Gelenkmanschette regelmäßig. Bei Schäden führt an einer Reinigung des Gelenkes und dem Ersatz der Manschette kein Weg vorbei. Achten Sie auch auf kleine Fettspritzer im Radlaufbereich oder an den Bremsteilen. Oftmals zeichnen schon kleinste Schäden an der Manschette deutliche Spuren. Durch die hohe Drehzahl wird das Fett im Gelenk sehr schnell in der Landschaft verteilt. Daraufhin läuft das Gelenk trocken und wird mit der Unterstützung des eindringenden Schmutzes ein erhebliches Verschleißverhalten entwickeln.

Bild 26
Gelenkwelle mit Tripodegelenk AAR3300i für automatisches Getriebe 09M, 6-Gang-Allradantrieb.

1 Gleichlaufgelenk außen
2 Schraube
3 Sicherungsring
4 Klemmschelle
5 Gelenkschutzhülle für Gleichlaufgelenk
6 Klemmschelle
7 Gelenkwelle
8 Klemmschelle
9 Gelenkschutzhülle für Tripodegelenk
10 Klemmschelle
11 Tripodestern mit Rollenelle
12 Sicherungsring
13 Adapter
14 Gelenkstück
15 Abschirmkappe

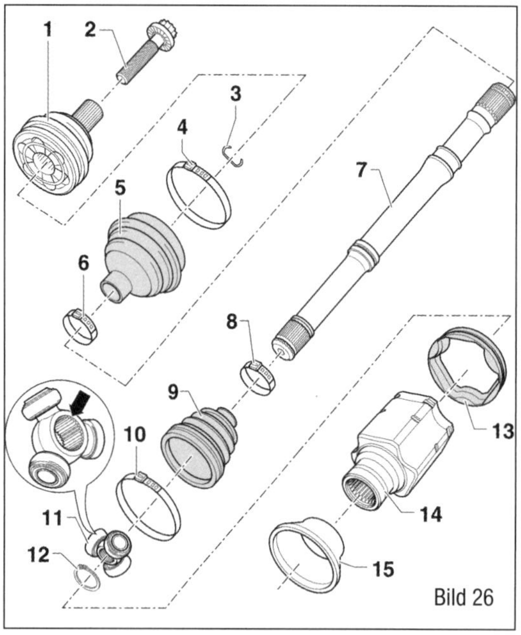

Bild 26

Bild 27
Spiel an den Gelenken der Achswelle prüfen.

Bild 27

Bild 28
Richtiges Ansetzen des Dorns beim Austreiben.

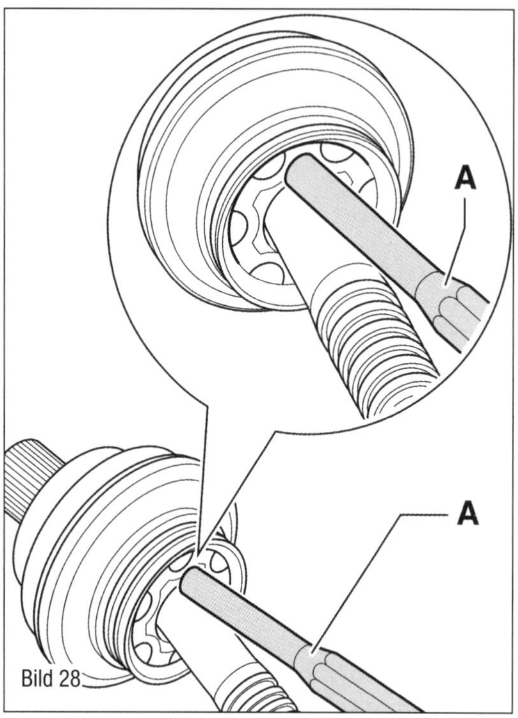

Bild 28

Gelenkwellen zerlegen

Gleichlaufgelenk außen abtreiben

■ Gelenkwelle mit Schutzbacken in Schraubstock einspannen.

■ Faltenbalg zurückstülpen.

■ Gleichlaufgelenk mit einem Dorn (A im Bild 28) von der Gelenkwelle treiben.

⚠ Der Dorn muss genau am Stern des Gleichlaufgelenkes angesetzt werden.

Gelenk auftreiben

■ Mit Plastikhammer auf die Welle auftreiben, bis Sicherungsring einrastet.

Gleichlaufgelenk innen abpressen

■ Gelenkschutzhülle mit Dorn von Gelenk abpressen.

■ Sicherungsring ausbauen.

■ Beide Klemmschellen abbauen und Gelenkschutzhülle zum Außengelenk schieben.

Zusammenbauen

■ Beachten Sie die Einbaulage der Tellerfeder am Innen- und Außengelenk.

■ Gelenk bis Anschlag aufpressen.

■ Sicherungsring einfedern.

■ Gleichlaufgelenk innen aufpressen.

⚠ Die Fase am Innendurchmesser der Kugelnabe (Verzahnung) muss zum Anlagebund der Gelenkwelle zeigen.

■ Spannzange (V.A.G 1682) wie in Bild 29 gezeigt ansetzen. Dabei ist zu beachten, dass die Schneiden der Zange in den Ecken (Pfeile B) des Schlauchbinders anliegen.

■ Klemmschelle durch Drehen der Spindel mit einem Drehmomentschlüssel spannen (Zange dabei nicht verkanten.)

☞ Aufgrund des harten Werkstoffes (gegenüber Gummi) der Gelenkschutzhülle und der dadurch erforderlichen Edelstahl-Klemmschelle, kann diese nur mit Spannzange (V.A.G 1682) gespannt werden. Das Anziehdrehmoment beträgt 25 Nm. Achten Sie darauf, dass das Gewinde der Spindel der Zange leichtgängig ist. Ggf. mit MOS 2-Schmierfett schmieren. Bei Schwergängigkeit, z. B. Verschmutzung des Gewindes, wird die erforderliche Spannkraft der Klemmschelle bei dem vorgegebenen Anziehdrehmoment nicht erreicht.

Kardanwelle ausbauen (Allrad)

An der Kardanwelle werden seitens VW keine Instandsetzungsarbeiten durchgeführt.

Die Arbeiten an der Kardanwelle möglichst auf einer Zweisäulen-Hebebühne durchführen. Vor dem Ausbau Position aller Teile zueinander kennzeichnen. Der Wiedereinbau sollte in der gleicher Stellung erfolgen, da sonst die Unwucht zu groß wird, es könnten Schäden an der Lagerung und Brummgeräusche auftreten. Kardanwelle nicht knicken, nur gestreckt lagern und transportieren. Die Kardanwelle beim Ausbauen nicht »herunterhängen« lassen, sondern immer abstützen. Sie muss immer waagerecht vom Gelenkflansch abgezogen oder aufgesteckt werden.

- Geräuschdämpfung ausbauen.
- Schrauben der Pendelstütze herausdrehen.
- Motor und Getriebe nach vorn drücken und die Lage mit einem geeignetem Holzstück fixieren.
- Vorderen Teil der Abgasanlage mit Motor- und Getriebeheber (V.A.G 1383 A) abfangen.
- Trennen Sie die Abgasanlage an der Klemmhülse und bauen Sie den hinteren Teil der Abgasanlage aus.
- Tunnelstrebe ausbauen.
- Schrauben des Zwischenlagers 2 Umdrehungen lösen.
- Kardanwelle vorn und hinten lösen, noch nicht abschrauben.
- Zum Lösen und Festziehen der Kardanwelle am Achsantrieb hinten gegenhalten.
- Sind keine Markierungen (Pfeile im Bild 32) vorhanden, Position der Kardanwelle zum Flansch am Achsantrieb kennzeichnen, damit es später nicht durch Unwucht zu Geräuschen kommt.
- Auch die Position der Kardanwelle zum Flansch am Winkelgetriebe kennzeichnen.
- Kardanwelle vom Achsantrieb hinten abschrauben und auf dem Motor -und Getriebeheber (V.A.G 1383 A) ablegen.
- Beim Abziehen und Aufstecken der Kardanwelle immer darauf achten, dass die Buchse (Pfeil) nicht beschädigt wird.

Für den weiteren Ausbau der Kardanwelle wird ein zweiter Mechaniker benötigt.

- Kardanwelle vom Winkelgetriebe abschrauben.

Damit die Schutzmanschette im Mittellager nicht beschädigt wird,

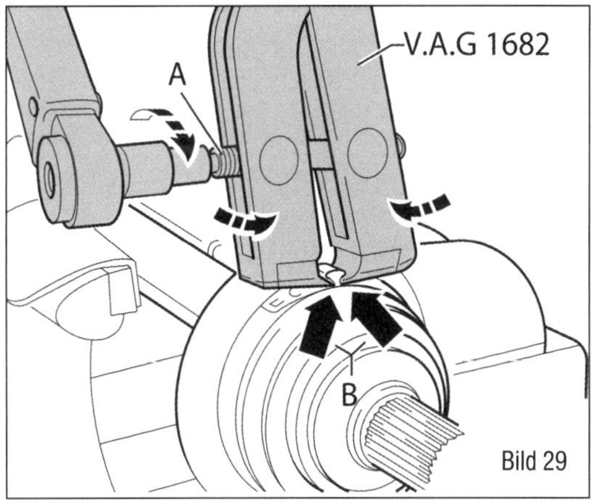

Bild 29
Anziehen der Klemmschelle mit der VW Spezialwerkzeugzange.

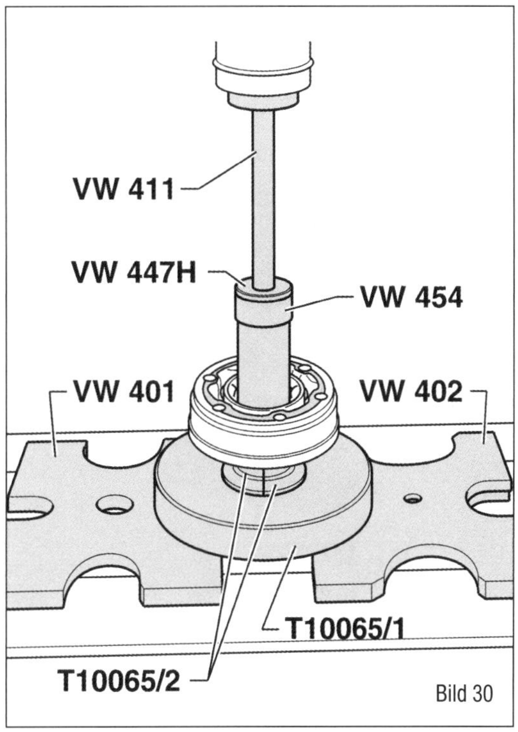

Bild 30
Aufbau des Spezialwerkzeuges bei der Montage des Gelenks.

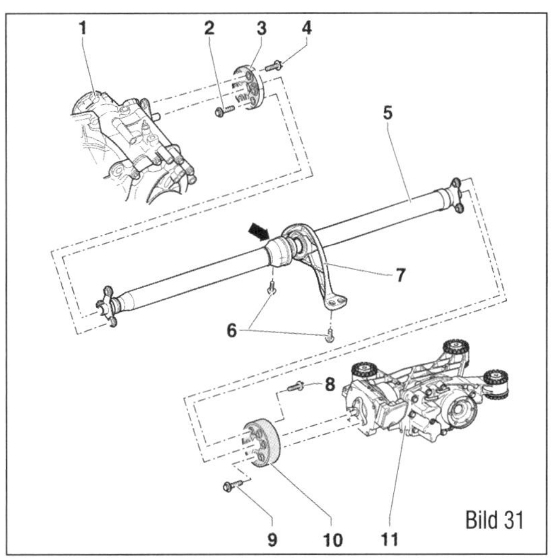

Bild 31
1 Getriebe mit Winkelgetriebe
2 Bundschraube
3 Gelenkscheibe vorn
4 Bundschraube
5 Kardanwelle
6 Schraube
7 Zwischenlager
8 Schraube
9 Schraube
10 Gelenkscheibe mit Schwingungstilger
11 Achsantrieb hinten

Sichtprüfung Messen

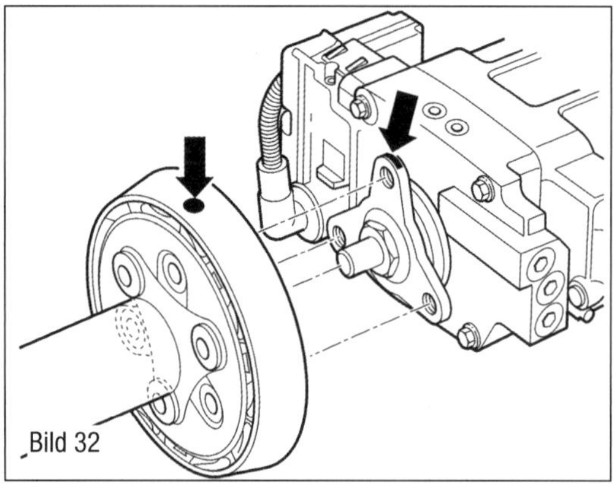
Bild 32

Bild 32
Markierung an den Kardanflanschen.

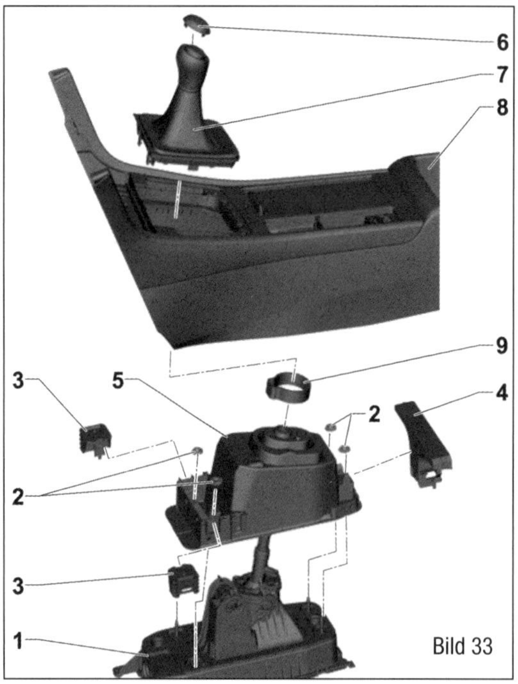

Bild 33

Bild 33
1 Schaltgehäuse mit Schalthebel
2 Sechskantmutter
3 Befestigungswinkel
4 Befestigungswinkel
5 Geräuschdämpfung
6 Plakette
7 Schaltknopf
8 Mittelkonsole
9 Klemmschelle

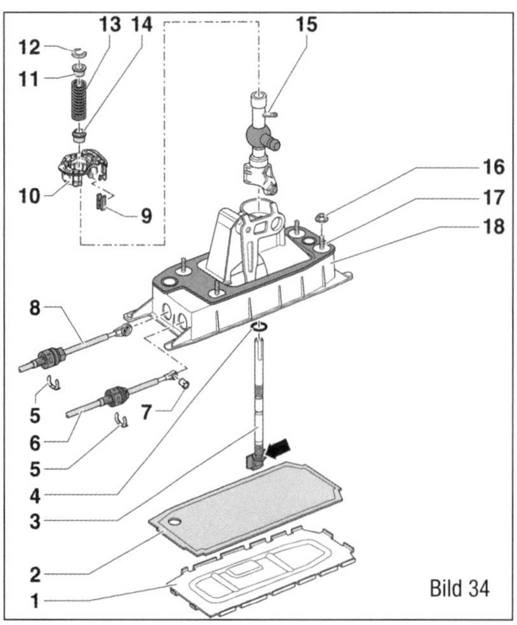

Bild 34

Bild 34
1 Bodenplatte
2 Dichtung
3 Schalthebel
4 Dämpferscheibe
5 Sicherungsscheibe
6 Wählseilzug
7 Buchse
8 Schaltseilzug
9 Dämpfung
10 Lagerschale
11 Buchse
12 Sicherungsscheibe
13 Druckfeder
14 Buchse
15 Schalthebelführung
16 Sechskantmutter
17 Dichtung
18 Schaltgehäuse

Kardanwelle möglichst in der gestreckten Länge aus- und einbauen, beziehungsweise lagern.

- Zwischenlager abschrauben und Kardanwelle möglichst in ihrer gestreckten Länge nach hinten herausnehmen.

Der Einbau erfolgt in umgekehrter Reihenfolge, dabei ist Folgendes zu beachten:

- Alle zueinander gekennzeichneten Teile in der ursprünglichen Position einbauen.
- Kardanwelle festziehen.
- Pendelstütze mit »neuen« Schrauben festziehen.
- Abgasanlage einbauen.
- Geräuschdämpfung einbauen.
- Tunnelstrebe einbauen.

Schaltbetätigung aus- und einbauen

Über die Schaltbetätigung wird die Bewegung des Schalthebels (rechts neben bis vor dem Fahrersitz) auf die Schaltwelle im Getriebe zur Wahl des gewünschten Gangs übertragen. Sie besteht aus:

- Schalthebel mit Schaltknopf und Druckfeder/ Wählwinkel im Schaltgehäuse zur Bewegung der Betätigungsseilzüge,
- dem Wählseilzug für die »Wahlebene« (R,1/2, 3/4, 5/6),
- dem Schaltseilzug zur Gangwahl in einer »Wahlebene«,
- der Mechanik aus Getriebeschalthebel und Umlenkhebel. Der Wählseilzug kommt hinten rechts aus dem Schaltgehäuse, der Schaltseilzug hinten links. Wichtige Bauelemente an den Seilzügen sind die Sicherungsscheiben (5 im Bild 34).

Ausbau bei Handschaltgetriebe

- Laschen (Pfeile im Bild 35) der Abdeckung für Schaltbetätigung mit einem Schraubendreher aufbiegen und Abdeckung abnehmen.
- Dichtung (2 im Bild 34) abnehmen.
- Sicherungsscheiben (5) abziehen.
- Schaltseilzug (8) und Wählseilzug (6) vom Schalthebel und Wählhebel z. B. mit einem Schraubendreher abdrücken.
- Schaltseilzug und Wählseilzug vom Schaltgehäuse abziehen. Arretierungen (A im Bild 36) für Schalt- und Wählseilzug (B)

wie folgt entriegeln.

- Schiebehülse nach vorn bis Anschlag drücken (Pfeil 1 im Bild 37) und nach rechts bis Anschlag drehen (Pfeil 2), bis sie einrastet.
- Arretierungen von den Seilzügen abnehmen.
- Sicherungsscheiben (5 im Bild 34) abziehen.
- Seilzugwiderlager von den Seilzügen abnehmen.

Der Einbau erfolgt sinngemäß in umgekehrter Reihenfolge.

- Schaltseilzug und Wählseilzug am Schaltgehäuse mit Sicherungsscheiben (5 im Bild 34) befestigen.
- Schaltseilzug (8) auf Schalthebel und Wählseilzug (6) auf Wählhebel im Schaltgehäuse aufdrücken.
- Bodenplatte anbauen.
- Schaltbetätigung einbauen.
- Schaltbetätigung einstellen.

Ausbau bei DSG-Getriebe

Beim Golf wurden zwei unterschiedliche Systeme verbaut. Optisch lassen sich die beiden Systeme bereits am eigentlichen Schalthebel, an dem der Schaltknauf angebracht ist, auseinanderhalten. Das System von ECS weist hier ein Betätigungsgestänge aus. Vergleichen Sie die Bauteile in den Bildern 33 und 34.

Ausbau der Schaltbetätigung

- Griff für Wählhebel ausbauen.
- Mittelkonsole ausbauen.
- Luftführungskanal in der Mittelkonsole ausbauen.
- Befestigungswinkel ausbauen, dazu die Schrauben rechts und links herausdrehen.
- Elektrische Steckverbindung von der Schaltbetätigung zum Fahrzeugleitungssatz trennen.
- Luftfiltergehäuse ausbauen.
- Einstellschraube (Pfeil im Bild 40) lösen.
- Sicherungsscheiben (A) und (B) ausbauen.

Die Sicherungsscheiben müssen später beim Einstellen des Wählhebelseilzugs ersetzt werden. Zum Ausbauen der Sicherungsscheibe (B) am Seilzugwiderlager eine Zange verwenden. Keine scharfkantigen Hebel benutzen. Der Wählhebelseilzug könnte sonst beschädigt werden.

- Wärmeschutzblech für Mitteltunnel unterhalb der Schaltbetätigung ausbauen.

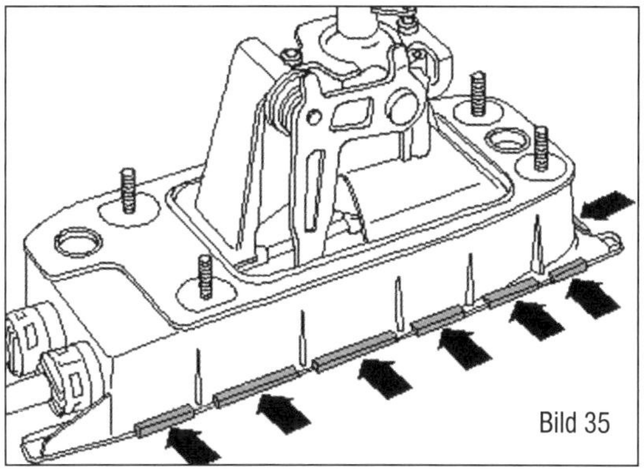

Bild 35
Verriegelungslaschen an der Abdeckung für das Schaltgehäuse.

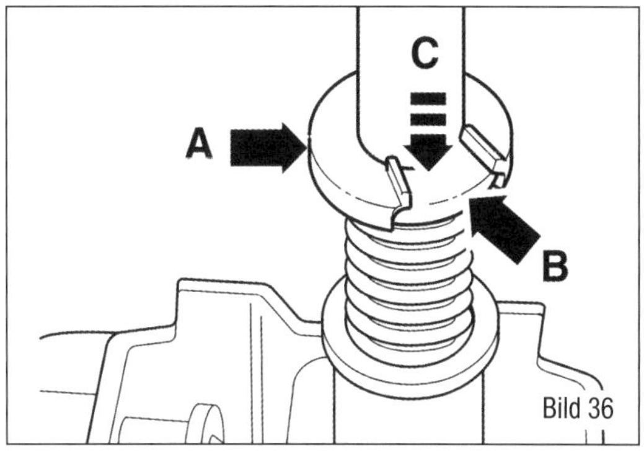

Bild 36
A Sicherungsscheibe
B Wählseilzug
C Richtung zum Zusammenschieben

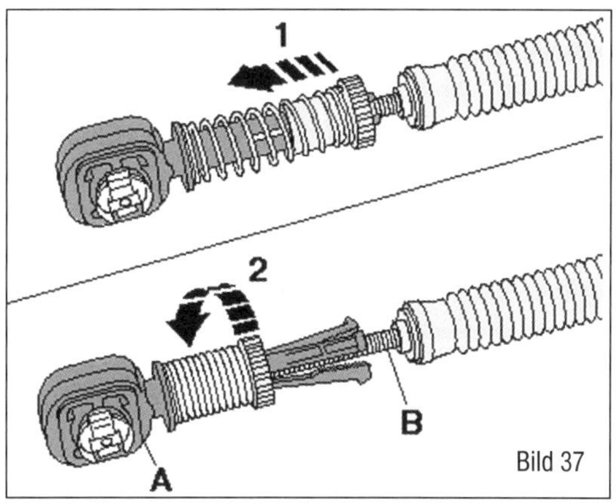

Bild 37
Sicherungsscheiben am Betätigungsseilzug: Feder vorsichtig entspannen.

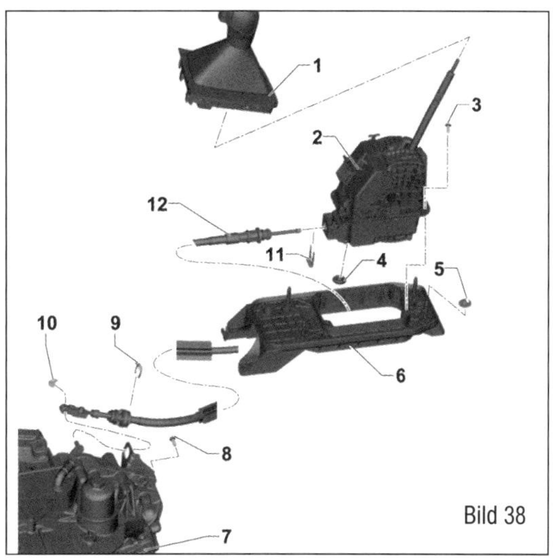

Bild 38
ZF-System.
1 Griff mit Schaltabdeckung
2 Schaltbetätigung
3 Schraube
4 Stopfen
5 Sechskantmutter
6 Schaltgehäuse
7 Getriebe
8 Schraube
9 Sicherungsscheibe
10 Sicherungsscheibe
11 Sicherungsscheibe
12 Wählhebelseilzug

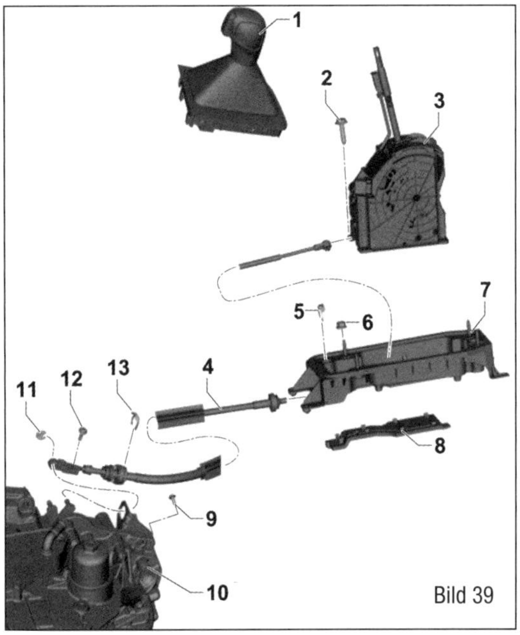

Bild 39
EGS-System.
1 Griff mit Schaltabdeckung
2 Schraube
3 Schaltbetätigung
4 Wählhebelseilzug
5 Sicherungsscheibe
6 Sechskantmutter
7 Schaltgehäuse
8 Deckel
9 Schraube
10 Getriebe
11 Sicherungsscheibe
12 Schraube
13 Sicherungsscheibe

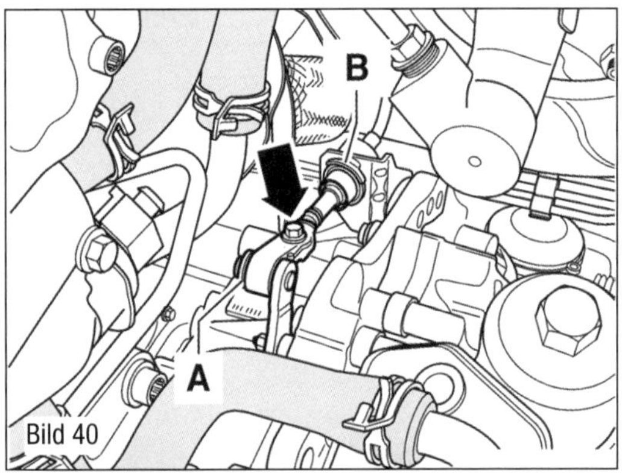

Bild 40
A und B = Sicherungsscheiben
Pfeil = Schraube

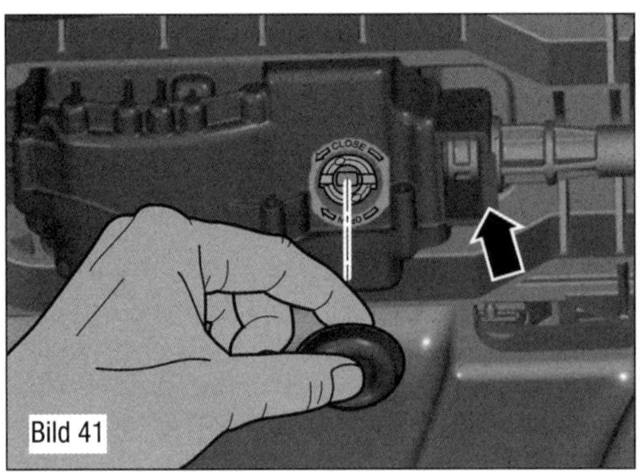

Bild 41
Abdeckung der Seilzugverriegelung.
Pfeil = Sicherungsscheibe

■ Falls vorhanden, Halter für die Mittelkonsole abnehmen.

Nur ZF-System
■ Im Fahrzeuginnenraum Muttern (5 im Bild 38) herausdrehen.
■ Schaltbetätigung (3) zusammen mit dem Wählhebelseilzug und Schaltgehäuse nach unten abnehmen.

Nur ECS-System
■ Deckel (8 im Bild 39) mit einem Schraubendreher unten von der Schaltbetätigung abhebeln und ausbauen.
í Der Deckel darf nicht wieder verwendet werden. Nach Demontage immer ersetzen.

Ausbau des Schaltzuges
■ Luftfiltergehäuse ausbauen.
■ Einstellschraube (Pfeil im Bild 40) lösen.
■ Sicherungsscheiben (A) und (B) ausbauen.
⚠ Die Sicherungsscheiben müssen später beim Einstellen des Wählhebelseilzugs ersetzt werden. Zum Ausbauen der Sicherungsscheibe (B) am Seilzugwiderlager eine Zange verwenden. Keine scharfkantigen Hebel benutzen. Der Wählhebelseilzug könnte sonst beschädigt werden.
■ Wählhebel an der Schaltbetätigung auf Position »N« stellen. Nur in dieser Position kann der Seilzug gelöst werden.
■ Wärmeschutzblech für Mitteltunnel unterhalb der Schaltbetätigung ausbauen.
■ Stopfen abnehmen und Sicherungsscheibe (Pfeil im Bild 41) ausbauen. Die Sicherungsscheibe immer ersetzen.
■ Mit einem großen Schraubendreher in die Nuten der Verriegelung fassen und im Uhrzeigersinn um 90° verdrehen.
■ Den Seilzug aus der Schaltbetätigung ziehen und herausnehmen.

Einbau bei Doppelkupplungsgetriebe
■ Der Einbau erfolgt in umgekehrter Reihenfolge. Bevor der Seilzug auf das Getriebe gesetzt wird, muss er auf Leichtgängigkeit geprüft werden. Dazu das abgebaute Ende so ablegen, dass es nirgendwo anstößt. Dann wird der Wählhebel mehrmals von »P« nach »S« und wieder nach »P« gestellt. Der Wählhebel muss dabei leichtgängig sein.
☞ Den Wählhebelseilzug nicht biegen oder knicken. Den Wählhebelseilzug nicht fetten. Nach dem Einbau den Wählhebelseilzug auf Leichtgängigkeit überprüfen.
■ Seilzug in die Schaltbetätigung einführen, bis er in der Verriegelung (Pfeil im Bild 41) sichtbar wird.
■ Mit einem großen Schraubendreher die Verriegelung in Pfeilrichtung um 90° gegen den Uhrzeigersinn verdrehen.

Der Wählhebel der Schaltbetätigung steht in Position »N«. Nur in dieser Position kann der Seilzug verriegelt werden.

- Der Seilzug ist korrekt verriegelt, wenn die Nuten der Verriegelung rechtwinklig zum Seilzug stehen.
- Neue Sicherungsscheibe einbauen (Pfeil im Bild 41) und den Stopfen einsetzen.
- Den Seilzug am Getriebe anbauen und mit einer neuen Sicherungsscheibe (B im Bild 40) sichern.

Sicherungsscheibe (A) noch nicht anbauen. Sie wird erst angebaut, nachdem der Seilzug geprüft und eingestellt wurde.

- Wärmeschutzblech unterhalb der Schaltbetätigung einbauen.
- Wählhebelseilzug einstellen.
- Schaltbetätigung prüfen.
- Luftfiltergehäuse einbauen.

Ausbau bei Automatik-Getriebe

Im Innenraum wird die Mittelkonsole ausgebaut. Unter dem Fahrzeug muss das Wärmeschutzblech ausgebaut werden.

- Griff für Wählhebel ausbauen.
- Mittelkonsole ausbauen.
- Luftführungskanal in der Mittelkonsole ausbauen.
- Befestigungswinkel für die Mittelkonsole ausbauen, dazu die Schrauben rechts und links herausdrehen.
- Elektrische Steckverbindung von der Schaltbetätigung zum Fahrzeugleitungssatz trennen.
- Luftfiltergehäuse ausbauen.
- Wählhebelseilzug (1 im Bild 45) aus dem Clip (3) des Halters (2) aushängen.

Zum Ausbauen der Sicherungsklammer (5) am Seilzugwiderlager (4) eine Zange verwenden. Keine scharfkantigen Hebel benutzen. Der Wählhebelseilzug könnte sonst beschädigt werden.

Die Sicherungsklammer des Wählhebelseilzugs muss immer ersetzt werden. Besser ist, das Seilzugwiderlager (4 im Bild 46) gemeinsam mit Wählhebelseilzug (1) vom Getriebe abzubauen (Pfeile). Wird die Schaltbetätigung mit Wählhebelseilzug ersetzt, muss das Seilzugwiderlager (4) umgebaut werden.

- Wählhebelseilzug (1) vom Getriebeschalthebel (3) z. B. mit einem Maulschlüssel abhebeln. Die Einstellschraube (2) muss nicht gelöst werden.

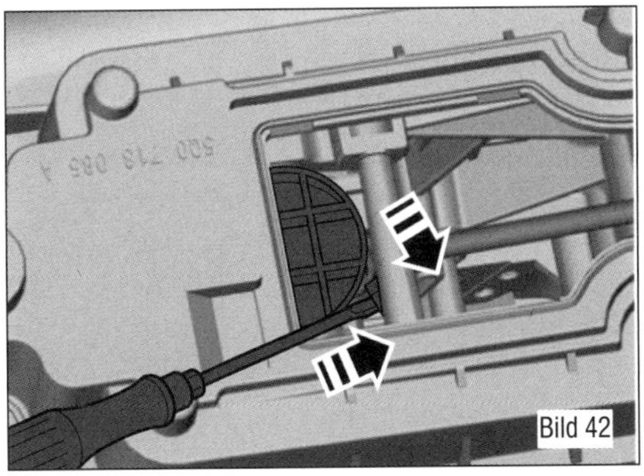

Bild 42
Entriegeln des Seilzuges mit einem Schraubendreher.

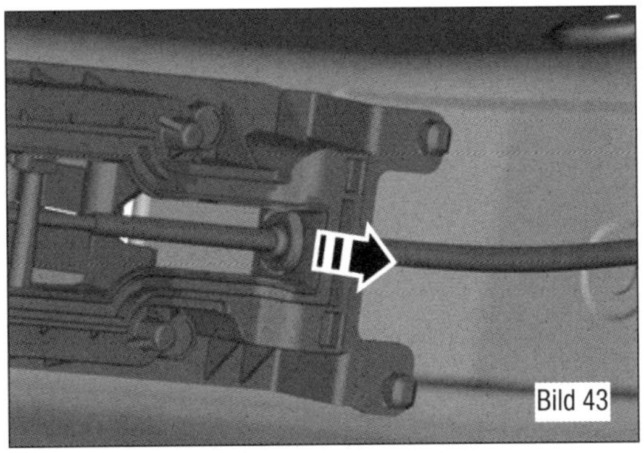

Bild 43
Sicherungsscheibe in Pfeilrichtung abziehen.

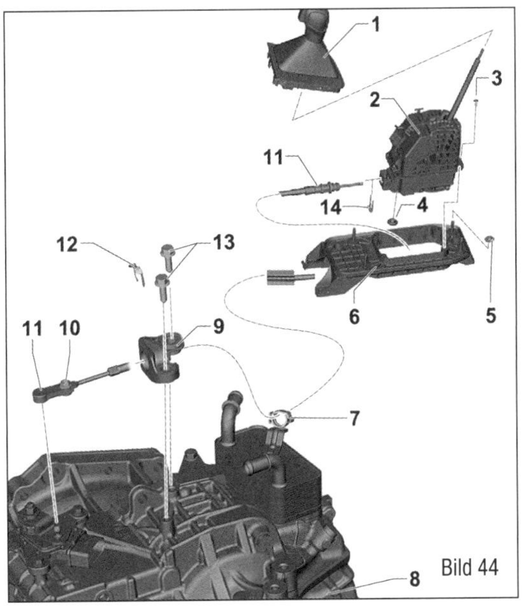

Bild 44
Automatikgetriebe.

1 Griff mit Schaltabdeckung
2 Schaltbetätigung
3 Schraube
4 Stopfen
5 Sechskantmutter
6 chaltgehäuse
7 Halter
8 Getriebe
9 Seilzugwiderlager
10 Schraube
11 Wählhebelseilzug
12 Sicherungsklammern
13 Schraube
14 Sicherungsklammern

Beschädigungsgefahr des Wählhebelseilzugs. Wählhebelseilzug nicht nach hinten aus dem Seilzugwiderlager drücken. Der Wählhebelseilzug wird erst beim Abnehmen der Schaltbetätigung aus dem Seilzugwiderlager herausgeführt.

- Fahrzeug anheben.
- Wärmeschutzblech für Mitteltunnel unterhalb der Schaltbetätigung ausbauen.
- Falls vorhanden, Halter (A im Bild 47) abnehmen.

Sichtprüfung Messen

Bild 45
1 Seilzug
2 Halter
3 Clip
4 Seilzugwiderlager
5 Sicherungsklammer

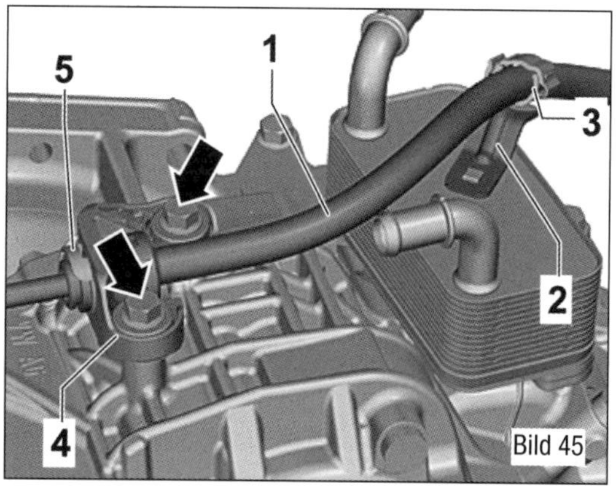

Bild 46
1 Wählhebelseilzug
2 Einstellschraube
3 Schalthebel

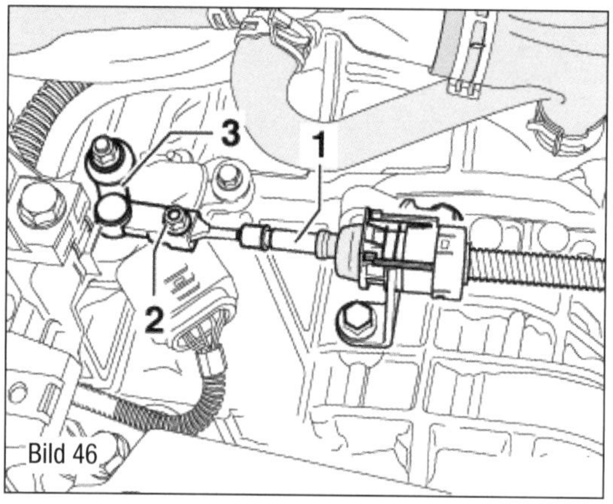

Bild 47
A Halter
B Schaltbetätigung
Pfeile = Muttern im Fahrzeuginnenraum

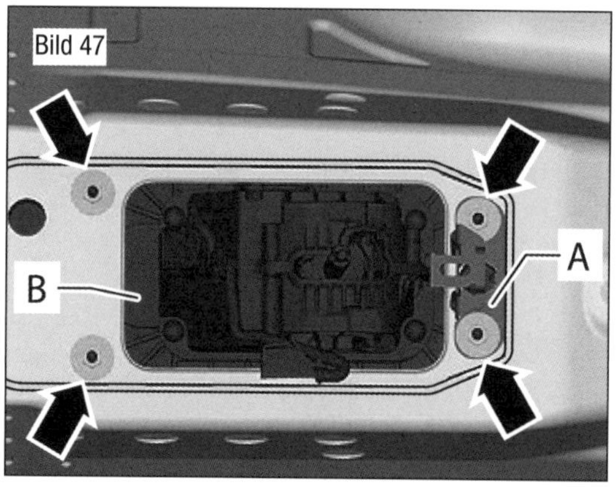

- Im Fahrzeuginnenraum Muttern (Pfeile) herausdrehen.
- Schaltbetätigung (B) zusammen mit dem Wählhebelseilzug und Schaltgehäuse nach unten abnehmen.

Der Einbau erfolgt in umgekehrter Reihenfolge.

Schaltbetätigung oder Wählhebelseilzug einstellen

Für eine korrekte Schalteinstellung müssen folgende Voraussetzungen erfüllt sein:

- Einwandfreie Bedienungs- und Übertragungselemente.
- Schaltbetätigung ist leichtgängig.
- Getriebe, Kupplung und Kupplungsbetätigung in einwandfreiem Zustand.
- Getriebe in Leerlaufstellung.

Wenn der Winkel zum Feststellen der Schaltwelle und der Sicherungsmechanismus von Schaltseilzug und Wählseilzug durch das Luftfiltergehäuse nicht zugänglich sind, muss dieses komplett ausgebaut werden.

Schaltbetätigung der Handschaltgetriebe einstellen

- Bringen Sie das Getriebe in Leerlaufstellung.
- Bauen Sie das Luftfiltergehäuse aus, wenn dadurch der Winkel (A im Bild 48) und der Sicherungsmechanismus von Schaltseilzug und Wählseilzug nicht zugänglich sind.
- Sicherungsmechanismus an der Seilzugarretierung von Schaltseilzug und Wählseilzug bis Anschlag nach vorn ziehen und danach nach links verriegeln.
- Ziehen Sie die Schaltwelle hoch (Pfeilrichtung 1 im Bild 49). Beim Hochziehen der Schaltwelle drücken Sie den Arretierwinkel (A im Bild 50) in Pfeilrichtung 2 und drücken ihn dabei gleichzeitig in Pfeilrichtung 3 nach oben, bis er in der Schaltwelle einrastet.
- Manschette mit Schaltknopf und Geräuschdämpfung ausbauen.
- Leerlauf am Schalthebel einlegen und den Absteckstift (T10027 A) durch die Bohrung (A im Bild 51) in die Bohrung (B) einführen. Wähl- und Schaltseilzug müssen spannungsfrei in den Seilzugarretierungen stecken.
- Sicherungsmechanismus an der Arretierung von Schaltseilzug und Wählseilzug bis Anschlag nach rechts drehen. Die Feder drückt den Sicherungsmechanismus in die Ausgangsstellung.
- Den Winkel (A, Bild 50) in die Ausgangsstellung zurückdrehen. Der Winkel muss aus dem Schaltgehäuse bis Anschlag herausgedrückt sein und beim 5-Gang-Getriebe senkrecht nach oben, beim 6-Gang-Getriebe nach hinten zeigen.

■ Absteckstift aus den Bohrungen herausziehen, Manschette mit Schaltknopf und Geräuschdämpfung einbauen, die Schaltwelle auf Freigängigkeit prüfen und das Luftfiltergehäuse wieder einbauen.
■ Funktion überprüfen: Der Schalthebel muss im Leerlauf in der Gasse 3./4. Gang stehen. Kupplung betätigen, alle Gänge mehrmals durchschalten, auf die Funktion der Rückwärtsgangsperre besonders achten. Wenn beim wiederholten Einlegen eines Ganges noch ein Haken auftritt, muss das Einstellen der Schaltbetätigung wiederholt werden.

Wählhebelseilzug der Doppelkupplungsgetriebe einstellen
Der Wählhebelseilzug muss immer eingestellt werden, wenn: Motor/Getriebe in ihrer Lage verändert, zum Beispiel spannungsfrei eingebaut wurden, der Seilzug selbst oder die Schaltbetätigung aus- und eingebaut wurde, der Wählhebelseilzug vom Getriebe abgebaut wurde, Motor und (oder) Getriebe aus- und eingebaut wurden oder Teile der Aggregatelagerung aus- und eingebaut wurden.

■ Wählhebel im Fahrzeug in Stellung »P« schalten.
■ Hebel am Getriebe in »P« schalten. Der Hebel am Getriebe muss beim 7-Gang-DSG ganz zur rechten Fahrzeugseite, in Richtung Seilzugwiderlager für Wählhebelseilzug gedrückt werden. Um dabei sicherzugehen, den Hebel nach vorn ziehen und dann in die entsprechende Richtung drücken. In der zweiten Raste ist »P«.
■ Seilzug mit gelöster Einstellschraube und neuen Sicherungsscheiben anbauen.
■ Den Hebel am Getriebe nach hinten drücken. So wird das Getriebe in Stellung »P« gebracht. Um sicher zu sein, dass sich das Getriebe in »P« befindet, also die Parksperre eingerastet ist, sollte das Fahrzeug angehoben werden. Beide Vorderräder dürfen sich nicht gemeinsam in eine Richtung drehen lassen. Das Getriebe ist übrigens auch in »P«, wenn sich das Fahrzeug bei frei drehenden Rädern nicht schieben lässt.
■ Am Griff des Wählhebels leicht nach vorn und hinten tippen, jedoch auf keinen Fall aus »P« herausschalten. So findet die Seele des Zugs ihre optimale Lage.
■ Einstellschraube mit 13 Nm festziehen.

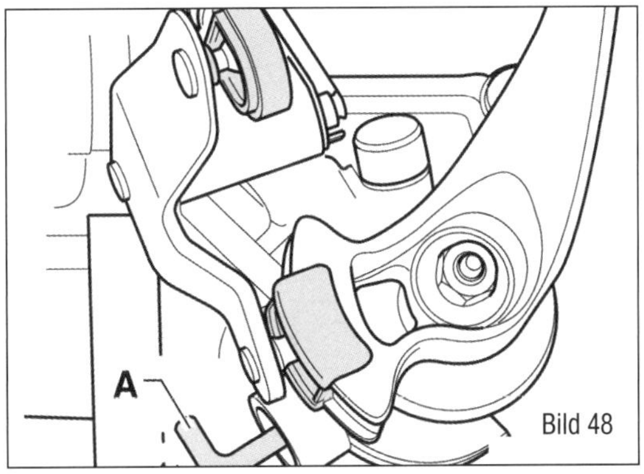

Bild 48
Absteckdorn (A) zum Sichern des Getriebes.

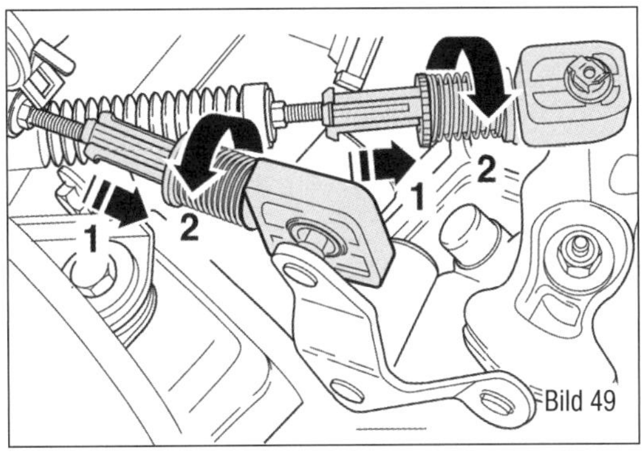

Bild 49
Pfeilrichtung 1 Feder zusammenschieben; Pfeilrichtung 2 Drehrichtung zum Verriegeln.

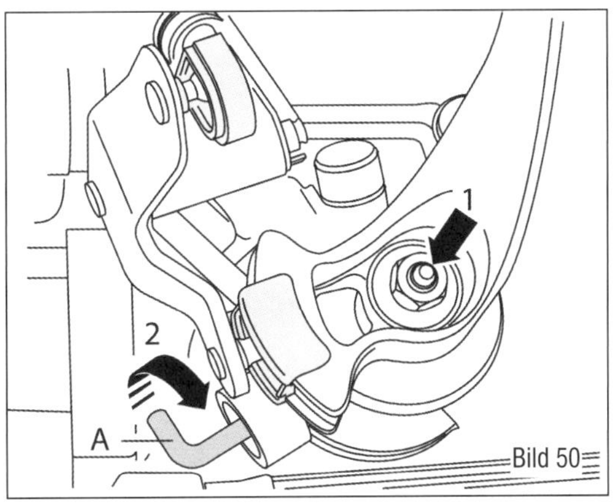

Bild 50
Pfeil 1 Schaltwelle herunterdrücken, Pfeil 2 Drehrichtung des Winkels zum Arretieren.

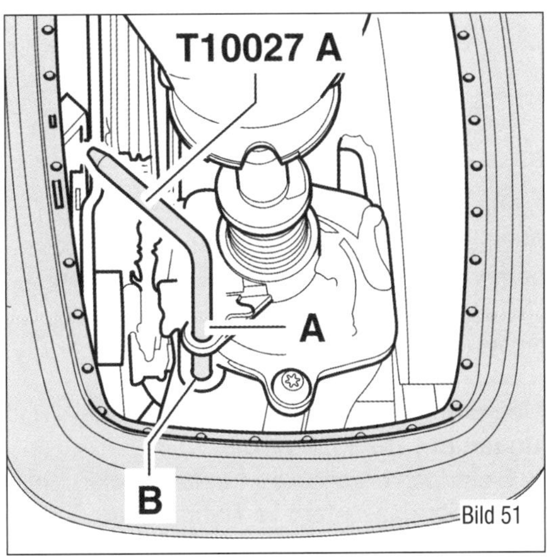

Bild 51
Golf Cabriolet.
T10027 A = Absteckstift
A Bohrung
B Bohrung

Bild 52
Golf und Variant.
T10027 A = Absteckstift
A Dämpfung
B Bohrung
C Bohrung

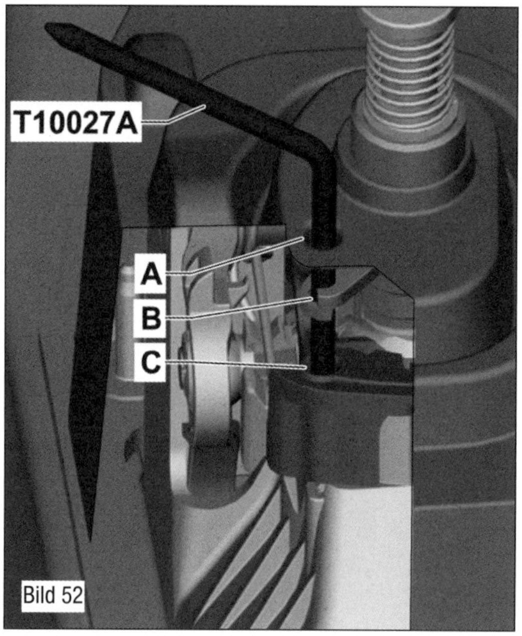

Bild 52

Bild 53
Golf Cabriolet.
1 Stirnwand
2 Dichtung
3 Lagerbock
4 Schraube
5 Übertotpunktfeder
6 Lagerbuchse
7 Lagerbolzen
8 Kupplungspedal
9 Aufnahme
10 Dichtung
11 Geberzylinder
12 Kupplungspositionsgeber
13 Klammer
14 Nachlaufschlauch
15 Sechskantmutter
16 Sechskantmutter
17 Anschlag

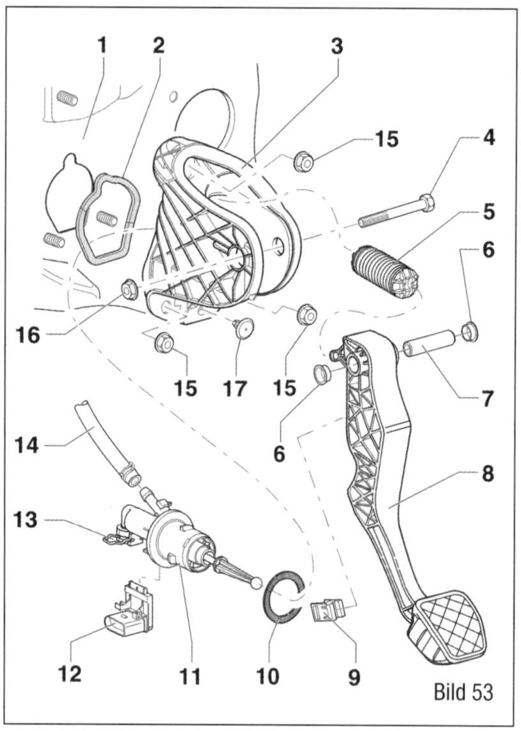

Bild 53

Damit ist die Einstellung beendet. Die Richtigkeit der Einstellung kann daran geprüft werden, dass sich in den Wählhebelstellungen »R«, »D« und »S« der Anlasser nicht betätigen lassen darf.

Mechanische Prüfungen der Einstellungen am DSG-Getriebe

í Elektrisch erkennbare Fehler werden mit dem Diagnosesystem im Rahmen der »Geführten Fehlersuche« erfasst.

■ Wählhebel in Stellung »P« und Zündung eingeschaltet, Bremspedal wird nicht getreten. Der Wählhebel ist gesperrt und kann mit gedrückter Sperrtaste nicht aus Stellung »P« herausgeschaltet werden. Wenn das Bremspedal getreten wird, gibt der Magnet für Wählhebelsperre den Wählhebel frei. Das Einlegen einer Fahrstufe ist möglich. Wählhebel von »P« nach »S« langsam durchschalten; dabei prüfen, ob die Wählhebelstellung im Schalttafeleinsatz mit der Wählhebelstellung übereinstimmt.

■ Ist der Wählhebel in Stellung »N« und Zündung eingeschaltet, das Bremspedal wird nicht getreten, dann ist der Wählhebel gesperrt und kann mit gedrückter Sperrtaste nicht aus Stellung »P« herausgeschaltet werden. Der Magnet für Wählhebelsperre blockiert den Wählhebel. Wenn das Bremspedal getreten wird, gibt der Magnet den Wählhebel frei. Das Einlegen einer Fahrstufe ist möglich.

■ Wählhebel in Stellung »Tiptronic« und den Wählhebel in die Tiptronic-Gasse führen – dann muss die Beleuchtung des »D«-Symbols in der Abdeckung für Schaltbetätigung erlöschen. Die Symbole »+« und »-« müssen aufleuchten. Die Anzeige der Wählhebelstellung im Schalttafeleinsatz muss beim Schalten des Wählhebels in die Tiptronic-Gasse von: »P R N D S« auf »(7) 6 5 4 3 2 1« wechseln.

Arbeiten an der Kupplungshydraulik

Kupplungspedal ausbauen am Golf Cabriolet

■ Masseband der Batterie abklemmen.

Fahrzeuge mit Knieairbag

☞ Der Einbauort vom Knieairbag ist oberhalb des Fußhebelwerks.

■ Den Halter Knieairbag gemeinsam mit der Crashstrebe ausbauen.

Fortsetzung für alle

■ Den Fahrersitz so weit wie möglich nach hinten schieben und das Lenkrad in die höchste Position stellen.

■ Auf der Fahrerseite die Blende und die Abdeckung unterhalb der Blende ausbauen.

■ Kabelführung von der Lenksäule abbauen.

■ Fußraumausströmer im Fußraum ausbauen.

Fahrzeuge ohne Knieairbag
■ Die Crashstrebe abschrauben.

Fortsetzung für alle
■ Wenn vorhanden, Dämpfung am unteren Bereich vom Lagerbock/Kupplungspedal abbauen.
■ Dazu die Klemmscheiben für die Dämpfung abnehmen.
■ Die Dämpfung abziehen.
■ Das Kupplungspedal (8 im Bild 53) vom Lagerbock (3) abschrauben, dazu Mutter (16) herausdrehen und Schraube (4) herausziehen.

Tipp: Das Kupplungspedal bleibt an der Betätigungsstange des Kupplungsgeberzylinders eingehängt.

■ Das Kupplungspedal etwas nach unten schwenken und die Übertotpunktfeder (5) aus dem Lagerbock herausnehmen.
■ Kupplungspedal vom Kupplungsgeberzylinder mit der Zange »T10005« entriegeln.
■ Das Kupplungspedal abnehmen.

Der Einbau erfolgt sinngemäß in umgekehrter Reihenfolge.
■ Sämtliche Lager- und Berührungsflächen fetten.
■ Selbstsichernde Mutter ersetzen.
Die Übertotpunktfeder (5 im Bild 53) von oben in den Lagerbock (3) einlegen und dabei das Federende mit dem Entriegelungswerkzeug »T10178« in Einbaulage halten.
■ Der Aufnahmebereich (Pfeil im Bild 55) für den Zapfen (A) des Kupplungspedals muss senkrecht stehen.
■ Lagerzapfen des Kupplungspedals in die Lagerpfanne der Übertotpunktfeder einlegen.
■ Kupplungspedal etwas andrücken, Schraube durchschieben und selbstsichernde Mutter fest.

Kupplungspedal ausbauen Golf Limousine und Variant
■ Fahrersitz in die hinterste Stellung fahren.
■ Lenkrad so weit wie möglich nach oben stellen, hierzu den vollen Verstellbereich der Lenksäulenverstellung nutzen.
■ Wenn im Bereich Lagerbock eingebaut: Halter (Pfeil im Bild 57) mit Steuergerät für

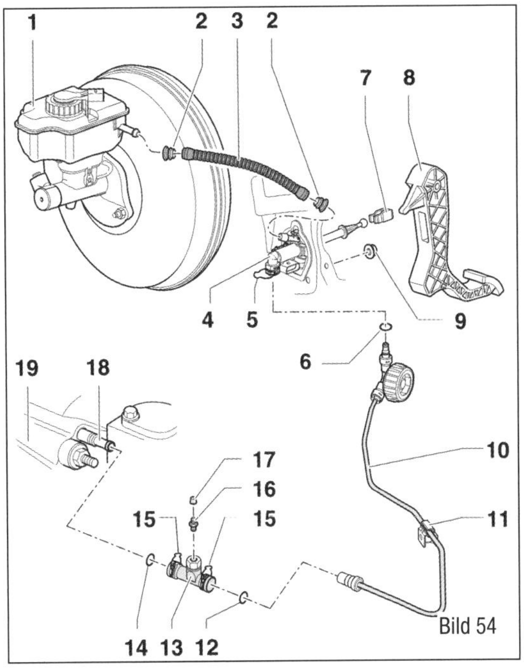

Bild 54
Golf und Golf Variant.
1 Bremsflüssigkeitsbehälter
2 Dichtung
3 Nachlaufschlauch
4 Geberzylinder
5 Klammer
6 Dichtring / O-Ring
7 Aufnahme
8 Kupplungspedal
9 Sechskantmutter, selbstsichernd
10 Rohrleitung
11 Halter
12 Dichtring / O-Ring
13 Entlüfter
14 Dichtring / O-Ring
15 Klammer
16 Entlüftungsventil
17 Staubkappe
18 Nehmerzylinder
19 Getriebe

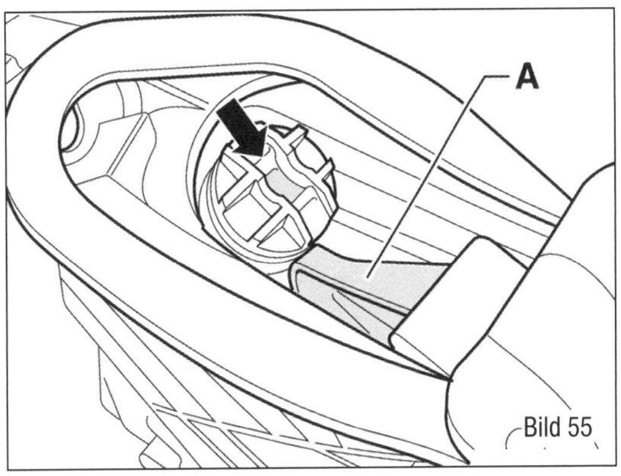

Bild 55
A Zapfen (Feder)
Pfeil = Aufnahmebereich

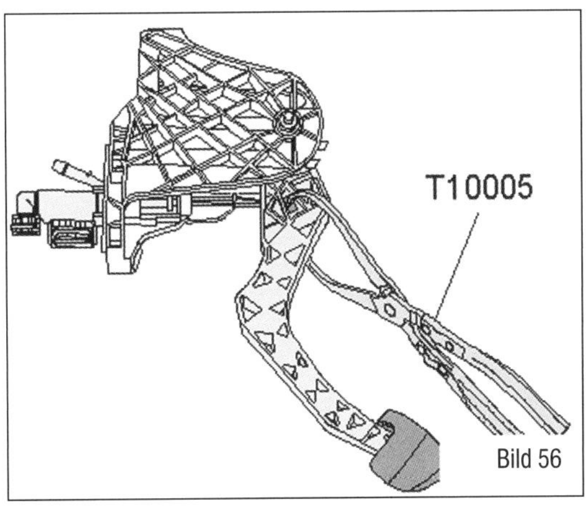

Bild 56
Aushängen des Clips im Kupplungspedal mit der Zange T10005.

Einparkhilfe ausbauen und zur Seite drücken.

Rechtslenker mit Climatronic
■ Stellmotor der Temperaturklappe rechts ausbauen.

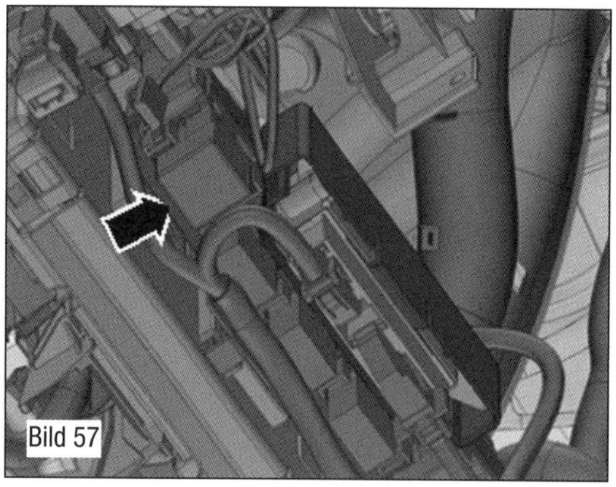

Bild 57
Halter (Pfeil) Steuergerät für Einparkhilfe.

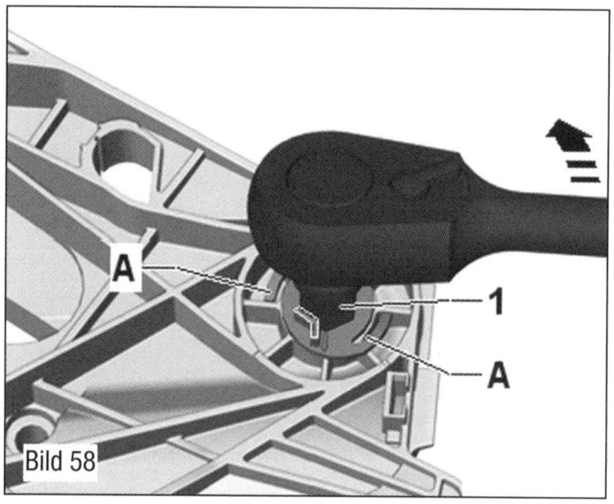

Bild 58
A Arretierung
1 Innensteckschlüssel SW 14
Pfeil = Löserichtung

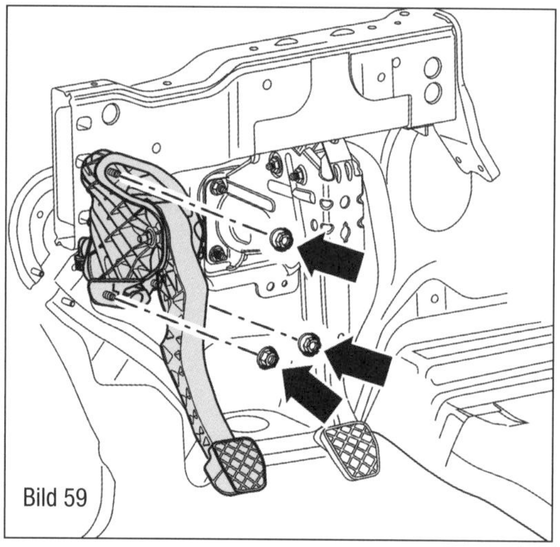

Bild 59
Befestigungsmuttern des Lagerbocks.

Fortsetzung für alle

- Rückzugfeder ausbauen.
- Die Lagerachse für das Kupplungspedal wie in Bild 58 dargestellt ausbauen.
- Die Lagerachse für das Kupplungspedal muss bis Anschlag nach links gedreht werden, (Pfeilrichtung im Bild 58). Die Arretierungen (A) werden dabei zerstört.
- Das Kupplungspedal etwas bewegen, damit die Lagerachse herausgezogen werden kann.

Der Einbau erfolgt sinngemäß in umgekehrter Reihenfolge.

- Lagerachse nach Demontage ersetzen.
- Kupplungspedal etwas andrücken und neue Lagerachse bis Anschlag durchschieben.
- Die Lagerachse bis Anschlag nach rechts drehen. Die Arretierungen (A) müssen hörbar einrasten.
- Rückzugfeder einbauen.

Geberzylinder ausbauen

Beim Golf unterscheidet sich die Vorgehensweise für das 5-Gang- und das 6-Ganggetriebe kaum. Wir stellen Ihnen exemplarisch die Vorgehensweise für das 6-Ganggetriebe vor.

- Prüfen Sie zuerst, ob ein codiertes Radio eingebaut ist. In diesem Fall erfragen Sie bitte die Anti-Diebstahl-Codierung.
- Bauen Sie das komplette Luftfiltergehäuse aus, wenn es sich im Bereich der Batterie befindet.
- Batterie und Batterieträger ausbauen.
- Klemmen Sie den Nachlaufschlauch (3) zum Geberzylinder (4 im Bild 54) mit Schlauchklemme (VAG 3094) ab.
- Zusätzlich können Sie ihn mit dem Verschlusswerkzeug (VAG T10249/1) verschließen. Im weiteren Arbeitsablauf müssen der Kupplungspositionsgeber und die Sicherungsklammer demontiert werden. Diese befinden sich in der Nähe des Bremskraftverstärkers. Sie werden durch diesen teilweise abgedeckt.
- Ziehen Sie den Nachlaufschlauch (3) am Geberzylinder (4) ab.
- Sicherungsklammer (15) entriegeln und Leitung (10) am Geberzylinder abziehen.
- Den Kupplungspositionsgeber in der Nähe des Nachlaufschlauches am Geberzylinder abclipsen und mit angeschlossener elektrischer Steckverbindung abnehmen.

⚠ Schützen Sie bei Arbeiten im Fußraum den Bodenteppich mit Lappen vor auslaufender Bremsflüssigkeit.

- Ablagefach und Abdeckung Fahrerseite ausbauen.

Fahrzeuge mit Knieairbag

⚠ Lassen Sie den Knieairbag ausbauen. Für diese Arbeit ist bereits die Airbagsachkunde erforderlich. Es müssen Sicherheitsvorschriften für die Montagearbeiten und die Lagerung erfüllt werden. Führen Sie diese Arbeiten niemals ohne diese spezielle Ausbildung aus!

Fortsetzung für alle

- Demontieren Sie den Fußraumausströmer.
- Bauen Sie die Crashstrebe aus.
- Sicherungshalter unter der Schalttafel links abschrauben und seitlich ablegen.
- Relaisträger unter der Schalttafel links aushängen und seitlich ablegen.
- Schrauben Sie die Befestigungsmuttern (Pfeile) für den Lagerbock wie im Bild 59 gezeigt ab.
- Wenn vorhanden, Dämpfung am unteren Bereich vom Lagerbock/Kupplungspedal abbauen. Dazu die Klemmscheiben für die Dämpfung abnehmen.
- Kupplungspedal abbauen.
- Kreuzgelenk aus dem Steckschlüssel-Sortiment mit Klebeband umwickeln.
- Leitungsstrang mit der Verlängerung nach oben links drücken.
- Dämpfung, falls vorhanden, im Bereich der oberen Befestigungsmutter oberhalb des Kupplungspedals nach oben drücken.
- Schrauben Sie die obere Befestigungsmutter für den Lagerbock ab. Die obere Befestigungsmutter ist zwischen dem Relaisträger und der Lenksäule zugänglich.
- Schrauben Sie anschließend die beiden unteren Befestigungsmuttern ab und entnehmen Sie den Lagerbock.
- Nehmen Sie den Lagerbock heraus.
- Falls eingebaut, ziehen Sie dabei die Dämpfung ab.
- Entriegeln Sie die Aufnahme der Betätigungsstange für Geberzylinder mit der VW-Zange »T10005« oder einem anderen geeigneten Werkzeug.
- Legen Sie ein Distanzstück zwischen Kupplungspedal und Anschlag und drücken Sie das Kupplungspedal zum Distanzstück. Die Länge des Distanzstückes sollte ca. 40 mm (z. B. 1/2"-Steckschlüsseleinsatz) betragen.
- Entriegeln Sie den Sicherungsbügel und ziehen Sie den Geberzylinder aus dem Lagerbock heraus (Pfeil 1 und Pfeil 2 im Bild 60).
- Bewegen Sie das Kupplungspedal bis zum Anschlag in Ruhestellung.

Der Einbau erfolgt sinngemäß in umgekehrter Reihenfolge.

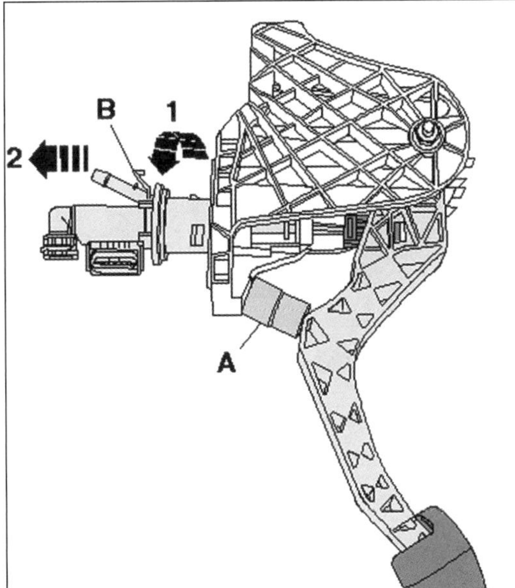

Bild 60

Bild 60
1 und 2 Bewegungsrichtungen
A Distanzstück 40 mm
B Geberzylinder

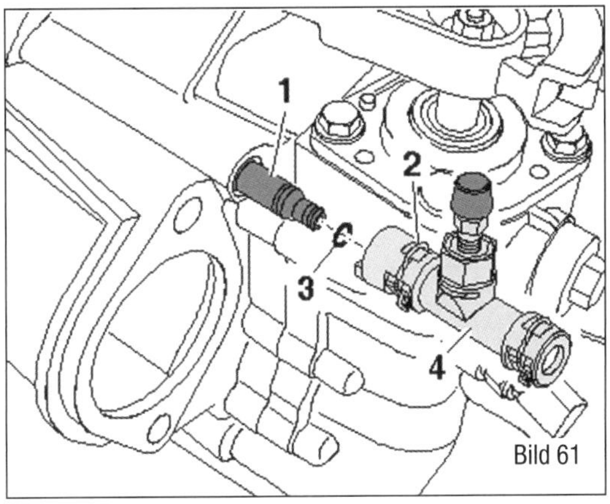

Bild 61

Bild 61
6-Gang-Schaltgetriebe.
1 Nehmerzylinder
2 Clips
3 Dichtring
4 Entlüfter

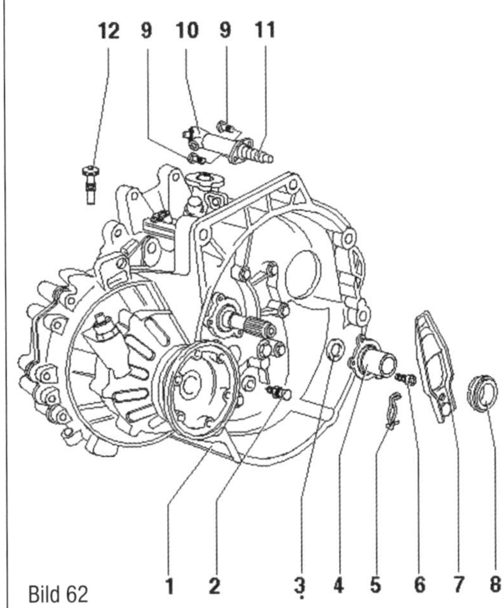

Bild 62

Bild 62
Nehmerzylinder beim 5-Ganggetriebe.
1 Getriebe
2 Kugelzapfen
3 Dichtring für Antriebswelle
4 Führungshülse
5 Haltefeder
6 Zylinderschraube
7 Kupplungsausrückhebel
8 Ausrücklager
9 Sechskantschraube
10 Kupplungsnehmerzylinder
11 Stößel
12 Montageschraube

Sichtprüfung Messen

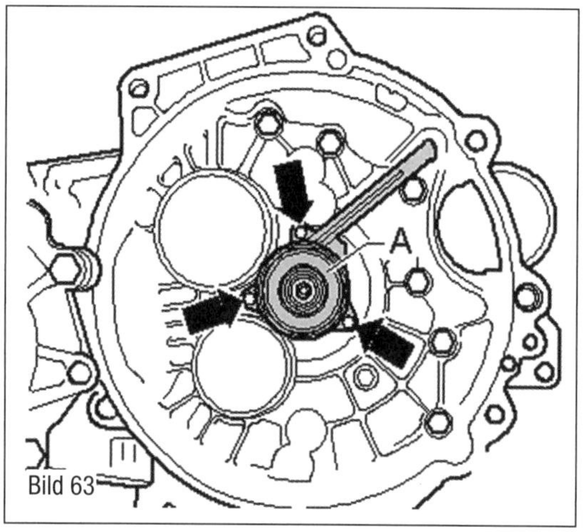

Bild 63
Befestigungsschrauben des Nehmerzylinders.

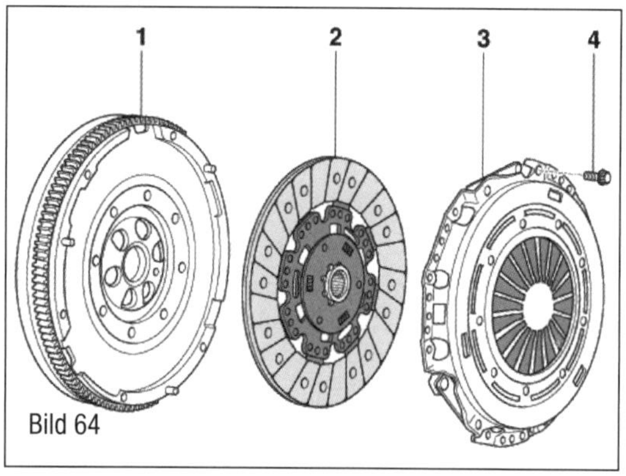

Bild 64
1 Zweimassenschwungrad
2 Kupplungsscheibe
3 Druckplatte
4 Schraube

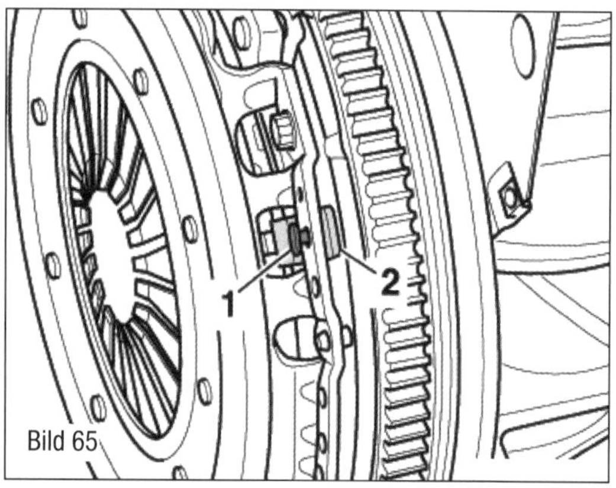

Bild 65
1 Bolzen
2 Anschlag

Nehmerzylinder ausbauen

☞ Der Nehmerzylinder ist bei diesen Fahrzeugen eine Einheit mit dem Ausrücklager und kann nur nach dem Getriebeausbau angegangen werden.

- Bauen Sie das Getriebe aus.
- Sicherungsklammer (2 im Bild 61) mit einem Schraubendreher entriegeln und Entlüfter (4) vom Nehmerzylinder (1) abziehen.
- Bauen Sie das Getriebe aus.
- Drehen Sie die Befestigungsschrauben (Pfeile im Bild 63) heraus, nehmen Sie den Nehmerzylinder/Ausrücklager ab.

⚠ Der Einbau erfolgt in umgekehrter Reihenfolge. Die Befestigungsschrauben für den Nehmerzylinder dürfen nur jeweils in kleinen Stufen festgezogen werden. Sonst besteht die Gefahr, dass die Laschen mit den Anschraubbohrungen abbrechen.

Kupplungshydraulik entlüften

- Bauen Sie das komplette Luftfiltergehäuse aus, wenn dadurch der Entlüfter nicht zugänglich ist.
- Schließen Sie das Bremsenfüll- und Entlüftungsgerät (VAS 5234) oder (V.A.G 1869) oder ein anderes Gerät mit den von VW geforderten Eigenschaften an.
- Den Entlüfterschlauch dann mit der Auffangflasche des Bremsenentlüftungsgerätes verbinden.
- Entlüfterschlauch auf den Entlüfteranschluss stecken.
- Beaufschlagen Sie das System mit einem Druck von 2 bar und öffnen Sie das Entlüftungsventil ca.1/4 Umdrehung.
- Bewegen Sie das Kupplungspedal 15 bis 20 Mal sehr schnell von Hand von Anschlag zu Anschlag.
- Schließen Sie das Entlüftungsventil und schalten Sie das Entlüftungsgerät aus.
- Nach Beendigung des Entlüftungsvorganges, wenn der Druck von 2 bar abgebaut ist, das Kupplungspedal bitte noch 10-mal mit dem Fuß betätigen.
- Falls ausgebaut, bauen Sie das komplette Luftfiltergehäuse ein.

Kupplung ausbauen

☞ Für den Golf werden zwei Kupplungssysteme in den Einsatz gebracht. Sie unterscheiden sich im Wesentlichen durch den Hersteller. Die beiden Systeme von LUK und SACHS unterscheiden sich aber in den Montagearbeiten nur unwesentlich voneinander.

- Bauen Sie das Getriebe aus.
- Setzen Sie den Gegenhalter (VAG 3067) oder ein anderes geeignetes Werkzeug zum Lösen der Schrauben ein.
- Schrauben in kleinen Stufen über Kreuz lösen. Beim Losschrauben muss sich der Anschlag (2) mit dem Bolzen (1) lockern (Bild 65). Lockert sich der Anschlag nicht: Drücken Sie den Bolzen in Richtung Zweimassenschwungrad.

■ Nehmen Sie die Druckplatte und die Kupplungsscheibe ab.

Der Einbau erfolgt in umgekehrter Reihenfolge.

■ Achten Sie auf die Zentrierung der Kupplungsscheibe auf dem Zweimassenrad.

■ Prüfen Sie, ob Passhülsen zur Zentrierung Motor/Getriebe im Zylinderblock vorhanden sind, ggf. einsetzen. Bei nicht vorhandenen Passhülsen treten Schaltschwierigkeiten, Kupplungsprobleme und ggf. Geräusche vom Getriebe (Losräderrasseln) auf.

■ Beachten Sie die Einbaulage Kupplungsscheibe. Die Beschriftung »Getriebeseite« und der hervorstehende Federkäfig zeigt zum Getriebe.

■ Die Enden der Membranfeder prüfen. Die Abnutzung bis zur halben Dicke der Membranfeder ist zulässig.

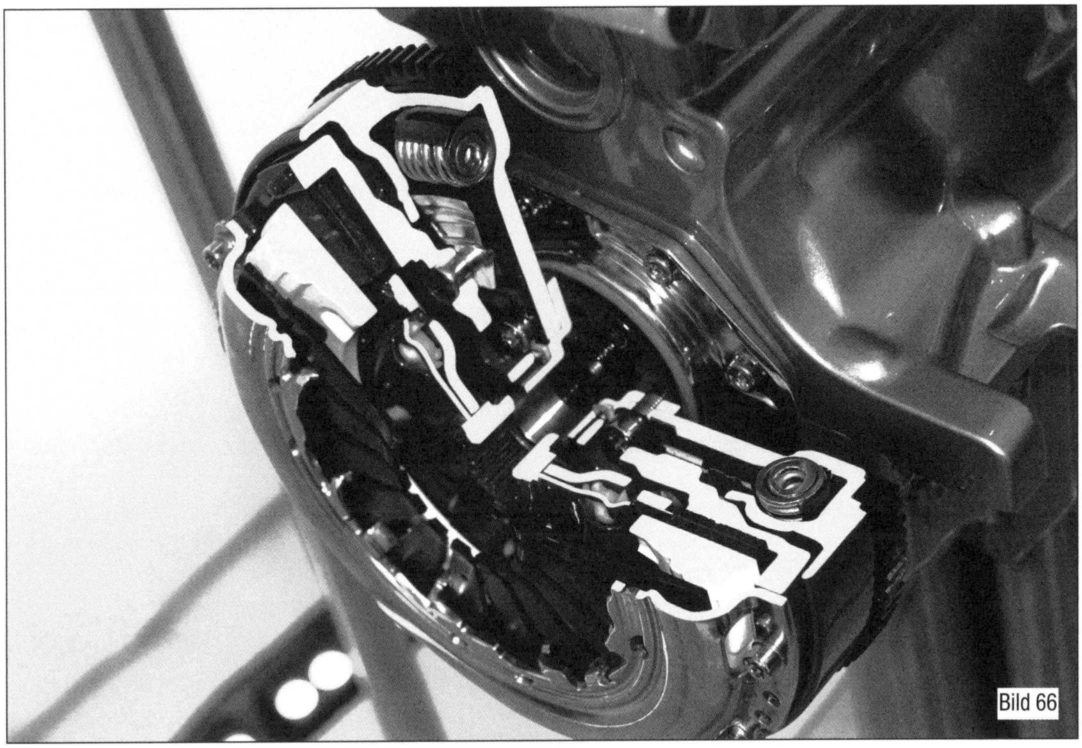

Bild 66
Zweimassenrad in der Schnittansicht.

11 Fahrwerk

Arbeiten am Fahrwerk

Bei der Instandsetzung von tragenden und Rad führenden Bauteilen zum Beispiel an Unfall-Fahrzeugen können Schäden am Fahrwerk unentdeckt bleiben. Diese unentdeckten Schäden führen unter Umständen im späteren Fahrbetrieb zu schweren Folgeschäden. Bei Unfall-Fahrzeugen müssen deshalb auf jeden Fall die im Folgenden aufgeführten Bauteile in der beschriebenen Weise und Reihenfolge kontrolliert werden. Wichtig ist immer auch eine Vermessung des Fahrwerks. Werden dabei keine Abweichungen von den Sollwerten festgestellt, liegen auch keine Verformungen am Fahrwerk vor.

Sicht- und Funktionsprüfung für das Lenksystem

- Sichtprüfung auf Verformung und Risse.
- Spielprüfung der Spurstangengelenke und des Lenkgetriebes.
- Sichtprüfung auf defekte Falten- und Fettbälge.
- Elektrische und hydraulische Leitungen, Schläuche auf Scheuer-, Schnitt- und Knickstellen untersuchen.
- Hydraulische Leitungen, Verschraubungen und Lenkgetriebe auf Dichtheit kontrollieren.
- Lenkgetriebe und Leitungen auf Festsitz überprüfen.
- Einwandfreie Funktion über den gesamten Lenkeinschlag prüfen, indem die Lenkung von Anschlag zu Anschlag betätigt wird. Dabei muss das Lenkrad mit gleich bleibender Betätigungskraft ohne zu haken drehbar sein.

Sicht- und Funktionsprüfung für das Fahrwerk

- Alle in den Montageübersichten dargestellten Bauteile auf Verformung, Risse und sonstige Beschädigungen überprüfen.
- Beschädigte Teile ersetzen.
- Fahrzeug auf einem von der Volkswagen AG freigegebenen Achsmessstand vermessen lassen.
- Räder und Reifen auf Rundlauf und Unwucht untersuchen.
- Reifen auf Einschnitte und Stoßverletzungen im Profil und an den Flanken überprüfen.
- Bereifung auf Fülldruck (Angaben in der Tankklappe), Zustand, Reifenlaufbild und Profiltiefe prüfen.
- Bei Beschädigungen am Scheibenrad und/oder am Reifen ist der Reifen zu ersetzen. Dies gilt auch, wenn ein Unfallhergang und Schäden am Fahrzeug auf eine mögliche, wenngleich nicht sichtbare Beschädigung schließen lassen.
- Reifen sollten nicht älter als 6 Jahre sein.

Elektronische Fahrzeugsysteme

Sicherheitsrelevante Systeme wie zum Beispiel: ABS/EDS, Airbag, elektronisch geregelte Fahrwerkssysteme, elektromechanische Lenk- und sonstige Fahrerassistenzsysteme müssen mit einem Fahrzeugdiagnose-, Mess- und Informationssystem (VAS 505x, VCDS) auf eventuell gespeicherte Fehlermeldungen abgefragt werden. Wurden in den Fehlerspeichern der genannten Systeme Fehler gespeichert, sind diese entsprechend den Vorgaben von VW (Reparaturleitfäden »Erwin«, elektronisches Service-Informationssystem ELSA) instand zu setzen. Nach erfolgter Reparatur sind die jeweils betroffenen Systeme nochmals auf Fehlerspeichereinträge zu prüfen, um sicher zu sein, dass die Funktion wieder gewährleistet ist.

Die Regelsysteme DCC und ESP/ABS

Die »Adaptive Fahrwerksregelung DCC« passt die Dämpfung an die Fahrbahnbedingungen an und bietet so immer den optimalen Fahrkomfort. Über den Taster für DCC in der Mittelkonsole können die Regelprogramme »Normal«, »Sport« und »Comfort« gewählt und im Schalttafeleinsatz angezeigt werden.

Je nach Fahrsituation wird die Dämpfung automatisch angepasst, um Nicken und Wanken des Fahrzeugs zu unterdrücken. Im Regelprogramm »Sport« wird außerdem die Lenkung sportlicher eingestellt. Zu den Komponenten von DCC gehören vier kennfeldregelbare Dämpfer, ein Gateway-Steuergerät als Schnittstelle zu den CAN-Datenbussystemen, das Steuergerät für elektrisch geregelte Dämpfung, drei Sensoren zur Messung der Radwege und drei Sensoren zur Messung der Aufbaubewegungen. Die Neuerung beim ESP-Aggregat der Produktfamilie MK 60 EC ist, dass der bisherige »Sensorcluster« entfällt, der den Gierratensensor sowie den Längs- und Querbeschleunigungssensor enthielt. Diese Sensoren sind nun auf der Platine im Steuergerät für ABS/ESP integriert.

Hinweise und Vorschriften

- Schweiß- und Richtarbeiten an tragenden und Rad führenden Bauteilen der Radaufhängung sind nicht zulässig.
- Selbstsichernde Muttern sowie korrodierte Schrauben und Muttern müssen immer ersetzt werden.
- Gummimetalllager haben einen begrenzten Verdrehbereich. Ziehen Sie deshalb die Schraubverbindungen an den Bauteilen mit Gummimetalllagern erst dann fest, wenn das Radlagergehäuse angehoben ist (siehe »Radlagerung in Leergewichtslage heben«).

Prüfungen an der Achslagerung

Achsgelenke und Achslager: Sichtprüfung

- Bitte prüfen Sie die Dichtungsbälge der Achsgelenke auf Undichtigkeiten und Beschädigungen.
- Weiterhin prüfen Sie die Achslager: Es darf kein Spiel vorhanden sein, das vulkanisierte Gummilager darf keine Risse und poröse Stellen aufweisen.

Achsgelenk prüfen

Es darf bei beiden Prüfungen kein fühl- oder sichtbares »Spiel« vorhanden sein. Während der Prüfungen Achsgelenk beobachten. Eventuell vorhandenes Radlagerspiel oder »Spiel« im Federbeinlager oben berücksichtigen. Gummibalg auf Beschädigung prüfen, ggf. Achsgelenk ersetzen.

Axialspiel prüfen

- Achslenker kräftig in Pfeilrichtung (Bild 1) nach unten ziehen und wieder hochdrücken.

Radialspiel prüfen

- Rad unten kräftig in (Pfeilrichtung) nach innen und außen drücken (Bild 2).

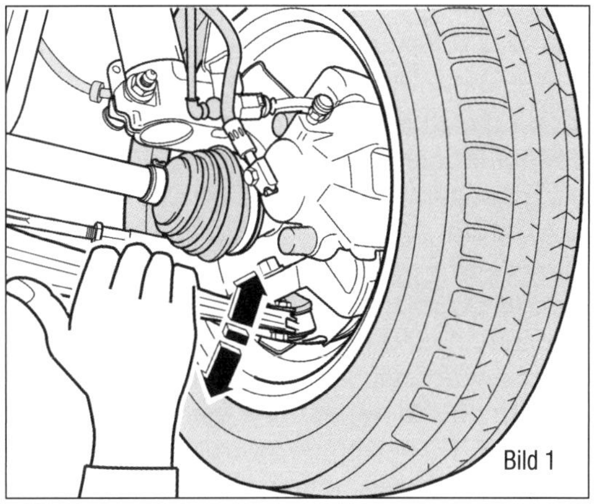

Bild 1
Axialspiel prüfen.

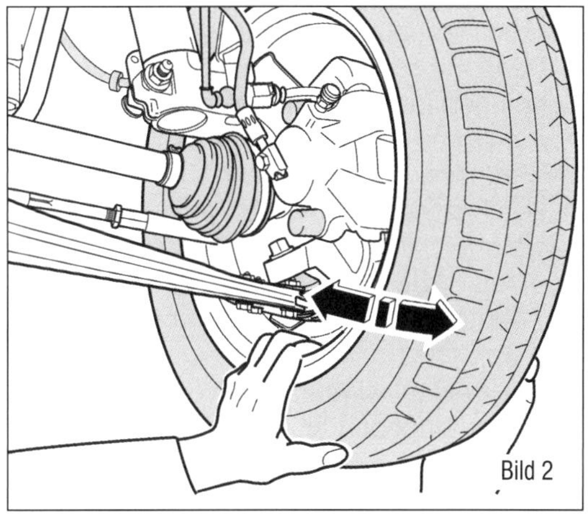

Bild 2
Radialspiel prüfen.

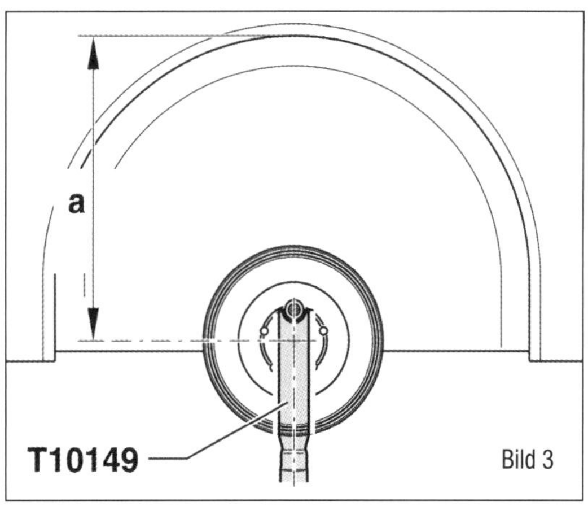

Bild 3
Abstandsmaß für die Standhöhe.

Radlagerung in Leergewichtslage heben
Alle Schrauben an Fahrwerksteilen mit Gummimetalllagern müssen grundsätzlich in Leergewichtslage (unbeladener Zustand) festgezogen werden. Gummimetalllager haben einen begrenzten Verdrehbereich. Achsbauteile mit Gummimetalllagern müssen deshalb vor dem Festziehen in eine Position gebracht werden, die der Position im Fahrbetrieb entspricht (Leergewichtslage). Anderenfalls wird das Gummimetalllager

verspannt, eine geringere Lebensdauer wäre dann die Folge. Durch Anheben der entsprechenden Radaufhängung mit dem Motor -und Getriebeheber (V.A.G 1383 A) und der Aufnahme entsprechenden Radaufhängung mit dem Motor- und Getriebeheber (V.A.G 1383 A) und der Aufnahme »T10149« kann diese Position auf der Hebebühne simuliert werden. Bevor die entsprechende Radaufhängung angehoben wird, muss das Fahrzeug auf beiden Fahrzeugseiten an den Tragarmen der Hebebühne mit den Spanngurten (T10038) verzurrt werden.

⚠ Wird das Fahrzeug nicht verzurrt, besteht die Gefahr, dass das Fahrzeug von der Hebebühne abrutschen kann!

- Radnabe so weit drehen, bis eine der Bohrungen für Radschrauben oben steht.
- Aufnahme (T10149) mit Radschraube an die Radnabe anbauen.
- Das Festziehen der betroffenen Schrauben/Muttern darf nur dann erfolgen, wenn das Maß (a) zwischen der Radnabenmitte und der Unterkante Radhaus erreicht ist (Bild 3).
- Das Maß (a) ist abhängig von der Standhöhe des eingebauten Fahrwerks:

Fahrwerk*	**Standhöhe (a) in mm**
Basis (G01/G02/G07/G18/ G22+2UA)	383 ± 10 mm
Sport (G01/G02+GM1/ G07+2UC/ G21,G26)	368 ± 10 mm
Hochstand (G01/ G02 +2UF)	398 ± 10 mm
DCC (G03+2UH/ G03+2UQ)	373 ± 10 mm
GTI (G06+2UC/ G06 + 2UJ/G04 + 2UM)	368 ± 10 mm
Blue Motion (G01G02 + 2UP+GM1 G07+2UC/ G21/G26)	368 ± 10 mm
GTI Schlechtwege (G06 +2UN)	383 ± 10 mm
Golf R (G04 + 2UK + QZ0/ G04 + 2UL + QZ0/ G04 +2UK + 1N7/ G04 + 2UL + 1N7)	363 ± 10 mm

* Auf dem Fahrzeugdatenträger ist vermerkt, welches Fahrwerk im Fahrzeug eingebaut ist. Das Fahrwerk wird durch eine PR-Nummer dargestellt. Welche PR-Nummer welchem Fahrwerk zugeordnet ist, finden Sie in der Tabelle oben.

- Radlagergehäuse mit Motor- und Getriebeheber (V.A.G 1383 A) so weit anheben, bis Maß (a in der Tabelle oben) erreicht ist.

⚠ Fahrzeug nicht anheben oder ablassen, wenn der Motor/Getriebeheber unter dem Fahrzeug steht. Motor- und Getriebeheber (V.A.G 1383 A) nicht länger als erforderlich unter dem Fahrzeug stehen lassen.

- Betroffene Schrauben/Muttern festziehen.
- Radlagergehäuse ablassen.
- Motor- und Getriebeheber (V.A.G 1383 A) unter dem Fahrzeug wegziehen.
- Aufnahme (T10149) abbauen.

Achsgelenk aus- und einbauen

- Schraube für Gelenkwelle an Radnabe lösen.
- Das entsprechende Rad abbauen.
- Muttern (11 im Bild 4) abschrauben.
- Gelenkwelle etwas aus der Radnabe ziehen.
- Achsgelenk aus dem Achslenker herausziehen und dabei Radlagergehäuse nach außen schwenken.
- Achslenker soweit erforderlich nach unten beugen.
- Kugelgelenkabzieher (3287 A) oder anderen geeigneten Gelenkbolzenabzieher ansetzen und Achsgelenk ausdrücken.

☞ Motor- und Getriebeheber (V.A.G 1383 A) oder Ähnliches unterstellen (Unfallgefahr durch herabfallende Teile beim Ausdrücken des Achsgelenkes. Die Mutter zum Schutz des Gewindes einige Gewindegänge auf dem Achsgelenk belassen.

Die Montage erfolgt sinngemäß in umgekehrter Reihenfolge.

- Gelenkwelle aus der Radnabe ziehen.
- Achsgelenk in Radlagergehäuse einsetzen.
- Neue selbstsichernde Mutter aufschrauben, dabei mit Innentorx (T40) gegenhalten.
- Gelenkwelle in Radnabe einsetzen.
- Die Muttern (11) festziehen.

⚠ Auf beschädigungsfreien und nicht verdrillten Dichtbalg achten.

- Rad anbauen und festziehen.
- Schraube für Gelenkwelle an Radnabe anziehen. Dabei darf das Fahrzeug nicht auf den Rädern stehen, da sonst das Radlager beschädigt wird.

Radlagereinheit aus- und einbauen

- Schraube für Gelenkwelle an Radnabe lösen.
- Das entsprechende Rad abbauen.
- Den Bremssattel mit Bremsträger abbauen und mit Draht am Aufbau aufhängen.
- Den ABS-Drehzahlfühler ausbauen.
- Die Bremsscheibe abbauen.
- Muttern des Achsgelenks auf der entsprechenden Fahrzeugseite abschrauben.
- Achslenker aus dem Achsgelenk herausziehen.
- Gelenkwelle aus der Radnabe herausziehen.
- Schrauben (14 im Bild 5) herausdrehen.
- Radlagereinheit aus dem Radlagergehäuse herausnehmen.

Der Einbau erfolgt sinngemäß in umgekehrter Reihenfolge.

Federbein vorn aus- und einbauen

Tipp: Bei loser radseitiger Gelenkwellenverschraubung dürfen die Radlager nicht belastet werden. Werden die Radlager durch das Eigengewicht des Fahrzeugs belastet, wird das Radlager vorgeschädigt. Die Radlagerlebensdauer ist dadurch geringer. Die Schraube für Gelenkwelle darf maximal 90° gelöst werden, wenn das Fahrzeug auf den Rädern steht. Fahrzeuge ohne Gelenkwelle dürfen nicht bewegt werden, da sonst das Radlager beschädigt wird. Soll ein Fahrzeug trotzdem bewegt, werden, bitte anstatt der Gelenkwelle ein Außengelenk einbauen und mit 100 Nm festziehen.

- Schraube für Gelenkwelle an Radnabe lösen.
- Muttern (11 im Bild 4) herausschrauben.
- Radlagergehäuse (13 im Bild 5) mit Achsgelenk aus dem Achslenker herausziehen.
- Außengelenk der Gelenkwelle aus der Radnabe ziehen.
- Gelenkwelle mit Bindedraht am Aufbau befestigen.

Achtung: Die Gelenkwelle darf nicht herunterhängen, das Innengelenk wird sonst durch Überbiegen beschädigt.

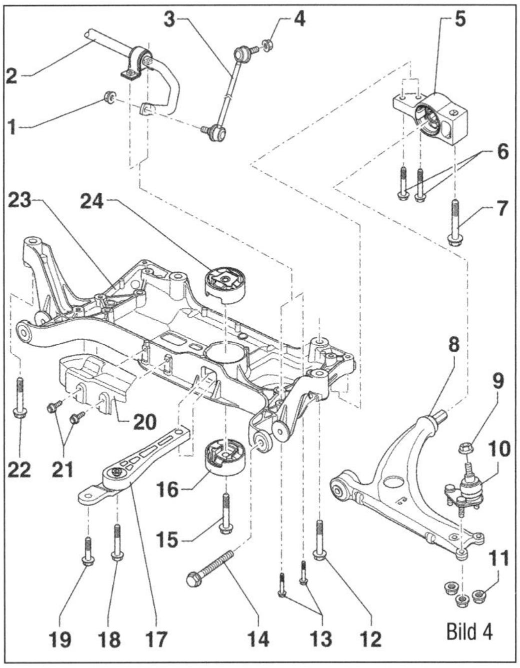

Bild 4

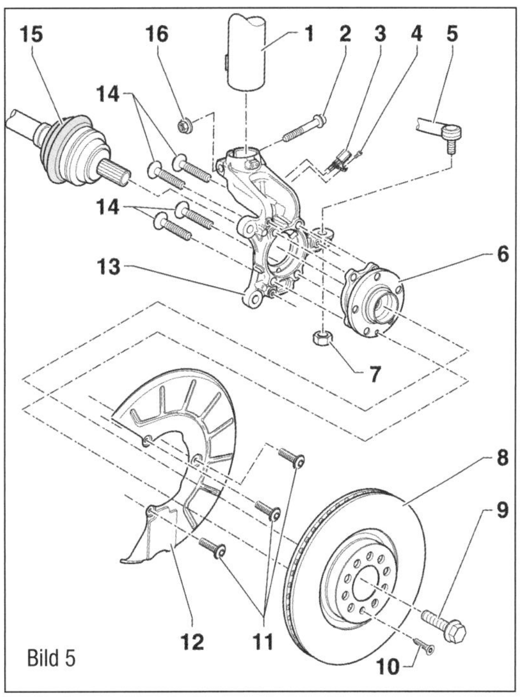

Bild 5

- Achsgelenk wieder mit Achslenker verschrauben.
- Motor- und Getriebeheber (V.A.G 1383 A) mit Aufnahme (T10149) an der Radnabe mit einer Radschraube befestigen.
- Schraubverbindung Radlagergehäuse/Federbein trennen.
- Spreizer (3424 in Bild 6) in den Schlitz des Radlagergehäuses einsetzen.
- Knarre um 90° drehen und von Spreizer (3424) abziehen.

Bild 4
1 Mutter
2 Stabilisator
3 Koppelstange
4 Mutter
5 Lagerbock
6 Schraube
7 Schraube
8 Achslenker
9 Mutter
10 Achsgelenk
11 Mutter
12 Schraube
13 Schraube
14 Schraube
15 Schraube
16 Gummimetalllager unten für Pendelstütze
17 Pendelstütze
18 Schraube
19 Schraube
20 Abschirmblech
21 Schraube
22 Schraube
23 Aggregateträger
24 Gummimetalllager oben für Pendelstütze

Bild 5
1 Federbein
2 Innenvielzahnschraube
3 Drehzahlfühler vorn links
4 Innensechskantschraube
5 Spurstangenkopf
6 Radnabe mit Radlager
7 Mutter
8 Bremsscheibe
9 Schraube
10 Schraube
11 Schraube
12 Abdeckblech
13 Radlagergehäuse
14 Innenvielzahnschraube
15 Gelenkwelle
16 Mutter

Sichtprüfung Messen

Bild 6
Spreizer für die Stoßdämpferaufnahme.

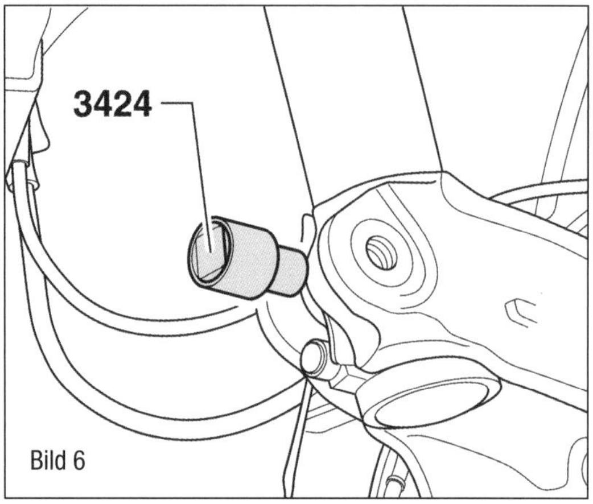

Bild 6

Bild 7
Einbaulage der Feder beachten!

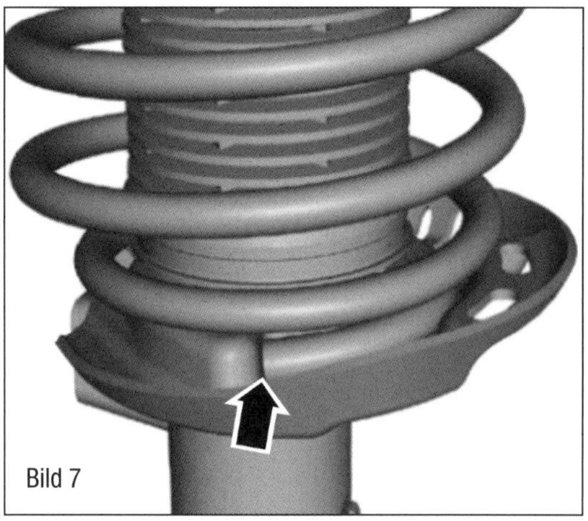

Bild 7

Bild 8
Federbein für adaptive Fahrwerksregelung DCC.

1 Stoßdämpfer
2 Anschlagpuffer
3 Schutzhülle
4 Schraubenfeder
5 Axialrillenkugellager
6 Federbeinlager
7 Sechskantmutter
8 Federbeindom
9 Halter
10 Karosseriebeschleunigungsgeber vorn links
11 Schraube
12 Schraube
13 Halter
14 Karosseriebeschleunigungsgeber vorn rechts
15 Mutter

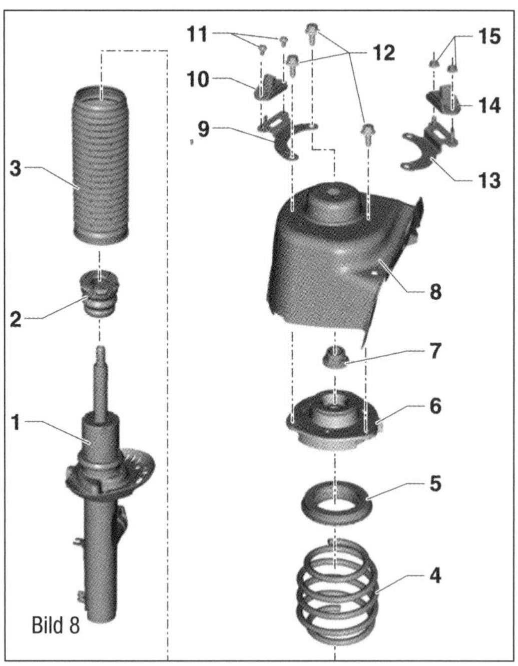

Bild 8

- Drücken Sie mit der Hand auf die Bremsscheibe in Richtung Federbein. Sonst kann sich das Dämpferrohr in der Bohrung des Radlagergehäuses verkanten.

- Radlagergehäuse nach unten vom Dämpferrohr abziehen und mit Motor- und Getriebeheber (V.A.G 1383 A) so weit absenken, bis das Dämpferrohr frei hängt.
- Binden Sie das Radlagergehäuse mit Bindedraht am Aggregateträger fest.
- Motor- und Getriebeheber (V.A.G 1383 A) unter dem Radlagergehäuse wegnehmen.

Nur bei Ausbau linkes Federbein:

- Wischerarme ausbauen.

Fortsetzung für beide Seiten:

- Wasserkastenabdeckung ausbauen.
- Sechskantschrauben für die obere Dämpferbefestigung abschrauben und Federbein herausnehmen.

Die Montage erfolgt sinngemäß in umgekehrter Reihenfolge

Schraubenfeder vorn ausbauen

- Spannbock für Federbeine (VAG 1752/20) (4) in einen Schraubstock einspannen.
- Federbein in den Spannbock für Federbeine (V.A.G 1752/20) (4) einspannen (Bild 9).
- Schraubenfeder mit Federspanngerät (V.A.G 1752/1) (3) so weit vorspannen, bis das Axialrillenkugellager oben frei ist.

⚠ Zuerst die Feder so weit vorspannen, dass der obere Federteller entlastet ist!

- Auf den richtigen Sitz der Schraubenfeder im Federhalter (V.A.G 1752/4) achten.
- Sechskantmutter von Kolbenstange abschrauben.
- Einzelteile des Federbeins und Schraubenfeder mit Federspanngerät (V.A.G 1752/1) abnehmen.

Die Montage erfolgt sinngemäß in umgekehrter Reihenfolge.

- Schraubenfeder mit Federspanngerät

Radlager / Radnabeneinheit hinten aus- und einbauen

Fahrzeuge mit Frontantrieb

- Das Fahrzeug anheben.
- Das entsprechende Rad abschrauben.
- Drücken Sie die Staubkappe ab.
- Bremsträger mit Bremssattel abbauen und mit Draht am Aufbau aufhängen.
- Schraube für Bremsscheibe herausschrauben und Bremsscheibe abnehmen.
- Schraube (1) mit Steckeinsatz (T10162) (2) abschrauben (Bild 10).

Achtung: Zum Abschrauben der Schraube (1) mit dem Steckeinsatz (T10162-2) darf kein Schlagschrauber verwendet werden!

- Radnaben/Radlagereinheit (2) vom Achszapfen abziehen.

Der weitere Einbau erfolgt sinngemäß in umgekehrter Reihenfolge.

- Schieben Sie die Radnaben/Radlagereinheit vorsichtig auf den Achszapfen auf. Achten Sie bitte darauf, dass sich die Radnaben/Radlagereinheit nicht verkantet!
- Verwenden Sie eine neue Innenvielzahnschraube und ziehen diese fest.

Tipp: Schraube zuerst mit dem Drehmomentschlüssel auf das angegebene Anzugsdrehmoment festziehen. Für das Aufbringen des Weiterdrehwinkels einen starren Schlüssel verwenden.

- Treiben Sie die Staubkappe mit Einziehhülse (3241/4) ein. Staubkappen immer ersetzen. Beschädigte Staubkappen ermöglichen den Eintritt von Feuchtigkeit. Deshalb unbedingt das abgebildete Werkzeug verwenden.
- Rad anbauen und festziehen.

Fahrzeuge mit Allradantrieb

- Bauen Sie die Schraubenfeder aus.
- Bauen Sie die Gelenkwelle aus.
- Bremsträger mit Bremssattel abbauen und mit Draht am Aufbau aufhängen.

Tipp: Lassen Sie den Bremssattel nicht am Bremsschlauch hängen.

- Schraube für Bremsscheibe herausschrauben und Bremsscheibe abnehmen.
- Schrauben (2 im Bild 11) herausdrehen.
- Ziehen Sie die Radnaben/Radlagereinheit vom Radlagergehäuse heraus.

Der Einbau erfolgt sinngemäß in umgekehrter Reihenfolge.

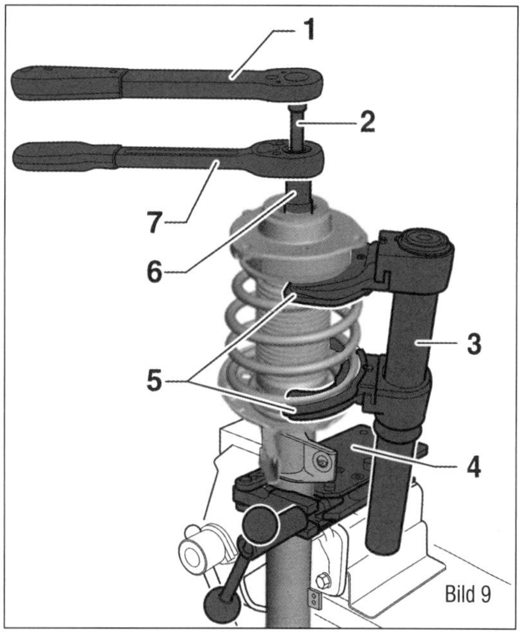

Bild 9

1 Drehmomentschlüssel
2 Steckeinsatz (T10001/8)
3 Federspanngerät (V.A.G 1752/1)
4 Spannbock für Federbeine (V.A.G 1752/20)
5 Federhalter (V.A.G 1752/4)
6 Steckeinsatz (T10001/5)
7 Knarre (T10001/11)

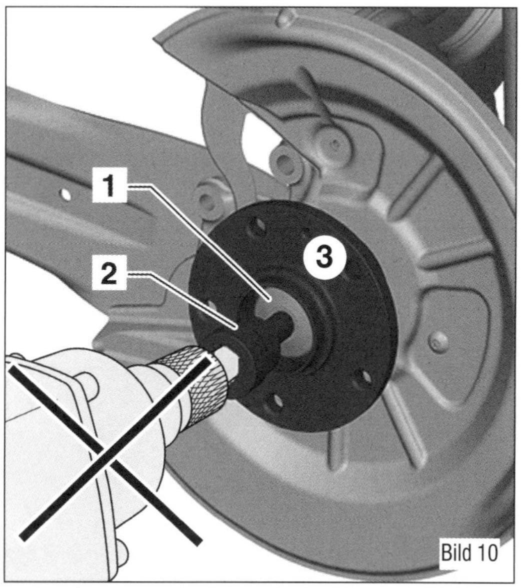

Bild 10

1 Schraube
2 Steckeinsatz
3 Radnabe

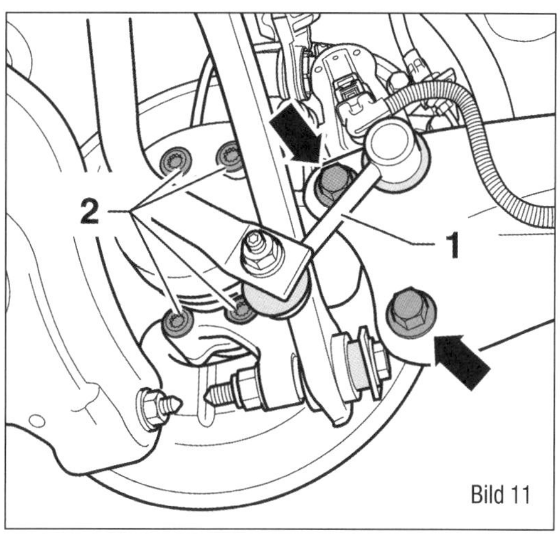

Bild 11

1 Koppelstange hinten
2 Schrauben
Pfeile: Schrauben bleiben verbaut

Sichtprüfung Messen

Bild 12
1 Federhalter (V.A.G 1752/3A)
2 Adapter (V.A.G 1752/9)
3 Federspanngerät (V.A.G 1752/

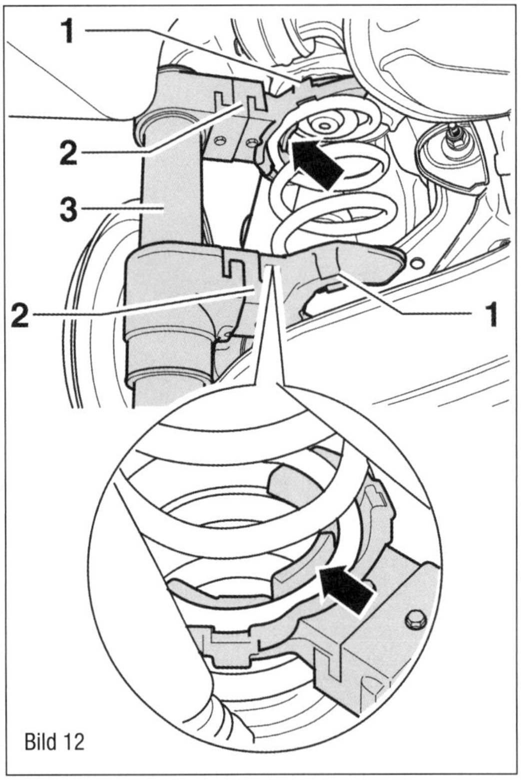

Bild 12

Bild 13
1 Federauflage unten
2 Montagehilfe
3 Schraubenfeder
4 Federauflage oben
5 Schraube
6 Schraube
7 Stoßdämpfer
8 Scheibe
9 Querlenker unten
10 Radlagergehäuse

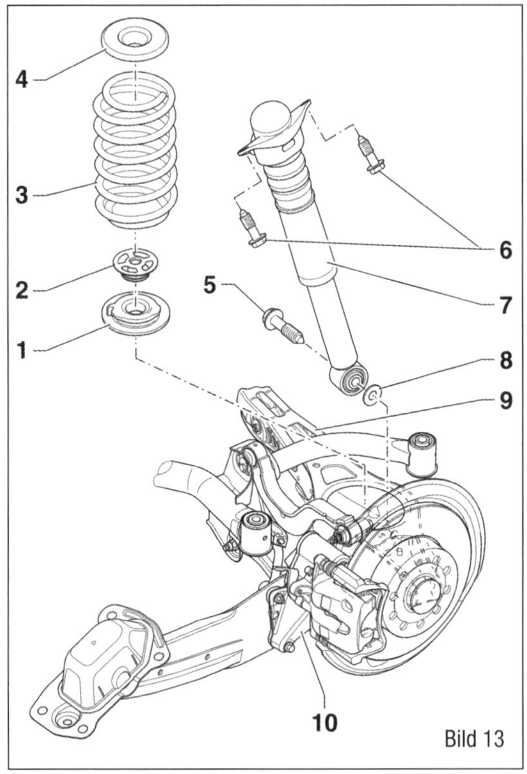

Bild 13

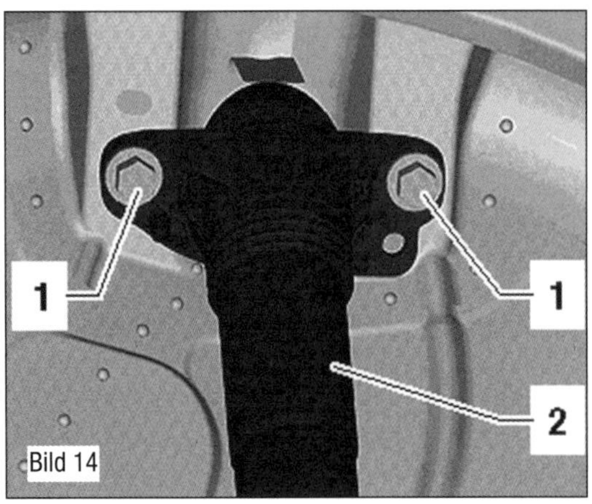

Bild 14

Bild 14 Befestigungsschrauben oben.

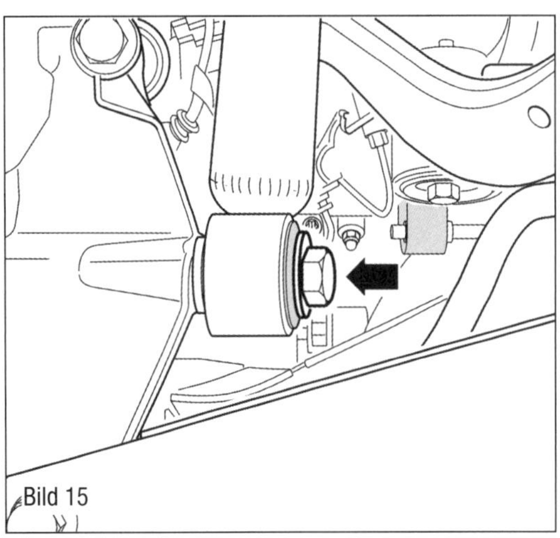
Bild 15

Bild 15 Befestigungsschraube unten.

■ Schraube für Gelenkwelle an Radnabe festziehen. Dabei darf das Fahrzeug nicht auf den Rädern stehen. Das Radlager kann bei gelöster Schraube durch das Eigengewicht des Fahrzeuges beschädigt werden.

Schraubenfeder hinten ausbauen

Die Montagearbeiten für Fahrzeuge mit Allrad- oder Frontantrieb unterscheiden sich nicht.

■ Rad abbauen.

■ Setzen Sie den Federspanner (3 im Bild 12) ein.

⚠ Achten Sie auf richtigen Sitz der Schraubenfeder im Federhalter (V.A.G 1752/3A) (Unfallgefahr).

■ Verwenden Sie für das Zusammendrehen des Federspanngerätes einen Schlüssel oder eine Umschaltknarre.

■ Spannen Sie die Schraubenfeder so weit, bis Sie diese herausnehmen können.

■ Bauen Sie die Feder aus.

☞ Beachten Sie die Einbaulage! Der Federanfang (Pfeil im Bild 12) muss am Anschlag der Federauflage unten anliegen.

■ Bauen Sie die Feder zusammen mit der Federauflage ein. Die Federauflage unten hat einen Zapfen. Diesen Zapfen setzen Sie in die Bohrung des Querlenkers unten ein.
■ Setzen Sie dann die Federauflage oben in das obere Federende ein.
■ Entspannen Sie die Feder, dabei obere Federauflage auf die Nase der Karosserie aufsetzen.
■ Nehmen Sie den Federspanner heraus.
■ Rad anbauen und festziehen.

Stoßdämpfer hinten ausbauen

Die Montagearbeiten für Fahrzeuge mit Allrad- oder Frontantrieb unterscheiden sich nicht.
■ Rad abbauen.
■ Bauen Sie die Radhausschale aus.
■ Bauen Sie die Schraubenfeder aus.
■ Schrauben oben (Pfeile im Bild 14) herausdrehen.
■ Schraube unten (Pfeil im Bild 15) herausdrehen.
■ Stoßdämpfer herausnehmen.

Der Einbau erfolgt sinngemäß in umgekehrter Reihenfolge.
■ Die Verschraubung Stoßdämpfer an Radlagergehäuse darf nur erfolgen, wenn das Maß (a) der Leergewichtslage erreicht ist. Die Vorgehensweise hierzu haben wir bereits beschrieben (siehe auch Bild 3).

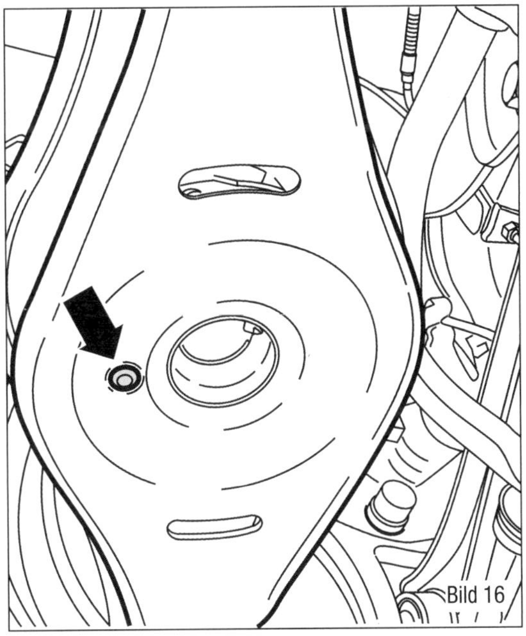
Bild 16

Bild 16
Bohrung zur Arretierung.

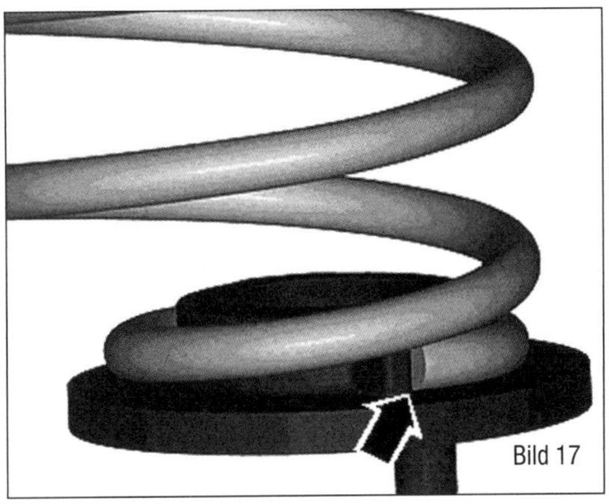
Bild 17

Bild 17
Nase zur Arretierung.

12 Elektromechanische Servolenkung

Die äußerst direkt ansprechende elektromechanische Servolenkung (EPS, Electrical Power Steering; Bilder 1 und 2) trägt erheblich zur Geradeauslaufstabilität des Golf VII bei. Sie basiert auf einer konventionellen Zahnstangenlenkung und ist gekennzeichnet durch harmonisches Lenkverhalten und Vermittlung eines ausgeprägten Lenkgefühls. Diese souveräne und sichere Situation am Volant schließt Lenkungsspiel praktisch völlig aus. Kontrollieren Sie dennoch immer einmal, ob die Lenkung noch einwandfrei und ohne Spiel reagiert. Die Lenkung lässt sich individuell auf viele Anforderungen abstimmen. Im Steuergerät sind sämtliche achslastabhängigen Kennfelder vorprogrammiert und abgelegt. Aktiviert wird die individuelle Programmierung der Lenkung quasi auf Knopfdruck, und zwar am Endpunkt der Produktion. Dank ihrer Programmierbarkeit bietet die Lenkung die Möglichkeit zur leichten Abstimmung und optimalen Anpassung an verschiedene Fahrzeugcharakteristika. Das Spektrum reicht von sportlich über komfortabel bis zur besonders leichtgängigen Lenkung für Behindertenfahrzeuge. Bei extremer Langsamfahrt erleichtern geringe Lenkkraftmomente die Manövrierbarkeit. Bei schneller Fahrt vermitteln höhere Momente dem Fahrer eine maximale »Rückmeldung«.

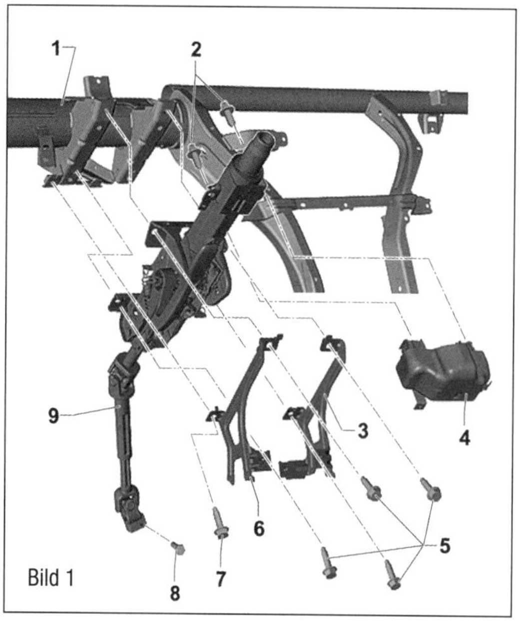

Bild 1

Bild 1 Montageübersicht Lenksäule.
1 Zentralrohr Schalttafel
2 Abreißschraube
3 Halter rechts
4 Steuergerät für ELV
5 Schraube
6 Halter links Knieairbag
7 Schraube
8 Schraube
9 Lenksäule

Umgang mit der Lenksäule

Lenkungsspiel prüfen

■ Die Räder geradeaus stellen. Von außen durchs geöffnete Fenster greifen und das Lenkrad kurz hin und her drehen.

■ Auf die Felge achten: Bewegt sich das Vorderrad wie erforderlich sofort mit? Eine Hilfsperson kann die Spurstangenköpfe umfassen und das Lagerspiel bei Lenkbewegung fühlen oder in Extremfällen sogar beobachten.

■ Falls Spiel bemerkt wird, muss Nachstellen in der Werkstatt erfolgen. Wenn die Lenkung um die Geradeausstellung kein Spiel hat, aber bei stärkerem Einschlag spürbar klemmt, ist die Zahnstange verschlissen. Das dürfte zwar erst nach einer gehörigen Fahrstrecke der Fall sein, aber dann muss das Lenkgetriebe ausgetauscht werden!

Lenksäule überprüfen

■ Wenn an der Lenksäule gearbeitet wurde, muss danach auf sichtbare Schäden und Funktion geprüft werden. Lässt sich die Säule ohne zu haken und ohne Schwergängigkeit drehen? Lässt sie sich in Längsrichtung und in der Höhe leicht verstellen?

■ Lässt sich das Rohr der Säule deutlich nach vorn und hinten oder seitlich bewegen? Dann ist etwas faul, die Lenksäule muss ausgetauscht werden.

Lenksäule richtig tragen

■ Aus- und Einbau der Lenksäule empfehlen wir hier nicht, weil diese Arbeiten mit dem Aus- und Einbau von Airbags verbunden sind, was in die Fachwerkstatt gehört. Wenn Sie aber eine ausgebaute oder einzubauende Lenksäule zu transportieren haben, müssen Sie beachten, dass die falsche Behandlung der Lenksäule ein Sicherheitsrisiko darstellt.

⚠ Eine mechanische Beschädigung kann sich auf die gesamte Funktion der Servotronic (Steuergerät) des Lenksystems auswirken, die für die Gestaltung verschiedenster Lenkparameter sorgt.

■ Die Lenksäule immer mit beiden Händen tragen. Packen Sie die Säule dazu fest am

Mantelrohr oben und im Bereich des oberen Kreuzgelenkes an der Gelenkwelle an.

■ Das Greifen der Lenksäule am Deformationselement, am Klemmhebel oder an den beiden Gewichtsausgleichsfedern führt zur Vorschädigung der Lenksäule.

■ Jedes Transportieren der Lenksäule mit einer Hand an der Gelenkwelle stellt ein Sicherheitsrisiko dar.

⚠ Falsche Behandlung der Lenksäule kann zur Beschädigung der Kreuzgelenkbuchsen und des unteren Lenksäulenlagers führen.

■ Vermeiden Sie ferner auf jeden Fall das Biegen der Gelenke über 90° hinaus.

Arbeiten am Lenkgetriebe (links)

⚠ Vor Instandsetzungen am elektromechanischen Lenkgetriebe ist die Schadensursache mit einem Fahrzeugdiagnosesystem in den Betriebsarten »Geführte Fehlersuche«, »Fahrzeug-Eigendiagnose« und »Messtechnik« möglichst genau zu ermitteln. Für eine einwandfreie und erfolgreiche Lenkgetriebereparatur sind größtmögliche Sorgfalt und Sauberkeit sowie einwandfreie Werkzeuge eine wichtige Voraussetzung. Selbstverständlich gelten bei Instandsetzungen auch die allgemein üblichen Grundregeln der Sicherheit. Beim Einbau des Lenkgetriebes auf richtigen Sitz der Passhülsen zwischen Konsole und Lenkgetriebe achten. Ausgebaute Teile auf einer sauberen Unterlage ablegen und abdecken, damit sie nicht verschmutzen. Folien und Papier verwenden. Keine fasernden Lappen benutzen! Nach dem Ausbau von Dichtungen die Anlagefläche an Gehäusen bzw. Wellen auf Grate und Beschädigungen untersuchen und diese beseitigen. Dichtmittelreste von Flüssigdichtungen restlos von den Dichtflächen entfernen, wobei keine Dichtmittelreste in das Lenkgetriebegehäuse gelangen dürfen. Besonders empfindliche Teile wie Servomotor mit Steuergerät nicht verkanten, sondern stufenweise über Kreuz lösen und anziehen.

Lenkgetriebe Linkslenker ausbauen

Die Lenksäule wird als Ersatzteil nur komplett geliefert. Das Instandsetzen ist nicht möglich.

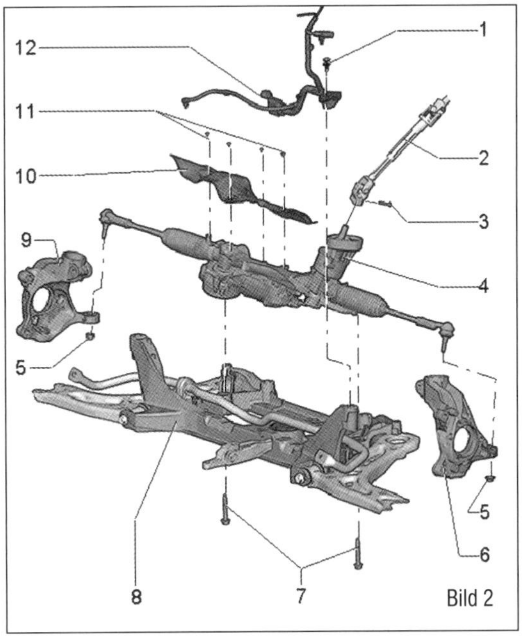

Bild 2
Montageübersicht Lenkgetriebe.
1 Spreizclip
2 Lenksäule
3 Schraube
4 Lenkgetriebe
5 Mutter
6 Radlagergehäuse links
7 Schraube
8 Aggregateträger
9 Radlagergehäuse rechts
10 Wärmeschutzblech
11 Schraube
12 elektrische Leitung

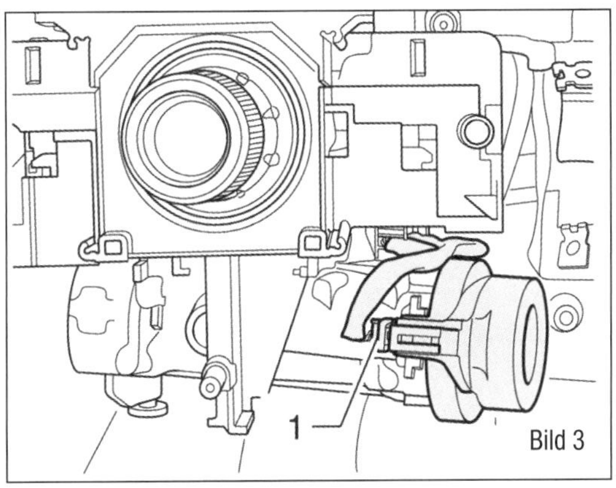

Bild 3
Zündanlassschalter.
1 Stecker Lesespule

⚠ Vor Arbeiten an der elektrischen Anlage und dem Ausbau des Lenkrades müssen folgende Bedingungen erfüllt werden:
1) Die/der Mechaniker(in) muss sich elektrostatisch entladen. Dieses wird durch das Berühren von geerdeten Metallteilen, wie zum Beispiel Wasserleitungen, Heizungsrohren, Metallträgern oder einer Hebebühne, erreicht. Wenn dieser Hinweis nicht beachtet wird, kann es zum Ausfall des Steuergeräts für ELV im späteren Betrieb kommen! Batterie abklemmen.
2) Die Räder müssen sich in Geradeausstellung befinden.
Wenn diese Hinweise nicht beachtet werden, kann es zum Ausfall des Airbag-Systems im späteren Betrieb kommen!

Fahrzeuge mit Zündanlassschalter

■ Das Lenkschlossgehäuse kann umgebaut werden.

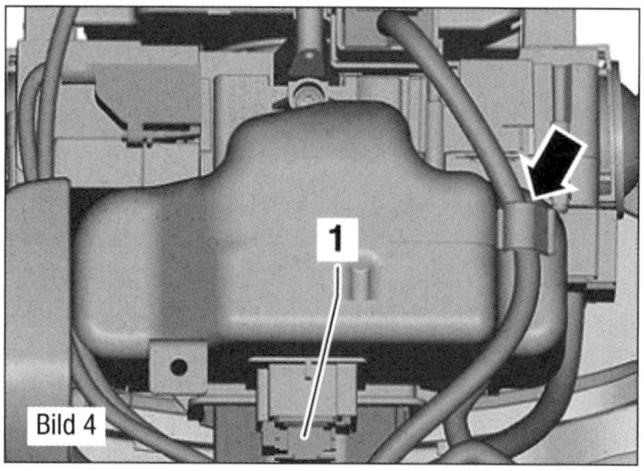

Bild 4
KeylessAccess.
1 Steckverbindung
Pfeil = Halterung

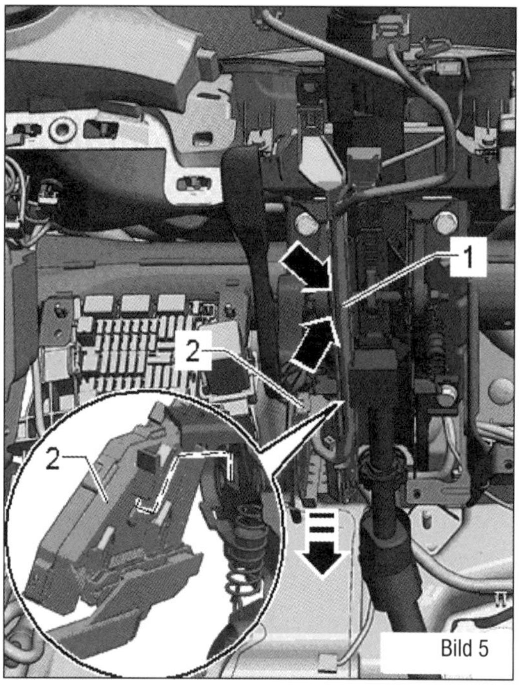

Bild 5
Zündanlassschalter.
1 Kabelführung
2 Kabelhalter unten
Pfeile = Nasen der Kabelführung

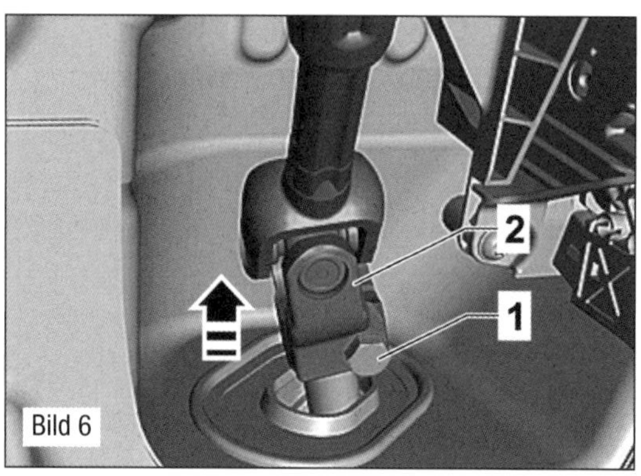

Bild 6
1 Schraube
2 Kreuzgelenk
Pfeil = Demontagerichtung

Fahrzeuge mit schlüssellosem Schließ- und Startsystem »KeylessAccess«
- Das Steuergerät für ELV kann umgebaut werden.

Fortsetzung für alle Fahrzeuge
- Batterie abklemmen.
- Räder in Geradeausstellung bringen.
- Hebel seitlich der Lenksäule nach unten ziehen.
- Lenksäule so weit wie möglich nach unten schwenken und herausziehen.
- Hebel seitlich der Lenksäule wieder nach oben drücken.
- Airbag-Einheit ausbauen lassen. Lassen Sie das Lenkrad ausbauen. Hier ist ein Airbagsystem verbaut, an dem Sie zur eigenen Sicherheit nicht ohne Sachkundenachweis arbeiten sollten.
- Lenksäulenverkleidung oben ausbauen.
- Lenksäulenverkleidung unten ausbauen.
- Schaltermodul Lenksäule ausbauen.
- Knieairbag ausbauen.

Fahrzeuge mit Zündanlassschalter
- Stecker (1 im Bild 3) von der Lesespule für Wegfahrsicherung D2 abziehen.
- Steckverbindung (2) vom Zündanlassschalter (1) abziehen.

Fahrzeuge mit schlüssellosem Schließ- und Startsystem »KeylessAccess«
- Steckverbindung (1 im Bild 4) trennen.
- Kabel aus der Halterung am Steuergerät für ELV ausclipsen (Pfeil).

Fortsetzung für alle Fahrzeuge
- Fußraumausströmer unterhalb der Lenksäule ausbauen.
- Luftführung und Luftverteilung im Fahrgastraum.
- Die Nase mit einem kleinen Schraubendreher entriegeln.
- Die Kabelführung von der Blechlasche an der Lenksäule nach vorn abziehen.
- Die Nasen (Pfeile im Bild 5) an der Kabelführung (1) mit einem kleinen Schraubendreher entriegeln.
- Die Kabelführung (1) von der Lenksäule nach unten abziehen.
- Kabelhalter unten (2) entriegeln und nach unten abziehen.
- Elektrische Leitung für Lenksäule zur Seite legen.
- Teppichschraube zwischen Lenksäule und Kupplungspedal herausschrauben und die Fußraumverkleidung in den Innenraum klappen.
- Schraube (1 im Bild 6) vom Kreuzgelenk (2) herausdrehen und Kreuzgelenk in Pfeilrichtung nach oben abziehen.

⚠ Wenn das Kreuzgelenk vom Lenkgetriebe getrennt ist, dürfen folgende Arbeiten nicht durchgeführt werden:

- Batterie anklemmen,
- Zündung einschalten,
- Lenkgetriebe drehen,
- Lenksäule drehen.

Diese Punkte müssen unbedingt beachtet werden, da dies sonst zu irreparablen Schäden führen können.

- Schrauben (1 und 2 im Bild 7) herausdrehen.
- Halter links für Knieairbag (3) herausnehmen.
- Schrauben (5) und (6) herausdrehen.
- Halter rechts für Knieairbag (7) herausnehmen.
- Schraube (4) herausschrauben und Lenksäule (8) festhalten.
- Lenksäule (1 im Bild 8) aus den Nasen (2) und (3) am Lagerbock nach oben aushängen und abnehmen.

⚠ Auf die richtige Handhabung und Transport der Lenksäule achten.

Der Einbau erfolgt grundsätzlich in umgekehrter Reihenfolge, dabei ist Folgendes zu beachten:

- Lenksäule (1 im Bild 8) in die Montagehilfen am Lagerbock unten (2) und oben (3) einhängen.
- Lenksäule (8 im Bild 7) zum Lagerbock ausrichten. Schraube (4) handfest einschrauben.
- Halter rechts für Knieairbag (7) einsetzen.
- Schrauben (1) und (2) handfest einschrauben.
- Halter links für Knieairbag (3) einsetzen.
- Schrauben (1) und (2) handfest einschrauben.
- Schrauben (1), (2), (5) und (6) nacheinander mit dem vorgeschriebenen Anzugsdrehmoment festziehen.
- Die Abflachung der Lenksäule (1 im Bild 9) muss auf die Abflachung der Lenkgetriebe (2) aufgesetzt werden. Dabei muss die Aussparung am Lenkgetriebe genau mit der Bohrung für die Befestigungsschraube übereinstimmen (Pfeile).
- Kreuzgelenk (2 im Bild 6) auf das Lenkritzel entgegengesetzt der Pfeilrichtung aufstecken.
- Neue Sechskantschraube (1) einsetzen und festziehen.

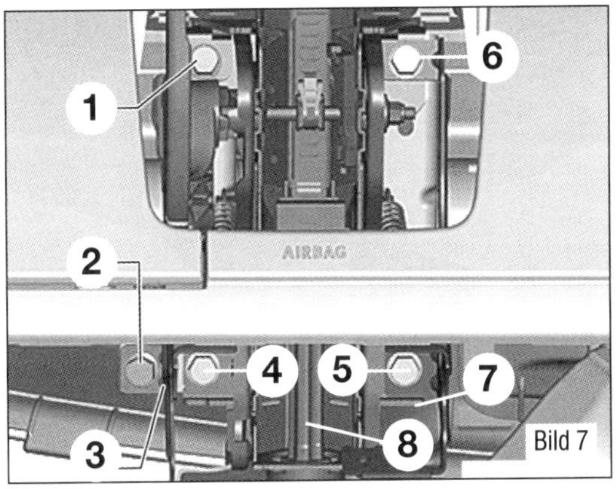

Bild 7

Bild 7
1 Schraube
2 Schraube
3 Halter links Knieairbag
4 Schraube Lenksäule
5 Schraube
6 Schraube
7 Halter rechts Knieairbag
8 Lenksäule

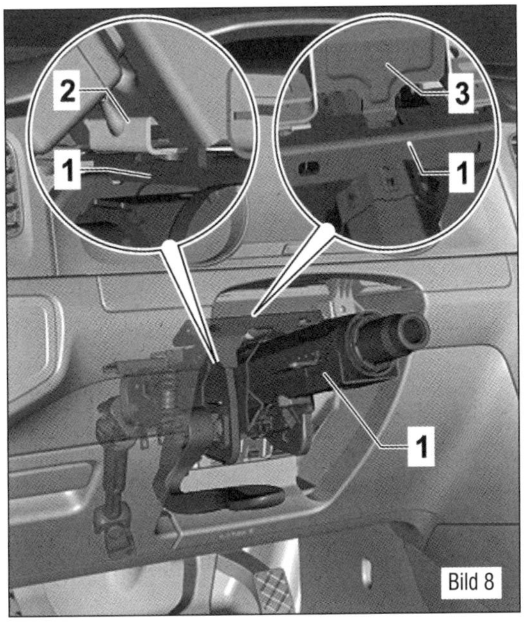

Bild 8

Bild 8
1 Lenksäule
2 Montagehilfe oben
3 Montagehilfe unten

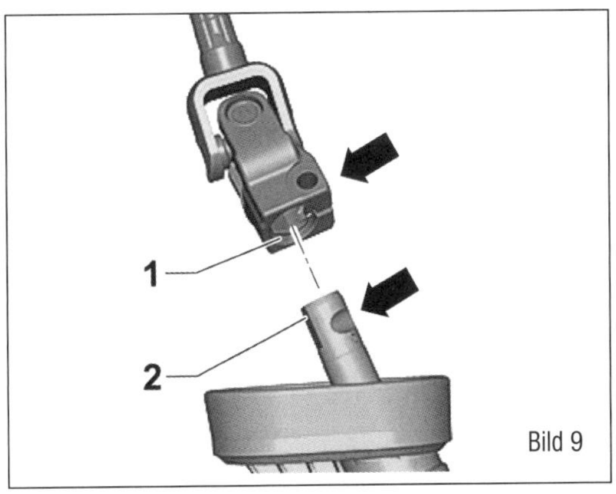

Bild 9

Bild 9
1 Lenksäule
2 Lenkgetriebe
Pfeil = Abflachung zur Passung

- Fußraumverkleidung nach vorn klappen und mit der Teppichschraube befestigen.

Fahrzeuge mit Zündanlassschalter

- Stecker der Lesespule für Wegfahrsicherung wieder aufstecken.
- Steckverbindung zum Zündstartschalter (Zündschloss) verbinden.

Bild 10
1 Faltenbalg
2 Spurstangenkopf
3 Mutter

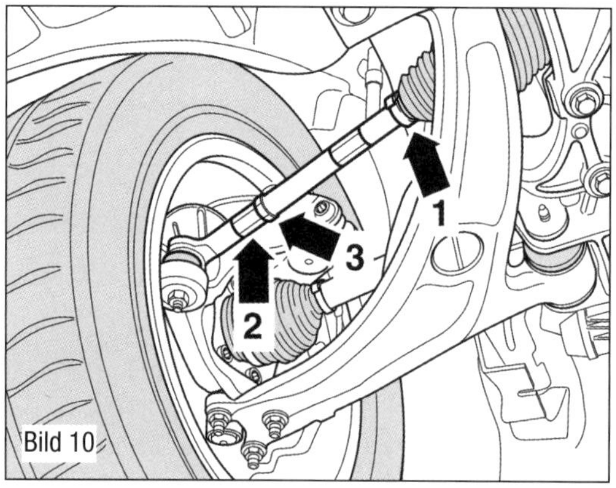

Bild 10

Bild 11
Lösen der Spurstange an der Lenkzahnstange.

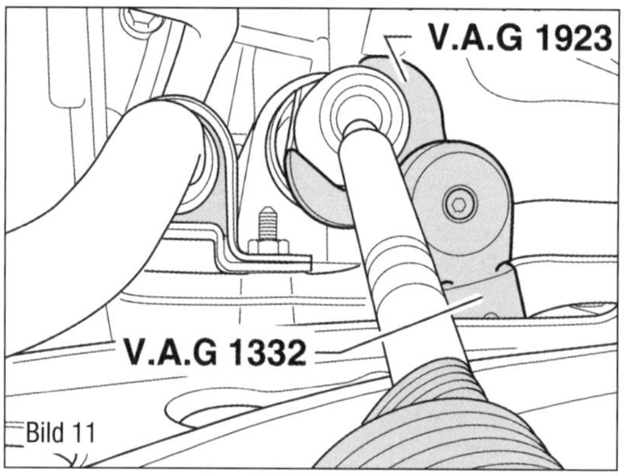

Bild 11

Bild 12
Abstandsmaß (a) zur Grundeinstellung der Spurstange.

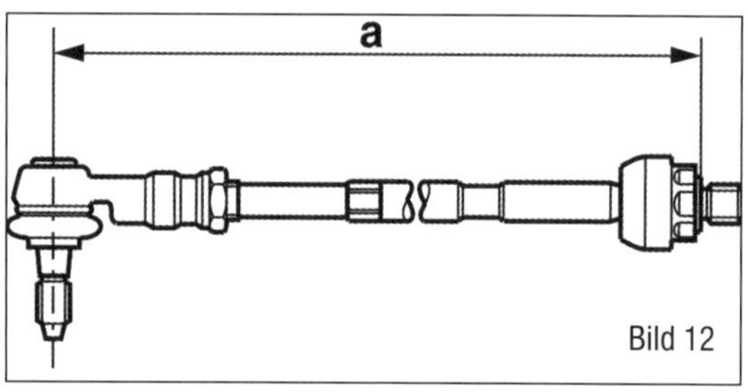

Bild 12

Bild 13
1 Spurstange
2 Faltenbalg

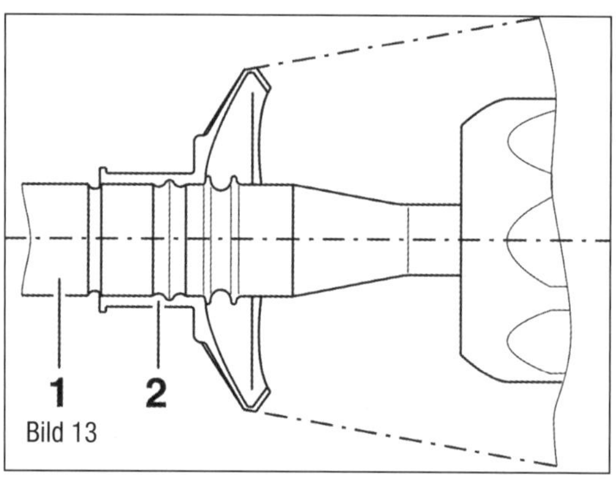

Bild 13

Fahrzeuge mit schlüssellosem Schließ- und Startsystem »KeylessAccess«

- Steckverbindung wieder aufstecken.
- Das Kabel in die Halterung am Steuergerät für ELV wieder einclipsen.

Fortsetzung für alle Fahrzeuge

- Schaltermodul Lenksäule einbauen.
- Kabelhalter unten (2 im Bild 5) so einsetzen, dass die Nasen in der Führung an der Lenksäule einrasten.
- Die Kabelführung wieder einsetzen. Die Nasen (Pfeile) müssen an der Lenksäule einrasten.
- Fußraumausströmer unterhalb der Lenksäule einbauen.
- Luftführung und Luftverteilung im Fahrgastraum.
- Lassen Sie den Knieairbag einbauen. Hier ist ein Airbagsystem verbaut, an dem Sie zur eigenen Sicherheit nicht ohne Sachkundenachweis arbeiten sollten.
- Lenksäulenverkleidung unten einbauen.
- Lenksäulenverkleidung oben einbauen.
- Lenkrad einbauen.
- Airbag-Einheit Fahrerseite einbauen lassen.
- Grundeinstellung für den Lenkwinkelgeber mit dem Fahrzeugdiagnosetester durchführen.

Spurstange ausbauen

- Fahrzeug anheben.
- Lenkrad in Geradeausfahrt drehen.
- Lenkgetriebe außen im Bereich des Faltenbalges reinigen. Mutter (Pfeil 3 im Bild 10) lösen, dabei am Spurstangenkopf (Pfeil 2) gegenhalten.
- Rad vorn abbauen.
- Mutter von Spurstangenkopf lösen, aber noch nicht abschrauben. Mutter zum Schutz des Gewindes einige Umdrehungen auf dem Zapfen lassen.
- Spurstangenkopf von Radlagergehäuse mit Kugelgelenkabzieher (3287 A) abdrücken und Mutter jetzt abschrauben.
- Federbandschelle mit Schlauchbinderzange (V.A.G 1275) von Faltenbalg lösen und auf die Spurstange schieben.
- Klemmschelle abbauen und Faltenbalg vom Lenkgetriebegehäuse abziehen.
- Schrauben Sie die Spurstange mit dem Maulschlüsseleinsatz SW 38 (V.A.G 1923) von der Zahnstange ab (Bild 11).

☞ Ist Korrosion, eine Beschädigung, eine Abnutzung oder sind Ansätze von Verschmutzung auf der Zahnstange zu sehen, muss das Lenkgetriebe komplett ersetzt werden. Ist kein Schmierfilm auf der Zahnstange sichtbar, muss das Lenkgetriebe ebenfalls komplett ersetzt werden.

Spurstange einbauen

Die Zahnstange darf nicht gefettet werden. Die Kugelgelenkbolzen sind mit »A« für rechts und »B« für links gekennzeichnet.

- Lenkrad in Geradeausfahrt drehen.
- Neue Schellen und Faltenbalg auf die Spurstange auffädeln.

Drehen Sie die Spurstange so weit in den Spurstangenkopf, bis das Maß (a) erreicht ist. Maß (a) = 373 ± 1 mm.

- Spurstange in die Zahnstange drehen und festziehen.
- Dichtstelle Faltenbalg zur Spurstange mit Fett (G 052 168 A1, aus Reparatursatz Fett der Fa. Fuchs Renolit JP1619) leicht fetten.
- Faltenbalg (2 im Bild 13) auf die Spurstange (1) schieben, dabei die richtige Position beachten.
- Federbandschelle auf Faltenbalg mit Schlauchbinderzange befestigen.
- Dichtstelle Faltenbalg zum Lenkgetriebegehäuse mit Fett (G 052 168 A1, aus Reparatursatz Fett der Fa. Fuchs Renolit JP1619) leicht fetten.

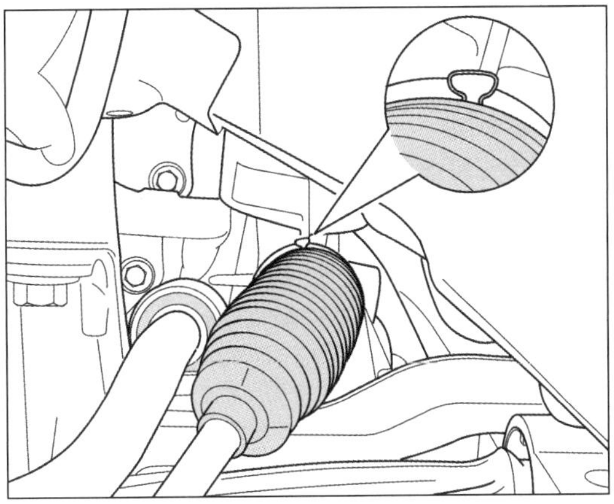

Bild 14
Position der Klemmschelle an der Lenkmanschette.

- Schieben Sie den Faltenbalg bis zum Anschlag auf das Lenkgetriebegehäuse.
- Neue Klemmschelle mit Klemmzange für die Manschettenmontage verbauen.

Der weitere Einbau erfolgt in umgekehrter Reihenfolge. Nach dem Einbau muss das Fahrzeug vermessen werden.

- Wenn beide Spurstangen ausgetauscht wurden, dann führen Sie die Grundeinstellung für den Lenkwinkelgeber durch.

13 Bremsanlage

Die Bremsen des Golf

Der Golf wird kraftvoll und sicher über ein Hydraulik-Zweikreis-Bremssystem mit rundum Scheibenbremsen verzögert. Die vorderen Scheibenbremsen sind innen belüftet, die Bremsscheiben hinten sind derzeit durchweg für alle Motorisierungen massiv. Die elektromechanische Feststellbremse wirkt auf die Hinterräder. Die Bremsunterstützung erfolgt pneumatisch durch Vakuumbremskraftverstärker. In ihnen wird der hydraulische Druck, der dann an den Bremsen wirkt, mehr als verdoppelt. Auf diese Weise werden etwa 60% der wirkenden Bremskraft aufgebracht. Das Vakuum für den Unterdruck im Bremskraftverstärker wird dem Saugrohr entnommen oder mit einer Vakuumpumpe erzeugt. Je nach Motorisierung werden im Golf unterschiedliche Bremsenmodelle eingesetzt. Welche Bremsen in einem bestimmten Fahrzeug verbaut sind, wird unter anderem auf dem Fahrzeugdatenträger (Reserveradmulde, Serviceheft) durch die entsprechenden PR-Nummern dokumentiert. Die nachstehende Tabelle zeigt eine Aufschlüsselung der PR-Nummern sowie der Bremsentypen zu den Motorisierungen. Die PR-Nummern sind für die Kombination Bremssattel, Bremsscheibe, Bremstrommel und Bremsbelag wichtig.

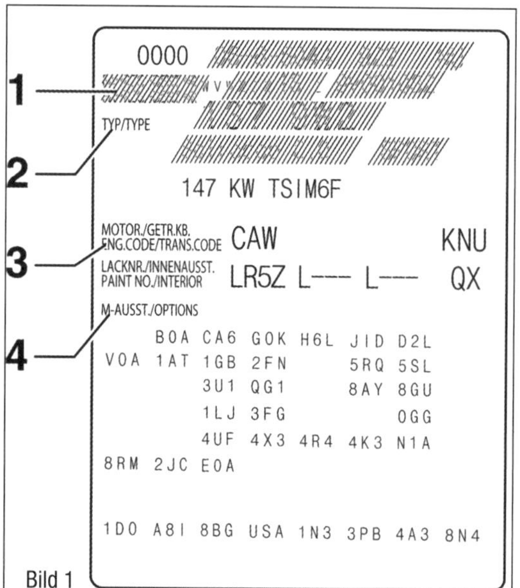

Bild 1

Bild 1
Information über die verbaute Vorderradbremse. Die Informationen über die Hinterradbremse sind noch nicht aus dem Datenträger auslesbar.

Bremse vorne

Motor	*PR-Nr.*	*Vorderradbremse*
1,2 l - 63 kW TSI[1] 1,2 l - 77 kW TSI[1] 1,4 l - 90 kW TSI[1] 1,4 l - 103 kW TSI[1] 1,6 l - 66-81 kW TDI[1]	1ZE / 1ZP	PC57 (15")
2,0 l - 162 kW TSI	1ZB	PC57 (16")
2,0 l - 110 kW TDI	1ZA / 1ZD	
2,0 l - 135 kW TDI	1ZA / 1ZD/1ZB[2]	
2,0 l - 169 kW TSI	1LJ	C60 (17")
2,0 l - 206 kW TSI 2,0 l - 213 kW TSI 2,0 l - 221 kW TSI	1LM	C60 (17")

[1] Fahrzeuge mit adaptiver Fahrwerksregelung DCC bekommen die 16"-Bremse.
[2] optional

Bremse hinten

Motor	*PR-Nr.*	*Hinterradbremse*
1,2 l - 63 kW TSI	1KE 1KV	FNc-M38 (15")
1,2 l - 77 kW TSI 1,4 l - 90 kW TSI 1,4 l - 103 kW TSI 2,0 l - 110 kW TDI 2,0 l - 135 kW TDI 2,0 l - 162 kW TSI		
2,0 l - 169 kW TSI	1KJ	FNc-M42 (17")
2,0 l - 206 kW TSI 2,0 l - 213 kW TSI 2,0 l - 221 kW TSI	1KY	

Antiblockiersystem (ABS)

Der Golf verfügt serienmäßig über ein Antiblockiersystem. Eingebaut werden TRW-Systeme (ABS/EDS/ASR/ESP). Das Steuergerät für ABS ist per Innentorxschrauben mit der Hydraulikeinheit für ABS fest verbunden. Die verschraubte Einheit befindet sich im Motorraum rechts. Zur Hydraulikeinheit kommen die beiden Bremsleitungen vom Druckstangenkolbenkreis und vom Schwimmkolbenkreis des Hauptbremszylinders. Von der Einheit gehen die vier Bremsleitungen zu den vier Bremssätteln ab. Die Leitungen sind folgendermaßen erkennbar:

- Vom Hauptbremszylinder 6,5 mm und Rohrschraube mit langem Gewinde M12 x 1.

- Zum Bremssattel vorn links 5,25 mm und Rohrschraube mit Gewinde M12 x 1.
- Zum Bremssattel vorn rechts 5,25 mm und Rohrschraube mit Gewinde M10 x 1.
- Zum Bremssattel hinten links 5,25 mm und Rohrschraube mit Gewinde M12 x 1.
- Zum Bremssattel hinten rechts 5,25 mm und Rohrschraube mit Gewinde M10 x 1

í Die im Hydrauliksystem zirkulierende Flüssigkeit ist bei Volkswagen Bremsflüssigkeit nach dem Standard »FMVSS 116 DOT 4«, wovon auch die Weiterentwicklung »DOT4 plus« erhältlich ist. Das Produkt hat die Katalog-Teilenummer VW 501 14 B 000 750.

Bremsflüssigkeit auf keinen Fall mit mineralölhaltigen Flüssigkeiten (Öl, Benzin, Reinigungsmittel) in Verbindung bringen. Mineralöle beschädigen die Dichtungen und Gummitüllen der Bremsanlage!

- Bremsflüssigkeit ist giftig. Sie darf wegen ihrer ätzenden Wirkung auch nicht mit Lack in Berührung kommen. Eventuell ausgetretene Bremsflüssigkeit mit viel Wasser abspülen!
- Bremsflüssigkeit ist hygroskopisch, das heißt, sie nimmt aus der umgebenden Luft Feuchtigkeit auf und ist darum stets in luftdicht verschlossenen Behältern aufzubewahren.

Störungen am ABS haben keinen Einfluss auf Bremsanlage und Bremskraftverstärkung. Die herkömmliche Bremsanlage bleibt auch ohne ABS funktionsfähig. Es muss jedoch mit einem veränderten Bremsverhalten gerechnet werden. Nach Aufleuchten der ABS-Kontrollleuchte können die Hinterräder beim Bremsen frühzeitig blockieren.

Bremsflüssigkeitsstand (abhängig vom Belagverschleiß) prüfen

Der Stand der Bremsflüssigkeit ist an den Markierungen des Bremsflüssigkeitsbehälters abzulesen.

- Der Bremsflüssigkeitsstand (Menge) ist stets in Abhängigkeit vom Bremsbelagverschleiß zu beurteilen. Im Fahrbetrieb sinkt durch Abnutzung und automatische Nachstellung der Bremsbeläge der Flüssigkeitsstand geringfügig ab.
- Bei einem Flüssigkeitsstand, an der »MIN«-Markierung und etwas darüber ist kein Nachfüllen erforderlich, wenn die Bremsbelagverschleißgrenze nahezu erreicht ist.
- Sind die Bremsbeläge neu bzw. weit von der Belagverschleißgrenze entfernt, muss der Flüssigkeitsstand zwischen der »MIN«- und der »MAX«-Markierung liegen.
- Die »MAX«-Markierung darf jedoch nicht überschritten werden, damit die Flüssigkeit nicht aus dem Bremsflüssigkeitsbehälter austritt.
- Ist der Flüssigkeitsstand unter die »MIN«-Markierung abgesunken, muss, bevor Bremsflüssigkeit ergänzt wird, das ganze Bremssystem überprüft werden, ggf. sind Reparaturen einzuleiten.

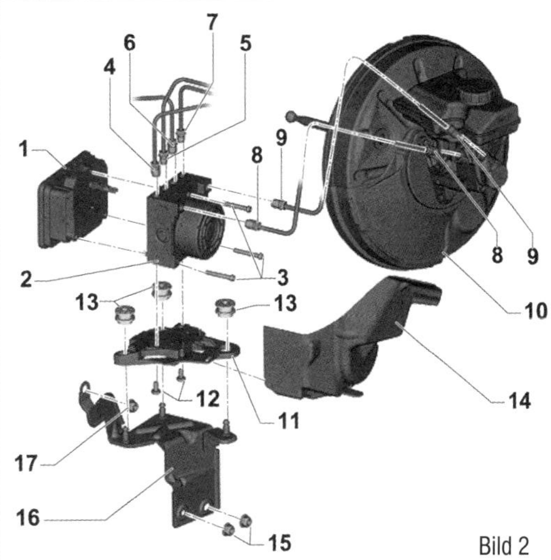

Bild 2

Bild 2
1 Steuergerät für ABS
2 Hydraulikeinheit
3 Torx-Schraube
4-9 Bremsleitung
10 Bremskraftverstärker
11 Halter
12 Torx-Schraube
13 Dämpfergummi
14 Wärmeschutzblech
15 Sechskantmutter
16 Halter
17 Sechskantmutter

Bremsanlage auf Undichtigkeiten und Beschädigungen prüfen

Sichtprüfung

Folgende Bauteile müssen auf Undichtigkeiten und Beschädigungen überprüft werden:

- Hauptbremszylinder,
- Bremskraftverstärker,
- Hydraulikeinheit,
- Bremssättel.

Weiterhin sind zu prüfen:

■ Vorhandensein der Staubkappen an den Entlüftungsventilen für Bremsflüssigkeit,

■ dass die Bremsschläuche nicht verdreht sind und dass sie beim maximalen Lenkeinschlag keine Fahrzeugbauteile berühren,

■ dass Bremsschläuche nicht porös und brüchig sind,

■ dass Bremsschläuche und Bremsleitungen keine Scheuerstellen aufweisen,

■ dass Bremsanschlüsse und Befestigungen richtig sitzen, nicht undicht und frei von Korrosion sind.

Festgestellte Mängel sind unbedingt durch entsprechende Reparaturmaßnahmen zu beseitigen.

Dichtigkeitsprüfung unter Druck

Diese Prüfung erfordert ein Prüfgerät für Bremssysteme mit Adapter (z. B. V.A.G 1310 A mit -/6). Prüfvoraussetzung ist, dass Funktion und Dichtheit der Bremsanlage gewährleistet sind.

■ Entlüftungsventil an einem der vorderen Bremssättel herausschrauben. Das Prüfgerät für Bremssysteme anschließen und entlüften.

■ Bremspedal belasten, bis das Druckmanometer 50 bar Überdruck anzeigt. Während der Prüfdauer von 45 Sekunden darf der Druckabfall nicht mehr als 4 bar betragen. Bei größerem Druckabfall Hauptbremszylinder ersetzen.

Bremsanlage mit Gerät entlüften

Normale Entlüftung

Den Arbeitsablauf zum Entlüften der Bremsanlage genau einhalten.

■ Bremsenfüll- und Entlüftungsgerät anschließen, d. h. Adapter statt Verschlussdeckel auf Bremsflüssigkeitsbehälter aufschrauben, Druck einstellen und Befüllschlauch des Gerätes an den Adapter anschließen.

■ Abdeckkappen von den Entlüftungsventilen abziehen, Schlauch der Entlüfterflasche aufstecken und dann Entlüftungsventile mit einem passenden Schlüssel in folgender Reihenfolge öffnen und jeweiligen Radbremszylinder/Bremssättel entlüften:

1. Bremssattel hinten links,
2. Bremssattel vorn links,
3. Bremssattel vorn rechts,
4. Bremssattel hinten rechts.

■ Entlüftungsventil bei aufgestecktem Schlauch der Entlüfterflasche so lange geöffnet lassen, bis blasenfreie Bremsflüssigkeit ausströmt.

ɪ Geeigneten Entlüfterschlauch verwenden. Er muss straff auf dem Entlüftungsventil sitzen, damit keine Luft in die Bremsanlage gelangen kann!

Vorentlüftung

Wenn bei Fahrzeugen mit EDS, EDS/ASR oder EDS/ASR/ESP eine Kammer des Bremsflüssigkeitsbehälters komplett leer gelaufen ist (z. B. bei Undichtigkeiten der Bremsanlage), muss zuerst eine Vorentlüftung erfolgen.

■ Bremssattel vorn links und vorn rechts gleichzeitig zusammen entlüften.

■ Bremssattel hinten links und hinten rechts gleichzeitig zusammen entlüften.

■ Entlüftungsventile bei aufgesteckten Schläuchen der Entlüfterflasche so lange geöffnet lassen, bis blasenfreie Bremsflüssigkeit ausströmt.

■ Anschließend muss über die Funktion »Grundeinstellung« mit dem Diagnosetester VAS 505x (oder VCDS) die Hydraulikeinheit nochmals entlüftet werden. Grundeinstellung einleiten (zum Entlüften der Bremsanlage): VAS oder VCDS anschließen und Funktion anwählen. Zum Entlüften der Hydraulikeinheit ist ein Vordruck von 2 bar nötig.

■ Danach die Bremsanlage normal entlüften (siehe oben).

Bremsanlage ohne Gerät entlüften.

Steht kein Bremsenfüll- und Entlüftungsgerät zur Verfügung, muss die Bremsanlage mit einfachen Mitteln entlüftet werden. Nötig dafür sind neue Bremsflüssigkeit und ein geeigneter, möglichst durchsichtiger Kunststoffschlauch, wie ihn Baumärkte im Sortiment haben. Er muss straff auf der Entlüfterschraube Radbremszylinder/Bremssattel sitzen, damit keine Luft in die Bremsanlage gelangen kann.

■ Wenn erforderlich, die Entlüftungsventile einige Stunden vor der Arbeit mit Rostlöser einsprühen. Das mindert das Risiko, dass die Ventile beim Lösen abgerissen werden.

- Entlüftungsreihenfolge wie bei »Entlüftung normal«.
- Staubkappe vom Entlüftungsventil abziehen, Ventilnippel säubern, den Kunststoffschlauch auf den Nippel schieben und das freie Schlauchende in einen teilweise mit Bremsflüssigkeit gefüllten Auffangbehälter stecken.
- Entlüftungsschraube mit einem Ringschlüssel maximal eine Umdrehung lösen. Ein Helfer tritt das Bremspedal langsam bis zum Boden, damit die Bremsflüssigkeit und die darin eingeschlossene Luft herausgepumpt werden.

Auf den Schlauch und den Auffangbehälter achten: Die Luftbläschen müssen zu sehen sein.

- Das Bremspedal am Boden halten.
- Nun die Entlüftungsschraube schließen, erst dann das Bremspedal zurücknehmen.
- Diesen Vorgang so lange wiederholen, bis keine Luftbläschen mehr aufsteigen, es ist dann keine Luft mehr im System. Dabei aber ständig den Stand der Bremsflüssigkeit im Ausgleichsbehälter beobachten. Bei Bedarf nachfüllen, aber nur so viel, dass der vorherige Stand im Bremsflüssigkeitsbehälter nicht überschritten wird. Dadurch wird verhindert, dass bei einem späteren Wechsel der Bremsbeläge zu viel Bremsflüssigkeit im System ist und der Behälter beim Zurückdrücken der Bremskolben überläuft.
- Nach dem letzten Durchgang muss der Helfer das Bremspedal wieder am Boden halten, bis das Entlüftungsventil endgültig geschlossen ist (Schraube nicht anknallen).
- Die Arbeit an den anderen Entlüftungsventilen wiederholen.
- Lässt sich die Bremse nach vorgenannter Methode nicht vollständig entlüften, alle Entlüftungsventile schließen, den Motor starten und mehrfach die Bremse betätigen. Dann nochmals einen Entlüftungsdurchgang vornehmen.
- Zum Schluss noch einmal alle Bremsleitungen, Entlüftungsventile (angezogen?), den Stand im Bremsflüssigkeitsbehälter und die Funktion der Bremsen bei einer (vorsichtigen) Probefahrt prüfen. Dabei einmal so stark bremsen, dass die ABS-Regelung greift.

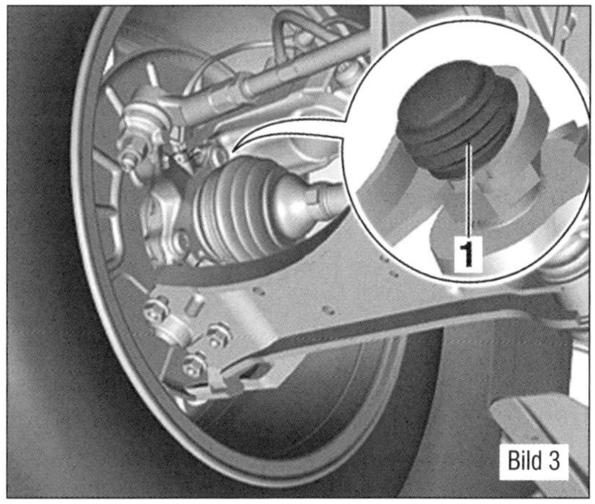

Bild 3
Entlüftungsnippel (1) am Bremssattel.

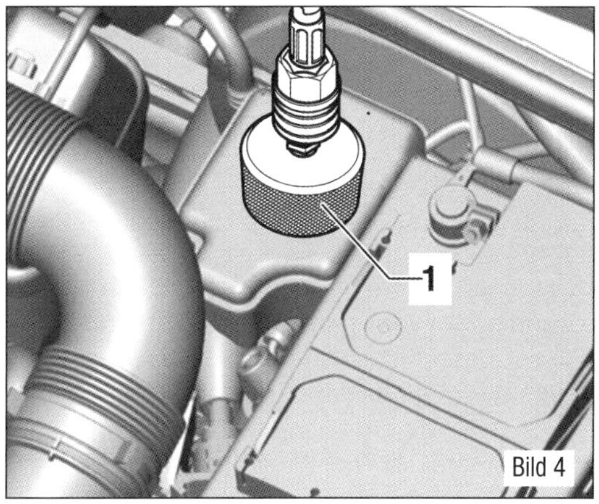

Bild 4
Anschluss (1) für das Bremsenentlüftungsgerät auf dem Gewinde des Verschlussdeckels.

Bremsflüssigkeit wechseln

- Verschlussdeckel vom Bremsflüssigkeits-Vorratsbehälter abschrauben. Das Sieb darf nicht aus dem Behälter entfernt werden!
- Mit dem Saugschlauch vom Bremsenfüll- und Entlüftungsgerät so viel Bremsflüssigkeit wie möglich absaugen. Abgesaugte Bremsflüssigkeit darf nicht wieder verwendet werden.
- Adapter (aus dem Bremsenentlüftungswerkzeug) auf den Bremsflüssigkeits-Vorratsbehälter schrauben, den richtigen Druck am Bremsenfüll- und Entlüftungsgerät einstellen (Bedienungsanleitung des Gerätes beachten) und den Befüllschlauch des Geräts an den Adapter anschließen.
- Abdeckkappe des Entlüftungsventils am Bremssattel vorn links abziehen und Entlüfterschlauch der Auffangflasche auf das Ventil stecken, Entlüftungsventil öffnen und die entsprechende Bremsflüssigkeitsmenge (siehe folgende Tabelle) ausfließen lassen. Entlüftungsventil mit 10 Nm schließen. Abdeckkappe am Entlüftungsventil des Bremssattels vorn links wieder aufstecken.

■ Diesen Arbeitsablauf an der rechten Fahrzeugseite vorn wiederholen.
■ Schrauben Sie ggf. beide Räder an der Hinterachse ab, um nun dort an die Entlüftungsventile zu gelangen. Abdeckkappe am Entlüftungsventil des Bremssattels hinten links abziehen und Entlüfterschlauch der Auffangflasche auf das Entlüftungsventil hinten links stecken, Entlüftungsventil öffnen und die entsprechende Bremsflüssigkeitsmenge (siehe folgende Tabelle) ausfließen lassen. Entlüftungsventil mit 10 Nm schließen. Abdeckkappe am Entlüftungsventil des Bremssattels hinten links wieder aufstecken.
■ Diesen Arbeitsablauf an der rechten Fahrzeugseite hinten wiederholen.

Ausfließende Bremsflüssigkeitsmengen	
Reihenfolge	*Bremsflüssigkeitsmengen*
Entlüftungsventile	
Bremssattel vorn links	0,20 Liter
Bremssattel vorn rechts	0,20 Liter
Bremssattel hinten links	0,30 Liter
Bremssattel hinten rechts	0,30 Liter
Kupplungsnehmerzylinder	0,15 Liter

Kupplungszylinder entlüften
■ Luftfiltergehäuse wie früher beschrieben ausbauen.
■ Entlüfterschlauch auf das Entlüftungsventil des Kupplungsnehmerzylinders stecken, Ventil öffnen und ca. 100 ml Bremsflüssigkeit ausfließen lassen.
■ Ventil schließen und 10 bis 15 Mal schnell hintereinander das Kupplungspedal betätigen.
■ Ventil erneut öffnen und ca. 50 ml Bremsflüssigkeit ausfließen lassen.
■ Ventil schließen, Entlüfterschlauch abnehmen und mehrmals das Kupplungspedal betätigen.
■ Luftfiltergehäuse wieder einbauen.
■ Befüllhebel vom Bremsenfüll- und Entlüftungsgerät in Stellung »B« stellen (siehe Bedienungsanleitung des Geräts). Befüllschlauch vom Adapter abnehmen, Adapter vom Bremsflüssigkeits-Vorratsbehälter abschrauben.
■ Bremsflüssigkeitsstand kontrollieren und ggf. korrigieren, er muss zwischen MIN- und MAX-Markierung liegen.
■ Verschlussdeckel des Bremsflüssigkeits-Vorratsbehälters einschrauben.
■ Hinterräder ggf. wieder anbauen und eine Funktionsprüfung während einer Probefahrt durchführen.

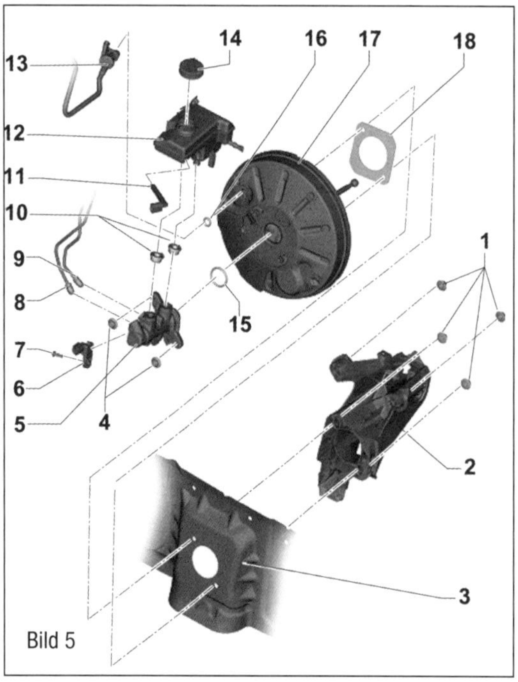

Bild 5

Bild 5
1 Sechskantmutter
2 Lagerbock / Fußhebelwerk
3 Stirnwand
4 Sechskantmutter
5 Hauptbremszylinder
6 Bremslichtschalter
7 Schraube
8 Bremsleitung
9 Bremsleitung
10 Dichtungsstopfen
11 Warnkontakt für Bremsflüssigkeitsstand
12 Bremsflüssigkeitsbehälter
13 Unterdruckschlauch
14 Verschlussdeckel
15 Dichtung
16 Dichtring
17 Bremskraftverstärker
18 Dichtung

Bremslichtschalter aus- und einbauen

Der Bremskraftverstärker mit montiertem Bremslichtschalter, Hauptbremszylinder und Bremsflüssigkeitsbehälter bildet eine Montageeinheit, die sich links hinten im Motorraum direkt an der Wasserkastenwand (Stirnwand, Frontend) befindet. Alle drei Komponenten können jedoch unabhängig voneinander auch einzeln ersetzt werden (Bild 5).

Ausbau
■ Motorabdeckung herausnehmen und (nur bei einigen Fahrzeugen nötig) den Ansaugschlauch ausbauen.
■ Die Steckverbindung vom Bremslichtschalter (6 im Bild 5) trennen.
■ Die Befestigungsschraube aus dem Hauptbremszylinder mit einem Torx-Schraubendreher herausdrehen.
■ Den Bremslichtschalter (7) unten vom Hauptbremszylinder abziehen und oben aus dem Clip herausnehmen.

Einbau

■ Einbau in umgekehrter Reihenfolge. Die Torx-Schraube (7 im Bild 5) an Hauptbremszylinder mit 5 Nm festziehen.

Hauptbremszylinder aus- und einbauen

■ Radio-Codierung beachten, Batterie abklemmen, Batterieverkleidung ausbauen.
■ Ausreichend nicht fasernde Lappen im Bereich des Motors und des Getriebes auslegen und so viel Bremsflüssigkeit, wie möglich mit dem Bremsenfüll- und Entlüftungsgerät oder mit einer Absaugvorrichtung aus dem Bremsflüssigkeitsbehälter absaugen.
■ Bei Fahrzeugen mit Schaltgetriebe den Nachlaufschlauch (B im Bild 6) für Kupplungsgeberzylinder abziehen und hochbinden oder mit einem handelsüblichen Werkzeug (Hazet 4590) abklemmen und dann abziehen.
■ Steckverbindungen vom Warnkontakt für Bremsflüssigkeitsstand (A) und vom Bremslichtschalter (C) abziehen.
■ Bremsflüssigkeitsbehälter ausbauen: Die Einrastlaschen am Behälter nach außen drücken und gleichzeitig den Behälter aus den Dichtungsstopfen ziehen.
■ Bremsleitungen am Hauptbremszylinder abschrauben und mit Verschlussstopfen (Reparatursatz 1H0 698 311 A) verschließen.
■ Unterdruck im Bremskraftverstärker durch mehrmaliges Betätigen des Bremspedals abbauen.
■ Muttern vom Hauptbremszylinder abschrauben, Wärmeschutzblech, falls vorhanden, abnehmen.
■ Hauptbremszylinder vorsichtig aus dem Bremskraftverstärker entnehmen.

Der Einbau erfolgt sinngemäß in umgekehrter Reihenfolge.

Beim Zusammensetzen des Hauptbremszylinders mit dem Bremskraftverstärker auf richtigen Sitz der Druckstange im Hauptbremszylinder achten.
■ Bremsanlage, wie beschrieben entlüften.

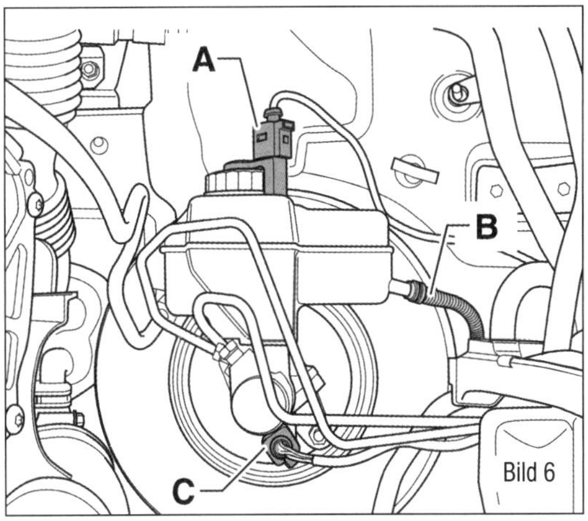

Bild 6
A Steckkontakt Vorratsbehälter
B Zulaufschlauch Kupplung
C Steckkontakt Bremslichtschalter.

Funktion des Bremskraftverstärkers prüfen

■ Bremspedal bei stehendem Motor mehrere Male kräftig durchtreten (dadurch wird der im Gerät vorhandene Unterdruck abgebaut).
■ Bremspedal jetzt mit mittlerer Fußkraft in Bremsstellung halten und Motor starten. Bei einem einwandfrei funktionierenden Bremskraftverstärker gibt das Bremspedal dabei unter dem Fuß spürbar nach (Verstärkung wird wirksam). Senkt sich das Pedal nicht, liegt eine Störung vor.

Diese kann in der Unterdruckversorgung (Leitung, Pumpe, Anschluss) oder am Bremskraftverstärker selbst zu finden sein. In diesem Fall muss er ersetzt werden. Reparaturen an diesem Bauteil sind nicht vorgesehen.

Bremskraftverstärker aus- und einbauen

■ Bei Fahrzeugen mit codiertem Radio, die Codierung beachten, ggf. erfragen.
■ Batterie abklemmen.
■ Bauen Sie den Luftfilter aus.
■ Batterie ausbauen.
■ Bauen Sie den Batterieträger aus.
■ Bauen Sie den Hauptbremszylinder ab.
■ Soweit vorhanden, das Anschlusskabel vom Unterdruckgeber abziehen.
■ So viel Bremsflüssigkeit wie möglich mit dem Bremsenfüll- und Entlüftungsgerät aus dem Bremsflüssigkeitsbehälter absaugen.

Sichtprüfung Messen

Bild 7
1 Luftführungsschlauch
2 Schelle
3 Schelle

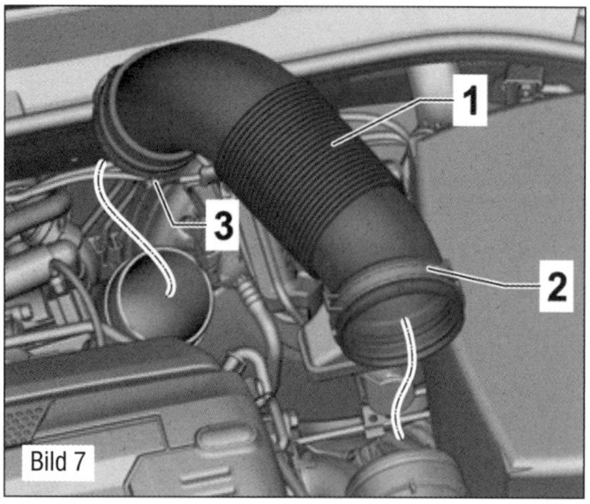

Bild 8
Aus Sicht des Fußraumes.
1 Stecker
2 Halter
3 Steuergerät (Interface)
Pfeile = Haltenasen

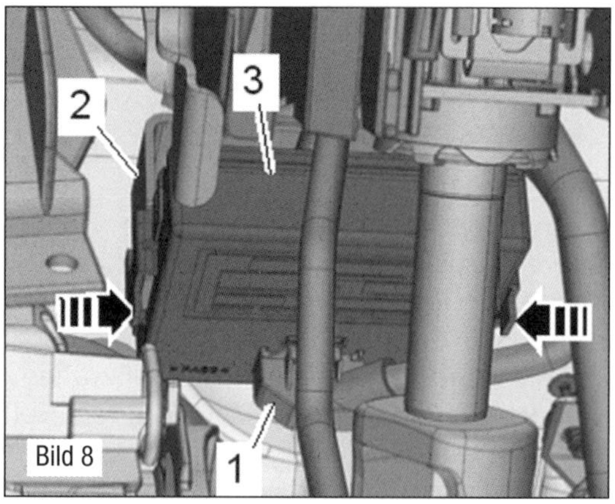

Bild 9
Aus Sicht des Fußraumes.
1 Befestigungsschrauben oben
2 Befestigungsschrauben unten

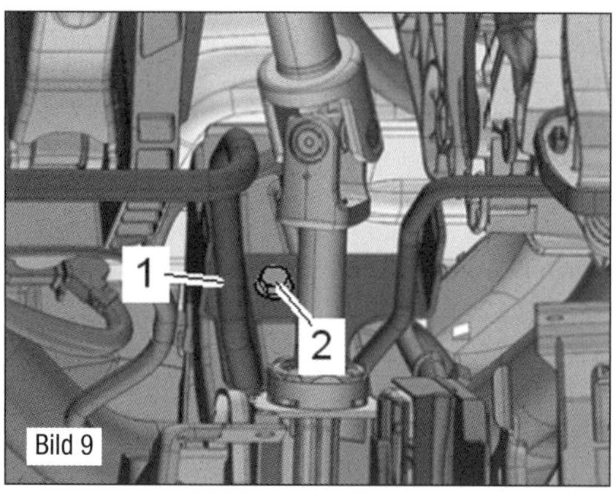

Bei Fahrzeugen mit Schaltgetriebe:

■ Den Nachlaufschlauch (B im Bild 6) für Kupplungsgeberzylinder abziehen, mit dem Verschlusswerkzeug »T10249« verschließen und hochbinden oder den Nachlaufschlauch mit einem handelsüblichen Werkzeug, z. B. Hazet 4590 abklemmen und dann abziehen.

Bei »R«-Fahrzeugen:

■ Schlauchschellen (2 und 3 im Bild 7) lösen.

■ Luftführungsschlauch (1) und Luftfiltergehäuse ausbauen.

Fortsetzung für alle Fahrzeuge:

■ Unterdruck im Bremskraftverstärker durch mehrmaliges Betätigen des Bremspedals abbauen.

■ Den Unterdruckschlauch aus dem Bremskraftverstärker ziehen.

■ Bremsleitungen am Hauptbremszylinder abschrauben, Bremsleitungen mit Verschlussstopfen aus Reparatursatz Teilenummer 1H0 698 311 A verschließen.

Bei Fahrzeugen mit 7-Gang-Doppelkupplungsgetriebe:

■ Wählhebelseilzug und Seilzugwiderlager vom Getriebe abbauen.

Fortsetzung für alle Fahrzeuge:

■ Abdeckung seitlich für Schalttafel Fahrerseite ausbauen.

■ Fußraumabdeckung Fahrerseite ausbauen.

■ Abdeckung Mittelkonsole Fahrerseite ausbauen.

■ Das Ablagefach Fahrerseite ausbauen.

■ Schalttafelabdeckung auf der Fahrerseite ausbauen.

■ Knieairbag ausbauen lassen. Hier ist ein Airbagsystem verbaut, an dem Sie zur eigenen Sicherheit nicht ohne Sachkundenachweis arbeiten sollten.

■ Fußraumausströmer auf der Fahrerseite ausbauen.

■ Das Steuergerät für Diagnose-Interface für Datenbus (3 im Bild 8) ausbauen und zur Seite legen.

■ Die Crashstrebe am Bremspedal (1 und 2 im Bild 9) abschrauben, aushängen und zur Seite legen.

■ Das Bremspedal vom Bremskraftverstärker trennen.

■ Teppichschrauben herausschrauben und die Fußraumverkleidung in den Innenraum klappen.

■ Die Muttern (3 und 4 im Bild 11) vom Bremskraftverstärker abschrauben.

■ Den Bremskraftverstärker gegen die Klebekraft der Dichtung von der Stirnwand ziehen.

■ Den Bremskraftverstärker vorsichtig aus dem Fahrzeug herausnehmen.

■ Die Muttern für den Hauptbremszylinder abschrauben.

■ Eventuell vorhandenes Wärmeschutzblech abbauen.

■ Den Hauptbremszylinder vorsichtig aus dem Bremskraftverstärker herausnehmen.

Der Einbau erfolgt sinngemäß in umgekehrter Reihenfolge. Beim Einbau sind folgende Punkte zu beachten:

Der Bremskraftverstärker ist nur bei Serienmontage zusätzlich mit der Dichtung verklebt. Die Verklebung an Bremskraftverstärker und Stirnwand muss nicht erneuert werden, aber die Dichtung. Alle Klebereste an der Stirnwand und ggf. am Bremskraftverstärker entfernen.

- Bremspedal mit Bremskraftverstärker verbinden.
- Nach dem Einbau sind die Bremsanlage und die Kupplung zu entlüften.

Bremspedal vom Bremskraftverstärker trennen

- Verkleidung Fahrerseite ausbauen.
- Bremspedal zunächst in Richtung Bremskraftverstärker drücken und festhalten.
- Entriegelungswerkzeug (T10159) einsetzen und in Richtung Fahrersitz ziehen, dabei am Bremspedal gegenhalten (Pedal darf sich in diesem Moment nicht nach hinten bewegen). Dadurch werden die Haltenasen der Aufnahme vom Kugelkopf der Druckstange abgedrückt. Das Bild 10 zeigt zur besseren Darstellung das Trennen des Bremspedals vom Bremskraftverstärker bei ausgebautem Fußhebelwerk.
- Entriegelungswerkzeug (T10159) und Bremspedal gemeinsam in Richtung Fahrersitz ziehen (das Bremspedal wird dadurch vom Kugelkopf der Druckstange abgezogen).

Der weitere Einbau erfolgt sinngemäß in umgekehrter Reihenfolge.

- Kugelkopf der Druckstange vor die Aufnahme halten und Bremspedal in Richtung Bremskraftverstärker drücken, sodass der Kugelkopf hörbar einrastet.

Bremsscheiben und Beläge

Die nachfolgenden Abmessungen sind zur Beurteilung des Verschleißes der Bremsanlage erforderlich. Die Abbildung 12 zeigt die Zuordnung der Positionsnummern der Tabelle im Bild.

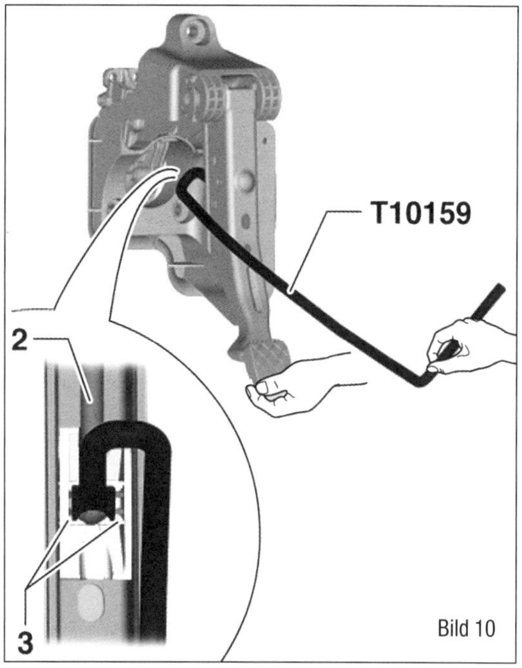

Bild 10
Bremspedal in den Kugelkopf aus und einrasten.
2 Druckstange
3 Haltenasen
T10159 = Hebel zum Gegenhalten

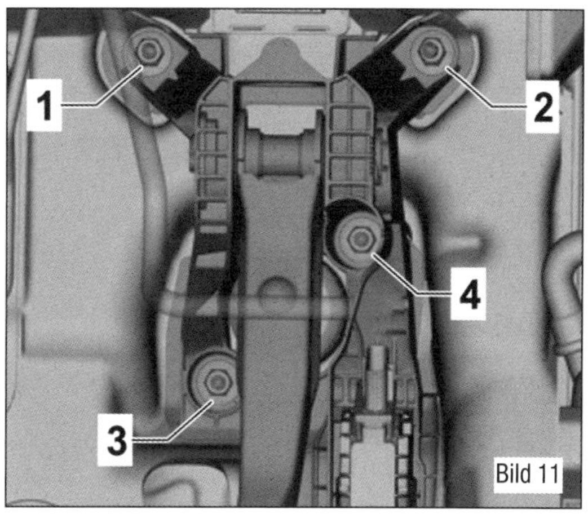

Bild 11
Muttern 1–4 am Bremshebelwerk.

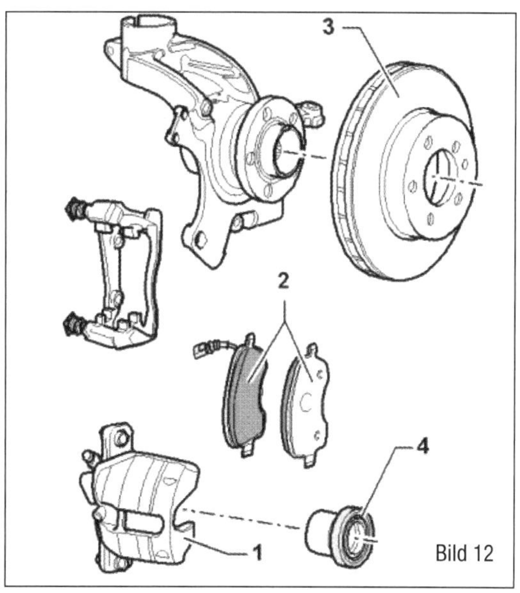

Bild 12
Abmessungen zur Bremsanlage vorne:
1 Bremssattel
2 Bremsbelag
3 Bremsscheibe
4 Bremskolben

Maße an den Vorderradbremsen PC57 (15")

Pos.	PR-Nr.	1ZE / 1ZP
1	Bremssattel	PC57 (15")
2	Bremsbelag, Dicke	14 mm
	Verschleißgrenze *	2 mm
3	Ø Bremsscheibe	288 mm
	Bremsscheibe, Dicke	25 mm
	Verschleißgrenze	22 mm
4	Ø Bremssattel, Kolben	57 mm

* ohne Rückenplatte

Maße an den Vorderradbremsen PC57 (16")

Pos.	PR-Nr.	1ZA / 1ZD / 1 ZB
1	Bremssattel	PC57 (16")
2	Bremsbelag, Dicke	14 mm
	Verschleißgrenze *	2 mm
3	Ø Bremsscheibe	312 mm
	Bremsscheibe, Dicke	25 mm
	Verschleißgrenze	22 mm
4	Ø Bremssattel, Kolben	57 mm

* ohne Rückenplatte

Maße an den Vorderradbremsen C60 (17")

Pos.	PR-Nr.	1LJ / 1LM
1	Bremssattel	PC57 (16")
2	Bremsbelag, Dicke	13 mm
	Verschleißgrenze *	2 mm
3	Ø Bremsscheibe	340 mm
	Bremsscheibe, Dicke	30 mm
	Verschleißgrenze	27 mm
4	Ø Bremssattel, Kolben	60 mm

* ohne Rückenplatte

Bremsbelagdicke und Bremsscheiben prüfen

Bremsbeläge vorn:

■ Zur besseren Beurteilung der Restbelagdicke einen Prüfspiegel benutzen und das Rad auf der Seite abnehmen, auf der die Bremsbelagverschleißanzeige verbaut ist. Ggf. Radschraubenkappen abziehen und die Stellung des Rades zur Bremsscheibe kennzeichnen.

■ Radschrauben herausdrehen und Rad abnehmen.

Maße an den Hinterrradbremsen FNc-M38 (15")

Pos.	PR-Nr.	1KE / 1KV
1	Bremssattel	FNc-M38 (15")
2	Bremsbelag, Dicke	11 mm
	Verschleißgrenze *	2 mm
3	Ø Bremsscheibe	272 mm
	Bremsscheibe, Dicke	10 mm
	Verschleißgrenze	8 mm
4	Ø Bremssattel, Kolben	38 mm

Maße an den Hinterrradbremsen FNc-M42 (17")

Pos.	PR-Nr.	1KJ / 1KY
1	Bremssattel	FNc-M42 (17")
2	Bremsbelag, Dicke	11 mm
	Verschleißgrenze *	2 mm
3	Ø Bremsscheibe	272 mm
	Bremsscheibe, Dicke	22 mm
	Verschleißgrenze	20 mm
4	Ø Bremssattel, Kolben	38 mm

■ Dicke des äußeren und inneren Belages messen. Bei der Belagdicke (a) = 2 mm ohne Rückenplatte haben die Bremsbeläge ihre Verschleißgrenze erreicht und sind zu ersetzen (siehe Tabelle).

■ Rad in der gekennzeichneten Position wieder anschrauben. Radbefestigungsschrauben über Kreuz mit 120 Nm anziehen, ggf. Radschraubenkappen aufstecken.

Bremsbeläge hinten:

Mit einer Taschenlampe durch einen Durchbruch in der Felge leuchten. Dicke des äußeren Belages durch Sichtprüfung ermitteln. Mit einer Taschenlampe inneren Belag anleuchten und Spiegel anhalten. Dicke des inneren Belages durch Sichtprüfung ermitteln. Auch diese Bremsbeläge haben bei einer Dicke von 2 mm ohne Rückenplatte ihre Verschleißgrenze erreicht und sind zu ersetzen.

Bremsscheiben prüfen:

■ Wenn die Scheibenbremsbeläge ersetzt werden müssen, sind unbedingt auch die Bremsscheiben auf Verschleiß zu prüfen. Fehlerbilder sind:

- Risse,
- Riefen,
- Rost und
- Grat am Bremsscheibenrand.

■ Ggf. Bremsscheiben ersetzen (grundsätzlich achsweise).

Vorderradbremse

Bremsbeläge vorne wechseln

Weiter zu verwendende Bremsbeläge beim Ausbau kennzeichnen. Die Beläge an gleicher Stelle wieder einbauen, sonst kann ungleichmäßige Bremswirkung entstehen!

■ Räder abbauen.

■ Trennen Sie die Steckverbindung für Bremsbelagverschleißanzeige. Die Bremsbelagverschleißanzeige ist vorn rechts verbaut.

■ Die beiden Befestigungsschrauben (9 im Bild 14) vom Bremssattel abschrauben, dabei am Führungsbolzen gegenhalten.

■ Bremssattel abnehmen und so mit Draht befestigen, dass das Gewicht des Bremssattels den Bremsschlauch nicht belastet bzw. beschädigt.

■ Bremsbelag (6) aus Bremssattel (8) herausnehmen bzw. vom Bremsträger abnehmen.

Reinigen:

Bremsanlage nicht mit Druckluft ausblasen, der dabei entstehende Staub ist gesundheitsschädlich!

■ Reinigen Sie am Bremsträger die Auflageflächen für die Bremsbeläge gründlich, Korrosion entfernen.

■ Bremssattel reinigen, besonders die Klebefläche für den Bremsbelag, sie muss frei von Kleberesten und Fett sein. Für das Reinigen des Bremssattels ist ausschließlich Spiritus zu verwenden.

Einbauen:

Bevor Sie den Kolben mit der Kolbenrücksetzvorrichtung in den Zylinder drücken, müssen Sie Bremsflüssigkeit aus dem Bremsflüssigkeitsbehälter absaugen. Sonst kann, wenn zwischenzeitlich Bremsflüssigkeit nachgefüllt wurde, Bremsflüssigkeit auslaufen und zu Schäden führen.

■ Kolben zurückdrücken.

■ Die Belagführungsflächen am Brems-

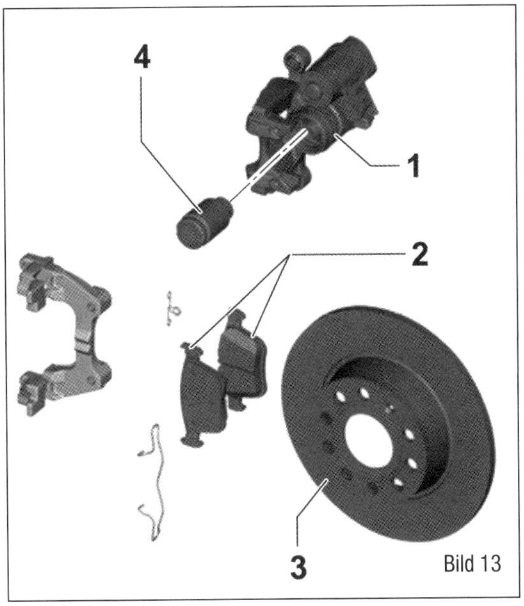

Bild 13
Bremse Hinterachse:
1 Bremssattel
2 Bremsbelag
3 Bremsscheibe
4 Bremskolben

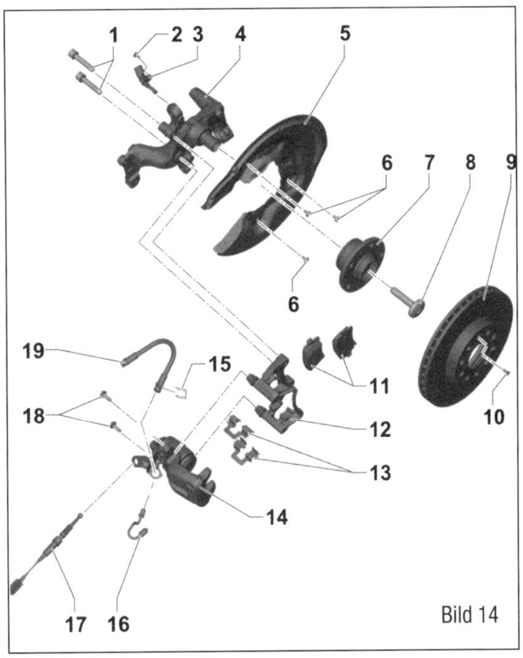

Bild 14
Bremse Vorderachse.
1 Abdeckblech
2 Torx-Schraube
3 Bremsscheibe
4 Torx-Schraube
5 Bremsträger
6 Bremsbeläge
7 Blende mit Emblem
8 Bremssattel
9 Sechskantschraube
10 Rippschraube
11 Radlagergehäuse
12 Bremsschlauch mit Ringstutzen und Hohlschraube
13 Halteklammer
14 Halter
15 Schraube

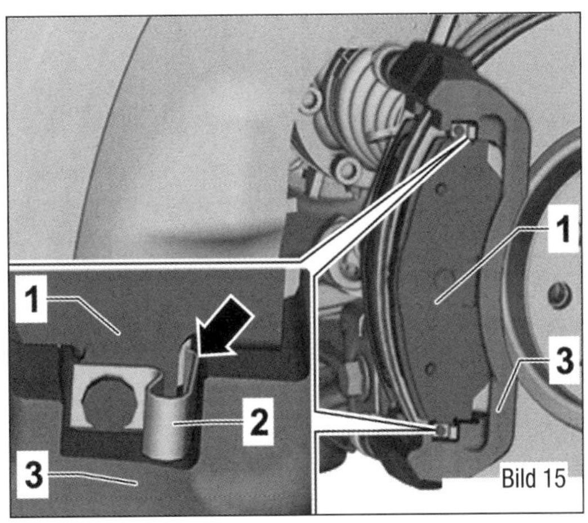

Bild 15
Auf den richtigen Sitz der Belaghaltebleche achten!
1 Bremsbelag
2 Haltefeder
3 Bremssattelträger

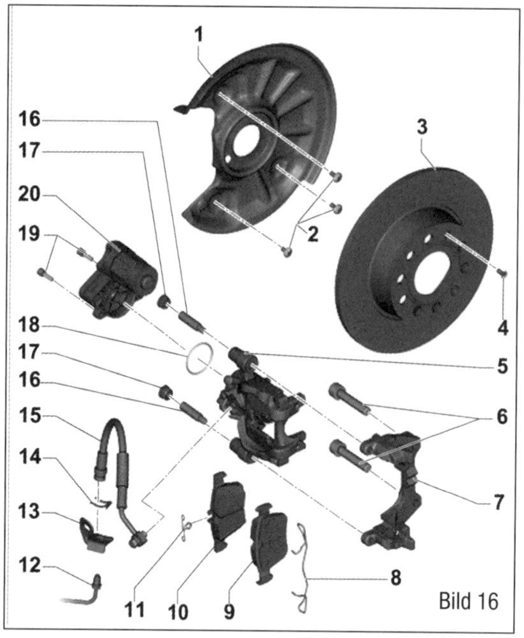

Bild 16

Bild 16
Bauteilübersicht der elektromechanischen Handbremse.
1 Bremsabschirmblech
2 Torx-Schraube
3 Bremsscheibe
4 Torx-Schraube
5 Bremssattel
6 Innenvielzahnschraube
7 Bremsträger
8 Haltefeder
9 Bremsbelag außen
10 Bremsbelag innen
11 Feder
12 Bremsleitung
13 Halter
14 Haltefeder für Bremsschlauch am Halter
15 Bremsschlauch mit Ringstutzen und Hohlschraube
16 Führungsbolzen
17 Abdeckkappen
18 Dichtring
19 Innensechskantschraube
20 Feststellmotor

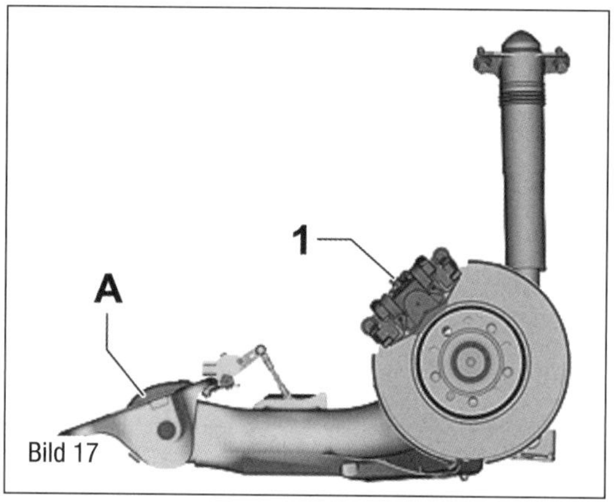

Bild 17

Bild 17
Einbaulage des hinteren Bremssattels an der Verbundlenkerachse.
1 Bremssattel
A Verbundlenkerachse

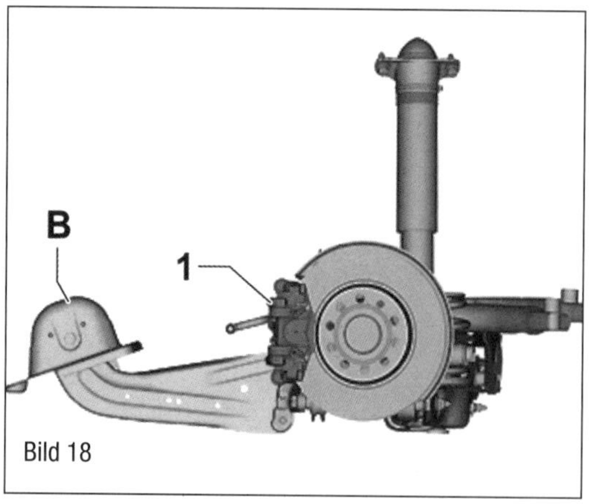

Bild 18

Bild 18
Einbaulage des hinteren Bremssattels an der Mehrlenkerachse.
1 Bremssattel
B Mehrlenkerachse

träger mit Lithium-Schmierfett »G 052150 A2« leicht fetten.

- Äußeren Bremsbelag auf Bremsträger aufsetzen.
- Inneren Bremsbelag mit Haltefeder in den Bremssattel (Kolben) einsetzen.

Nach der Montage der Bremsbeläge ist der richtige Sitz aller Haltefedern zu prüfen.

- Den Bremssattel vorsichtig auf den Bremsträger setzen.
- Den Bremssattel mit neuen selbstsichernden Schrauben am Bremsträger befestigen, dabei am Führungsbolzen gegenhalten.
- Die Steckverbindung der Bremsbelagverschleißanzeige verbinden.
- Räder montieren.

Bremsscheiben vorne wechseln

- Heben Sie das Fahrzeug an.
- Demontieren Sie die Vorderräder.
- Bauen Sie die Bremsbeläge vorne aus.
- Ziehen Sie den Bremssattel von Bremsträger ab.
- Drehen Sie die Befestigungsschraube für den Bremssattelträger heraus (10 im Bild 14) und nehmen Sie ihn ab.
- Drehen Sie die Befestigungsschraube (4) aus der Bremsscheibe heraus.
- Nehmen Sie die Bremsscheibe ab.

Die Montage erfolgt sinngemäß in umgekehrter Reihenfolge.

- Reinigen Sie die Auflagefläche der Bremsscheibe gründlich.
- Das Auftragen von etwas Kupferpaste verringert die Korrosionsbildung zwischen Scheibe und Nabe. Verwenden Sie nur so viel, dass die Paste nicht auf die Reibflächen der Bremsscheibe gelangen kann.

Die Hinterradbremse

Bremsbeläge hinten wechseln

Weiter zu verwendende Bremsbeläge müssen beim Ausbau gekennzeichnet werden. Sie müssen an gleicher Stelle wieder eingebaut werden, da sonst ungleichmäßige Bremswirkung entstehen kann!

Die Steckverbindungen der Feststellmotoren nicht trennen. Die Kolben der Feststellbremse müssen mit dem Diagnosetester (VAS 5051) zurückgefahren werden. Bevor Sie die Kolben zurückstellen, müssen Sie Bremsflüssigkeit aus dem Bremsflüssigkeitsbehälter absaugen. Sonst kann, wenn zwischenzeitlich Bremsflüssigkeit nachgefüllt wurde, Bremsflüssigkeit auslaufen und zu Schäden führen.

- Die Feststellbremse ist nicht betätigt!
- Räder abbauen.
- Die Haltefeder (8 im Bild 16) für die Bremsbeläge mit einem Schraubendreher aus dem Bremssattel (5) hebeln, dabei die Haltefeder mit der anderen Hand festhalten.
- Danach können Sie die Abdeckkappen (17 im Bild 16) abziehen und die Befestigungsschrauben (16) vom Bremssattel abschrauben.
- Tester anschließen und Funktion »elektromechanische Feststellbremse« anwählen.
- Wählen Sie dabei die Funktion »Kolben Feststellmotor vor- und zurückstellen« aus.
- Fahren Sie mit dem Diagnosetester (VAS 5051) die Kolben zurück.

Das Zurückstellen der Kolben mit dem Tester ist oft nicht ausreichend, aber notwendig! Die Druckmutter im Kolben ist gleitend gelagert, dadurch kann der Kolben nur gedrückt und nicht zurückgezogen werden.
Es wird nur die Spindel mit der Druckmutter zurückgefahren.

- Drücken Sie nun den Kolben mit der Kolbenrücksetzvorrichtung (T10145) endgültig zurück.
- Befestigen Sie den Bremssattel mit Draht, sodass das Gewicht des Bremssattels den Bremsschlauch nicht belastet bzw. beschädigt.
- Bremsbeläge (10 und 11) ausbauen.

Reinigen:

Bremsanlage nicht mit Druckluft ausblasen, der dabei entstehende Staub ist gesundheitsschädlich!

- Reinigen Sie am Bremsträger die Auflageflächen für die Bremsbeläge gründlich, Korrosion entfernen.
- Für das Reinigen des Bremssattels ist ausschließlich Spiritus zu verwenden.

Einbauen

- Bremsbeläge (10) innen und (9) außen in den Bremsträger einsetzen.
- Bremssattel befestigen.
- Abdeckkappen (17) einsetzen.
- Haltefeder für Bremsbeläge in die Bohrung des Bremssattels einsetzen.

Darauf achten, dass die Haltefeder richtig in den Bohrungen am Bremssattel sitzt. Nachdem Sie mit dem Fahrzeugdiagnosetester die Kolben vorgefahren haben, muss noch eine Grundeinstellung der Bremsanlage erfolgen.

- Grundeinstellung Bremsanlage mit dem Fahrzeugdiagnosetester durchführen.
- Räder montieren.

Bremsscheiben hinten wechseln

- Heben Sie das Fahrzeug an.
- Demontieren Sie die Hinterräder.
- Bauen Sie die Bremsbeläge wie beschrieben aus und stellen Sie den Sattel zurück (Tester und manuell).
- Ziehen Sie den Bremssattel (5 im Bild 16) von Bremsträger ab.
- Nehmen Sie die Bremsbeläge (9 und 10) aus dem Bremssattel heraus.
- Drehen Sie die Befestigungsschraube (4) aus der Bremsscheibe heraus.
- Nehmen Sie die Bremsscheibe ab.

Die Montage erfolgt sinngemäß in umgekehrter Reihenfolge.

- Reinigen Sie die Auflagefläche der Bremsscheibe gründlich.
- Das Auftragen von etwas Kupferpaste verringert die Korrosionsbildung zwischen Scheibe und Nabe. Verwenden Sie nur so viel, dass die Paste nicht auf die Reibflächen der Bremsscheibe gelangen kann.

Handbremsbetätigung (Feststellmotor) aus- und einbauen

- Heben Sie das Fahrzeug an.
- Demontieren Sie die Hinterräder.
- Schalten Sie die Zündung aus. Die Zündung muss bis zum Trennen der Steck-

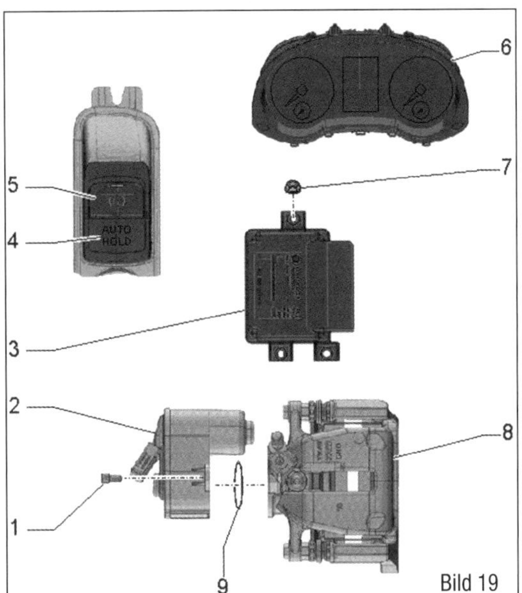

Bild 19

Bild 19
1 Innensechskantschraube
2 Feststellmotor
3 Steuergerät für elektromechanische Feststellbremse
4 Taste für Auto-Hold
5 Taste für elektromechanische Handbremse
6 Schalttafeleinsatz
7 Mutter (nicht immer verbaut)
8 Bremssattel hinten
9 Dichtring

Bild 20
1 Stecker
Pfeile = Innensechkantschrauben

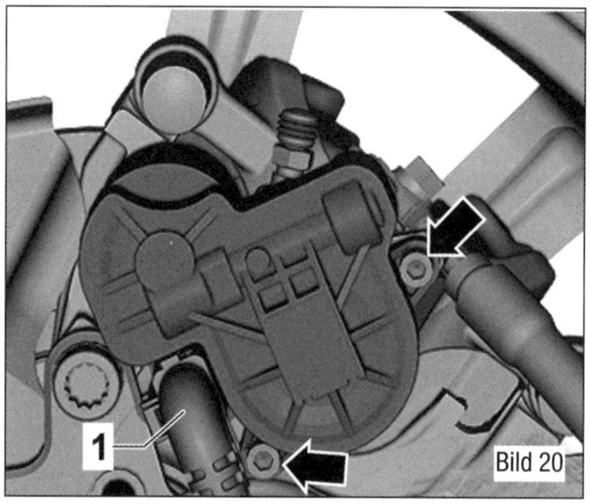

Bild 21
1 Steckergehäuse
Pfeil A = Bewegungsrichtung Sicherungsschieber
Pfeil B = elektrische Steckverbindung entriegeln

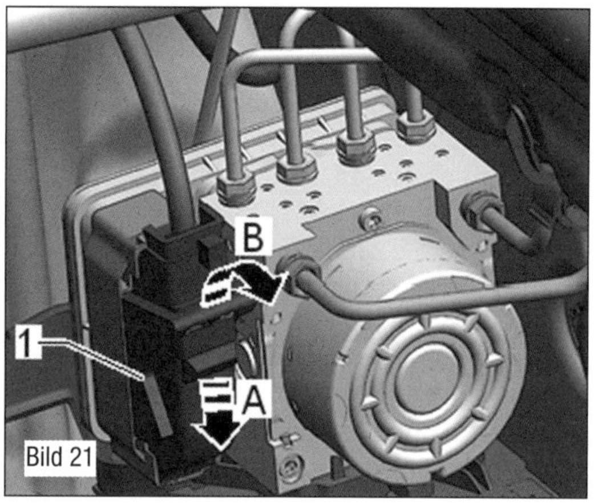

verbindung mindestens 30 Sekunden ausgeschaltet sein.

- Ziehen Sie den Stecker vom Feststellmotor ab.
- Schrauben Sie die beiden Innentorxschrauben des Feststellmotors heraus.
- Ziehen Sie den Feststellmotor vom Bremssattel ab.
- Nehmen Sie den Dichtring heraus. Achten Sie darauf, dass die Ringnut des Dichtringes und die Anlagefläche des Feststellmotors nicht beschädigt werden.
- Reinigen Sie die Ringnut und Anlagefläche des Feststellmotors.

Einbauen

- Neuen Dichtring leicht mit Bremsflüssigkeit benetzen und dann montieren.
- Drehen Sie die Spindel mit einem 8-mm-Innenvielzahneinsatz ein wenig zurück, bis Sie den Feststellmotor richtig ansetzen können.

⚠ Der Dichtring darf sich während der Montage des Feststellmotors nicht herausdrehen!

- Setzen Sie den Feststellmotor vorsichtig an, achten Sie dabei auf den Sitz des Dichtringes.
- Feststellmotor so weit verdrehen, bis Schraubenloch und Gewinde zur Deckung kommen. Achten Sie darauf, dass der Feststellmotor bündig am Bremssattel anliegt. Auf keinen Fall den Feststellmotor mit den Befestigungsschrauben gegen den Bremssattel ziehen.
- Innentorxschrauben mit Hand ansetzen und dann festschrauben.
- Stecker montieren.
- Diagnosetester (VAS 5051 oder VAG COM) anschließen und Grundeinstellung der Bremsanlage durchführen.

Steuergerät für elektromechanische Feststellbremse aus- und einbauen
Das Steuergerät für elektromechanische Feststellbremse ist im Steuergerät für ABS im Motorraum integriert und kann nicht einzeln gewechselt werden.

Steuergerät für ABS aus- und einbauen
Das Steuergerät ist mit der Hydraulikeinheit verschraubt und befindet sich im Motorraum rechts.

⚠ Bremsleitungen im Bereich der Hydraulikeinheit dürfen nicht verbogen werden!

- Die vorhandene Steuergerätecodierung auslesen und notieren. Bei Fahrzeugen mit codiertem Radio Codierung bereithalten.
- Batterie abklemmen.
- Bei Fahrzeugen mit Wärmeschutzblech dieses abbauen.
- Sicherungsschieber nach unten drücken (Pfeil A im Bild 21).
- Elektrische Steckverbindung entriegeln (Pfeil B).
- Elektrische Steckverbindung (1) abziehen.
- Bremspedalbelaster »V.A.G 1869/2« einsetzen (Bild 22).
- Entlüfterschlauch einer Entlüfterflasche auf das Entlüftungsventil des Bremssattels vorn links stecken.
- Entlüftungsventil öffnen.
- Entlüfterschlauch der Entlüfterflasche auf das Entlüftungsventil des Bremssattels hinten links stecken.
- Entlüftungsventil öffnen.
- Das Bremspedal mit dem Bremspedalbelaster »V.A.G 1869/2« (Bild 22) mindestens 60 mm drücken.

- Die Entlüftungsventile vorn links und hinten links schließen.
- Bremspedalbelaster »V.A.G 1869/2« nicht entfernen.

Achten Sie darauf, dass keine Bremsflüssigkeit auf die Kontakte gelangt.

- Die Abdeckung an der Stirnwand abziehen und die Bremsleitungen ausclipsen.
- Zuerst die beiden Bremsleitungen vom Hauptbremszylinder kennzeichnen und von der Hydraulikeinheit abschrauben.
- Die Gewindebohrungen sofort mit den Verschlussstopfen aus dem Montageteilesatz Teilenummer »5Q0 698 311« verschließen.
- Die restlichen Bremsleitungen (Bremssättel) kennzeichnen, abschrauben und die Gewindebohrungen verschließen.
- Hydraulikeinheit mit Steuergerät nach oben aus den Dämpfern ziehen (Pfeil).

Einbauen

Die Verschlussstopfen an der neuen Hydraulikeinheit erst entfernen, wenn die entsprechende Bremsleitung montiert wird. Werden die Verschlussstopfen aus der Hydraulikeinheit schon vorher entfernt, kann Bremsflüssigkeit ausfließen, sodass eine ausreichende Befüllung und Entlüftung nicht mehr gewährleistet ist. Achten Sie beim Einbau der Hydraulikeinheit darauf, dass die Dämpfergummis nicht aus der Konsole gedrückt werden.

Der Einbau erfolgt in umgekehrter Reihenfolge.

- Bremsanlage entlüften.

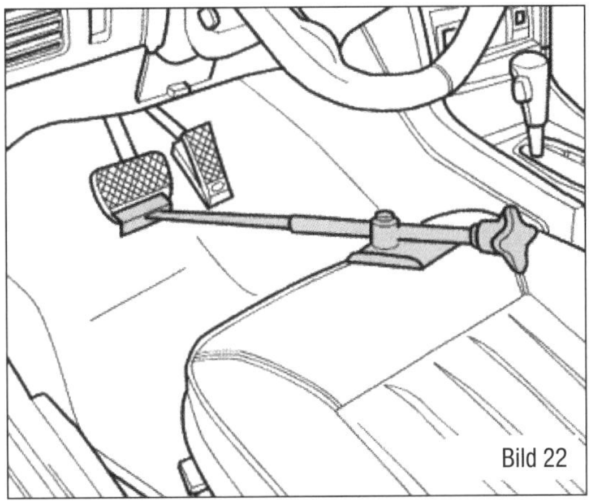

Bild 22
Bremspedalbelaster V.A.G 1869/2.

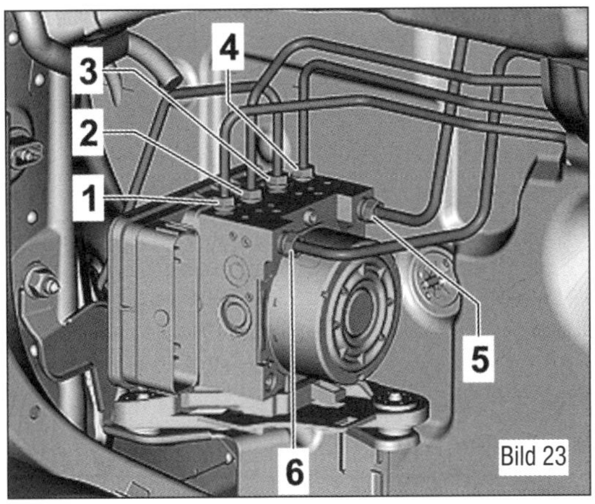

Bild 23
Montagereihenfolge 1–6 der Bremsleitung.

- Radio codieren.
- Das Steuergerät mit dem Fahrzeugdiagnosetester in der »Geführten Fehlersuche« codieren. Dabei muss eine Grundeinstellung des Lenkwinkelgebers, des Querbeschleunigungsgebers, Längsbeschleunigungsgeber und des Bremsdruckgebers erfolgen.

14 Elektrische Anlage

Schon im Stand, aber erst recht während der Fahrt benötigt der Golf elektrischen Strom. Motorsteuerung, Lenkung und Kraftstoffeinspritzung müssen mit Elektroenergie versorgt werden. Alle weiteren unbedingt erforderlichen oder für die Sicherheit und Bequemlichkeit eingebauten automatischen Systeme sowie natürlich die gesamte Lichtanlage sind ohne elektrische Energie arbeitsunfähig. Viele Störungen und Funktionsprüfungen gerade in diesem Bereich gehören, ähnlich wie bei anderen Baugruppen, in die Fachwerkstatt. Denn zum genauen Erkennen und Beseitigen der Mängel muss häufig das auch in anderen Kapiteln schon mehrfach erwähnte Fahrzeugdiagnosegerät (VAS 505x, VCDS) angeschlossen und der Fehlerspeicher abgefragt werden. Der Diagnoseanschluss im Fahrzeug (Steckkontakt für das Werkstattsystem) befindet sich, wie inzwischen international festgelegt, im Fußraum Fahrerseite über dem Bremspedal. Nun sind die meisten Innovationen im Kraftfahrzeug heute zwar von immer komplizierterer Elektronik geprägt, Reparaturen an der elektrischen Anlage sind aber durchaus nicht in jedem Fall von ihr verursacht. Oft sitzt nur ein Kabel lose, sind Sicherungen durchgebrannt oder Kontakte korrodiert, oder messtechnisch zu ermittelnde Bauteile sind defekt. Nicht wenige Störungen an der Elektrik lassen sich mit einfachen Mitteln beheben. Natürlich muss man sich etwas auskennen und die Grundbegriffe verstehen.

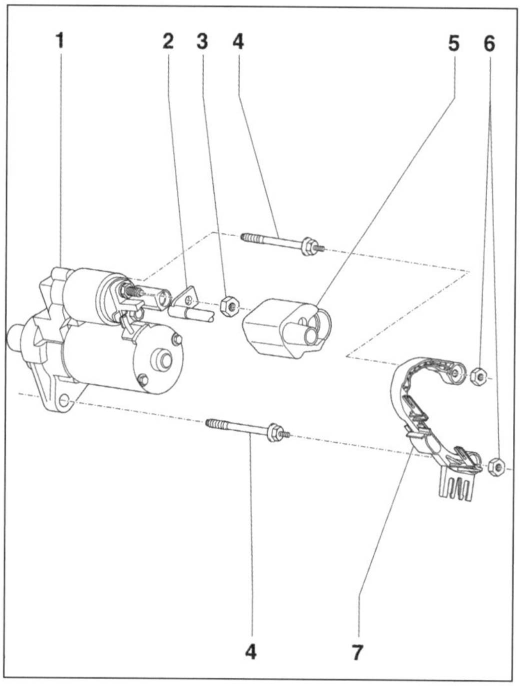

Bild 1
1 Anlasser
2 Anschluss B+-Leitung an Anlasser
3 Befestigungsmutter B+-Leitung an Anlasser
4 Befestigungsschrauben
5 Abschirmkappe
6 Befestigungsmuttern
7 Leitungshalter

Arbeiten an der Spannungsversorgung

Zu allererst haben wir es im Golf noch immer mit elektrischen Bauteilen zu tun, die schon die gesamte Entwicklungsgeschichte des Automobils begleiten: Batterie, Anlasser (Starter) und Lichtmaschine (Drehstromgenerator). Sie sind zusammen für die Arbeitsaufnahme des Motors verantwortlich. Um seine Aufgabe zu erfüllen, ist jedes dieser drei Bauteile auf das andere angewiesen. Wir wenden uns hauptsächlich ihnen zu.

Die Batterie

Batterie an- und abklemmen
Auf das Prüfen (Sichtprüfung, Batterietester) und Laden sowie auf Warnhinweise und allgemeine Sicherheitsregeln bei Arbeiten an der Batterie (Kennzeichnungen auf der Batterie selbst) gehen wir in diesem Ratgeber nur begrenzt ein. Sie sind ausführlich in der Bedienungsanleitung des Fahrzeugs behandelt. Um Beschädigungen der Batteriepolklemmen und der Batteriepole zu vermeiden, schreibt VW vor:
- Die Batteriepolklemmen dürfen nur gewaltfrei von Hand aufgesteckt werden.
- Die Batteriepole dürfen nicht gefettet werden.
- Die Batteriepolklemmen sind so zu montieren, dass der Batteriepol bündig mit der Klemme abschließt oder aus ihr herausragt.
- Nach dem Anziehen der Batteriepolklemmen mit dem vorgeschriebenen Anzugsdrehmoment von 6 Nm dürfen die Verschraubungen nicht nochmals nachgezogen werden.
- Durch das Abschrauben der Batterie-Minuspolklemme (Stromunterbrechung) wird das sichere Arbeiten an der elektrischen Anlage gewährleistet. Das Abschrauben der Batterie-Pluspolklemme ist nur für den Aus-

bau der Batterie erforderlich. In jedem Fall müssen die Hinweise zum Anklemmen der Batterie beachtet werden.

Abklemmen

- Zündung und alle elektrischen Verbraucher ausschalten, Zündschlüssel abziehen.
- Bei Fahrzeugen mit Batteriekasten die Verriegelung an der linken Kastenseite öffnen und den Deckel abnehmen.
- Bei Fahrzeugen mit Batterieschutzhülle die Abdecklasche der Schutzhülle öffnen.
- Elektrische Steckverbindung (2 im Bild 3) am Steuergerät für Batterieüberwachung (3) trennen.
- Die Befestigungsmutter Batteriepolklemme Masseleitung lösen und die Minuspolklemme von der Batterie abnehmen.

⚠ Falls, wie beim Batterieausbau, die Pluspolklemme auch abgenommen wird: Immer zuerst die Minusklemme abnehmen!

- Die Batterie-Masseleitung darf karosserieseitig nicht gelöst werden.

Anklemmen

- Die Batteriepolklemme Masseleitung in der richtigen Stellung auf den Minuspol der Batterie stecken und die Befestigungsmutter mit 6 Nm anziehen. Dabei auf festen Sitz der Batterieklemme achten.

⚠ Falls, wie beim Batterieausbau, die Pluspolklemme auch abgenommen wird: Immer zuerst die Pluspolklemme wieder anklemmen! Erst danach die Masseleitung wie beschrieben anklemmen.

Nach Anklemmen der Batterie und Einschalten der Zündung leuchtet die Kontrollleuchte für ESP und ASR dauerhaft. Die Kontrollleuchte erlischt automatisch, wenn mit 15 bis 20 km/h eine Wegstrecke geradeaus gefahren wird. Dadurch wird der Geber für Lenkwinkel wieder aktiviert.

Arbeitsschritte nach Anklemmen der Batterie

- Zündung mit dem Zündschlüssel einschalten und wieder ausschalten.
- Fehlerspeicher auslesen: »Geführte Fehlersuche« mit dem Fahrzeugdiagnosegerät.
- Uhrzeiteinstellung prüfen, ggf. nach Bedienungsanleitung neu einstellen.
- Zündung einschalten und mit Fensterheberschalter alle Fenster bis Endanschlag öffnen und wieder vollständig schließen.

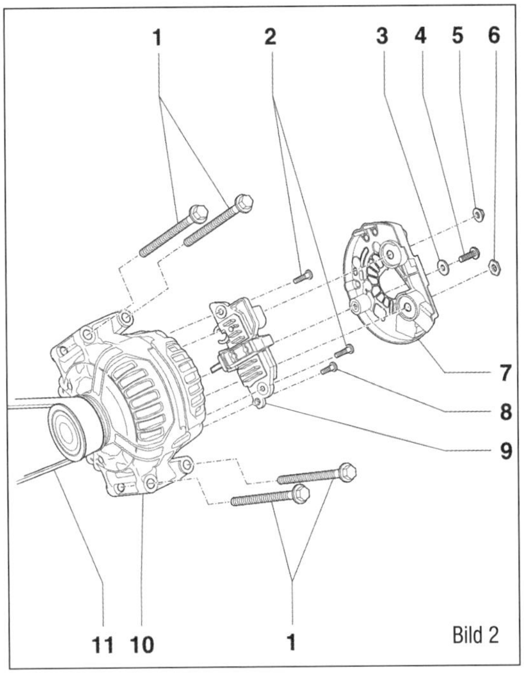

Bild 2

Bild 2
1 Sechskantbundschraube
2 Kreuzschlitzschrauben
3 Unterlegscheibe
4 Kreuzschlitzschraube
5 Sechskantmutter
6 Sechskantmutter
7 Abschirmkappe
8 Kreuzschlitzschraube
9 Spannungsregler
10 Drehstromgenerator
11 Keilrippenriemen

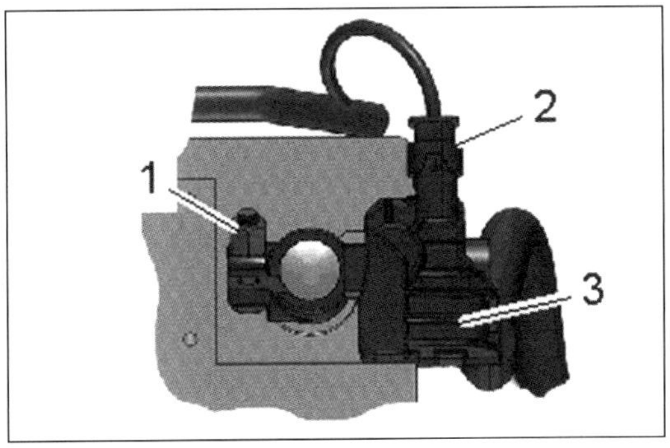

Bild 3
1 Mutter
2 Stecker Steuergerät zur Batterieüberwachung
3 Steuergerät zur Batterieüberwachung

- Die Taster für die Fensterheber nach oben ziehen und mindestens eine Sekunde lang in dieser Stellung halten.
- Anschließend bei geschlossenen Fenstern den Fensterheberschalter ziehen, bis das Relais hörbar schaltet.
- Die Komfortschaltung der Fensterheber prüfen: Das Fenster muss bei betätigter Komfortschaltung ohne Halten des Schalters schließen.
- Alle elektrischen Verbraucher auf Funktion prüfen.

Batterie aus- und einbauen

- Batterie wie beschrieben abklemmen.
- Je nach Ausstattung entweder die Wand des Batteriekastens oder die Vliestasche nach oben von der Batterie abziehen.
- Die Befestigungsschraube abschrauben und den Befestigungsbügel herausnehmen.
- Die Griffe nach oben klappen und die Batterie herausnehmen.

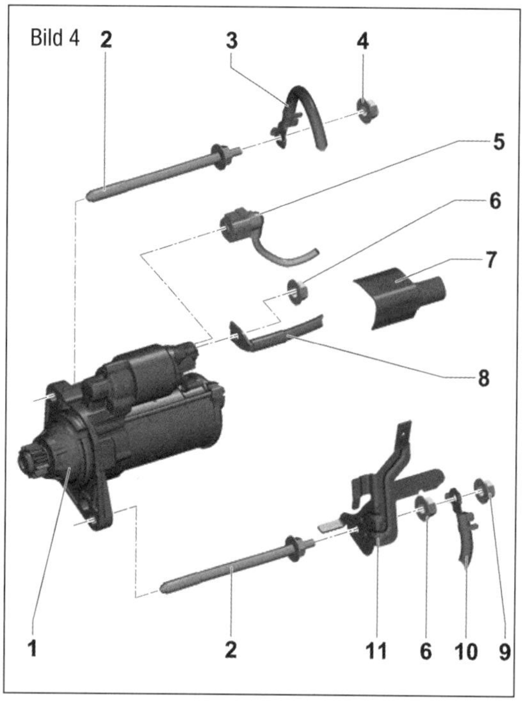

Bild 4
1 Starter (Anlasser)
2 Doppelschraube
3 Masseleitung
4 Mutter
5 Steckverbindung
6 Mutter
7 Abdeckkappe
8 Klemme 30/B+
9 Mutter
10 Masseleitung
11 Halter für Leitungsstrang

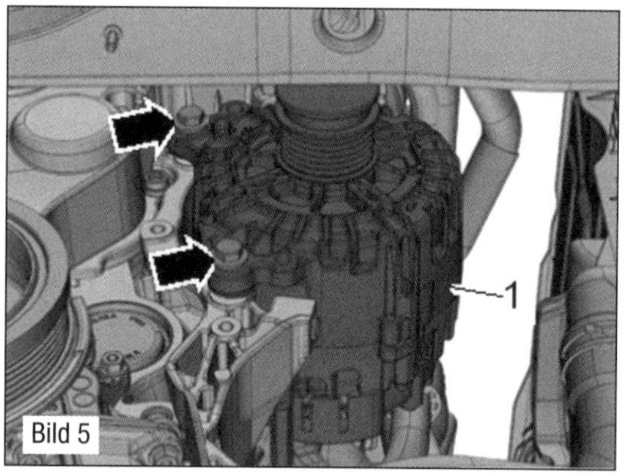

Bild 5
1,2- bis 1,6-l-Motoren.
1 Generator
Pfeile = Schrauben

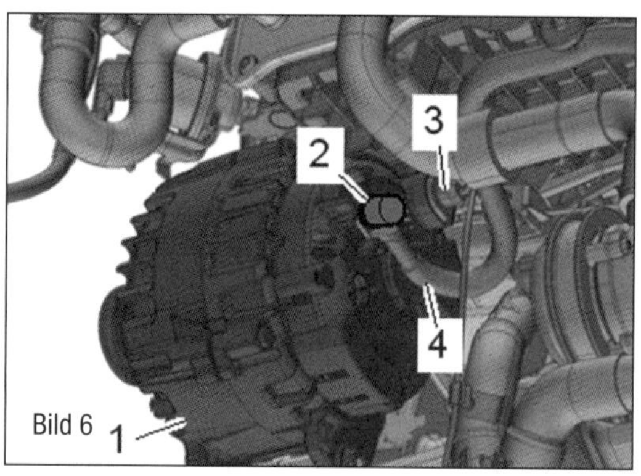

Bild 6
1 Generator
2 Abdeckkappe
3 Steckverbindung
4 Anschluss KL 30 (B+)

Der Einbau erfolgt sinngemäß in umgekehrter Reihenfolge.

■ Batterie anklemmen.

■ Die Schraubverbindungen mit den geforderten Anzugsdrehmomenten anziehen: Muttern an den Polklemmen 6 Nm, M8-Schraube am Klemmbügel 35 Nm.

■ Batterie nach dem Einbau auf festen Sitz prüfen.

⚠ Bei einer lose montierten Batterie bestehen folgende Gefahren: verkürzte Lebensdauer durch Rüttelschäden (Explosionsgefahr!), Schädigung der Gitterplatten, Beschädigung des Batteriegehäuses durch den Befestigungsbügel und mangelhafte Crash-Sicherheit.

Starter (Anlasser) aus- und einbauen

Fahrzeuge mit Start-Stopp-System sind wegen der dadurch höheren Anforderung an den Anlasser mit einer modifizierten Ausführung ausgestattet. Diese muss beim Ersatz korrekt nach Ersatzteilbezeichnung im »Elektronischen Teile-Katalog – ETKA« beschafft werden. Die für Start-Stopp angepassten Bauteile (siehe auch die Batterie) sind nicht extra gekennzeichnet und unterscheiden sich äußerlich nicht oder kaum von herkömmlichen Anlassern.
Der Arbeitsablauf unterscheidet sich für die unterschiedlichen Motorvarianten kaum voneinander. Wir stellen Ihnen im Rahmen dieses Buches eine allgemeingültige Anweisung zur Verfügung, die sich allerdings in kleinen Nuancen unterscheiden kann (Bild 4).

■ Batterie wie beschrieben abklemmen.

■ Unterdruckschlauch entriegeln und abziehen, die Motorabdeckung nach oben aus ihrer Gummilagerung ziehen und nach vorn abnehmen.

■ Luftfiltergehäuse ausbauen, Schutzkappe (Abschirmkappe) nach vorn vom Magnetschalter herunterschieben.

■ Die Plusleitung abschrauben und die Steckverbindung der Klemme 50 trennen.

■ Die Masseleitung von der oberen Befestigungsschraube des Anlassers abschrauben und die Schraube herausdrehen.

■ Geräuschdämpfung wie früher beschrieben ausbauen.

■ Mutter von der unteren Befestigungsschraube des Anlassers abschrauben und den Leitungshalter abnehmen.

■ Die untere Befestigungsschraube des Anlassers herausdrehen und den Anlasser nach unten aus dem Fahrzeug nehmen.
Der Einbau erfolgt sinngemäß in umgekehrter Reihenfolge.

Generator aus- und einbauen

Der Generator (Bild 5) ist mit vier Befestigungsschrauben an den Halter für Nebenaggregate am Motor montiert und wird über seine Riemenscheibe per Keilrippenriemen vom Motor angetrieben. An der Rückseite des Generators ist ein Spannungsregler angeschraubt. Die Hauptanschlussleitung (B+-Leitung) des Drehstromgenerators (»Lichtmaschine«) ist ebenfalls an die Generatorrückseite geschraubt. Wenn sie nicht mit dem angegebenen Anzugsdrehmoment befestigt wird, bestehen die folgenden Gefahren: Die Batterie wird nicht vollständig geladen, es kommt zum komplett Ausfall der Fahrzeugelektrik/-elektronik (»Liegenbleiber«), es besteht Brandgefahr auf Grund von Funkenbildung und es kann zu Schäden durch Überspannungen an elektronischen Bauteilen und Steuergeräten kommen. Deshalb die Befestigungsmutter der B+-Leitung unbedingt mit 15 Nm festzuziehen.

⚠ Beschädigungsgefahr an Klimakompressor, Kältemittelleitungen und -schläuche nicht überdehnen, knicken oder verbiegen.

1,2- und 1,4 TSI und 1,6-l-SRE-Motor

- Masseleitung an der Batterie bei ausgeschalteter Zündung abklemmen.
- Keilrippenriemen ausbauen.
- Spannvorrichtung für Keilrippenriemen ausbauen.

Fahrzeuge mit Klimaanlage

- Klimakompressor vom Halter abbauen.
- Klimakompressor so am Schlossträger befestigen, dass die Kältemittelleitungen entlastet sind.

Fortsetzung für alle Fahrzeuge

- Schrauben (Pfeile im Bild 5) herausdrehen.

☞ Klemmt der Drehstromgenerator (1) in seinem Halter, Schrauben wieder bis auf zwei Umdrehungen eindrehen. Vorsichtig mit der flachen Hammerseite auf die Schraubenköpfe schlagen. Dadurch lösen sich die Schiebebuchsen der Generatorbefestigung.

- Drehstromgenerator(1 im Bild 6) mit angeschlossenen elektrischen Leitungen aus dem Halter herausnehmen.
- Elektrische Steckverbindung (3) trennen.
- Abdeckkappe (2) abhebeln.
- Mutter abschrauben und Klemme 30/B+ (4) abnehmen.
- Drehstromgenerator (1) nach unten rechts herausnehmen.

Der Einbau erfolgt sinngemäß in umgekehrter Reihenfolge, dabei bitte Folgendes beachten:

- Zum leichteren Ansetzen des Drehstromgenerators die Schiebebuchsen der Generatorbefestigung etwas zurücktreiben.

☞ Schwergängige Schiebebuchsen der Generatorbefestigung müssen gängig gemacht werden, da sonst die Klemmkraft der Schiebebuchsen trotz richtigem Drehmoment zu gering ist.

- Batterie anklemmen.
- Nach fertig gestellter Arbeit immer Motor starten und Riemenlauf kontrollieren.

2,0-l-TSI-Motor

- Masseleitung an der Batterie bei ausgeschalteter Zündung abklemmen.
- Lüfterzarge ausbauen.
- Keilrippenriemen ausbauen.
- Schrauben (1 im Bild 8) und (2) herausdrehen.
- Schlauchschellen (1) und (2) lösen, Luftführungsschlauch ausbauen (Bild 9).
- Offene Leitungen und Anschlüsse mit sauberen Stopfen aus dem Verschlussstopfenset für Motor »VAS 6122« verschließen.
- Kühlmittelschlauch unten frei legen.
- Schlauchschelle für das Luftführungsrohr an der Saugrohrklappe lösen.
- Schrauben am Luftführungsrohr herausdrehen.
- Elektrische Steckverbindung zu Saugrohrdruckfühler trennen.
- Luftführungsrohr rechts abnehmen.

Fahrzeuge mit Klimaanlage

- Klimakompressor vom Halter abbauen.
- Klimakompressor so am Schlossträger befestigen, dass die Kältemittelleitungen entlastet sind.

Fortsetzung für alle Fahrzeuge

- Elektrischen Leitungsstrang zum Generator freilegen.
- Schrauben (1 im Bild 7) herausdrehen und Drehstromgenerator (2) nach vorn nehmen.

Bild 7
2,0 l TSI.
1 Schraube
2 Drehstromgenerator
3 Steckverbindung
4 Klemme 30/B+
5 Abdeckkappe
6 Mutter

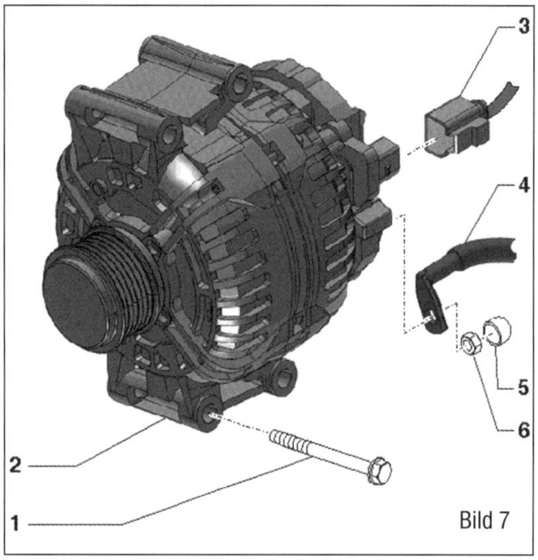

Bild 7

Bild 8
Schrauben (1) und (2).

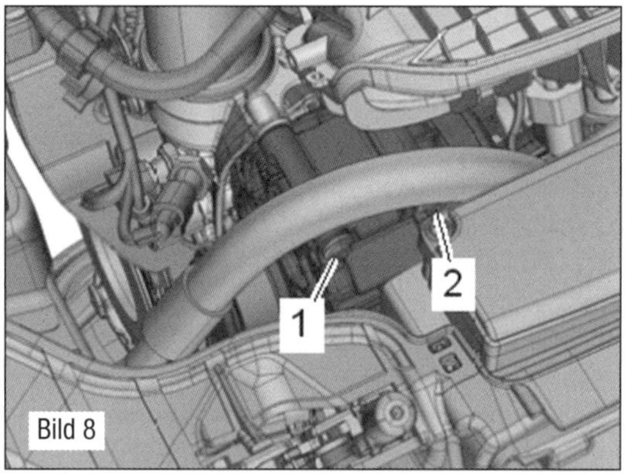

Bild 8

Bild 9
Luftführungsschlauch ausbauen.

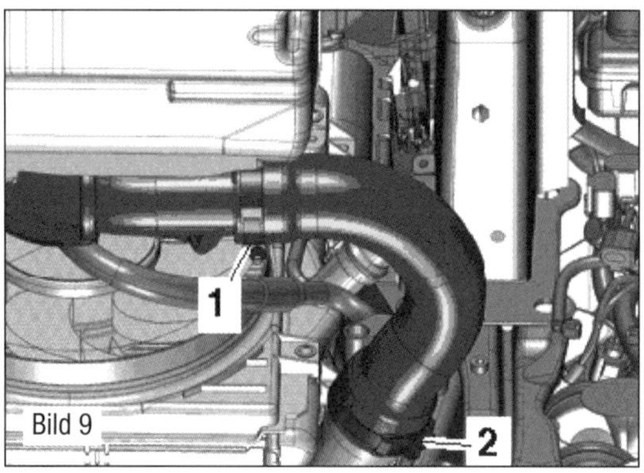

Bild 9

■ Elektrische Steckverbindung (3) trennen.
■ Abdeckkappe (5) abhebeln.
■ Mutter abschrauben und Klemme 30/B+ (4) abnehmen.
■ Drehstromgenerator (2) nach unten zur Fahrzeugmitte herausnehmen.

Der Einbau erfolgt sinngemäß in umgekehrter Reihenfolge.
■ Batterie anklemmen.
■ Nach fertiggestellter Arbeit immer Motor starten und Riemenlauf kontrollieren.

Leuchtmittel wechseln (Halogenscheinwerfer)

☞ Beim Einbau einer Lampe nicht den Glaskolben berühren. Die Finger hinterlassen Fettspuren auf dem Glaskolben, die beim Einschalten der Lampe verdampfen und den Glaskolben trüben.

Lampe für Halogen-Abblendlichtscheinwerfer (H7 12V 55W PX26d)
■ Zündung und alle elektrischen Verbraucher ausschalten, den Zündschlüssel abziehen.
■ Die Abdeckkappe (7 im Bild 10) in Pfeilrichtung bis zum Anschlag drehen und abnehmen.
■ Die Lampenfassung mit Griffstück (8) gegen die Uhrzeigerrichtung bis zum Anschlag drehen und zusammen mit der Lampe für Abblendlichtscheinwerfer aus dem Scheinwerfer herausnehmen.
☞ Der elektrische Anschluss der Lampe für Abblendlichtscheinwerfer wird beim Verdrehen gleichzeitig getrennt.
■ Die Lampe für Abblendlichtscheinwerfer gerade aus der Lampenfassung mit Griffstück herausziehen.

Der Einbau erfolgt sinngemäß in umgekehrter Reihenfolge.
■ Die Funktionen des Scheinwerfers prüfen.
■ Scheinwerfereinstellung prüfen und ggf. Scheinwerfer einstellen.

Lampe für Halogen-Stand-, Tagfahr- und Fernlichtscheinwerfer (H15 12V 55W/15W)

Die Vorgehensweise unterscheidet sich nicht zur Arbeitsbeschreibung der »Lampe für Halogen-Abblendlichtscheinwerfer 12V, 55W«. Sie finden die Lampe unter der Abdeckung im Scheinwerfer (3 im Bild 10).

Lampe für Blinklicht vorn ersetzen (12V 21W)

■ Zündung und alle elektrischen Verbraucher ausschalten und den Zündschlüssel abziehen.
■ Abdeckkappe (4) abhebeln.
■ Die Lampenfassung mit Griffstück der Blinklichtlampe herausziehen.
■ Die Lampenfassung mit Griffstück (1), unter Berücksichtigung der angeschlos-

senen Leitungslängen, zusammen mit der Lampe für Blinklicht vorn aus dem Scheinwerfer herausnehmen.

- Die Lampe für Blinklicht vorn aus der Fassung gerade herausziehen.

Der Einbau erfolgt sinngemäß in umgekehrter Reihenfolge.

- Die Funktionen des Scheinwerfers prüfen.

Lampen am Scheinwerfer mit Gasentladungslampen und Kurvenlicht ersetzen

Gasentladungslampe ersetzen D3S, 85V 35W PK32-d-5

Die Gasentladungslampe links und die Gasentladungslampe rechts können über die Stellglieddiagnose des Bordnetzsteuergerätes geprüft werden.

- Scheinwerfer ausbauen.
- Abdeckkappe hinten (9 im Bild 11) abziehen.
- Elektrische Steckverbindung trennen, dazu die Sicherungslasche nach oben drücken.

⚠ Im Glaskolben der Gasentladungslampe herrschen Drücke von 7 bar (kalt) bis 100 bar (heiß). Am heißen Glaskolben werden Temperaturen bis zu 700 Grad Celsius erreicht. Der Glaskolben kann explodieren und es besteht Verbrennungsgefahr. Zum Aus- und Einbau der Gasentladungslampe unbedingt Schutzbrille und Handschuhe benutzen.

- Das Zündgerät für Gasentladungslampen (6 im Bild 11) gegen den Uhrzeigersinn bis zum Anschlag drehen und zusammen mit der Gasentladungslampe aus dem Reflektor herausnehmen.

⚠ Beim Einbau der Abdeckkappe auf den richtigen Sitz der Kappe achten. Durch Wassereintritt in den Scheinwerfer wird dieser zerstört.

⚠ Beim Einbau einer Gasentladungslampe nicht den Glaskolben berühren. Ihre Finger hinterlassen Fettspuren auf dem Glaskolben, die beim Einschalten der Gasentladungslampe verdampfen und den Glaskolben trüben.

⚠ Den Glaskolben der Gasentladungslampe keinerlei mechanischen Beanspruchungen aussetzen. Der Glaskolben ist äußerst empfindlich und steht außerdem unter hohem Druck.

⚠ Nicht direkt in den gebündelten Lichtstrahl sehen, die UV-Strahlung der Gasentladungslampe ist etwa 2,5-mal höher, als bei herkömmlichem Halogenlicht.

⚠ Wird ein Scheinwerfer mit automatischer Leuchtweitenregelung ausgebaut, ist nach dem Einbau immer die Grundeinstellung der Scheinwerfer durchzuführen.

Der Einbau erfolgt sinngemäß in umgekehrter Reihenfolge.

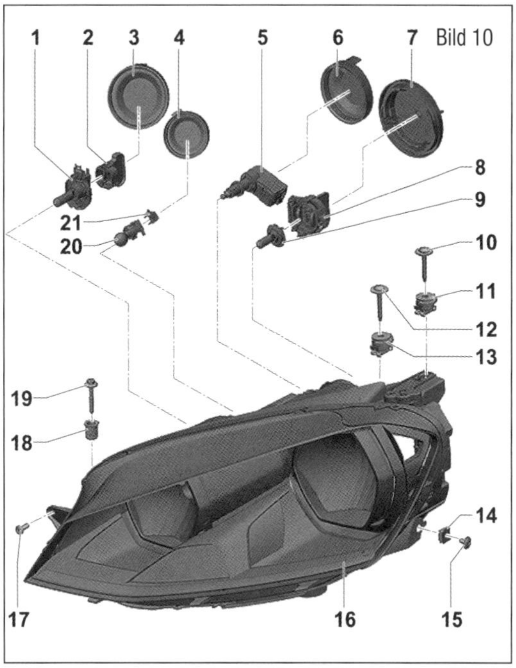

Bild 10
Halogenscheinwerfer.
1 Lampe für Standlicht/Tagfahrlicht und Fernlichtscheinwerfer
2 Griffstück
3 Gehäusedeckel
4 Gehäusedeckel
5 Stellmotor für Leuchtweitenregelung
6 Gehäusedeckel
7 Gehäusedeckel
8 Lampenfassung
9 Lampe für Abblendlichtscheinwerfer
10 Schraube
11 Verstellelement
12 Schraube
13 Ausgleichselement
14 Schnappmutter
15 Schraube
16 Scheinwerfer
17 Anschlagschraube
18 Hohlschraube
19 Schraube
20 Lampe für Blinklicht vorn
21 Griffstück

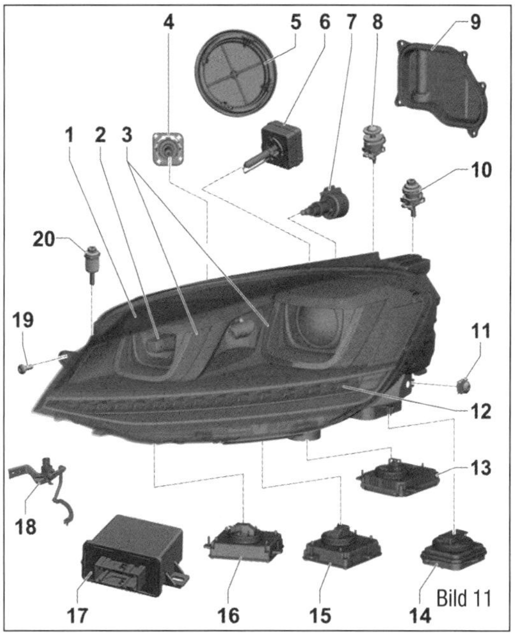

Bild 11
Xenonscheinwerfer.
1 Scheinwerfer
2 Lampe für Standlicht
3 LED-Modul links für Tagfahrlicht und Standlicht
4 Lampe für Kurvenlicht
5 Gehäusedeckel
6 Gasentladungslampe mit integrierter Zündspule
7 Stellmotor für Leuchtweitenregelung
8 Schraube
9 Gehäusedeckel
10 Schraube
11 Schraube
12 Lampe für Blinklicht vorn
13 Steuergerät für Gasentladungslampe
14 Leistungsmodul für Scheinwerfer
15 Steuergerät für Tagfahrlicht und Standlicht
16 Leistungsmodul 2 für Scheinwerfer
17 Steuergerät für Kurvenlicht und Leuchtweitenregelung
18 Geber für Fahrzeugniveau
19 Anschlagschraube
20 Schraube

Sichtprüfung

Messen

Bild 12
1 Verriegelung
2 Lampenträger

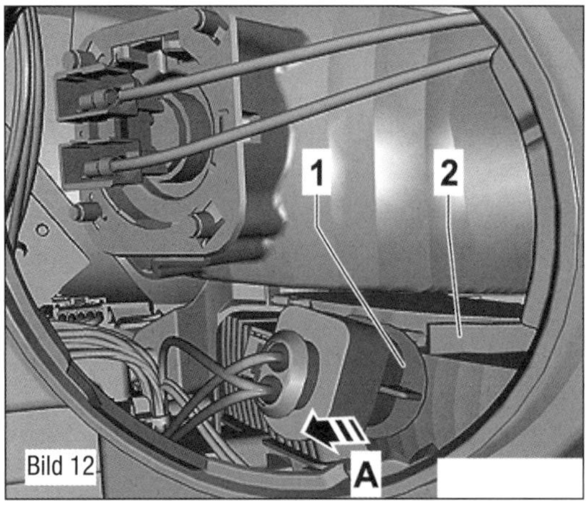

Bild 13
1 Schrauben oben
2 Stoßfänger
3 Verschraubungen

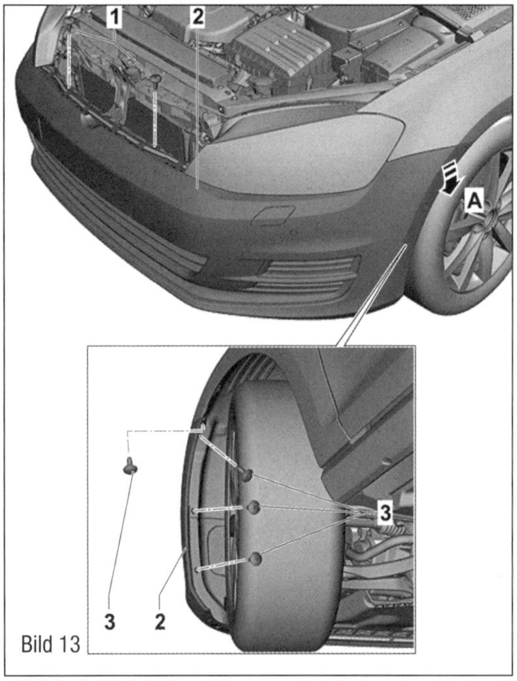

Bild 14
1 Stoßfänger
2 Scheinwerfer
3 Abdeckbereich
4 Abdeckbereich

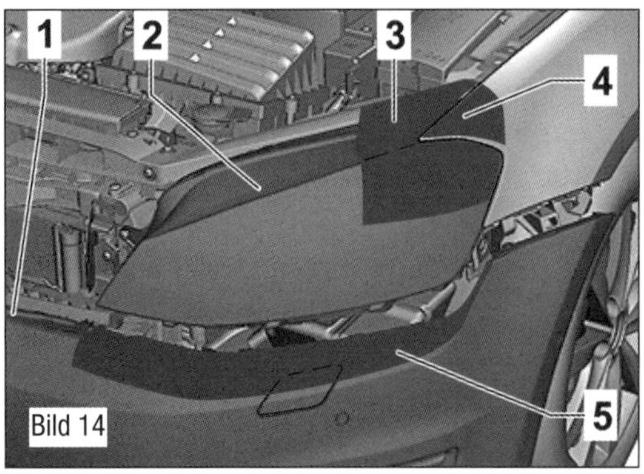

■ Funktionen und Einstellung des Scheinwerfers prüfen.

Lampe für Kurvenlicht ersetzen H7 12V, 55W

■ Zündung und alle elektrischen Verbraucher ausschalten und den Zündschlüssel abziehen.

■ Die innere Abdeckkappe (5 im Bild 11) gegen den Uhrzeigersinn drehen.

■ Die Fassung (4) der Lampe für Kurvenlicht in Pfeilrichtung bis zum Anschlag drehen.

■ Die Lampe für Kurvenlicht, unter Berücksichtigung der angeschlossenen Leitungslängen, vorsichtig aus dem Scheinwerfer herausnehmen.

■ Die Lampe für Kurvenlicht gerade aus der Fassung herausziehen.

Der Einbau erfolgt sinngemäß in umgekehrter Reihenfolge.

⚠ Beim Einbau einer Lampe nicht den Glaskolben berühren. Die Finger hinterlassen Fettspuren auf dem Glaskolben, die beim Einschalten der Lampe verdampfen und den Glaskolben trüben.

■ Die Lampenfassung (4) mit der Lampe für Kurvenlicht in den Reflektor einsetzen.

Lampe für Blinklicht vorn ersetzen 12V, 21W BAY9s

■ Zündung und alle elektrischen Verbraucher ausschalten und den Zündschlüssel abziehen.

■ Die innere Abdeckkappe (5 im Bild 11) gegen den Uhrzeigersinn drehen.

■ Die Fassung (ähnlich 12 im Bild 11) der Lampe für Kurvenlicht in Pfeilrichtung bis zum Anschlag drehen.

■ Die Lampenfassung mit der Lampe für Blinklicht vorn gegen den Uhrzeigersinn bis zum Anschlag drehen und, unter Berücksichtigung der angeschlossenen Leitungslängen, aus dem Reflektor nehmen.

■ Elektrische Steckverbindung (1 im Bild 12) von der Lampe für Blinklicht vorn links mit Fassung (2) trennen.

☞ Die Lampe für Blinklicht vorn ist fest mit dem Lampenhalter verbunden und kann nicht weiter zerlegt werden.

⚠ Beim Einbau der Abdeckkappe auf den richtigen Sitz der Kappe achten. Durch Wassereintritt in den Scheinwerfer wird dieser zerstört.

⚠ Beim Einbau einer Lampe nicht den Glaskolben berühren. Die Finger hinterlassen Fettspuren auf dem Glaskolben, die beim Einschalten der Lampe verdampfen und den Glaskolben trüben.

Der Einbau erfolgt sinngemäß in umgekehrter Reihenfolge.
- Abdeckkappe aufsetzen.
- Funktionen des Scheinwerfers prüfen.

LED-Modul für Tagfahrlicht und Standlicht
Das LED-Modul links und rechts für Tagfahrlicht und Standlicht befinden sich innerhalb des jeweiligen Scheinwerfers und können nicht einzeln ersetzt werden. Im Schadensfall muss der Scheinwerfer ersetzt werden.

Scheinwerfer

Scheinwerfer vorne aus- und einbauen
- Zündung und alle elektrischen Verbraucher ausschalten und den Zündschlüssel abziehen.
- Kühlergrill ausbauen.
- Stoßfängerabdeckung vorn ausbauen (Bild 13). Dazu die Schrauben (3) an der Radhausschale vorn herausdrehen. Wenn vorhanden, die Schrauben (1) herausdrehen und den Stoßfänger (2) am Kotflügel lösen und in Pfeilrichtung (A) abziehen.
- Markierten Bereich (3 im Bild 14) auf dem Scheinwerfer (2) abkleben.
- Die Unterseite der Kotflügelspitze (4) abkleben.
- Markierten Bereich (5) auf dem Stoßfänger (1) abkleben.
- Die Schrauben (3, 5 und 6 im Bild 15) herausdrehen.
- Die Schraube (4) lösen.
- Elektrische Steckverbindung trennen.
- Scheinwerfer (1) nach vorn herausziehen.

Der Einbau erfolgt in umgekehrter Reihenfolge.
- Scheinwerfer in das Führungsprofil des Stoßfängers hineinschieben.
- Stoßfänger aufschieben. Dabei darauf achten, dass er in die Aufnahmen unterhalb des Scheinwerfers eingeschoben wird.
- Die Einbaulage des Scheinwerfers auf gleichmäßige Spaltmaße kontrollieren. Weist der Scheinwerfer ungleichmäßige Spaltmaße zur Karosserie auf, muss die Einbaulage korrigiert werden.
- Die Funktionen des Scheinwerfers prüfen.
- Scheinwerfereinstellung prüfen und ggf. Scheinwerfer einstellen.

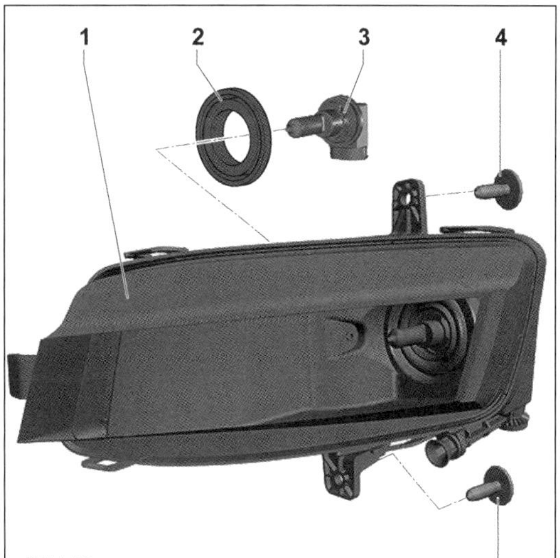

Bild 15

Bild 15
1 Scheinwerfer
2 Anschlagschraube
3 Schraube
4 Schraube
5 Schraube
6 Schraube

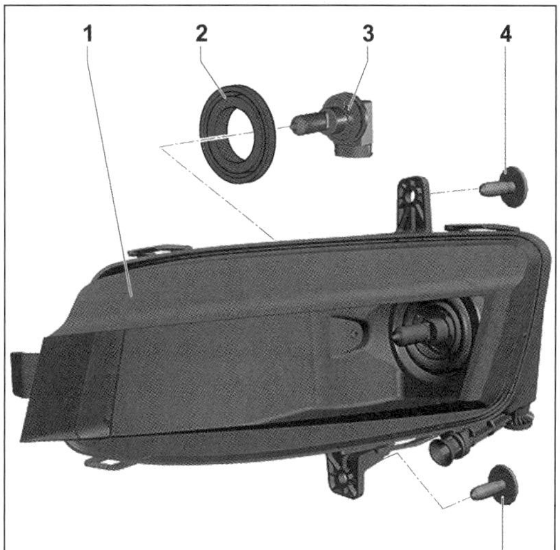

Bild 16

Bild 16
1 Nebelscheinwerfer
2 Abdeckkappe
3 Lampe für Nebelscheinwerfer
4 Schraube
5 Schraube

Nebelscheinwerfer aus- und einbauen
Die Montagearbeiten für die Nebelscheinwerfer sind in beiden Bauvarianten sehr ähnlich, egal ob die hohen Varianten (GTI) oder die normalen Nebelscheinwerfer verbaut worden sind.
Sollen lediglich die Leuchtmittel ersetzt werden, reicht es aus die Deckel im Innenradlauf abzuziehen. Die Glühlampe kann dann wie schon bei den anderen Leuchtmitteln vorgestellt mit einer Drehung gegen den Uhrzeigersinn entriegelt und dann herausgenommen werden.
- Zündung und alle elektrischen Verbraucher ausschalten und den Zündschlüssel abziehen.
- Lichtschalter in Stellung »0« drehen.
- Radhausschale ausbauen.

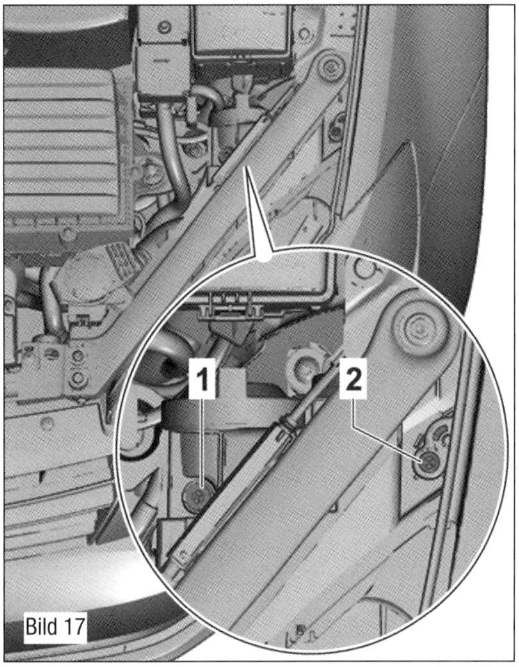

Bild 17
Halogenscheinwerfer, Lageänderung der Hell/Dunkel-Grenze.
1 Höhenverstellung
2 Seitenverstellung

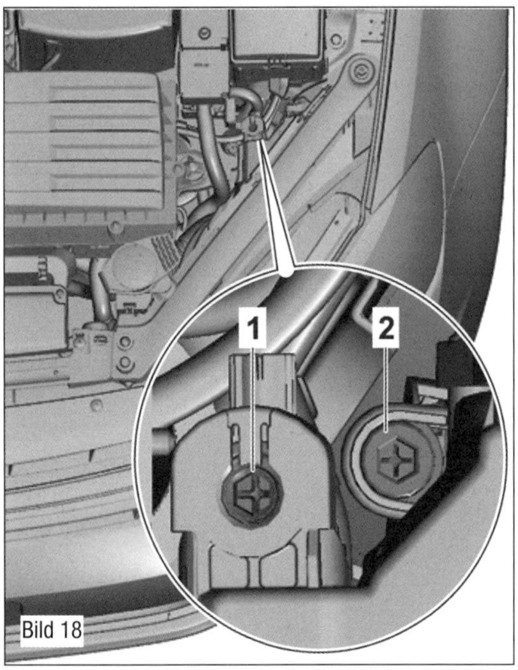

Bild 18
Xenonscheinwerfer, Lageänderung der Hell/Dunkel-Grenze.
1 Seitenverstellung
2 Höhenverstellung

■ Befestigungsschrauben des Nebelscheinwerfers von innen (im Radhaus) herausdrehen.
■ Nebelscheinwerfer zur Fahrzeugmitte schwenken und herausziehen.
■ Elektrische Steckverbindung trennen.

Der Einbau erfolgt sinngemäß in umgekehrter Reihenfolge.
■ Funktion des Scheinwerfers prüfen.
■ Nebelscheinwerfereinstellung prüfen und ggf. einstellen.

Scheinwerfer einstellen

Achten Sie auf die folgenden Vorbereitungsschritte:
1. Der Reifendruck muss in Ordnung sein.
2. Die Scheinwerferscheiben dürfen weder beschädigt noch verschmutzt sein.
3. Reflektoren und Glühlampen sind intakt.
4. Die Fahrzeugbelastung muss hergestellt sein.
5. Das Fahrzeug muss einige Meter gerollt bzw. vorn und hinten mehrmals durchgefedert werden, damit sich die Federn setzen.
6. Das Fahrzeug und Scheinwerfer-Einstellgerät müssen auf einer ebenen Fläche stehen, eingestellt und ausgerichtet sein.

■ Scheinwerferhöhenverstellung prüfen (soweit noch vorhanden), indem die maximale Stufe eingestellt und dabei das Licht der Scheinwerfer beobachtet wird.
■ Anschließend das Rändelrad für die Leuchtweitenregelung, falls vorhanden, in Position »0« stellen.

Belastung:
Mit einer Person oder 75 kg auf dem Fahrersitz bei sonst unbelastetem Fahrzeug (Leergewicht). Das Leergewicht ist das Gewicht des betriebsfertigen Fahrzeugs mit vollständig gefülltem Kraftstoffbehälter (mindestens 90%), einschließlich des Gewichts aller im Betrieb mitgeführten Ausrüstungsteile (z. B. Reserverad, Werkzeug, Wagenheber, Feuerlöscher usw.). Ist der Kraftstoffbehälter nicht zu mindestens 90% gefüllt, Belastung wie folgt herstellen:
■ Füllstand des Kraftstoffbehälters an der Kraftstoffvorratsanzeige ablesen. Zusatzgewicht anhand der nachstehenden Tabelle ermitteln und Gewicht in den Kofferraum legen.

Einstellung Scheinwerfer vorne
In der Blende oberhalb des Scheinwerfers sind Neigungsmaßangaben in »%« einge-

Füllstand der Kraftstoffvorratsanzeige	*Zusatzgewicht in kg*
1/4	30
1/2	20
3/4	10
voll	0

prägt. Nach diesen Angaben müssen die Scheinwerfer eingestellt werden. Die Prozentangabe ist auf 10 m Projektionsabstand bezogen. Bei einem Neigungsmaß von z. B. 1,0% sind das umgerechnet 10 cm.

Führen Sie Grundeinstellung der Leuchtweitenregelung durch und löschen Sie den Fehlerspeicher.

■ Drehen Sie zuerst zur Höhenverstellung der Hell/Dunkel-Grenze die Einstellschraube (2).

■ Danach müssen Sie die Seitenverstellung prüfen und gegebenenfalls mit der Einstellschraube (1) korrigieren.

Einstellung Nebelscheinwerfer

Das Neigungsmaß für Nebelscheinwerfer beträgt »2,0%«. Das Neigungsmaß für Scheinwerfer mit Halogenlampen beträgt 1,0%.

Die Hell/Dunkel-Grenze der Nebelscheinwerfer stellt eine gerade Linie dar.

■ Verdrehen Sie zum Verstellen der Leuchtweite die Einstellschraube unter dem Scheinwerfer.

■ Eine Seitenverstellung ist nicht vorgesehen.

Blinkleuchte und Einstiegsleuchte im Außenspiegel

Die Lampen für die Blinkleuchte im Außenspiegel (Seitenblinkleuchte) sind in den Gehäusen der Außenspiegel eingebaut. Außerdem befindet sich in den Außenspiegelgehäusen je eine Einstiegsleuchte, die im Dunkeln den Bereich des Einstiegs um die geöffnete Fahrer- bzw. Beifahrertür beleuchtet.

Fehlererkennung und Fehleranzeige

Die Bordnetzsteuerung ist mit einer Eigendiagnose ausgestattet, die die Fehlersuche erleichtert. Zur Fehlersuche ist ein Diagnosetester (VAS 5051A) in der Betriebsart »Geführte Fehlersuche« zu verwenden.

Blinkleuchte im Außenspiegel

Die Lampe für Blinkleuchte im Außenspiegel ist fest in das Gehäuseunterteil des linken

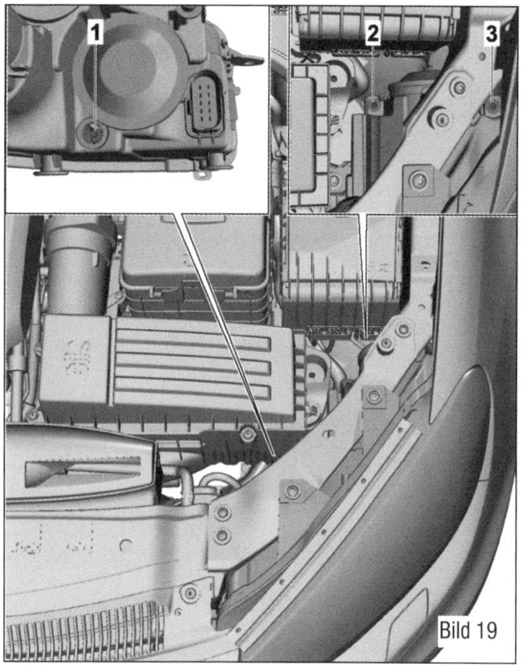

Bild 19

Bild 19
LED-Scheinwerfer, Lageänderung der Hell/Dunkel-Grenze.
1 Höhenverstellung Fernlicht
2 Höhenverstellung Abblendlicht
3 Seitenverstellung

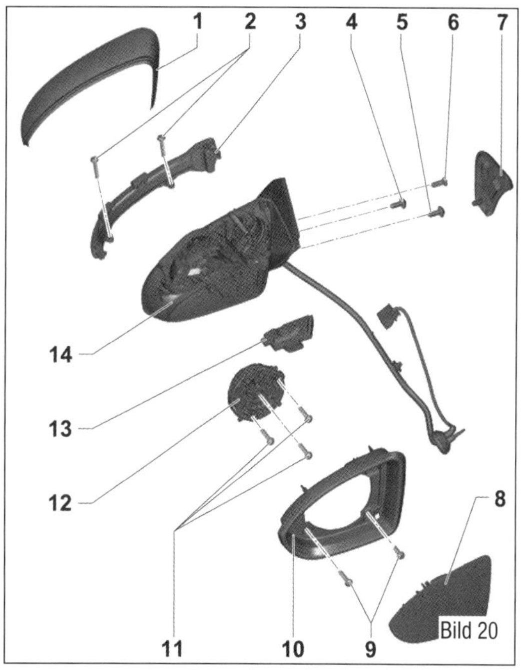

Bild 20

Bild 20
1 Spiegelkappe
2 Schraube
3 Blinkleuchte
4 Schraube
5 Schraube
6 Clip
7 Abdeckkappe
8 Spiegelglas
9 Schraube
10 Spiegelrahmen
11 Schraube
12 Verstelleinheit
13 Einstiegsleuchte im Außenspiegel
14 Spiegelgrundträger

bzw. rechten Außenspiegels eingebaut und nicht zerlegbar. Das Ersetzen der LED-Leuchtmittel ist nicht möglich. Im Schadensfall muss die Blinkleuchte ersetzt werden.

■ Zündung und alle elektrischen Verbraucher ausschalten und den Zündschlüssel abziehen.

■ Hebeln Sie das Spiegelglas (8 Bild 20) ab.

■ Rasthaken (Pfeile A im Bild 21) entriegeln.

■ Spiegelkappe (1) vom Spiegelgrundträger nach vorne in Pfeilrichtung (B) abziehen.

Sichtprüfung Messen

Bild 21
1 Spiegelkappe
A Verrastungen
B Demontagerichtung

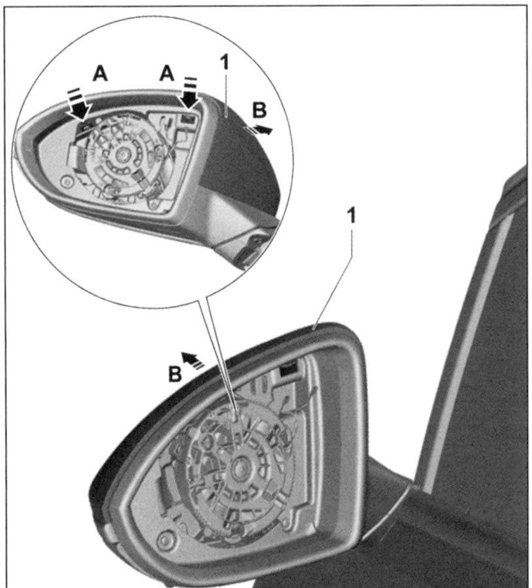

Bild 21

Bild 22
1 Schlussleuchte links
2 Lampe für Brems- und Schlusslicht
3 Lampenfassung
4 Abdeckung mit Dichtung
5 Befestigungselement
6 Lampenfassung
7 Lampe für Blinklicht hinten

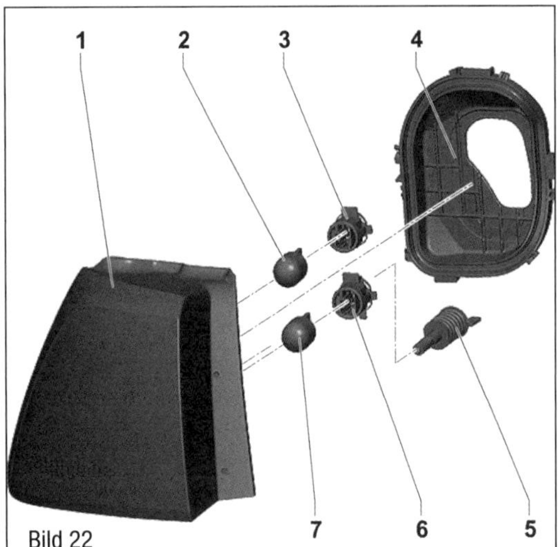

Bild 22

Der Einbau erfolgt sinngemäß in umgekehrter Reihenfolge.
- Spiegelkappe (1) aufsetzen und aufdrücken, bis die Rasthaken hörbar einrasten.

Glühlampe der Einstiegsleuchte im Außenspiegel ersetzen (Glassockellampe: 12V, 5W)
- Zündung und alle elektrischen Verbraucher ausschalten und den Zündschlüssel abziehen.
- Hebeln Sie das Spiegelglas (8 Bild 20) ab.
- Rasthaken (Pfeile A im Bild 21) entriegeln.
- Spiegelkappe (1) vom Spiegelgrundträger nach vorne in Pfeilrichtung (B) abziehen.
- Schrauben(9) herausdrehen.
- Spiegelrahmen (10) aus der Verrastung lösen.

Der Einbau erfolgt sinngemäß in umgekehrter Reihenfolge. Nach dem Einbau ist eine Funktionsprüfung der Außenspiegel durchzuführen.

Rückleuchten im Seitenteil aus- und einbauen

Hier finden sich am Golf zwei unterschiedliche Systeme. Die konventionelle Bauweise mit Glühlampen und die modernere mit LED-Leuchtmitteln. Das Ersetzen der LED-Leuchtmittel ist nicht möglich. Im Schadensfall muss die Rückleuchteneinheit ersetzt werden. Die Demontagearbeiten unterscheiden sich weder für die unterschiedlichen Lampentypen noch für die unterschiedlichen Karosserievarianten wesentlich voneinander.

Fehlererkennung und Fehleranzeige

Die Bordnetzsteuerung ist mit einer Eigendiagnose ausgestattet, die die Fehlersuche erleichtert. Zur Fehlersuche ist ein Diagnosetester (VAS 5051A) in der Betriebsart »Geführte Fehlersuche« zu verwenden.

Ausbau der Rückleuchte im Seitenteil
- Zündung und alle elektrischen Verbraucher ausschalten und den Zündschlüssel abziehen.
- Befestigungselement (5 im Bild 22) herausdrehen.
- Elektrische Steckverbindung trennen.
- Schlussleuchte (1) nach hinten abnehmen.

Der Einbau erfolgt sinngemäß in umgekehrter Reihenfolge.
- Nach dem Einbau die Funktionen und die Spaltmaße der Schlussleuchte zur Karosserie kontrollieren.

Glühlampe der Rückleuchte im Seitenteil ersetzen
- Schlussleuchte Karosserie ausbauen.
- Befestigungslaschen an der Abdeckung (4) drücken.

■ Abdeckung (4) von der Schlussleuchte abnehmen.

Lampenfassung nicht drehen! Die Lampenfassung wird sonst beschädigt. Die Lampenfassung gerade nach hinten ziehen, ggf. die Haltenasen mit einem geeigneten Schraubendreher vorsichtig entriegeln.

■ Lampenfassung (3 oder 6) gerade aus dem Gehäuse herausziehen.

■ Lampe für Blinklicht hinten oder Bremslicht aus der Lampenfassung herausziehen.

Der Einbau erfolgt sinngemäß in umgekehrter Reihenfolge. Nach dem Einbau ist eine Funktionsprüfung der Beleuchtung durchzuführen.

Rückleuchten in der Heckklappe aus- und einbauen

Auch hier finden sich am Golf zwei unterschiedliche Systeme. Die konventionelle Bauweise mit Glühlampen und die modernere mit LED-Leuchtmitteln. Das Ersetzen der LED-Leuchtmittel ist nicht möglich. Im Schadensfall muss die Rückleuchteneinheit ersetzt werden. Die Demontagearbeiten unterscheiden sich weder für die unterschiedlichen Lampentypen noch für die unterschiedlichen Karosserievarianten wesentlich voneinander.

Fehlererkennung und Fehleranzeige

Die Bordnetzsteuerung ist mit einer Eigendiagnose ausgestattet, die die Fehlersuche erleichtert. Zur Fehlersuche ist ein Diagnosetester (VAS 5051A) in der Betriebsart »Geführte Fehlersuche« zu verwenden.

Ausbauen

■ Zündung und alle elektrischen Verbraucher ausschalten und den Zündschlüssel abziehen.

■ Den Servicedeckel in gerade aus der Verkleidung ausclipsen.

■ Stecker entriegeln und abziehen.

■ Die Befestigungsmuttern und abschrauben und die Schlussleuchte aus der Heckklappe herausnehmen.

Der Einbau erfolgt sinngemäß in umgekehrter Reihenfolge.

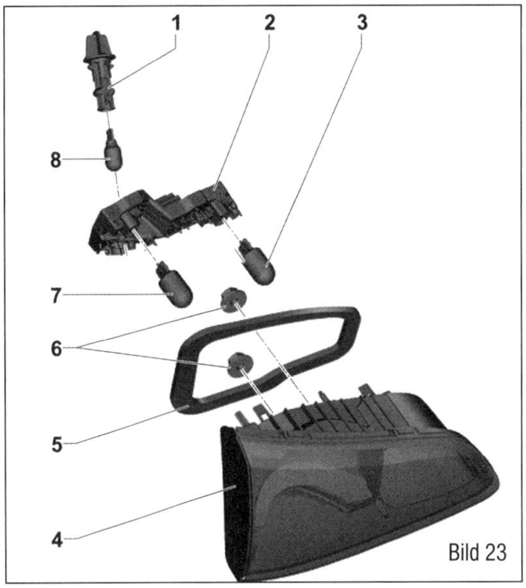

Bild 23

Bild 23
1 Lampenfassung
2 Lampenträger
3 Lampe für Nebelschlussleuchte
4 Schlussleuchte
5 Dichtung
6 Mutter
7 Lampe für Schlusslicht
8 Lampe für Rückfahrlicht

■ Achten Sie darauf, dass die Dichtung zwischen Karosserie und Schlussleuchtengehäuse sauber abdichtet.

■ Der Stecker der Schlussleuchte in der Heckklappe muss beim Aufstecken »hörbar« einrasten.

■ Die Schlussleuchte in den Karosserieausschnitt einführen und nach oben und zur Mitte hin zur Anlage bringen.

■ Zuerst die obere Befestigungsmutter und anschließend die untere Befestigungsmutter anziehen.

■ Nach dem Einbau die Funktionen und die Spaltmaße der Schlussleuchte zur Karosserie kontrollieren.

Lampe in der Heckklappe ersetzen

Für die LED-Systeme werden für den Rückfahrscheinwerfer Glühlampen verwendet. Die Montage unterscheidet sich nicht von den konventionellen Lampen.

■ Zündung und alle elektrischen Verbraucher ausschalten und den Zündschlüssel abziehen.

■ Den Servicedeckel aus der Verkleidung ausclipsen.

■ Stecker des Lampenträgers entriegeln und abziehen.

Lampen für Nebelschlusslicht und Schlusslicht hinten

■ Muttern (1 im Bild 23) abschrauben.

■ Die Verriegelung des Lampenträgers drücken und Lampenträger (2) herausnehmen.

■ Die entsprechende Lampe (3 oder 7) gerade aus der Fassung im Lampenträger herausziehen.

15 Stromlaufpläne

Sicherungen und Sicherungshalter

Damit Sie die Elektrik Ihres Autos einfach, zuverlässig und sicher nutzen können, gibt es Schaltstellen, Leitungsstränge und Sicherheitsvorkehrungen. Prüfen Sie vor jeder Fehlersuche immer die verbauten Sicherungen (Bild 1). Überprüfen Sie auch, ob die Sicherungsbelegung bei Ihrem Fahrzeug identisch ist (siehe Fahrerhandbuch). Herstellerbedingt werden zwar bestimmte Belegungen ausgewählt, diese aber müssen nicht unbedingt Ihrer Variante entsprechen. Schließlich werden oft genug Ausstattungsvarianten ergänzt und erweitert. In den meisten Fällen erkennen Sie schon an der verbauten Sicherungsstärke, um welche Anschlussvariante es sich handelt. Vergessen Sie nicht, dass viele »Kleinsicherungen« durchaus im Sicherungskasten »A« zusätzlich abgesichert sein können! Solche Sicherungen werden auch »Vorsicherung« genannt. Die freien Sicherungsplätze und ihre Schaltfunktionen können sehr hilfreich bei der Erweiterung der Ausrüstung Ihres Golf sein.

Die E-Box im Motorraum (SA und SB)
Ganz links neben der Batterie. Hier sind die Halter A und B mit den Sicherungen SA und SB sowie eine Reihe von Relais untergebracht. SA bezeichnet die Plätze für die Vorsicherungen an der Stirnseite. SB beinhaltet kleinere Vorsicherungen und einige Relaissteckplätze.

Sicherungsträger im Fußraum (SC)
In der Schalttafel links (Fahrerseite) der Sicherungshalter C (Sicherungen SC). Er ist für die erste Überprüfung bei Störungen der elektrischen Anlage besonders wichtig, weil er die meisten jener Stecksicherungen enthält, die schnell zugänglich sein müssen. Dieser Sicherungshalter wird nach Abhebeln einer Abdeckung von der Stirnwand der Schalttafel zugänglich. Kunststoff-Demontagekeil oder einen kleinen Flachschraubendreher verwenden!
Die genaue Sicherungsbelegung ist von der Fahrzeugausstattung abhängig. Ein Schema ist als Aufkleber oder lose bei den Sicherungshaltern zu finden. Wir verweisen auf die aktuellen Belegungslisten in der Fahrzeugbedienungsanleitung. Sicherungen

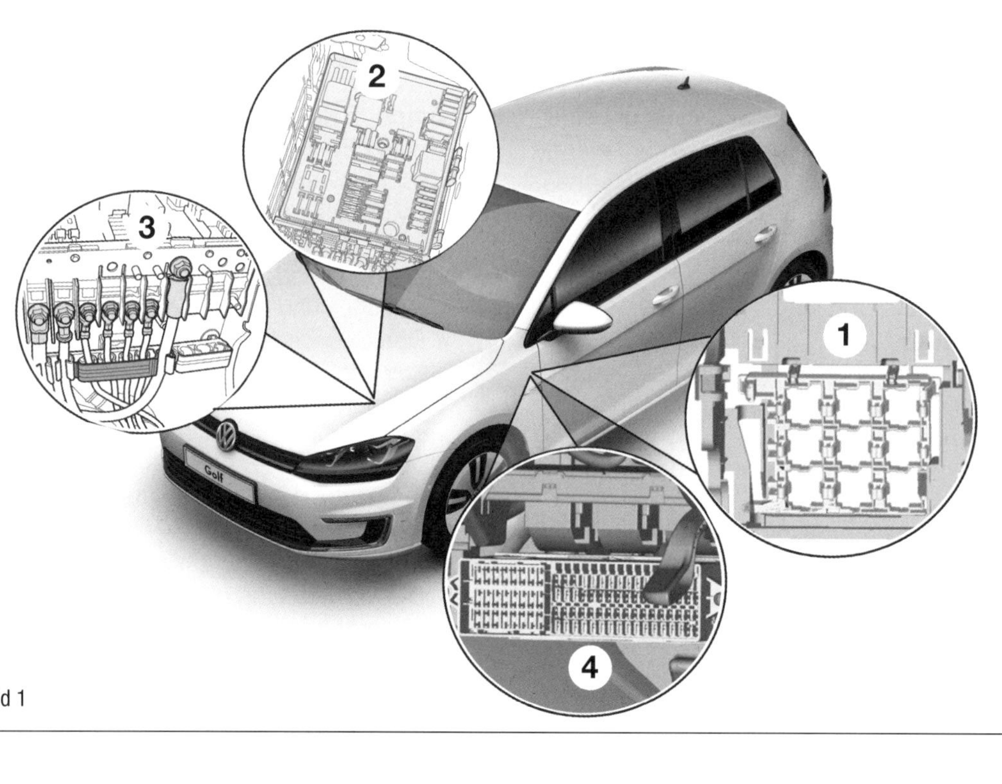

Bild 1

Bild 1
Sicherungen.
1 Relaisträger
2 Vorsicherungen und Relais im Motorraum
3 Vorsicherungsträger
4 Sicherungen im Fußraum am Bordnetzsteuergerät mit Relaisträger.

sind nach Steckplätzen nummeriert. Angegeben sind abgesicherte Verbraucher und der Stromstärke-Wert (in A), durch Farbe markiert.

Sicherungen im Sicherungshalter SA ausbauen

- Batterie abklemmen.
- Sicherungshalter B ausbauen.
- Sicherungsschiene (4 im Bild 2) nach oben aus dem Sicherungshalter B herausnehmen.
- Befestigungslasche (1) entriegeln (Pfeil) und Sicherungshalter A (2) nach unten aus dem Sicherungshalter B (3) herausnehmen.

Der Einbau erfolgt in umgekehrter Reihenfolge.

Sicherungshalter SB ausbauen

- Masseleitung an der Batterie bei ausgeschalteter Zündung abklemmen.
- Entriegelungstasten drücken und den Deckel für die E-Box Motorraum abnehmen.
- Mit einem Schraubendreher die Befestigungslasche (2 in Bild 3) entriegeln.
- Abdeckung vorn (1) nach oben abziehen.
- Für den Wiedereinbau die elektrischen Leitungen an den Verschraubungen kennzeichnen (siehe Bild 4).
- Muttern (1, 2, 4, 5, 6 in Bild 3) abschrauben.
- Schraube (3) herausdrehen.
- Elektrische Leitungen freilegen (Pfeil).
- Kabelbinder unten am Leitungsstrang durchtrennen.
- Verrastungen (je zwei rechts, hinten und links) entriegeln, Sicherungshalter B (3 im Bild 2) abnehmen und zur Seite legen.

Der Einbau erfolgt sinngemäß in umgekehrter Reihenfolge.

Relaisträger und Sicherungshalter SC ausbauen

- Zündung und alle elektrischen Verbraucher ausschalten und den Zündschlüssel abziehen.
- Masseleitung an der Batterie bei ausgeschalteter Zündung abklemmen.
- Schalttafel ausbauen (Armaturentafel komplett).
- Befestigungslasche (2, 4) entriegeln (Pfeile A).
- Sicherungshalter C (3) nach hinten aus

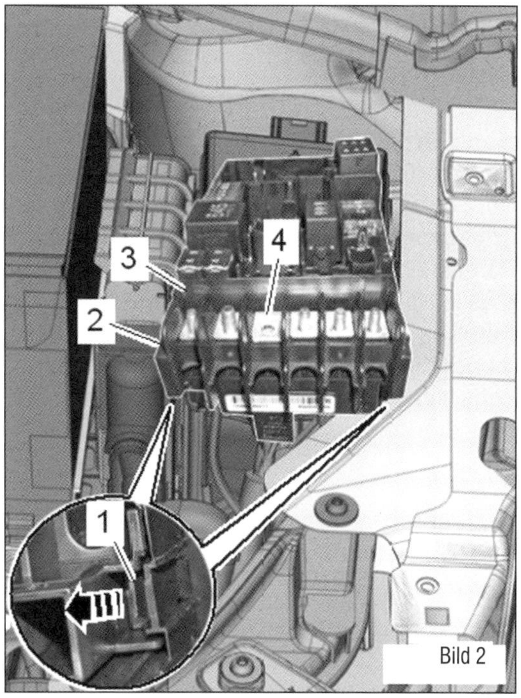

Bild 2
Sicherungsträger A (SA).
1 Befestigungslasche
2 Sicherungshalter A
3 Sicherungshalter B
4 Sicherungsschiene
Pfeil = Entsicherungsrichtung

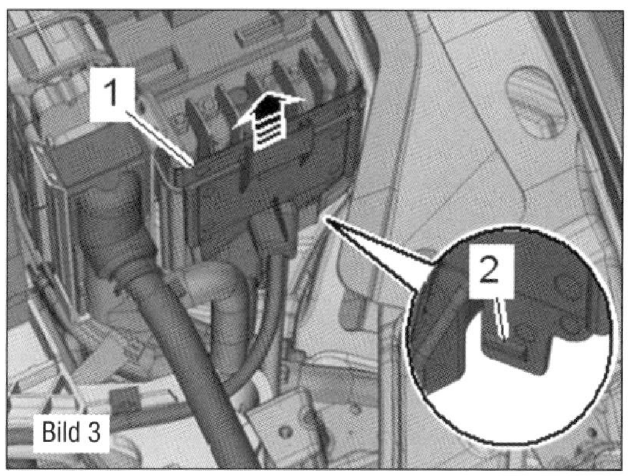

Bild 3
Sicherungsträger B (SB).
1 Abdeckung
2 Befestigungslasche
Pfeil = Bewegungsrichtung zur Demontage

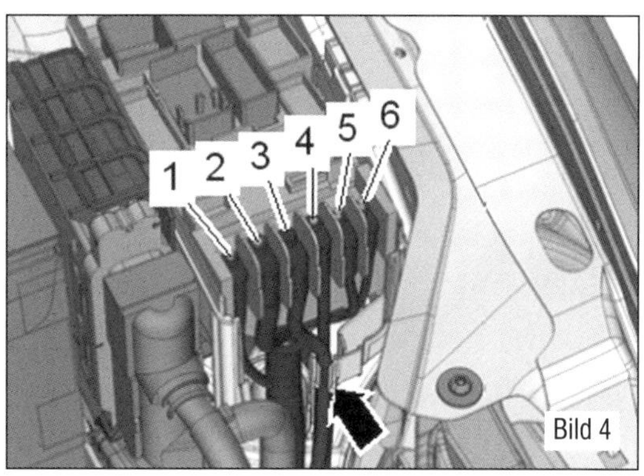

Bild 4
Sicherungsträger B (SB).
1–6 Muttern zur Befestigung

dem Halter (1) herausziehen (Pfeil B).

- Elektrische Leitungen abbauen.

Die genaue Belegung dem gültigen Stromlaufplan entnehmen. Eventuell Fotos von der Belegung anfertigen.

Der Einbau erfolgt sinngemäß in umgekehrter Reihenfolge.

Sichtprüfung Messen

Kabelfarben und Kabelquerschnitt

Kabelfarbe

Im Schaltplan werden die Informationen über die Kabelfarbe und die Kabelstärke angegeben. Die Farben werden als Kürzel dargestellt. Farbangaben in Kombination stellen Kabelkennzeichnungen mit einer Farblinie dar. Die Kabelbezeichnung sw/ws ist beispielsweise die Bezeichnung für ein schwarzes Kabel mit einer weißen Linie. Die Grundfarbe des Kabels wird immer zuerst genannt.

Kürzel	Farbe
ws	weiß
sw	schwarz
ro	rot
br	braun
gn	grün
bl	blau
gr	grau
li	lila
ge	gelb
or	orange
rs	rosa

Massepunkte am Golf

Die Masseanschlusspunkte sorgen nicht nur für eine sichere Spannungsversorgung, sondern auch für die Entstörung der elektrischen Anlage. Übergangswiderstände können eigenartige Fehlersymptome bewirken. Kontrollieren Sie die Anschlüsse immer, wenn Sie eine Fehlersuche angehen.

Belegungen der Sicherungskästen und Relaisträger

Die Bordelektrik unterliegt, wie die Schaltpläne auch, im Laufe der Produktion einer stetigen Wandlung. Die Darstellung aller Varianten ist schon aus Aktualitätsgründen nicht möglich. VW weist schon zu Redaktionsschluss dieses Buches mehrere Varianten aus, so dass eine übergreifende Darstellung nicht sinnvoll ist.
Die Zuordnung ist nur über das VW-eigene Werkstattinformationssystem »Erwin« aktuell und sinnvoll möglich. Wer bei der Arbeit an einer Baugruppe die jeweiligen aktuellen

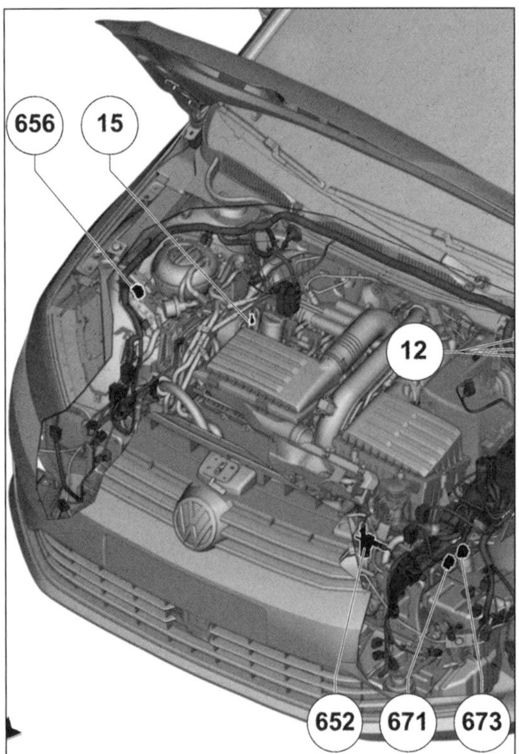

Bild 5

Bild 5
Massepunkte am Vorderwagen.
12 Massepunkt im Motorraum links
15 Massepunkt am Zylinderkopf
652 Massepunkt für Getriebe- und Motormasse
656 Massepunkt am Scheinwerfer rechts
671 Massepunkt 1 am Längsträger vorn links
673 Massepunkt 3 am Längsträger vorn links

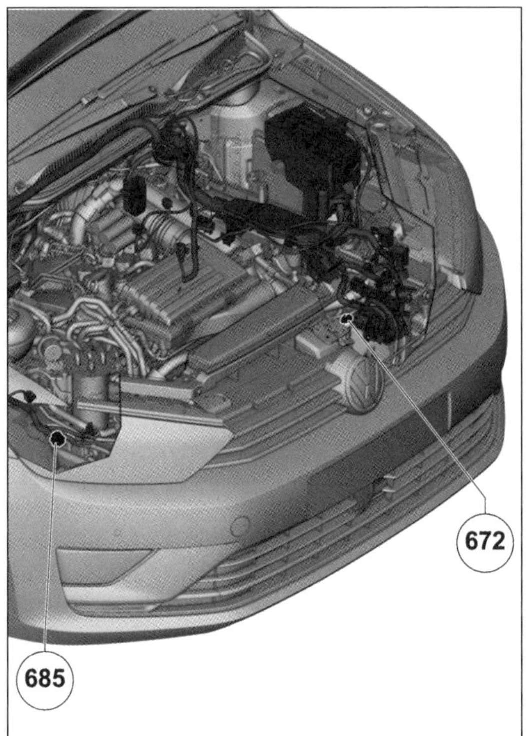

Bild 6

Bild 6
Massepunkte am Vorderwagen.
672 Massepunkt 2 am Längsträger vorn links
685 Massepunkt 1 am Längsträger vorn rechts

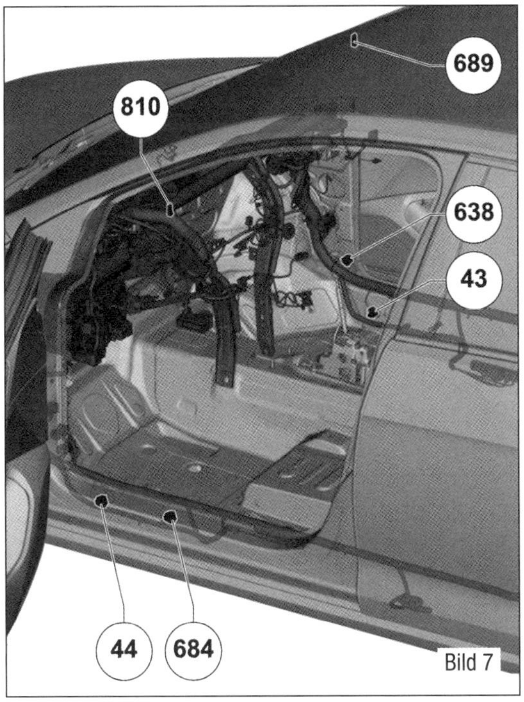

Bild 7
Masseppunkte im Innenraum.

43 Massepunkt Säule A rechts unten
44 Massepunkt Säule A links unten
638 Massepunkt an der A-Säule rechts
684 Massepunkt am Unterholm vorn links
689 Massepunkt am Dach vorn Mitte
810 Massepunkt am Zentralrohr für Schalttafel Mitte links

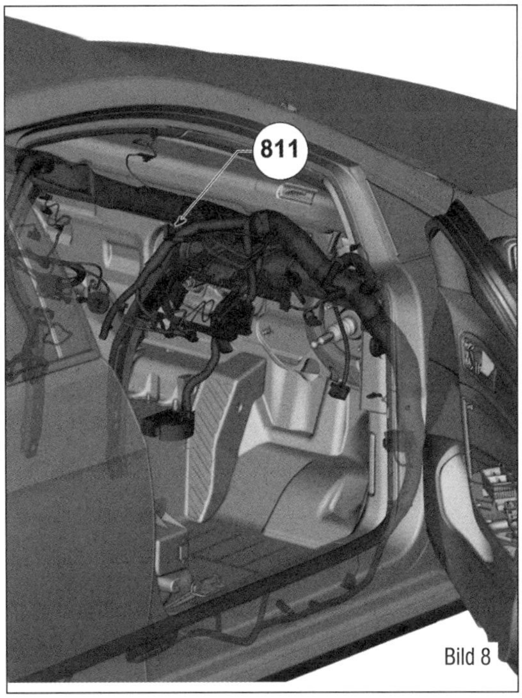

Bild 8
Massepunkt im Innenraum.

811 Massepunkt am Zentralrohr für Schalttafel Mitte rechts

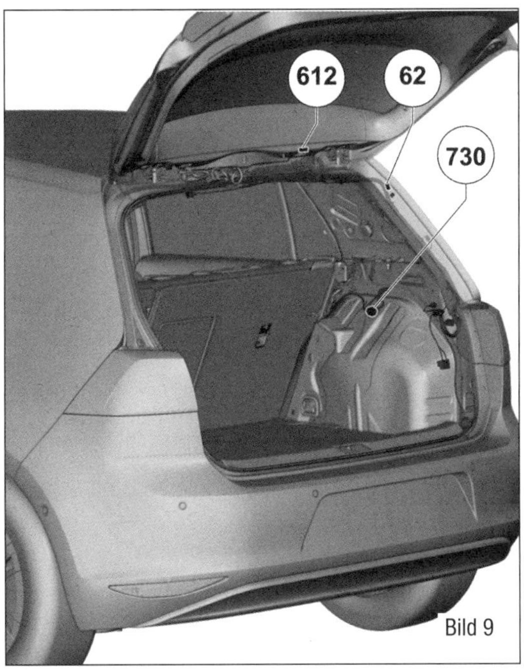

Bild 9
Massepunkte im Fahrzeugheck.

62 Massepunkt an der C-Säule rechts
612 Massepunkt an Heckklappe Mitte
730 Massepunkt 1 am Radhaus hinten rechts

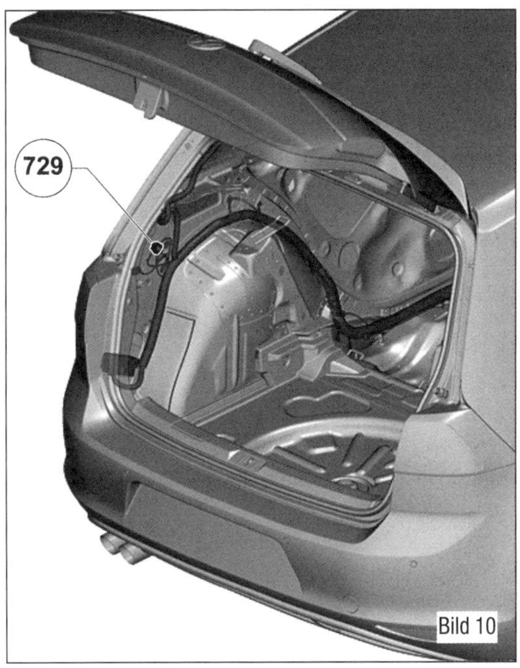

Bild 10
Massepunkte im Fahrzeugheck.

729 Massepunkt am Radhaus hinten links

Informationen zugrunde legen möchte, hat folgende Möglichkeiten:

- Man kann die Informationen dem Fahrzeugbordbuch entnehmen.
- Man kann sie direkt bestellen und kaufen über https://erwin.volkswagen.de/erWinVW/,
- oder per E-Mail: VWBestell@Bertelsmann.de,
- oder per Post: Volkswagen Distributions-Service arvato logistics services, Friedrich-Menzefricke-Straße 16-18, 33775 Versmold.

Kabelinstandsetzungsarbeiten

Reparatur von Airbag- und Gurtstrafferleitungen

Das Airbag- und Gurtstraffersystem kann ausfallen. Fehlerhafte Reparaturen am Airbag- und Gurtstrafferleitungsstrang

Sichtprüfung Messen

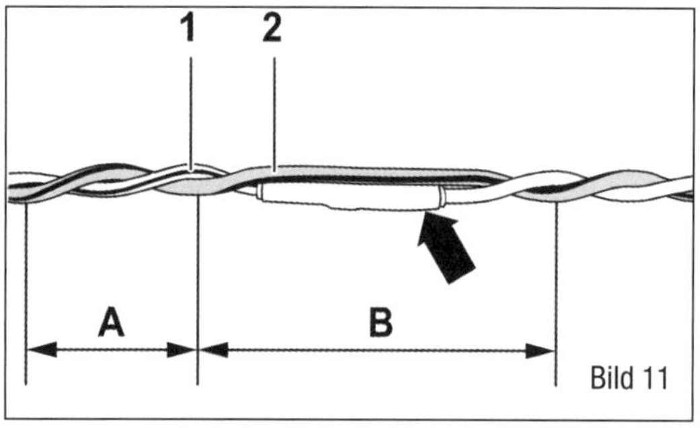

Bild 11
Reparaturstelle mit Abdichtung.

können zur Fehlfunktion des Insassenschutzes führen. Bei Reparaturen am Airbag- und Gurtstrafferleitungsstrang dürfen nur die dafür vorgesehenen Kontakte, Stecker und Leitungen verwendet werden. Leitungen des Airbag- und Gurtstrafferleitungsstrangs dürfen nur mit dem Leitungsstrang-Reparaturset (VAS 1978 B) und den Vorgängern repariert werden.

⚠ Bei Reparaturen an Leitungen des Airbag- und Gurtstraffersystems dürfen maximal zwei Reparaturstellen ausgeführt werden. Reparaturstellen erhöhen den elektrischen Widerstand in der Leitung und können Fehler in der Eigendiagnose des Systems auslösen. Bei Reparaturen am Airbag- oder Gurtstrafferleitungsstrang müssen die Quetschverbinder grundsätzlich geschrumpft werden, um Korrosion zu verhindern.

☞ Wickeln Sie die Reparaturstelle nicht wieder in den fahrzeugeigenen Leitungsstrang ein und kennzeichnen Sie die Reparaturstelle gut sichtbar mit gelbem Isolierband. Reparaturen im Bereich von Airbag oder Gurtstraffer sollten maximal 30 cm vom nächsten Kontaktgehäuse entfernt ausgeführt werden. Zusammen mit der Kennzeichnung durch das gelbe Isolierband, ermöglicht diese Vorgehensweise einen schnellen Überblick über vorangegangene Reparaturen. Die Leitungen zu den Auslöseeinheiten (Airbags) haben in der Serie die Verdrillung mit der Schlaglänge 20 mm ± 5. Diese Schlaglänge ist für die Serienfertigung über Normteilnummern für die Leitungspaare sichergestellt und muss bei den Reparaturlängen der verdrillten Leitungen zwingend eingehalten werden. Bei Reparaturarbeiten müssen die Leitungen zu den Auslöseeinheiten (Airbags) die gleiche Länge aufweisen. Beim Verdrillen der Leitungen (1) und (2) muss die Schlaglänge von A = 20 mm ± 5 zwingend eingehalten werden. Es darf dabei kein Leitungsstück, zum Beispiel im Bereich von Quetschverbindern (Pfeil), größer als B = 100 mm ohne Verdrillung der Leitungen entstehen (Bild 11).

Reparaturmöglichkeiten CAN-Bus
Als CAN-Busleitung wird eine ungeschirmte Zweidrahtleitung (1) und (2) mit einem Querschnitt von 0,35 mm2 oder 0,5 mm2 verwendet. Die Farbcodierungen der CAN-Busleitungen entnehmen Sie der folgenden Tabelle:

CAN-High-Leitung, Antrieb	orange/schwarz
CAN-High-Leitung, Komfort	orange/grün
CAN-High-Leitung, Infotainment	orange/violett
CAN-Low-Leitung, (alle)	orange/braun

Die Reparatur von CAN-Busleitungen kann sowohl mit Reparaturleitung in passendem Querschnitt als auch mit den gedrillten Leitungen »grün/gelb« bzw. »weiß/gelb« aus dem elektronischen Teilekatalog ausgeführt werden. Bei Reparaturarbeiten (wie in Bild 11) müssen beide Busleitungen die gleiche Länge aufweisen. Beim Verdrillen der Leitungen (1) und (2) muss die Schlaglänge von A = 20 mm eingehalten werden. Es darf dabei kein Leitungsstück, zum Beispiel im Bereich von Quetschverbindern (Pfeil), größer als B = 50 mm ohne Verdrillung der Leitungen entstehen. Versehen Sie die Reparaturstelle mit gelbem Klebeband, um eine vorangegangene Reparatur zu kennzeichnen.

Messgeräte und Diagnosetester

Geeignete Messmittel in der Elektrik
Verwenden Sie nur geeignete Messmittel wie Multimeter und Mess- und Prüfsysteme (Bild 12). Prüflampen mit Glühlampe können Schäden in der Elektronik verursachen und können zudem keine Messwerte ausgeben.

Vorgaben zur Diagnose am Fahrzeug
⚠ Vor unseren Hinweisen zum Umgang mit den Stromlauf- oder Schaltplänen möchten wir, weil dazu ein enger Zusammen-

hang besteht, nochmals kurz auf das Fahrzeugdiagnose-, Mess- und Informationssystem eingehen. Wird das Diagnose- und Informationssystem während einer Prüf- oder Messfahrt im Aktionsbereich eines Airbags deponiert, besteht im Falle einer Airbag-Auslösung das Risiko von schweren bis tödlichen Verletzungen! Deshalb zu Prüf- oder Messfahrten stets einen Helfer mitnehmen, der auf einem Rücksitz das System bedient. Zum Anschließen des Diagnose- und Testsystems schreibt Volkswagen folgendes Vorgehen vor:

- Die Handbremse anziehen.
- Fahrzeug mit einem Erhaltungsladegerät versehen (Batterie laden).
- Bei Fahrzeugen mit Automatikgetriebe den Wählhebel in die Stellung »P« oder »N« bringen.
- Bei Fahrzeugen mit Schaltgetriebe den Schalthebel in die Leerlaufstellung bringen.
- Den Fahrzeugdiagnosetester bei ausgeschalteter Zündung mit der Diagnoseleitung am Diagnoseanschluss des Fahrzeugs anschließen.
- Die Zündung einschalten.
- Alle elektrischen Verbraucher ausschalten.

Schaltpläne

Zum Gebrauch der Stromlaufpläne

Die Bordelektrik wird in Aufbau und Vernetzung durch Stromlaufpläne (auch Schaltpläne genannt) dargestellt, die für den Golf in gedruckter Form schon in der Grundausführung 1500 Seiten umfassen, also einen Ordner von ganz beträchtlichem Umfang füllen. Das Schaltplanangebot enthält neben den einzelnen Stromlaufplänen für die Basisausstattung, die Elektrik für jeden einzelnen Motor bis hin zu Sonderausstattungen (z. B. für Klimatronic, Dämpfersteuerung, Einparkhilfe, Rückfahrkamera oder Autogasbetrieb) auch zeitliche Überarbeitungen. Es macht sachlich wenig Sinn, und der begrenzte Umfang dieses Buches lässt das auch nicht zu, einzelne Stromlaufpläne aus der Fülle herauszugreifen und in diesem Ratgeber darzustellen.

Wer bei der Arbeit an einer Baugruppe den jeweiligen aktuellen Schaltplan zugrunde legen möchte, hat folgende Möglichkeiten:

- Man kann die Informationen aus dem Fahrzeugbordbuch entnehmen.
- Man kann sie direkt bestellen und kaufen über https://erwin.volkswagen.de/erWinVW/,
- oder per E-Mail: VWBestell@Bertelsmann.de ,
- oder per Post: Volkswagen Distributions-Service arvato logistics services, Friedrich-Menzefricke-Straße 16-18, 33775 Versmold.

Für den Umgang mit den Schaltplänen geben wir mit den folgenden Grafiken und Übersichten die grundsätzlichen Hinweise.

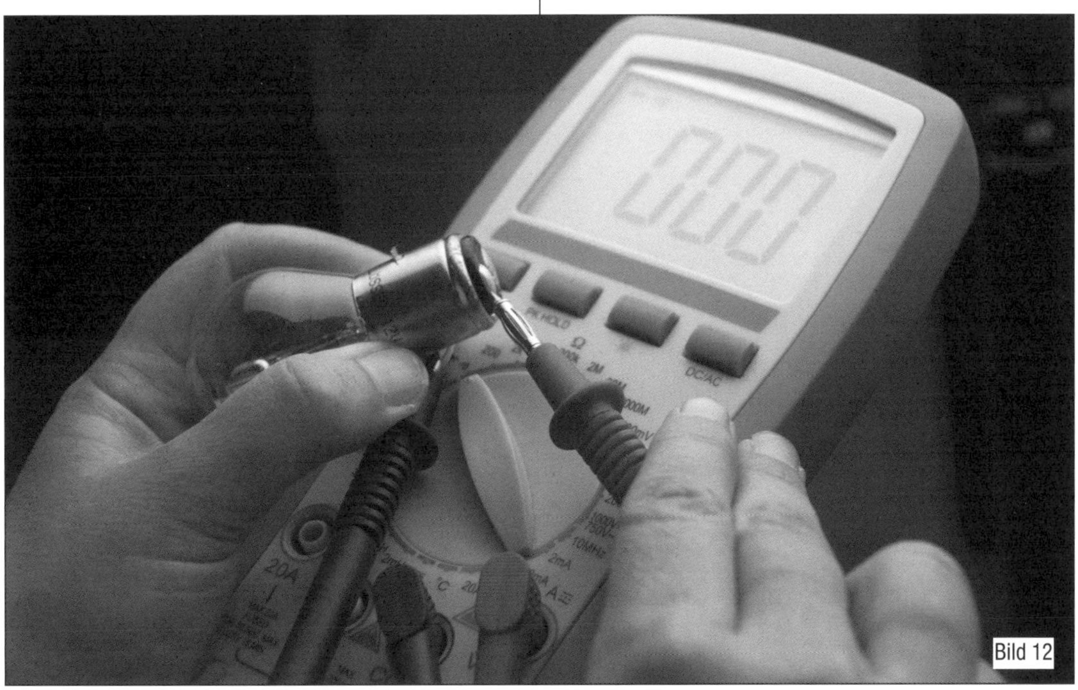

Bild 12
Gute Messgeräte bedeuten sicherere und genaue Ergebnisse.

Mit Bild 13 informieren wir über den Aufbau der Stromlaufpläne. Bild 14 soll mit den Symbolen in den Plänen vertraut machen. Die beiden Bilder 15 und 16 präsentieren die in den Stromlaufplänen verwendeten Schaltzeichen. Die Liste auf der übernächsten Seite fasst die häufig benutzten Klemmenbezeichnungen zusammen, wie wir sie im Kapitel »Elektrische Anlage« auch im Zusammenhang mit der Funktion von Sicherungen angegeben haben.

Bild 13
Aufbau der Stromlaufpläne

A - Batterie
B - Anlasser
D - Zündanlassschalter
J519 - Steuergerät für Bordnetz
T3a - Steckverbindung, 3-fach, im Wasserkasten (grau)
T8b - Steckverbindung, 8-fach, am Steuergerät für Bordnetz (braun)
(11) Massepunkt, im Motorraum links
(A1) Plusverbindung (30a), im Schalttafelleitungsstrang
(P1) Plusverbindung (30), im Sicherungskasten

Legende
In allen Stromlaufplänen werden für gleiche Bauteile die gleichen Teile-Bezeichnungen verwendet, z.B. immer A für Batterie.

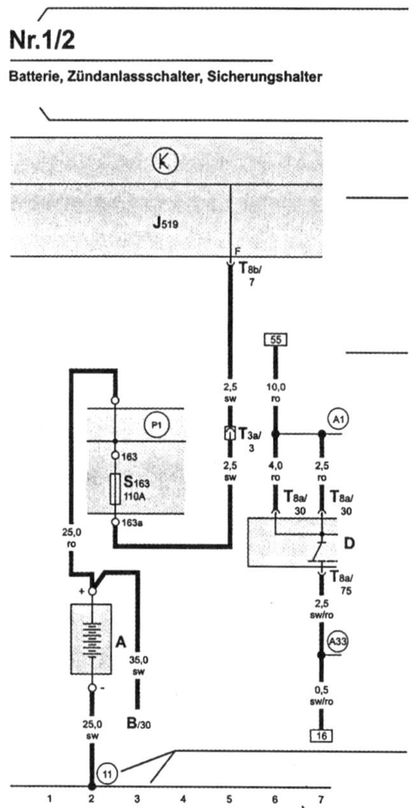

Bild 13

Schaltungskomplex (funktionsorientiert mit fortlaufender Nr.)

Bezeichnung der auf dieser Seite dargestellten Stromkreise

J519 – Steuergerät für Bordnetz durch graues Feld gekennzeichnet (weiter wird dieses Steuergerät in den Stromlaufplänen nicht mehr bezeichnet)

Verbraucherstromkreise mit Leitungsführung
Alle Schalter und Kontakte sind in mechanischer Ruhestellung gekennzeichnet

Schlüssel für Leitungsfarben

ws = weiß	bl = blau
sw = schwarz	gr = grau
ro = rot	li = lila
br = braun	ge = gelb
gn = grün	or = orange

Fahrzeugmasse
Zahlen in den Kreisen kennzeichnen den Einbauort (siehe Legende)

Strompfad-Nr.
Zum leichteren Auffinden der Verknüpfungen

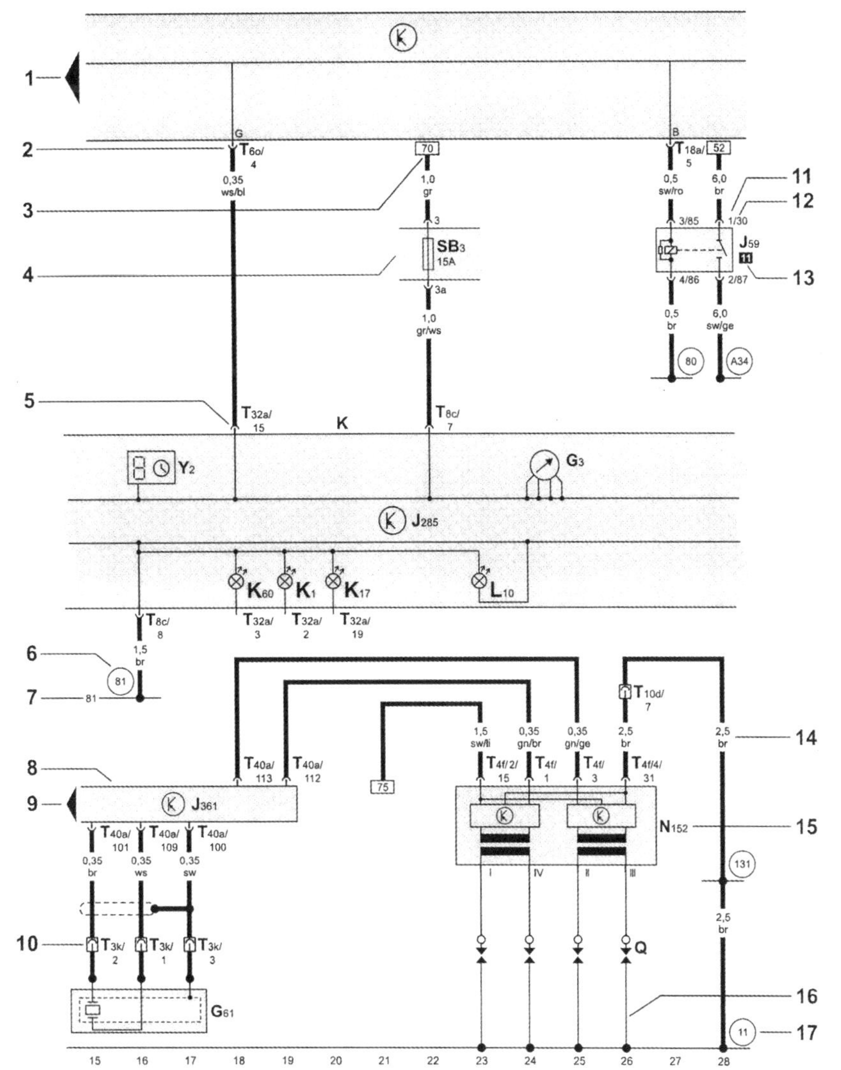

Bild 14

Bild 14

Erläuterung der Symbole in den Stromlaufplänen.

1 Der Pfeil weist auf den nächsten zum Stromlaufplan gehörenden Stromkreis hin.

2 Bezeichnung einer Steckverbindung am Steuergerät für Bordnetz. Gibt die Belegung einer Mehrfachsteckverbindung mit einer Leitung an, z. B. T60/4 - Steckverbindung T60, 6-fach, Kontakt 4.

3 Verweis auf Weiterführung der Leitung. Die Zahl im Rahmen kennzeichnet, in welchem Strompfad die Leitung weitergeführt wird.

4 Bezeichnung einer Sicherung, z. B. Sicherung Nr. 3 (15A) im Sicherungshalter.

5 Bezeichnung einer Steckverbindung an einem Bauteil. Gibt die Bezeichnung der Mehrfachsteckverbindung, die Anzahl der Kontakte und die belegte Kontaktnummer an, z. B. T32a/15 - Mehrfachsteckverbindung T32a, 32-fach, Kontakt 15.

6 Bezeichnung für Verbindung im Leitungsstrang. Die Legende zum Stromlaufplan gibt Auskunft, in welchem Leitungsstrang sich diese nicht lösbare Verbindung (Leitungsschweißpunkt) befindet.

7 Verweis auf Weiterführung der internen Verbindung. Die Zahl kennzeichnet, wo im nächsten Stromlaufplanteil die Verbindung weitergeführt wird.

8 Schaltzeichen für ein Bauteil (siehe Bild 3).

9 Der Pfeil weist auf die Fortsetzung des Bauteils im nächsten Stromlaufplan hin.

10 Bezeichnung einer Steckverbindung im Leitungsstrang. Gibt die Bezeichnung der Mehrfachsteckverbindung, die Anzahl der Kontakte und die belegte Kontaktnummer an, z. B. T3k/2 – Mehrfachsteckverbindung T3k, 3-fach, Kontakt 2.

11 Bezeichnung einer Anschlussklemme. Klemmenbezeichnung, die auf dem Originalteil zu finden ist und/oder Kontaktnummer einer Mehrfachsteckverbindung.

12 Bezeichnung der Verbindung - am Zusatzrelaishalter. Sie kennzeichnet den einzelnen Kontakt von Relais, z. B. 30 = Kontakt 30 am Relais.

13 Relaisplatz-Bezeichnung – am Zusatzrelaishalter.

14 Leitungsquerschnitt (mm^2) und Leitungsfarbe (die Abkürzungen werden im Schlüssel für Leitungsfarben neben dem Stromlaufplan erläutert).

15 Teile-Bezeichnung. In der Legende zum Stromlaufplan wird erläutert, wie das Teil heißt.

16 Interne Verbindung (dünner Strich). Diese Verbindung ist nicht als Leitung vorhanden. Interne Verbindungen sind jedoch elektrisch leitende Verbindungen. Sie ermöglichen die Verfolgung des Stromverlaufes innerhalb von Bauteilen und Leitungssträngen.

17 Bezeichnung eines Massepunktes. Die Legende zum Stromlaufplan weist auf die Lage des Massepunktes im Fahrzeug hin.

Sichtprüfung Messen

Klemmenbezeichnungen nach Norm	
15	Geschaltetes Plus hinter Batterie (Ausgangskontakt vom Zündanlassschalter)
15a	Geschaltetes Plus vom Zündanlassschalter (hinter der Sicherung)
30	Ausgang direkt von Batterie-Plus
30a	Ausgang direkt von Batterie-Plus (hinter der Sicherung)
30al	Ausgeschaltetes Plus von Steuergerät für Bordnetz für Innenleuchte
31	Batterie-Minus oder Fahrzeugmasse
50	Ausgangskontakt vom Zündanlassschalter für Anlasser
54	Bremsleuchten
56	Ausgang von Lichtschalter für Abblendlicht und Fernlicht
56a	Fernlicht
56aL	Fernlicht links
56aR	Fernlicht rechts
56b	Abblendlicht
56bL	Abblendlicht links
56bR	Abblendlicht rechts
58	Stand- und Schlusslicht, Kennzeichenleuchte
58d	Beleuchtung von Schaltern und Schalttafeleinsatz (Beleuchtungsintensität einstellen)
58L	Standlicht, Schlusslicht und Parklicht links
58R	Standlicht, Schlusslicht und Parklicht rechts
49L	Blinker links
49R	Blinker rechts
49a	Blinkrelais Ausgang (nur konventionelle Blinkanlagen)
71	Eingang für Signalhorn
75	Ausgangskontakt vom Zündanlassschalter für Ausschalten von Verbrauchern zur Entlastung der Batterie beim Anlassen.
75a	Ausgeschaltetes Plus hinter dem Relais zur Entlastung der Batterie beim Anlassen (hinter der Sicherung).
86s	Ausgeschaltetes Plus durch Zündanlassschalter beim vollständigen Herausziehen des Schlüssels aus dem Zündanlassschalter.
87	Ausgangskontakt vom Kraftstoffpumpenrelais oder vom Relais für Dieseldirekteinspritzanlage.
87a	Ausgangskontakt vom Kraftstoffpumpenrelais oder vom Relais für Dieseldirekteinspritzanlage hinter der Sicherung.
CAN-H. Antrieb CAN-L. Antrieb	Datenbus zwischen Steuergeräte von Antrieb (Motor, autom. Getriebe, ABS, Diagnose-Interface für Datenbus...)
CAN-H. Komfort CAN-L. Komfort	Komfort-Datenbus zwischen Steuergeräten von Komfortelektrik (Türsteuergeräte, Climatic, Steuergerät für Bordnetz, Diagnose-Interface für Datenbus ....)
CAN-H. - KI CAN-L- KI	Datenbus zwischen Schalttafeleinsatz und Diagnose-Interface für Datenbus
CAN-H. Infotainment CAN-L. Infotainment	Datenbus zwischen Diagnose-Interface für Datenbus und Radio. Verstärker ....
LIN-Bus	Datenbus zwischen Steuergerät für Bordnetz. Steuergerät für Wischermotor ...
K-Leitung	Reizleitung Diagnoseleitung Steuergeräte

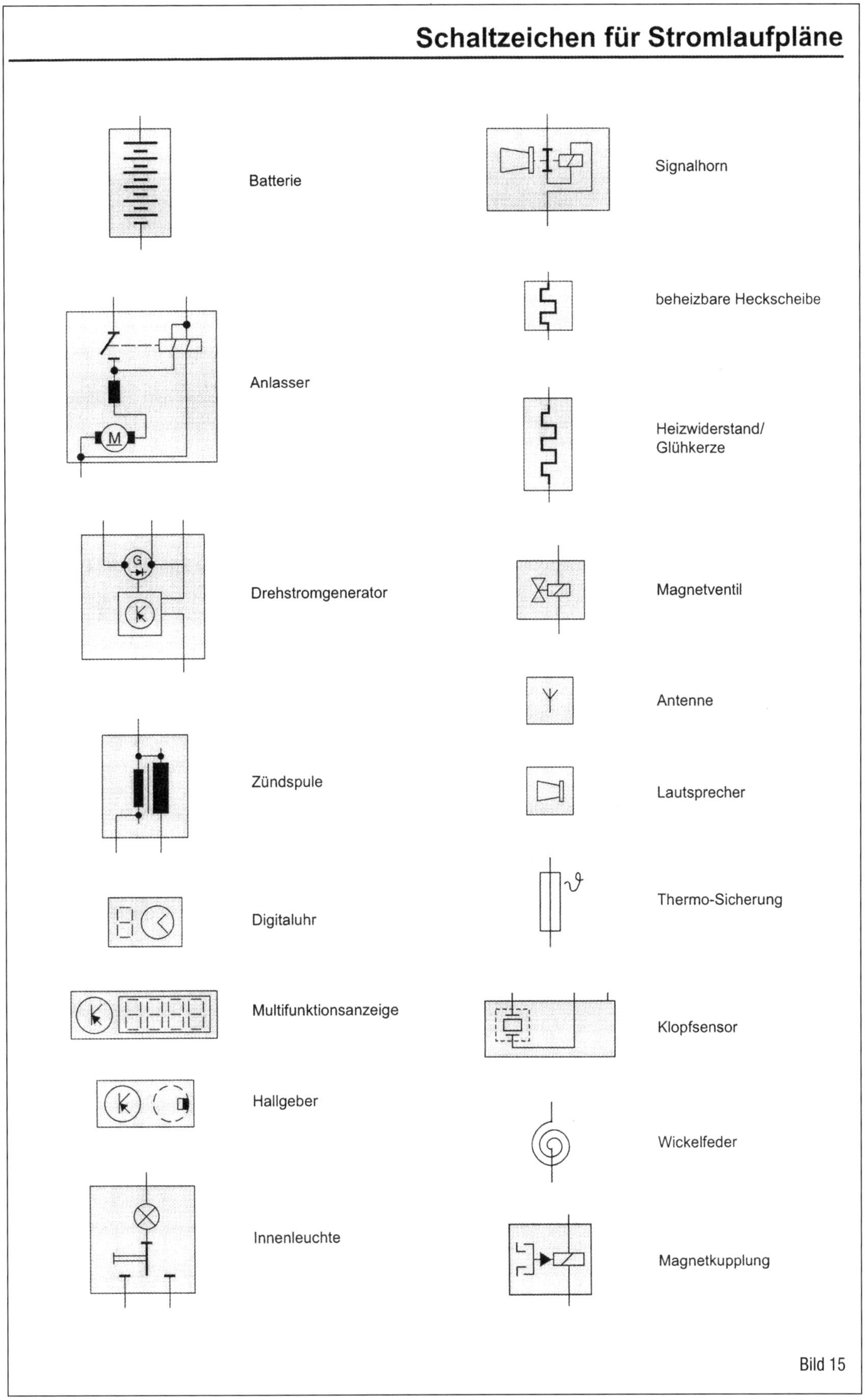

Bild 15
Schaltzeichen für Stromlaufpläne 1.

Bild 16
Schaltzeichen für Stromlaufpläne 2.

Schaltzeichen für Stromlaufpläne

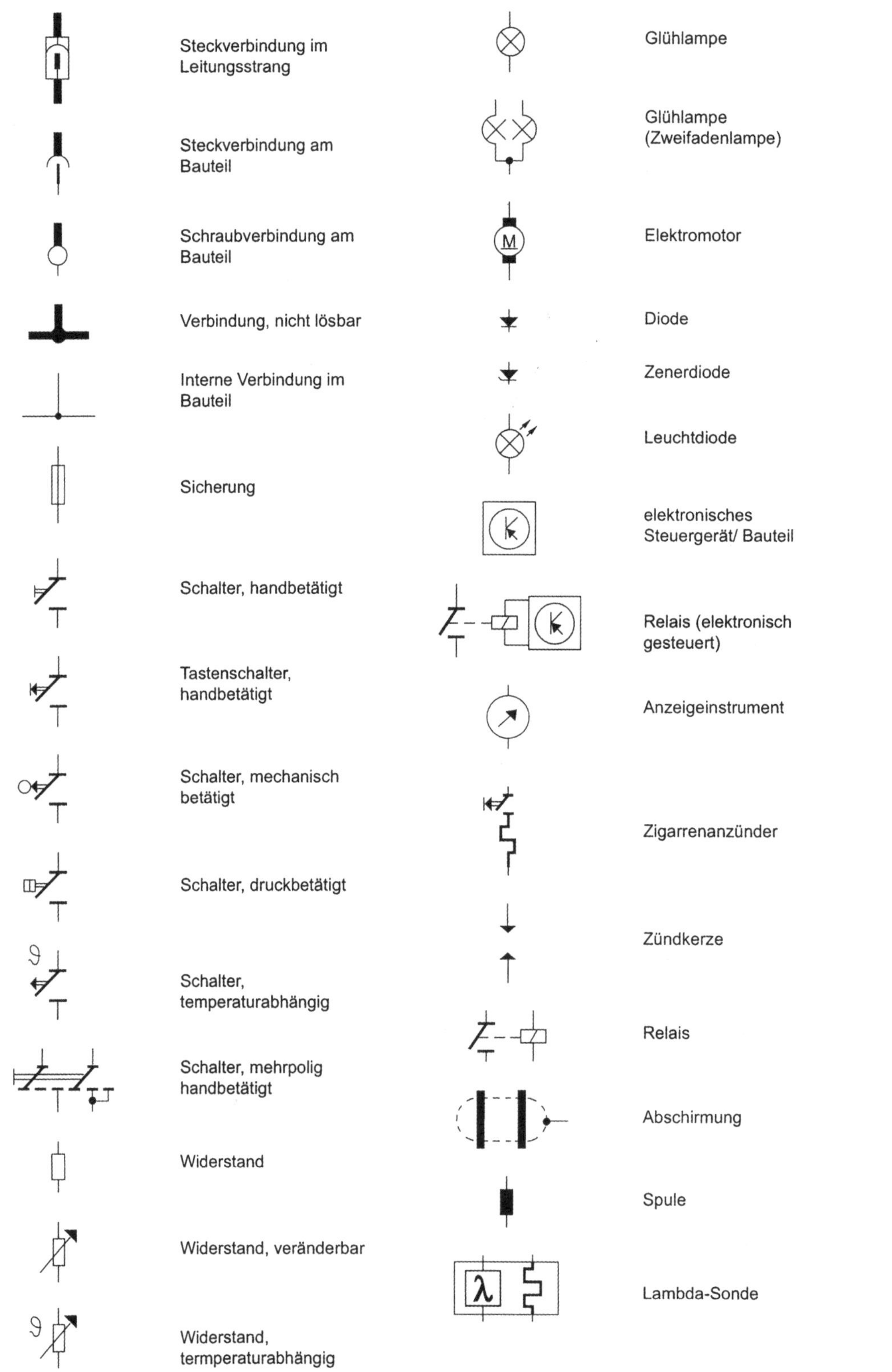

Bild 16

16 Technische Daten

Wie vieles bei Volkswagen entstammt auch die Motorisierung durch Kombinationen aus bewährten Komponenten der Großserie. VW kennzeichnet jeden Motortyp mit drei »Kennbuchstaben« und einer sechsstelligen »laufenden Nummer«. Wurden von einem Motortyp mehr als 999.999 Triebwerke hergestellt, wird die erste der sechs Stellen durch einen Buchstaben ersetzt. So ergeben sich auch bei gleichen Motoren unterschiedliche Motornummern.

Technische Daten Benzin-Motoren

Modellbezeichnung	**1,2 TSI**	**1,4 TSI**	**1,6 TSI**	**2,0 TSI**
Motorkennbuchstaben	CJZB, CYVA, CJZA, CJZD, CYVB	CPWA, CPVA, CXSA, CMBA CXSB, CZCA, CPVB	CWVA	CNTA, CHHB, CHHA, CJXC
Bohrung Ø mm	71,00 + 0,015 +0,005 max. 0,08	74,5	76,5 + 0,005 bis 0,015	82,5
Hub mm	75,6	80,0	86,9	92,8
Kolbendurchmesser (Grund) 3*, 4*, 5*	70,92 mm	74,42 (3*)	76,485 ± 0,017	–
Laufspiel (mm)	0,08 - 0,16	0,08 - 0,16	–	–
Stoßspiel 1. Ring (mm)	0,20 + 0,15 max. 1,0	0,20 + 0,15 max. 1,0	0,20 + 0,15 max. 1,0	0,3 - 0,4 max. 0,8
Stoßspiel 2. Ring (mm)	0,20 + 0,15 max. 1,0	0,20 + 0,15 max. 1,0	0,40 + 0,25 max. 1,0	0,40 + 0,25 max. 0,8
Stoßspiel	0,20 + 0,15	0,50 ± 0,25	0,20 + 0,50	0,2 - 0,4
Ölabstreifring (mm) 2*	max. 1,0	max. 3,0	max. k. A.	max. 0,8
Höhenspiel 1. Ring	0,05 - 0,09 max. 0,15	0,05 - 0,09 max. 0,15 (*4)	0,04 - 0,08 max. 0,15	0,06 - 0,09 max. 0,20
Höhenspiel 2. Ring	0,03 - 0,07 max. 0,15	0,03 - 0,07 max. 0,15	0,03 - 0,07 max. 0,15	0,03 - 0,06 max. 0,15
Ölabstreifring	nicht messbar	nicht messbar (*2)	nicht messbar	nicht messbar
Pleuellagerspiel	0,028 - 0,065	0,028 - 0,065	0,028 - 0,065	0,02 - 0,06
Pleuel (mm)				
Lagerspiel KW Hauptlager	(1*)	(1*)	(1*)	0,017 - 0,037 max. 0,15
Ölmenge mit Filter	4,0 l	4,0 l	4,0 l	5,7 l
Ölmenge Filter	0,5 l	0,5 l	0,5 l	0,5 l

1* Die Kurbelwelle darf nicht ausgebaut werden. Schon das Lösen der Kurbelwellenlagerdeckel-Schrauben führt zu Verformungen der Lagerstühle des Zylinderblocks. Durch diese Verformungen wird das Lagerspiel geringer. Selbst wenn Sie die Lagerschalen nicht ersetzen, können Lagerschäden durch ein verändertes Lagerspiel entstehen. Sind die Lagerdeckel-Schrauben gelöst worden, muss der Zylinderblock komplett mit der Kurbelwelle ersetzt werden. Das Messen des Kurbelwellenlagerspiels ist mit Werkstattmitteln nicht möglich.

2* Ölabstreifring 2-teilig 0,04 mm bis 0,08 mm Höhenspiel

3* Maßangabe ohne Beschichtung. Federal-Mogul-Kolben + (2x) 0,018 mm, Mahle + (2x) 0,015 mm

4* Mahle-Kolben 0,035 mm bis 0,085 mm

5* Maße ohne Graphitbeschichtung (Dicke 0,02 mm). Die Graphitbeschichtung nutzt sich ab.

Sichtprüfung Messen

Technische Daten Diesel-Motoren

Modellbezeichnung	**1,6 l TDI**	**2,0 l TDI**
Motorkennbuchstaben	CLHA, CLHB, CRKA, CRKB	CRBC, CRVA, CRLB, CUNA, CKFC, CRMB, CRUA
Bohrung Ø mm	79,50	81,03
Hub mm	80,5	95,5
Kolbendurchmesser (Grund)	79,40[3]	80,90[3]
Laufspiel (mm)	0,08 - 0,16	0,08 - 0,16
Stoßspiel 1. Ring (mm)	0,30 + 0,10 max. 0,55	0,30 + 0,10 max. 0,55
Stoßspiel 2. Ring (mm)	0,20 + 0,25 max. 0,95	0,20 + 0,25 max. 0,95
Stoßspiel Ölabstreifring (mm)	0,25 + 0,03 max. 0,08	0,25 + 0,03 max. 0,08
Höhenspiel 1. Ring	0,06 + 0,25 max. 0,75	0,06 + 0,25 max. 0,75
Höhenspiel 2. Ring	0,05 + 0,03 max. 0,08	0,05 + 0,03 max. 0,08
Ölabstreifring	0,03 + 0,03 max. 0,08	0,03 + 0,03 max. 0,08
Pleuellagerspiel Pleuel (mm)	0,08	0,08
Lagerspiel KW Hauptlager	0,03 + 0,05 max. 0,17	0,03 + 0,05 max. 0,17
Ölmenge mit Filter	4,6 l	4,6 l
Ölmenge Filter	4,3 l	4,3 l

1* Die Kurbelwelle darf nicht ausgebaut werden. Schon das Lösen der Kurbelwellenlagerdeckel-Schrauben führt zu Verformungen der Lagerstühle des Zylinderblocks. Durch diese Verformungen wird das Lagerspiel geringer. Selbst wenn Sie die Lagerschalen nicht ersetzen, können Lagerschäden durch ein verändertes Lagerspiel entstehen. Sind die Lagerdeckel-Schrauben gelöst worden, muss der Zylinderblock komplett mit der Kurbelwelle ersetzt werden. Das Messen des Kurbelwellenlagerspiels ist mit Werkstattmitteln nicht möglich.
2* Ölabstreifring 2-teilig 0,04 mm bis 0,08 mm Höhenspiel
3* Maßangabe ohne Beschichtung. Federal-Mogul-Kolben + (2x) 0,018 mm, Mahle + (2x) 0,015 mm
4* Mahle-Kolben 0,035 mm bis 0,085 mm
5* Maße ohne Graphitbeschichtung (Dicke 0,02 mm). Die Graphitbeschichtung nutzt sich ab.

Füllmengen Fahrzeug

Modellbezeichnung	**1,2 TSI**	**1,4 TSI**	**1,6 TSI**	**2,0 TSI**
Kühlmittelmenge G13 (Rot)		8,0 l		
Bremsflüssigkeit		DOT 4		
Servoflüssigkeit		nicht vorhanden		
Klimaanlage Klimamittel (VPEVAH) R134a		500g ±15		
Klimaöl in cm^3 (Klimakompressor: Visteon)		120 cm^3 ± 10		

Füllmengen Getriebe

Getriebetyp	**0AF** 5-Gang-Schalt-getriebe	**0A4** 5-Gang-Schalt-getriebe	**02S** 6-Gang-Schalt-getriebe	**0AJ** 6-Gang-Schalt-getriebe	**02Q, 0BB, 0FB** 6-Gang-Schalt-getriebe	**0D9** 6-Gang-Doppel-kupplungs-getriebe	**0CW** 7-Gang-Doppel-kupplungs-getriebe	**09G** 7-Gang-Auto-matik-getriebe
Getriebeöl (teilzerlegt)	-	1,7 l	1,9 l	-	-	-	-	ATF
Erstbefüllung	2,1 l	1,9 l	2,1 l	2,3 l	2,3 l	6,9 l 7,2 l *	-	7,0 l
Wechsel	-	1,7 l	1,9 l	-	-	5,2 l	1,7 l	3,0 l
Ölfilter	-	-	-	-	-	Ja	Ja	-
Wechsel Motronik	-	-	-	-	-		1,9 l	-
Differenzialsperre vorne	-	-	-	-	0,6 l	0,6l	-	-
Differenzialsperre vorne, Ölwechsel	-	-	-	-	0,4 l	0,4 l	-	-
Winkelgetriebe vorne (Allrad)	-	-	-	-	0,9 l	-	-	-
Achsantrieb hinten (Allrad)	-	-	-	-	0,95 l	-	-	-
Haldex-Kupplung	-	-	-	-	0,85 l	-	-	-
Ölwechsel Haldex	-	-	-	-	0,65 l	-	-	-

17 Anzugsdrehmomente

In diesem Kapitel stellen wir Ihnen die Anzugsmomente für die wichtigsten Verschraubungen am Fahrzeug zur Verfügung. Diese sind zum einen alphabetisch und zum anderen nach den Motorkennbuchstaben sortiert. Natürlich konnten wir nur diese Motoren darstellen, deren Daten bis zum Redaktionsschluss bekannt waren. Alle Daten sollten Sie im Zweifel bei der Teilebestellung hinterfragen und wenn erforderlich korrigieren. Selbiges gilt auch für neue Motortypen. Übernehmen Sie niemals einfach Abmessungen eines anderen Motors ohne diese zu überprüfen. Hier können leicht Schäden entstehen, die vermeidbar wären und oft recht teuer sind.

Motor

Modellbezeichnung	**1,2 TSI**	**1,4 TSI**	**1,6 TSI**	**2,0 TSI**
Zylinderkopf Stufe 1	40 Nm	40 Nm	40 Nm	40 Nm
Zylinderkopf Stufe 2	90°	90°	90°	90°
Zylinderkopf Stufe 3	90°	90°	90°	90°
Zylinderkopf Stufe 4	90°	90°	90°	90°
Zylinderkopf M6 Nockenwellenkasten Stufe 1	-	-	-	40 Nm
Zylinderkopf M6 Nockenwellenkasten Stufe 2	-	-	-	90°
Kurbelwellen Hauptlager Stufe 1	1*	1*	1*	handfest
Kurbelwellen Hauptlager Stufe 2	1*	1*	1*	65 Nm
Kurbelwellen Hauptlager Stufe 3	1*	1*	1*	90°
Kurbelwellen Hauptlager seitlich Stufe 1	1*	1*	1*	20 Nm
Kurbelwellen Hauptlager seitlich Stufe 2	1*	1*	1*	90°
Pleuellager Stufe 1	30 Nm	30 Nm	30 Nm	45 Nm
Pleuellager Stufe 2	90°	90°	90°	90°
Ölpumpe an Zylinderblock (M6) Stufe 1	8 Nm	10 Nm	8 Nm	8 Nm
Ölpumpe an Zylinderblock (M6) Stufe 2	90°	90°	90°	90°
Ölpumpe an Zylinderblock (M8) Stufe 1	20 Nm	20 Nm	20 Nm	-
Ölwannenschrauben (M6) Stufe 1	8 Nm	8 Nm	8 Nm	8 Nm
Ölwannenschrauben (M6) Stufe 2	90°	90°	90°	
Ölwannenschrauben 1+2 Stufe 2 (Bild 15 Kap. 5)	-	-	-	180°
Ölwannenschrauben 3-9 Stufe 2 (Bild 15 Kap. 5)	-	-	-	45°
Ölwannenschrauben 10 Stufe 2 (Bild 15 Kap. 5)	-	-	-	180°
Ölwannenschrauben 11-14 Stufe 2 (Bild 15 Kap. 5)	-	-	-	90°
Ölwanne am Getriebe	40 Nm	40 Nm	40 Nm	-
Ölablassschraube	30 Nm	30 Nm	30 Nm	-
Schwungrad/Mitnehmerblech Stufe 1	60 Nm	60 Nm	60 Nm	60 Nm
Schwungrad/Mitnehmerblech Stufe 2	90°	90°	90°	90°
Kupplungsdruckplatte 6 mm	13 Nm	13 Nm	13 Nm	13 Nm
Kupplungsdruckplatte 7 mm	20 Nm	20 Nm	20 Nm	20 Nm
Kurbelwellenriemenscheibe Stufe 1	150 Nm	150 Nm	150 Nm	150 Nm

Kurbelwellenriemenscheibe Stufe 2	180°	180°	180°	90°
Nockenwellenrad Einlass Stufe 1	50 Nm	50 Nm	50 Nm	-
Nockenwellenrad Einlass Stufe 2	135°	135°	135°	-
Nockenwellenrad Einlass Verschlussdeckel	20 Nm	20 Nm	20 Nm	-
Nockenwellenrad Auslass Stufe 1	50 Nm	50 Nm	50 Nm	-
Nockenwellenrad Auslass Stufe 2	90°	90°	90°	-
Nockenwellen Steuerventile Stufe 1	-	-	-	35 Nm
Nockenwellen Steuerkettenspanner Stufe 1	-	-	-	4 Nm
Nockenwellen Steuerkettenspanner Stufe 2	-	-	-	90°
Nockenwellen Steuerkettenschiene	-	-	-	20 Nm
Ausgleichswellen Kettenspanner	-	-	-	85 Nm
Ausgleichswellen Kettenspanner Schrauben	-	-	-	20 Nm
Ausgleichswellen Zwischenrad Stufe 1	-	-	-	10 Nm
Ausgleichswellen Zwischenrad Stufe 2	-	-	-	25 Nm
Ausgleichswellen Zwischenrad Stufe 3	-	-	-	90°
Wasserpumpen-Riemenscheibe Stufe 1	20 Nm	20 Nm	20 Nm	-
Wasserpumpen-Riemenscheibe Stufe 2	90°	90°	90°	-
Zylinderkopfhaube Stufe 1	10 Nm	10 Nm	10 Nm	handfest
Zylinderkopfhaube Stufe 2	180°	180°	180°	8 Nm
Zylinderkopfhaube Stufe 3	-	-	-	90°
Saugrohr an Zylinderkopf	8 Nm	8 Nm	8 Nm	9 Nm
Zündkerzen	22 Nm	22 Nm	22 Nm	30 Nm
Kraftstoffverteilerrohr	9 Nm	9 Nm	9 Nm	9 Nm
Kurbelwellen(Drehzahl)sensor	5 Nm	5 Nm	5 Nm	9 Nm
Nockenwellengeber	8 Nm	8 Nm	8 Nm	9 Nm
Kühlmitteltemperatursensor Stufe 1	8 Nm	8 Nm	8 Nm	4 Nm
Kühlmitteltemperatursensor Stufe 2	-	-	-	45°
Lambdasonde	55 Nm	55 Nm	55 Nm	55 Nm
Klopfsensor	20 Nm	20 Nm	20 Nm	20 Nm
Öldruckschalter	20 Nm	20 Nm	20 Nm	20 Nm
Ölfilter	20 Nm	20 Nm	20 Nm	25 Nm

1* Die Kurbelwelle darf nicht ausgebaut werden. Schon das Lösen der Kurbelwellenlagerdeckel-Schrauben führt zu Verformungen der Lagerstühle des Zylinderblocks. Durch diese Verformungen wird das Lagerspiel geringer. Selbst wenn Sie die Lagerschalen nicht ersetzen, können Lagerschäden durch ein verändertes Lagerspiel entstehen. Sind die Lagerdeckel-Schrauben gelöst worden, muss der Zylinderblock komplett mit der Kurbelwelle ersetzt werden. Das Messen des Kurbelwellenlagerspiels ist mit Werkstattmitteln nicht möglich.

Sichtprüfung Messen

Antrieb

Verschraubung	Anzugsdrehmoment
Abschirmblech Gelenkscheibe	9 Nm
Abschirmblech Gelenkwelle	20 Nm
Achsgetriebe hinten (Allrad) Stufe 1	60 Nm
Achsgetriebe hinten (Allrad) Stufe 2	90°
Aggregateträger an Aufbau Stufe 1	90 Nm
Aggregateträger an Aufbau Stufe 2	90°
Antriebswelle getriebeseitig Stufe 1	10 Nm über Kreuz
Antriebswelle getriebeseitig Stufe 2	70 Nm
Antriebswelle radseitig mit Verrippung Stufe 1	70 Nm
Antriebswelle radseitig mit Verrippung Stufe 2	90°
Antriebswelle radseitig ohne Verrippung Stufe 1	200 Nm
Antriebswelle radseitig ohne Verrippung Stufe 2	180°
ATF-Leitung am Getriebe	20 Nm
Ausrücklager Schaltgetriebe (mit Sicherungsmittel)	12 Nm (15 Nm)
Bremssattel hinten Schraube M10 Sattelträger Stufe 1	90 Nm
Bremssattel hinten Schraube M10 Sattelträger Stufe 2	90°
Bremssattel hinten Schraube M8	35 Nm
Bremssattel vorne Führungsbolzen	30 Nm
Bremssattel vorne Rippschrauben	200 Nm
Fahrschemel hinten Stufe 1	90 Nm
Fahrschemel hinten Stufe 2	90°
Fahrschemel vorne Stufe 1	50 Nm
Fahrschemel vorne Stufe 2	90°
Getriebe am Motor Schaltgetriebe M10 x 50	40 Nm
Getriebe am Motor Schaltgetriebe M10 x 68	40 Nm
Getriebe am Motor Schaltgetriebe M12 x 165	80 Nm
Getriebe am Motor Schaltgetriebe M12 x 50	80 Nm
Getriebe am Motor Schaltgetriebe M12 x 65	40 Nm
Kardan M10x30 Stufe 1	50 Nm
Kardan M10x30 Stufe 2	90°
Kegelschraube Antriebswelle (Steckwelle)	35 Nm
Kupplung 6 Gang Schaltgetriebe 0A6 (M6)	13 Nm
Kupplung 6 Gang Schaltgetriebe 0A6 (M7)	20 Nm
Lagerbock Hinterachse am Aggregat Stufe 1	50 Nm
Lagerbock Hinterachse am Aggregat Stufe 2	45°
Mitnehmerblech an Wandler-Automatikgetriebe	60 Nm
Motorlager am Getriebe links Stufe 1	40 Nm
Motorlager am Getriebe links Stufe 2	90°
Motorlager am Rahmen links Stufe 1	60 Nm
Motorlager am Rahmen links Stufe 2	90°
Motorlager hinten (Fahrschemel) Stufe 1	100 Nm
Motorlager hinten (Fahrschemel) Stufe 2	90°
Motorlager rechts am Motor Stufe 1	40 Nm
Motorlager rechts am Motor Stufe 2	90°
Motorlager rechts am Rahmen Stufe 1	60 Nm
Motorlager rechts am Rahmen Stufe 2	90°
Motorlager rechts Zugstrebe Stufe 1	20 Nm
Motorlager rechts Zugstrebe Stufe 2	90°
Pendelstütze am Getriebe M10 (M12) Stufe 2	90° (90°)
Pendelstütze am Getriebe M10 (M12) Stufe 1	50 Nm (60 Nm)
Querlenker vorne M12x110 Stufe 1	70 Nm

Querlenker vorne M12x110 Stufe 2	180°
Radführungsbolzen unten	100 Nm
Radführungsbolzen unten am Alu-Querlenker	60 Nm
Radführungsbolzen unten am Stahl-Querlenker	100 Nm
Radschraube Allradfahrzeuge	120 Nm
Radschraube frontgetriebene Fahrzeuge	140 Nm
Schaltbetätigung M8	20 Nm
Schraube Querlenker hinten Stufe 1	130 Nm
Schraube Querlenker hinten Stufe 2	90°
Schraube Spurstange hinten Stufe 1	130 Nm
Schraube Spurstange hinten Stufe 2	90°
Sensor Neutralstellung (Start/Stopp)	5 Nm
Spureinstellschraube Achslenker hinten	95 Nm
Spurstangenkopf	50 Nm
Stabilisatorstrebe	40 Nm
Stützlager Kardanwelle	25 Nm
Winkelgetriebe vorne (Allrad) am Getriebe Stufe 1	40 Nm
Winkelgetriebe vorne (Allrad) am Getriebe Stufe 2	90°
Winkelgetriebe vorne (Allrad) Getriebeträger M10	40 Nm

Karosserie

Verschraubung	Anzugsdrehmoment
Anhängekupplung am Rahmen Stufe 1	50 Nm
Anhängekupplung am Rahmen Stufe 2	90°
Fensterheber Befestigungsschrauben	3,5 Nm
Geräuschdämmung von unten	2 Nm
Heckklappenscharnier	10 Nm
Heckklappenschloss	22 Nm
Heckklappenschloss Schließbügel	18 Nm
Kunststoffschrauben	8 Nm
Motorhaube Haubenscharnier	21 Nm
Motorhaube Haubenschloss	12 Nm
Spiegelbefestigungsschrauben	8 Nm
Stoßdämpfer hinten oben Stufe 1	50 Nm
Stoßdämpfer hinten oben Stufe 2	45°
Stoßdämpfer hinten unten Stufe 1	180 Nm
Stoßdämpfer vorne oben M14x1,5	60 Nm
Stoßdämpfer vorne oben M8x26 Stufe 1	15 Nm
Stoßdämpfer vorne oben M8x26 Stufe 2	90°
Stoßdämpfer vorne unten M16	12 Nm
Stoßfänger hinten Kunststoffschrauben	3,5 Nm
Stoßfänger vorne M8	60 Nm
Türfangband	12 Nm
Türscharnier an der Karosserie	32 Nm
Türschloss Einbau in der Türe	20 Nm
Türschlossriegel (Bügel)	20 Nm

Sichtprüfung Messen

Elektrische Anlage

Verschraubung	Anzugsdrehmoment
Masseanschluss an der Batterie M6	6 Nm
Masseband am Getriebe	20 Nm
Massepunkte an der Karosserie M6	8 Nm
Massepunkte an der Karosserie M8	15 Nm
Plusanschluss am Anlasser M8	15 Nm
Plusanschluss am Generator	15 Nm
Plusanschluss am Sicherungskasten M5	4 Nm
Plusanschluss am Sicherungskasten M6	6 Nm
Plusanschluss an der Batterie M6	6 Nm

Sonstige Verschraubungen

Schraubengröße	**M4**	**M5**	**M6**	**M8**	**M10**	**M12**	**M14**	**M16**
Anzugsdrehmoment	0,5 Nm	3 Nm	10 Nm	20 Nm	45 Nm	60 Nm	100 Nm	200 Nm